集成电路科学与工程丛书

NAND 闪存技术

［日］有留诚一（Seiichi Aritome） 著

陈子琪 译

机械工业出版社

本书讨论了基本和先进的 NAND 闪存技术，包括 NAND 闪存的原理、存储单元技术、多比特位单元技术、存储单元的微缩挑战、可靠性和作为未来技术的 3D 单元。第 1 章描述了 NAND 闪存的背景和早期历史。第 2 章描述了器件的基本结构和操作。接下来，第 3 章讨论了以微缩为重点的存储单元技术，并且第 4 章介绍了多电平存储单元的先进操作。第 5 章讨论了微缩的物理限制。第 6 章描述了 NAND 闪存的可靠性。第 7 章研究了 3D NAND 闪存单元，并讨论了结构、工艺、操作、可扩展性和性能方面的优缺点。第 8 章讨论了 3D NAND 闪存面临的挑战。最后，第 9 章总结并描述了未来 NAND 闪存的技术和市场前景。

本书适合从事 NAND 闪存或 SSD（固态硬盘）和闪存系统开发的工程师、研究人员和设计人员阅读，也可供高等院校集成电路、微电子、电子技术等专业的师生参考。

图书在版编目（CIP）数据

NAND 闪存技术 /（日）有留诚一著；陈子琪译.
北京：机械工业出版社，2025. 1. --（集成电路科学与工程丛书）. -- ISBN 978-7-111-77348-1

Ⅰ. TP333.5
中国国家版本馆 CIP 数据核字第 2025PY1682 号

机械工业出版社（北京市百万庄大街 22 号　邮政编码 100037）

策划编辑：刘星宁		责任编辑：刘星宁　闾洪庆
责任校对：贾海霞　梁　静		封面设计：马精明
责任印制：郜　敏		

北京富资园科技发展有限公司印刷

2025 年 2 月第 1 版第 1 次印刷
184mm×240mm · 21.75 印张 · 522 千字
标准书号：ISBN 978-7-111-77348-1
定价：139.00 元

电话服务　　　　　　　网络服务
客服电话：010-88361066　机 工 官 网：www.cmpbook.com
　　　　　010-88379833　机 工 官 博：weibo.com/cmp1952
　　　　　010-68326294　金 书 网：www.golden-book.com
封底无防伪标均为盗版　机工教育服务网：www.cmpedu.com

译者序

NAND 闪存技术的发展历程，满是创新和突破。这项技术诞生于 20 世纪 80 年代，是东芝公司的 Fujio Masuoka 博士发明的。在当时，传统存储技术在容量和成本方面有很多不足，Fujio Masuoka 博士提出了全新的存储架构，NAND 闪存技术就这么出现了。最近这些年，3D NAND 技术兴起，NAND 闪存技术又上了一个新台阶。3D NAND 通过在垂直方向堆叠存储单元，打破了平面存储的物理限制，不仅提高了存储密度、降低了成本，性能和可靠性也有明显提升。这满足了数据中心对大量存储和快速读写的需求，为云计算、大数据分析等新技术的发展提供了强有力的支撑。

这本关于 NAND 闪存技术的学术著作，在这个领域就像一个知识宝库。它不仅把 NAND 闪存技术从开始出现到发展成熟的过程梳理得很清楚，还深入分析了底层原理、最新的技术突破，以及未来的发展趋势。不管是刚接触 NAND 闪存技术的新手，还是在这个行业钻研多年的资深人士，都能从这本书里学到新知识，得到新启发。

翻译这本书，是因为出版社的刘星宁编辑邀请我。那时我刚到江汉大学工作，以前也未做过学术翻译。刘编辑通过邮件和我沟通了很多次，详细介绍了这本书，再加上自身对 NAND 闪存技术的兴趣，也希望能为国内这个领域的发展出份力，就决定接下这个翻译工作。2016 年我博士毕业就加入了长江存储，参与 3D NAND 闪存工艺技术的研发。在这个过程中，我很明显地感觉到，国内在这方面虽然已经有了很大进步，但和国际先进水平比起来，在专业知识的深度和广度上还有提升的空间。好的专业书籍对知识传播和技术进步特别重要，所以我希望通过翻译这本书，把里面的专业知识和技术理念带到国内，给国内关注 NAND 闪存技术的人和专业人士搭建一座和国际接轨的知识桥梁。

翻译的时候，遇到了不少困难。NAND 闪存技术的专业术语特别多，而且不同国家和地区的表达还不一致，要保证翻译的准确性和一致性很难。书里还有很多复杂的技术细节和原理，需要在准确传达原文意思的同时，让译文简单易懂，让不同水平的读者都能看明白、有收获，这也是我一直努力解决的问题。为了做好翻译，我查阅了大量专业文献资料，还和行业里的专家学者讨论，力求每一个术语、每一句话都能得到准确的翻译。

在此，对翻译过程中提供帮助的刘昊、刘进泽表示感谢，感谢他们在内容翻译、校对上提供的大力支持；同时也要感谢那些在专业术语和技术细节翻译上给我提供帮助、接受我咨询的专业人士。

　　衷心期望这本凝聚着原作者心血与我努力的译著，能为国内 NAND 闪存技术领域的发展注入新的活力。无论是初涉该领域的学生，还是在行业内拼搏的专业人才，都能从书中汲取到宝贵的知识和灵感，共同推动我国 NAND 闪存技术迈向新的高度。

陈子琪

2025 年 1 月于江汉大学

原书序

1986年，当我在华盛顿特区时，有了一个关于NAND闪存的想法。

当时我在华盛顿特区待了很长时间。美国国际贸易委员会（ITC）对日本所有DRAM制造商提起诉讼，要求禁止他们向美国出口，因为他们侵犯了德州仪器公司的DRAM专利。我被派往华盛顿特区，担任处理ITC诉讼的工程师。ITC的庭审从早上6点一直持续到午夜，非常艰难。然而，庭审并不是每天都举行。在那些日子里，我有很多空闲时间。我对未来的半导体存储器进行了深入的思考，我几年前发明的NOR闪存太弱了，无法取代磁盘，我们需要进一步降低比特位成本，进一步缩小每比特占用的空间。答案是"NAND闪存"。1986年，我立即提交了专利申请，并于1987年4月24日在日本提交了申请。NAND闪存的美国专利注册号为USP 5245566。

回到日本后，我于1987年在东芝公司VLSI研究中心开始了NAND闪存的开发。我邀请几位工程师组成了NAND闪存的开发团队，在很短的时间内获得了读写的基本数据。我们立即向1987年的IEDM会议提交了一篇论文。为了进一步加速NAND闪存的开发，我从DRAM团队中指派了几名成员（包括本书的作者Aritome博士）到闪存团队。

在那之后，我积极推动开发。我提出了一个4Mbit NAND闪存的原型器件的设计。然而，不幸的是，研究中心没有足够的预算来进行这个项目。NAND闪存的开发正处于危机中。我得找个人来资助NAND项目，这样它才能继续下去。我首先拜访了东芝公司的计算机开发部门，但他们的回答是，他们不会资助一个在半导体上取代磁存储器的梦想项目。与此同时，我向消费电子实验室主任Tajiri解释说，如果我们设法生产出4Mbit NAND闪存，相机就不再需要胶卷了。我确实是在解释我们今天所知道的数码相机将成为可能。因此，消费电子实验室承担了开发费用。我们于1988年成功开发了4Mbit NAND闪存，并于1989年2月在ISSCC上宣布了这个4Mbit NAND闪存。此后，消费电子实验室主任Tajiri使用4Mbit NAND闪存推出了世界上第一台用NAND闪存取代传统胶卷的数码相机。当时，世界上第一款基于闪存的相机价格很高，超过200万日元（合2万美元），因此销量不佳。

1992年，NAND闪存开始生产。第一个器件是0.7μm设计规则的16Mbit存储器。产量非常小；然而，这是一个重要的里程碑。为了大规模生产，我们不得不等待4~5年，以创造主要用于数码相机的闪存卡市场。在生产存储卡之后，NAND闪存的市场惊人地巨大。这是颠覆性创新。盒式磁带的音乐播放器被基于闪存的便携式MP3音乐播放器所取代。USB存储器出现了，因此软盘消失了。智能手机和平板电脑都是基于 NAND 闪存的存在而设计的。如今，NAND 闪存已成为标准的非易失性存储器，随处可见。然而，取代磁存储器（HDD 等）的梦想还在继续。我期待 SSD 将来会取代 HDD。

1994 年，我离开东芝公司，被调到日本东北大学担任教授。我提出了 SGT（环栅晶体管）NAND 闪存，我也开始了 SGT 3D NAND 闪存的基础开发。《福布斯》杂志在 2002 年 6 月 24 日的封面上刊登了 SGT NAND 闪存的结构图和我的照片。SGT NAND 闪存的单元结构目前用于量产的 3D NAND 闪存中。所有 NAND 供应商都在集中开发基于 SGT 结构的下一代先进 3D NAND 闪存。

随着 NAND 闪存市场的扩大，从事 NAND 闪存及其相关产品开发的工程师迅速增加。这本书有助于了解历史、基本结构和过程、缩放问题、3D NAND 闪存等。Aritome 博士是 NAND 闪存开发团队的原始成员之一，拥有超过 27 年的 NAND 闪存开发和生产工程师经验。我希望这本书将有助于未来的 NAND 闪存技术和产品，包括 SSD。

最后，我要感谢 NAND 闪存开发的原始团队成员。NAND 闪存的实现离不开他们的贡献。我很高兴也很幸运能与他们合作，共同致力于 NAND 闪存的开发。

Fujio Masuoka

Semicon Consulting 有限公司首席技术官

日本东北大学名誉教授

人物传记

Fujio Masuoka 博士是 Semicon Consulting 有限公司的首席技术官，该公司是 New Scope 集团的一部分，该集团是一个广受尊敬的国际公司集团，积极追求和支持突破性技术的先进研发并将其转化为商业现实。他也是日本东北大学电子通信研究所的名誉教授。他是闪存的发明者。他的大部分职业生涯都致力于研究和开发各种半导体存储器，包括闪存、可编程只读存储器和随机存取存储器。他在图像传感器件（如电荷耦合器件）和高速半导体逻辑器件方面也有深入的研究。他申请了 NOR 和 NAND 闪存的原始专利，在 1984 年 IEDM 上发表了关于闪存的第一篇论文，并在 1987 年 IEDM 上发表了关于 NAND 闪存的第一篇论文。

职业生涯

1966 年毕业于日本东北大学工学院

1971 年完成日本东北大学博士课程

1971 年加入东芝公司

1994 年任日本东北大学教授

2005 年受聘为 Unisantis Electronics（日本）有限公司的首席技术官

2007 年被聘为日本东北大学名誉教授

荣誉及奖励

1977 年在渡边奖设立当年即获此奖

1980 年获发明奖、国家发明奖

1985 年获关东地区鼓励发明奖

1986 年获关东地区鼓励发明奖

1988 年两次获关东地区鼓励发明奖

1991 年获关东地区鼓励发明奖

1995 年当选 IEEE Fellow

1997 年获 IEEE Morris N. Liebmann 纪念奖

2000 年获 Ichimura-Sangyo 奖（一等奖）

2002 年荣获 2002 年度可持续发展大奖

2005 年获 Economist 创新奖

2007 年获日本明仁天皇颁发的紫绶褒章

2009 年闪存被 IEEE 评为"震撼世界的 25 个微芯片"之一

2010 年入驻计算机历史博物馆

2011 年入选消费电子名人堂

2012 年获美国摄影协会（PSA）最高荣誉"进步奖章"

2013 年获闪存峰会终身成就奖

2013 年获日本文化功劳者（Bunkakorosha）称号

原书前言

NAND 闪存成为标准的半导体非易失性存储器。世界上每个人都在许多应用中广泛使用 NAND 闪存，例如数码相机、USB 驱动器、MP3 音乐播放器、智能手机和平板电脑。云数据服务器开始使用基于 NAND 闪存的 SSD（固态硬盘）。最近，为了降低比特位成本，3D NAND 闪存被开发出来并开始量产。利用 3D NAND 闪存，集中开发高性能、低功耗的先进 SSD，避免了对生态环境的破坏。

随着 NAND 闪存产量的增加，从事 NAND 闪存开发和生产的工程师也在增加。许多从事存储设备工作的人也加入了 NAND 闪存行业。这本关于 NAND 闪存技术的书旨在为 NAND 闪存开发工程师、NAND 闪存用户、产品工程师、应用工程师、营销经理、技术经理、开发和生产 SSD 的工程师、其他与 NAND 闪存相关的存储设备（如数据服务器等）的工程师等提供 NAND 闪存技术的详细见解。

这本书也适合新的工程师和研究生快速学习和熟悉 NAND 闪存技术。我希望这本书能够鼓励新来者为未来的 NAND 闪存技术和产品做出贡献。

这本书的内容包括：早期历史，存储单元技术，基本结构和物理，操作原理，存储单元缩放的历史和趋势，多电平单元（2、3、4 比特位 / 单元）的先进操作，缩放挑战，可靠性，3D NAND 闪存单元，3D NAND 闪存单元的缩放挑战，以及 NAND 闪存的未来前景。

在介绍了 NAND 闪存的研究背景之后，第 1 章介绍了 NAND 闪存的早期历史。第 2 章描述了器件的基本结构和操作。

第 3 章讨论了存储单元技术的微缩问题。为了缩小存储单元尺寸，存储单元结构已经从 LOCOS 隔离单元演变为自对准 STI 单元，同时减小了特征尺寸（设计规则）。

第 4 章介绍了多电平单元的先进操作。由于有足够的读窗口裕度，对于多电平单元，紧凑的阈值电压分布宽度是非常重要的。先进的操作主要是针对这一点开发的。

通过将存储单元尺寸缩小到 20nm 以下，一些物理限制现象被放大。第 5 章讨论了缩放中物理限制的细节。如第 4 章所述，即使采用高级操作，浮栅电容耦合干扰对缩放的影响也是最严重的。第 5 章还讨论了其他物理限制因素，如电子注入展宽、RTN、结构限制、高场问题等。

第 6 章描述了 NAND 闪存的可靠性。编程 / 擦除循环通过产生电子 / 空穴陷阱和应力诱导漏电流（SILC）而降低隧穿氧化层质量。因此，随着循环次数的增加，循环耐久性、数据保持、读干扰、编程干扰和不稳定的过度编程的所有可靠性方面都会降低。第 6 章也讨论了器件可靠性的机理和影响。

第 7 章展示了 3D NAND 闪存单元。人们提出了许多类型的 3D 单元。第 7 章介绍了这些 3D 单元，并讨论了它们在结构、工艺、操作、可微缩性、性能等方面的优缺点。

3D NAND 闪存于 2013 年开始量产。全面生产于 2016 年开始。然而，对于未来的 3D NAND 闪存，仍然存在许多问题需要解决。在第 8 章中，讨论了 3D NAND 闪存面临的挑战。增加堆叠单元的数量对于减小 3D 单元的有效单元大小至关重要。正如该章所讨论的，高深宽比工艺和小单元电流问题将极其重要。我试图为这些问题提供一些可能的解决方案，并讨论了其他挑战，如新的编程干扰问题、数据保持、功耗等。

在第 9 章中，我总结和描述了 NAND 闪存未来的技术和市场前景。

我相信这本书是对 NAND 闪存行业和相关产品的重大贡献。我真诚地希望这本书对大家今后的工作有用。

Seiichi Aritome

日本川崎

致　谢

作者要特别感谢 Fujio Masuoka 教授。1988 年，在开发初期，Fujio Masuoka 教授将作者安排到东芝公司 VLSI 研究中心，负责 NAND 闪存的开发工作，作者对两人在 NAND 闪存领域的合作感到自豪。

作者要感谢 Kiyoshi Kobayashi 先生、Shinichi Tanaka 先生、Masaki Momodomi 先生、Riichiro Shirota 教授、Shigeyoshi Watanabe 教授、Koji Sakui 博士、Fumio Horiguchi 教授、Kazunori Ohuchi 先生、Junichi Matsunaga 博士、Akimichi Hojo 博士和 Hisakazu Iizuka 博士。感谢自我加入东芝公司研发中心以来他们不断给予我的鼓励。

作者对东芝公司的同事们所做的贡献表示感谢。没有他们的帮助，这项工作不可能取得成功。特别感谢 Ryouhei Kirisawa 先生、Kazuhiro Shimizu 博士、Yuji Takeuchi 先生、Hiroshi Watanabe 先生、Gertjan Hemink 博士、Shinji Sato 先生、Tooru Maruyama 博士、Kazuo Hatakeyama 先生、Hiroshi Watanabe 教授、Ken Takeuchi 教授和 Tomoharu Tanaka 先生。感谢 Ryozo Nakayama 先生、Akira Goda 先生、K. Narita 先生、E. Kamiya 先生、T. Yaegashi 先生、K. Amemiya 女士、Toshiharu Watanabe 先生、Fumitaka Arai 博士、Tetsuya Yamaguchi 博士、Hideko Oodaira 女士、Tetsuo Endoh 博士、Susumu Shuto 先生、Hirohisa Iizuka 先生、Hiroshi Nakamura 先生、Toru Tanzawa 博士、Yasuo Itoh 博士、Yoshihisa Iwata 先生、Kenichi Imamiya 先生、Kazunori Kanebako 先生、Kazuhisa Kanazawa 先生、Hiroto Nakai 先生、Takehiro Hasegawa 先生、Katsuhiko Hieda 博士、Akihiro Nitayama 博士、Koichi Fukuda 先生和 Seiichi Mori 先生。感谢他们富有成果的讨论。

作者要感谢 Eli Harari 先生、Sanjay Mehrotra 先生、George Samachisa 博士、Jian Chen 博士、Tuan D. Pham 先生、Ken Oowada 先生、Hao Fang 博士和 Khandker Quader 博士自 1999 年闪迪 - 东芝联合开发以来的不断鼓励和富有成果的讨论。

作者要感谢 Kirk Prall 博士、已故的 Andrei Mihnea 先生、Frankie Roohparvar 先生、Luan Tran 博士和 Mark Durcan 先生自 2003 年我加入美国爱达荷州博伊西的美光科技公司以来一直给予我的鼓励。

感谢 Krishna Parat 先生、Pranav Kalavade 博士、Mark Bauer 博士、Nile Mielke 博士和 Stefan K. Lai 博士自英特尔 - 美光联合开发开始以来的不断鼓励和富有成果的讨论。

作者要感谢 T.-J. Brian Shieh 博士、Alex Wang 博士、Travis C.-C.Cho 博士、Saysamone Pittikoun 女士、Yoshikazu Miyawaki 先生、Hideki Arakawa 先生和 Stephen C. K. Chen 先生，感谢他们在我加入中国台湾新竹力晶半导体公司以来不断的鼓励和支持。

作者要感谢 Sungwook Park 博士、Sungjoo Hong 博士、Seok Hee Lee 博士、Seokkiu Lee 博士、Seaung Suk Lee 博士、Sungkye Park 博士、Gyuseog Cho 先生、Jongmoo Choi 先生、Yoohyun Noh 先生、Hyunseung Yoo 先生、EunSeok Choi 博士、HanSoo Joo 先生、Youngsoo Ahn 先生、Byeongil Han 先生、Sungjae Chung 先生、Keonsoo Shim 先生、Keunwoo Lee 先生、Sanghyon kwak 先生、Sungchul Shin 先生、Iksoo Choi 先生、Sanghyuk Nam 先生、Dongsun Sheen 先生、Seungho Pyi 先生、Jinwoong Kim 先生、KiHong Lee 先生、DaeGyu Shin 先生、BeomYong Kim 先生、MinSoo Kim 先生、JinHo Bin 先生、JiHye Han 先生、SungJun Kim 先生、BoMi Lee 先生、YoungKyun Jung 先生、SungYoon Cho 先生、ChangHee Shin 先生、HyunSeung Yoo 先生、SangMoo Choi 先生、Kwon Hong 先生、SungKi Park 先生、Soonok Seo 先生和 Hyungseok Kim 先生。感谢他们自我进入 SK 海力士公司研究开发部门以来的热情关怀。

作者要感谢 Angelo Visconti 先生、Silvia Beltrami 女士、Gabriella Ghidini 女士、Emilio Camerlenghi 博士、Roberto Bez 先生、Giuseppe Crisenza 先生和 Paolo Cappelletti 先生在我们进行 Numonyx- 海力士联合开发期间的不断鼓励和富有成果的讨论。

对自 1982 年加入广岛大学 Masataka Hirose 教授的实验室以来，Masataka Hirose 教授、Mizuho Morita 教授、Seiichi Miyazaki 教授、Yukio Osaka 教授给予的热情关怀和鼓励，深表感谢。

作者要感谢广岛大学的 Takamaro Kikkawa 教授、Shin Yokoyama 教授和 Seiichiro Higashi 教授极其有价值的指导和不断的鼓励。

最后，作者要衷心感谢一直用爱来支持他的妻子 Miho Aritome 和儿子 Santa Aritome。

Seiichi Aritome
日本川崎

作者简介

Seiichi Aritome，分别于 1983 年、1985 年和 2013 年获得日本广岛大学电子工程学士、硕士和博士学位。他于 1985 年加入日本川崎的东芝研发中心。从那时起，他一直从事高密度 DRAM 的开发。1988 年，他加入了同一研究中心的 EEPROM 开发组。当时，EEPROM 开发组在世界上首次开始开发 NAND 闪存。他的主要工作是 NAND 闪存器件技术、工艺集成、表征和可靠性研究。

他在多个公司和国家为 NAND 闪存技术做出了超过 25 年的贡献（1988 年至今）。他开发了超过 12 代的 NAND 闪存，许多他开发的技术已经成为 NAND 闪存的标准。

他通过分析编程/擦除循环退化现象，为 NAND 闪存均一编程/擦除方案的确定做出了重要贡献。他阐明了与其他方案相比均一编程/擦除方案所具有的适当可靠性。因此，决定了 NAND 闪存操作的均一编程/擦除方案。均一编程/擦除方案还有另一个重要的优点，即编程速度快（约 100MB/s），这归因于均一编程/擦除方案中编程期间的低功耗。由于高可靠性和快速编程，均一编程/擦除方案成为事实上的标准技术。在过去的 20 年里，所有的 NAND 供应商（东芝、三星、美光/英特尔、SK 海力士等）对所有的 NAND 闪存产品都使用了均一编程/擦除方案。

他首次提出并研制了自对准浅沟槽隔离单元（SA-STI 单元）。与常规的 LOCOS 单元相比，NAND 闪存的单元尺寸可以大幅缩小到 66%（从 $6F^2$ 到 $4F^2$；F 代表特征尺寸）。该技术可在世界上首次实现 256Mbit NAND 闪存。此外，由于隧穿氧化层中没有 STI 角，SA-STI 单元具有优异的可靠性。因此，在过去的 17 年中，SA-STI 单元在 NAND 闪存产品中得到了广泛的应用。所有的 NAND 闪存供应商都在使用这种单元技术。

他开发的许多 NAND 闪存技术由于低成本、高可靠性和编程速度快而成为事实上的标准。因此，NAND 闪存使我们能够开拓智能手机、平板电脑和 SSD（固态硬盘）的新市场，并进行了大规模生产，2015 年的产值达到 350 亿美元。

1998 年，他转到东芝半导体公司存储器部门的闪存器件工程小组。在东芝工作期间（1988 ~ 2003 年），曾参与过 0.7μm、0.4μm、0.2μm、0.16μm、0.12μm、90nm、70nm 等多代 NAND 闪存的开发工作。此外，他于 1999 年担任东芝 - 闪迪联合开发 NAND 闪存的首席技术协调员。

2003 年 12 月，他开始在美国爱达荷州博伊西的美光科技公司工作。他参与了 90nm、72nm、50nm 和 34nm 等几代 NAND 闪存工艺和器件的开发。2007 年 4 月，他被调至中国台湾新竹力晶半导体公司。他曾担任 70nm 和 42nm NAND 闪存开发的项目经理。随后于 2009 年 4 月转到韩国利川市的 SK 海力士公司，从事 26nm、20nm、中等 1X-nm 等几代 NAND 闪存和 3D 单元的开发工作。

　　他拥有 251 项美国专利和 76 项日本专利，包括 NAND 闪存的单元结构、工艺、操作方案和高可靠性器件技术。他撰写或合作撰写了 50 多篇论文。其中大多数是关于 NAND 闪存技术的。

　　他是 IEEE Fellow 和 IEEE Electron Device Society 的成员。

目 录

第 1 章

引　言

1.1　背景

计算机和移动设备的最新发展和进步要求进一步努力开发更高密度的非易失性半导体存储器。非易失性存储器领域的一个突破是闪存存储器（一般简称"闪存"）的发明[1]，它是一种新型的 EEPROM（电可擦可编程只读存储器），如图 1.1a 所示。第一篇讨论闪存的论文于 1984 年在国际电子器件会议（IEDM）上发表。与其他非易失性存储器相比，闪存具有许多优点。因此，闪存爆炸性地加速了高密度 EEPROM 的发展。

1987 年，Masuoka 等人提出了 NAND 结构的闪存单元[2]。这种结构可以在不缩放器件尺寸的情况下减小存储单元的尺寸大小。NAND 结构将若干比特单元串联排列，如图 1.1b 所示[2]。常规的 EPROM 单元每两个比特单元就有一个接触位点。然而，对于 NAND 结构单元，每两条 NAND 结构单元（NAND 串）只需要一个接触孔。因此，NAND 单元每单位比特可以实现比常规 EPROM 更小的单元面积。

由于具有非易失性、快速存取和良好鲁棒性，闪存的应用变得相当广泛。闪存的应用可以分为两个主要市场（见图 1.1）。一种是用于代码存储应用，如 PC BIOS、移动电话和 DVD。NOR 闪存单元因其快速的随机存取速度而最适合这个市场。另一种是用于文件存储应用，如数码相机（DSC）、半导体音频播放器、智能手机和平板电脑。NAND 闪存单元适用于文件存储市场。

图 1.2 显示了 NAND 闪存量产之前计算机系统的存储器层次结构。其中，静态随机存储器（SRAM）和动态随机存储器（DRAM）分别被用作缓存存储器和主存储器；磁存储器，如机械硬盘（HDD），已经被用作非易失性大容量存储设备。NAND 闪存的目标是取代磁存储器[54]。实际上，自 1992 年 NAND 闪存开始生产以来，NAND 闪存已被广泛应用于新兴应用领域，并已取代磁存储器，如图 1.3 所示。起初，照片胶片已经完全被 NAND 闪存的存储卡所取代。随后，软盘被 USB 驱动器取代。盒式磁带的移动音乐设备被使用闪存的 MP3 播放器所取代。同时，NAND 闪存也开拓了智能手机和平板电脑的新市场。现在，闪存的应用正在扩展到固态硬盘（SSD）市场，不仅面向普通消费者，还面向企业服务器。因此，在过去的 20 年里，NAND 闪存创造了新的大规模市场和行业，包括消费、计算机、大容量存储和企业服务器。NAND 闪存的产量大幅增加。在 2016 年，整个 NAND 市场会达到 400 亿美元[55]。随着智能手机和平板电脑等便捷移动设备的出现，NAND 闪存已经成为一项爆炸性的创新，为改善我们的生活做出了巨大贡献。

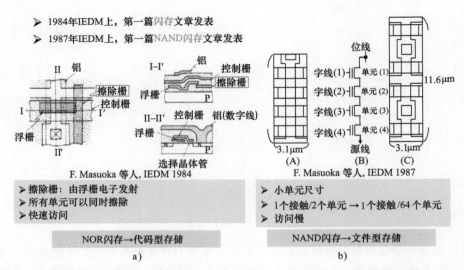

图 1.1　闪存和 NAND 闪存的发明。a）闪存。在擦除栅上施加擦除电压，可以同时擦除存储芯片中的所有单元[1]。b）NAND 闪存[2]。存储单元串联，共享接触区域。（A）NAND 单元；（B）具有 4 个单元的 NAND 结构等效电路；（C）常规 EPROM 单元（NOR 闪存单元）

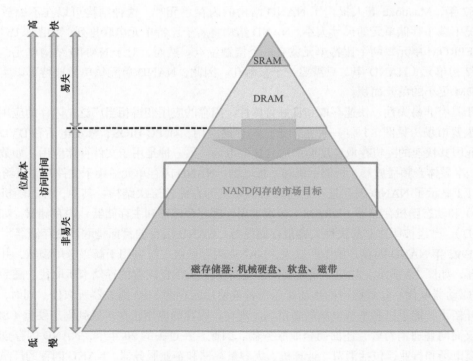

图 1.2　NAND 闪存的市场目标

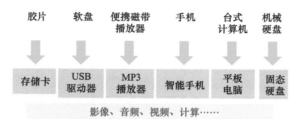

图 1.3　NAND 闪存创造了新市场

表 1.1 基于 1987 ～ 1997 年的技术论文显示了 NAND 闪存的发展历史。自 1987 年第一篇 NAND 闪存论文发表以来的 10 年间，所有基本和重要的 NAND 闪存技术都被建立起来，如页编程[7, 8]、块擦除、均一编程和均一擦除方案[9, 12, 13]、逐位验证[15, 21]、ISPP（增量步进脉冲编程）[25, 26, 29]、自对准 STI 单元[22, 51, 56]、位线屏蔽方案[21] 等。这些技术都能满足文件存储型存储器的要求。

表 1.1　NAND 闪存的历史（截至 1997 年）

时间		作者	参考文献	会议 / 期刊
1984	闪存，第一篇文章	F. Masuoka 等人	[1]	IEDM 1984
1987	NAND 闪存，第一篇文章	F. Masuoka 等人	[2]	IEDM 1987
1988	NAND 闪存	R. Shirota 等人	[3]	VLSI 1988
	漏极 -FN 编程	M. Momodomi 等人	[4]	IEDM 1988
1989	4Mbit NAND 闪存	Y. Itoh 等人 / M. Momodomi 等人	[5, 6]	ISSCC 1989/ JSSC
	页编程	Momodomi 等人 / Y. Iwata 等人	[7, 8]	CICC 1989/ JSSC
1990	良好擦除可靠性	S. Aritome 等人	[9]	IRPS 1990
	4Mbit 紧密 V_{th} 分布	T. Tanaka 等人 / M. Momodomi 等人	[10, 11]	VLSI 1990/JSSC 1991
	良好擦除	R. Kirisawa 等人	[12]	VLSI 1990
	双极性编程 / 擦除	S. Aritome 等人	[13]	IEDM 1990
	双重曝光工艺	R. Shirota 等人	[14]	IEDM 1990
1992	逐位验证	T. Tanaka 等人	[15]	VLSI 1992
1993	闪存可靠性	S. Aritome 等人	[16]	Proceedings of IEEE
	0.4μm 64Mbit 单元技术	S. Aritome 等人	[17, 18]	SSDM 93/ JJAP
1994	SILC	H. Watanabe 等人	[19]	VLSI 1994
	循环和数据保持可靠性	S. Aritome 等人	[20]	IEICE
	智能编程，屏蔽 BL 方案	T. Tanaka 等人	[21]	JSSC
	自对准 STI 单元（SA-STI）	S. Aritome 等人	[22]	IEDM 1994

（续）

时间		作者	参考文献	会议 / 期刊
1995	32Mbit NAND	K Imamiya 等人 / Y. Iwata 等人	[23, 24]	ISSCC 1995/ JSSC
	32Mbit NAND 带增量步进脉冲编程（ISSP），自升压	K. D.Suh 等人	[25, 26]	ISSCC 1995/ JSSC
	读干扰，SILC	S. Satoh 等人	[27, 28]	ICMTS 1995/ED
	增量步进脉冲编程（ISPP）	G. J. Hemink 等人	[29]	VLSI 1995
	双 V_{th} 选择栅	K Takeuchi 等人	[30, 31]	VLSI 1995/ JSSC
	SWATT 单元	S. Aritome 等人	[32, 33]	IEDM 1995/ ED
1996	128Mbit MLC	T.S. Jung 等人	[34, 35]	ISSCC 1996/ JSSC
	64Mbit	J. K.Kim 等人	[36, 37]	VLSI 1996/ JSSC
	SILC	G. J. Hemink 等人	[38]	VLSI 1996
	片上 ECC	T. Tanzawa 等人	[39, 40]	VLSI 1996/ JSSC
	升压平面（booster plane）	J. D.Choi 等人	[41]	VLSI 1996
	高速 NAND	D. J.Kim 等人	[42]	VLSI 1996
	STI 中的 SILC	H. Watanabe 等人	[43]	IEDM 1996
	共享位线	W. C.Shin 等人	[44]	IEDM 1996
1997	使用 NAND 的非易失性虚拟 DRAM	T.S. Jung 等人	[45, 46]	ISSCC 1997/ JSSC
	三电平单元（1.5 比特位 / 单元）	T. Tanaka 等人	[47]	VLSI 1997
	多页单元	K Takeuchi 等人	[48, 49]	VLSI 1997/ JSSC
	并行编程	H.S. Kim 等人	[50]	VLSI 1997
	0.25μm SA-STI 单元	K. Shimizu 等人	[51]	IEDM 1997
	编程干扰	S.Satoh 等人	[52]	IEDM 1997
	三重多晶硅升压栅（triple poly-booster gate）	J. D.Choi 等人	[53]	IEDM 1997

对文件存储型存储器的要求是低位成本、高速编程、高可靠性，如图 1.4 所示 [56]。

文件存储型应用最重要的要求是低位成本。存储器件的成本主要由存储芯片的芯片尺寸和制造工艺成本决定，而制造工艺成本主要取决于工厂投资的折旧。因此，将小尺寸的芯片与简单、低成本的制造工艺相结合是非常重要的。为了减小芯片尺寸，存储单元尺寸的减小与特征尺寸微缩同样重要。理想的存储单元尺寸是 $4F^2$（F 代表特征尺寸大小），因为 X 和 Y 方向都是由线宽（F）和间距（F）决定的。然而，在 20 世纪 90 年代初，由于 LOCOS（硅局部氧化）的隔离宽度较宽（>2F），难以实现 NAND 闪存的 $4F^2$ 单元尺寸。于是提出了自对准浅沟槽隔离单元（SA-STI 单元），并将其应用于 NAND 闪存产品中。SA-STI 单元中的隔离宽度相比 LOCOS 单元可缩小 2 ~ 3 倍。因此，这可以大幅缩小存储单元的尺寸。

从 1998 年到现在，SA-STI 单元已经在大规模生产中使用了很长时间，因为它具有许多优点，如小的单元尺寸、高可靠性和出色的可微缩性。然而，在 20nm 特征尺寸以下，管理各项物理限制变得非常困难，例如浮栅电容耦合效应、RTN（随机电报噪声）、高场问题等。最新用于生产的特征尺寸可以达到 15 ~ 16nm[57]。目前还不清楚存储单元的尺寸是否可以进一步缩小。

另一种减小有效单元尺寸的方法是"多电平单元"。逻辑位存储在一个物理存储单元中；例如，2 个逻辑位存储在一个物理存储单元，称作 MLC，即 2 比特位 / 单元，3 比特位 / 单元和 4 比特位 / 单元则分别称为 TLC 和 QLC。2000 年，采用 0.16μm 工艺技术的 MLC 开始量产。制造多电平单元器件的工艺技术与单比特单元（SLC）的工艺基本相同；然而，多电平单元的操作与 SLC 操作有很大不同。为了保证高性能和高可靠性，在多电平单元中保持较紧凑的阈值电压（V_{th}）分布宽度是非常重要的。

文件存储型应用的下一个要求是高速编程，如图 1.4 所示。在 NAND 闪存中，均一编程 / 擦除方案已经作为事实上的标准使用了 20 多年。与 NOR 闪存不同，编程不需要巨大的热电子注入电流，且即使需要被编程的存储单元数量增加，均一编程 / 擦除方案也能产生非常低的编程功耗。因此，NAND 闪存可以很容易地在大页面（512B ~ 32KB 的单元）中编程，且每字节的编程速度可以相当快（约 100MB/s）。此外，一些高级编程操作被开发用于高速编程，如逐位验证、编程电压 V_{pgm} 升压（ISPP）、ABL（全位线）架构等。

文件存储型应用程序的另一个重要要求是"高可靠性"，如图 1.4 所示。当一个高电压（>20V）被施加到控制栅极，在隧穿氧化层上产生 Fowler-Nordheim（FN）隧穿电流。隧穿氧化层中所达到的电场值大于 10MV/cm，这通常在其他半导体器件中将引起氧化层击穿。这意味着闪存在正常编程和擦除中使用类似击穿的操作。由于施加了高场，隧穿氧化层受电子 / 空穴陷阱、界面态产生和应力诱导漏电流（SILC）的影响而有所衰退。闪存可靠性的下降主要与这种隧穿氧化层由于编程和擦除循环操作产生的退化有关。即使隧穿氧化层发生退化，作为非易失性存储器，存储的数据也必须长时间地保存在存储单元中。编程和擦除循环操作后的数据保持时间是 NAND 闪存可靠性的关键。

NAND 闪存的要求

➤ 低位成本

小单元尺寸和可微缩性 → 自对准STI（SA-STI）
多电平单元（MLC）

➤ 高速编程

并行（低功耗）编程 → 页编程
逐位验证
V_{pgm} 升压（ISPP）

➤ 高可靠性

隧穿氧化层弱衰退 → 均一编程/擦除方案

图 1.4　文件存储型应用市场对 NAND 闪存的要求

此外，读干扰和编程干扰也是 NAND 闪存中重要的可靠性相关现象[13, 16]。在读取和编程操作期间，操作电压被施加到 NAND 串中未被选中的字线（word line，WL）。几种干扰应力被施加到单元阵列中未被选中的单元。读干扰和编程干扰发生在单元阵列的某一串中这些未被选择的单元中。

NAND 闪存的可靠性指标取决于诸如数码相机、MP3 播放器、个人计算机的 SSD（固态硬盘）、数据服务器的 SSD 等应用。NAND 闪存的目标规格通常如下。为了保证 NAND 的规格，在器件、工艺、操作、电路、存储系统等方面都做出了各种努力。

编程和擦除循环（P/E 循环）：1000 ~ 100000 次循环；

数据保持时间：1 ~ 10 年；

读循环：10^5 ~ 10^7 次；

页编程次数（number of page program time，NOP）：MLC、TLC、QLC 均为 1 次，SLC 为 2 ~ 8 次。

2007 年，为了进一步缩小 NAND 闪存单元，提出了 BiCS（位成本可微缩）的三维（3D）NAND 闪存器件技术[58]。BiCS 技术是一种新的低成本工艺概念，主要是通过在堆叠复合多字线层中的通孔制备垂直的多晶硅沟道。在 BiCS 提出之后，几种 3D NAND 闪存单元也被提出[59-63]。由于采用垂直堆叠的单元结构，这种 3D 单元具有减小有效单元尺寸而无需微缩单元尺寸 F 的优点。2013 年，3D NAND 闪存宣布开始量产。该闪存器件为 128Gbit MLC 3D V-NAND 闪存，具有 24 层堆叠的电荷陷阱单元[64]。为了进一步降低 3D NAND 单元的位成本，需要大量增加堆叠单元的数量。许多技术问题，如高深宽比刻蚀、电荷陷阱单元的数据保持、新的编程干扰模式、单元电流波动等，都必须解决或控制。在克服这些关键问题之后，1Tbit 或 2Tbit 容量的 NAND 闪存器件就会上市。

1.2   概述

本书对 NAND 闪存器件相关技术进行了综述。书中主要章节内容集中于 NAND 闪存单元的缩放，NAND 闪存的高性能操作，NAND 闪存可靠性的提高，以及 3D NAND 闪存技术，因为这些内容对现在和未来的 NAND 闪存非常重要。

在第 1 章介绍了 NAND 闪存技术的背景之后，第 2 章介绍了 NAND 闪存的基本结构和操作，描述了单个单元和 NAND 单元阵列的结构。同时介绍了单元的读取、编程和擦除操作，并讨论了实现低成本 NAND 闪存的多电平 NAND 单元技术。

第 3 章回顾了平面（2D）NAND 闪存单元的缩放历史和场景。NAND 闪存单元的布局很简单：平行的字线（WL）群垂直于平行的位线（BL）群。WL 间距通常为 $2F$，这受到光刻工艺技术的限制。然而，在 LOCOS 隔离的情况下，BL 间距通常为 $3F$ 或更大。这是因为隔离宽度需要为 $2F$ 或更大，以防止编程期间 NAND 单元沟道（串）之间的相对高的穿通电压（约 8V）。因此，减小隔离宽度是减小存储单元尺寸以满足低位成本要求的关键。

第 3 章中，首先介绍了 LOCOS 隔离单元技术（3.2 节）。在 LOCOS 形成后，采用场穿透注入技术（FTI）可以最小化 LOCOS 的隔离宽度来提高器件性能。接下来，讨论了带有 FG

（浮栅）翼的自对准 STI 单元（3.3 节）。采用 FG 翼是为了减小单元结构的纵横比。然后，讨论了无 FG 翼的自对准 STI 单元（3.4 节）。该单元已经作为事实上的标准从 90nm 技术代单元使用到现在的单元（1Y-nm 技术代单元）。同时，平面 FG 单元作为一种替代单元结构被引入（3.5 节）。此外，还描述了侧壁传输晶体管单元（SWATT 单元）（3.6 节）。由于采用了侧壁传输晶体管，可以大大提高读窗口裕度。然后，预期有更快速的编程速度。最后，在 3.7 节中讨论了先进 NAND 闪存单元技术中的虚拟字线方案和 p 型浮栅。

另一个重要的低位成本技术是多电平单元（MLC），它是在单个存储单元中存储多个逻辑位。为了实现 MLC，智能的操作方案是实现合理性能和可靠性的关键。第 4 章讨论了多电平 NAND 闪存的高级操作。为了提高系统的性能和可靠性，在编程过程中选择合适的 V_{th} 分布宽度是非常重要的，且大多数操作方案都集中在这一点上。

对于存储单元的缩放，由于浮栅电容耦合效应、电子注入展宽、RTN 和高场问题等物理限制，使得对 V_{th} 分布宽度的控制变得非常困难。这些物理限制使 V_{th} 分布宽度变宽，然后单元 V_{th} 设置的裕度（读窗口裕度）减小。最新产品的特征尺寸可以达到 20nm 以下，读窗口裕度严重减小。于是，理清有多少缩放限制因素对 20nm 特征尺寸以下的 V_{th} 裕度有影响是很重要的。因此，第 5 章将讨论自对准 STI 单元在 20nm 以下的缩放挑战。

第 6 章讨论了 2D NAND 闪存单元的可靠性。闪存的可靠性归因于数据保持或读干扰后的编程 / 擦除循环耐久。编程和擦除的操作方案对闪存单元的可靠性有很大的影响。于是，为了满足可靠性和性能的要求，提出了多种编程 / 擦除方案。阐明单元的衰退机制和最佳的编程 / 擦除方案对实现可靠性和性能要求具有重要意义。第 6 章中，对 NAND 闪存单元的可靠性内容进行了描述。通过对几种编程 / 擦除方案之间的编程 / 擦除耐久特性、数据保持特性和读干扰特性进行比较，表明均一编程 / 擦除方案在 NAND 闪存可靠性方面具有许多优势。

第 7 章介绍了 3D NAND 闪存单元。在描述了 3D NAND 闪存的发展动机和历史之后，介绍了多种类型的 3D 单元。比较了 BiCS 单元、TCAT/V-NAND 单元、SMArT 单元、VG-NAND 单元和 DC-SF 单元等几种 3D 单元的优势和性能。

之后，在第 8 章中讨论了 3D NAND 单元面临的挑战。为了实现低成本的 NAND 闪存，必须通过改进工艺、结构、器件、性能和可靠性来解决或管理一些严峻的问题。

第 9 章讨论了 NAND 闪存的未来趋势，展望了未来 NAND 闪存技术的发展前景。

与上述章节内容相对应，本书描述了以下主题：

1）NAND 闪存原理；

2）2D NAND 闪存单元的微缩场景；

3）2D NAND 闪存单元缩放的实际框架；

4）采用 LOCOS 隔离技术缩小 NAND 闪存单元；

5）自对准 STI 技术；

6）低成本 NAND 闪存工艺流程；

7）平面浮栅单元；

8）用于多电平单元的 SWATT 单元；

9）多电平单元的高级操作；

10）多电平单元中用于紧凑 V_{th} 分布宽度的基本和高级编程操作；

11）MLC（2 比特位 / 单元）的页编程序列；

12）TLC（3 比特位 / 单元）的页编程序列；

13）2D NAND 闪存单元的缩放挑战；

14）突破 2D NAND 闪存单元缩放限制的解决方案；

15）2D NAND 闪存单元物理缩放的限制因素分析；

16）浮栅电容耦合干扰、电子注入展宽、RTN 等这些缩放限制因素的详细机制；

17）多种编程和擦除方案下 NAND 闪存的可靠性的研究，用于阐明编程和擦除方案之间的相互依赖性；

18）编程干扰和读干扰现象研究，用于优化 NAND 闪存单元的运行；

19）多种 3D NAND 闪存单元的介绍；

20）3D NAND 闪存的缩放挑战；

21）3D NAND 闪存单元中编程干扰、单元电流波动等问题的详细机制；

22）NAND 闪存技术的未来趋势。

参 考 文 献

[1] Masuoka, F.; Asano, M.; Iwahashi, H.; Komuro, T.; Tanaka, S. A new flash E^{2}PROM cell using triple polysilicon technology, *Electron Devices Meeting, 1984 International*, vol. 30, pp. 464–467, 1984.

[2] Masuoka, F.; Momodomi, M.; Iwata, Y.; Shirota, R. New ultra high density EPROM and flash EEPROM with NAND structure cell, *Electron Devices Meeting, 1987 International*, vol. 33, pp. 552–555, 1987.

[3] Shirota, R.; Itoh, Y.; Nakayama, R.; Momodomi, M.; Inoue, S.; Kirisawa, R.; Iwata, Y.; Chiba, M.; Masuoka, F. New NAND cell for ultra high density 5v-only EEPROMs, *Digest of Technical Papers—Symposium on VLSI Technology*, 1988, pp. 33–34.

[4] Momodomi, M.; Kirisawa, R.; Nakayama, R.; Aritome, S.; Endoh, T.; Itoh, Y.; Iwata, Y.; Oodaira, H.; Tanaka, T.; Chiba, M.; Shirota, R.; Masuoka, F. New device technologies for 5 V-only 4 Mb EEPROM with NAND structure cell, *Electron Devices Meeting, 1988. IEDM'88. Technical Digest International*, pp. 412–415, 1988.

[5] Itoh, Y.; Momodomi, M.; Shirota, R.; Iwata, Y.; Nakayama, R.; Kirisawa, R.; Tanaka, T.; Toita, K.; Inoue, S.; Masuoka, F. An experimental 4 Mb CMOS EEPROM with a NAND structured cell, *Solid-State Circuits Conference, 1989. Digest of Technical Papers, 36th ISSCC, 1989 IEEE International*, pp. 134–135, 15–17 Feb. 1989.

[6] Momodomi, M.; Itoh, Y.; Shirota, R.; Iwata, Y.; Nakayama, R.; Kirisawa, R.; Tanaka, T.; Aritome, S.; Endoh, T.; Ohuchi, K.; Masuoka, F. An experimental 4-Mbit CMOS EEPROM with a NAND-structured cell, *Solid-State Circuits, IEEE Journal of*, vol. 24, no. 5, pp. 1238–1243, Oct. 1989.

[7] Momodomi, M.; Iwata, Y.; Tanaka, T.; Itoh, Y.; Shirota, R.; Masuoka, F. A high density NAND EEPROM with block-page programming for microcomputer applications, *Custom Integrated Circuits Conference, 1989, Proceedings of the IEEE 1989*, pp. 10.1/1–10.1/4, 15–18 May 1989.

[8] Iwata, Y.; Momodomi, M.; Tanaka, T.; Oodaira, H.; Itoh, Y.; Nakayama, R.; Kirisawa, R.; Aritome, S.; Endoh, T.; Shirota, R.; Ohuchi, K.; Masuoka, F. A high-density NAND EEPROM with block-page programming for microcomputer applications, *Solid-State Circuits, IEEE Journal of*, vol. 25, no. 2, pp. 417–424, Apr. 1990.

[9] Aritome, S.; Kirisawa, R.; Endoh, T.; Nakayama, R.; Shirota, R.; Sakui, K.; Ohuchi, K.; Masuoka, F. Extended data retention characteristics after more than 10^4 write and erase cycles in EEPROMs, *International Reliability Physics Symposium, 1990. 28th Annual Proceedings*, pages 259–264, 1990.

[10] Tanaka, T.; Momodomi, M.; Iwata, Y.; Tanaka, Y.; Oodaira, H.; Itoh, Y.; Shirota, R.; Ohuchi, K.; Masuoka, F. A 4-Mbit NAND-EEPROM with tight programmed V_t distribution, *VLSI Circuits, 1990. Digest of Technical Papers, 1990 Symposium on*, pp. 105–106, 7–9 June 1990.

[11] Momodomi, M.; Tanaka, T.; Iwata, Y.; Tanaka, Y.; Oodaira, H.; Itoh, Y.; Shirota, R.; Ohuchi, K.; Masuoka, F. A 4 Mb NAND EEPROM with tight programmed V_t distribution, *Solid-State Circuits, IEEE Journal of*, vol. 26, no. 4, pp. 492–496, Apr. 1991.

[12] Kirisawa, R.; Aritome, S.; Nakayama, R.; Endoh, T.; Shirota, R.; Masuoka, F. A NAND structured cell with a new programming technology for highly reliable 5 V-only flash EEPROM, *1990 Symposium on VLSI Technology, 1990. Digest of Technical Papers*, pages 129–130, 1990.

[13] Aritome, S.; Shirota, R.; Kirisawa, R.; Endoh, T.; Nakayama, R.; Sakui, K.; Masuoka, F. A reliable bi-polarity write/erase technology in flash EEPROMs, *International Electron Devices Meeting, 1990. IEDM'90. Technical Digest*, pages 111–114, 1990.

[14] Shirota, R.; Nakayama, R.; Kirisawa, R.; Momodomi, M.; Sakui, K.; Itoh, Y.; Aritome, S.; Endoh, T.; Hatori, F.; Masuoka, F. A 2.3 μm^2 memory cell structure for 16 Mb NAND EEPROMs, *Electron Devices Meeting, 1990. IEDM'90. Technical Digest, International*, pp. 103–106, 9–12 Dec. 1990.

[15] Tanaka, T.; Tanaka, Y.; Nakamura, H.; Oodaira, H.; Aritome, S.; Shirota, R.; Masuoka, F. A quick intelligent program architecture for 3 V-only NAND-EEPROMs, *VLSI Circuits, 1992. Digest of Technical Papers, 1992 Symposium on*, pp. 20–21, 4–6 June 1992.

[16] Aritome, S.; Shirota, R.; Hemink, G.; Endoh, T.; Masuoka, F.; Reliability issues of flash memory cells, *Proceedings of the IEEE*, vol. 81, no. 5, pages 776–788, 1993.

[17] Aritome, S.; Hatakeyama, I.; Endoh, T.; Yamaguchi, T.; Shuto, S.; Iizuka, H.; Maruyama, T.; Watanabe, H.; Hemink, G. H.; Tanaka, T.; M. Momodomi, K. Sakui, and R. Shirota, A 1.13 μm^2 memory cell technology for reliable 3.3 V 64 Mb EEPROMs, *1993 International Conference on Solid State Device and Material (SSDM93)*, pp. 446–448, 1993.

[18] Aritome, S.; Hatakeyama, I.; Endoh, T.; Yamaguchi, T.; Susumu, S.; Iizuka, H.; Maruyama, T.; Watanabe, H.; Hemink, G.; Koji, S.; Tanaka, T.; Momodomi, M.; and Shirota, R. An advanced NAND-structure cell technology for reliable 3.3V 64 Mb electrically erasable and programmable read only memories (EEPROMs), *Jpn. J. Appl. Phys.* vol. 33, pp. 524–528, Jan. 1994.

[19] Watanabe, H.; Aritome, S.; Hemink, G. J.; Maruyama, T.; Shirota, R. Scaling of tunnel oxide thickness for flash EEPROMs realizing stress-induced leakage current reduction, *VLSI Technology, 1994. Digest of Technical Papers. 1994 Symposium on*, pp. 47–48, 7–9 June 1994.

[20] Aritome, S.; Shirota R.; Sakui, K.; Masuoka, F. Data retention characteristics of flash memory cells after write and erase cycling, *IEICE Trans. Electron.*, vol. E77-C, no. 8, pp. 1287–1295, Aug. 1994.

[21] Tanaka, T.; Tanaka, Y.; Nakamura, H.; Sakui, K.; Oodaira, H.; Shirota, R.; Ohuchi, K.; Masuoka, F.; Hara, H. A quick intelligent page-programming architecture and a shielded bitline sensing method for 3 V-only NAND flash memory, *Solid-State Circuits, IEEE Journal of*, vol. 29, no. 11, pp. 1366–1373, Nov. 1994.

[22] Aritome, S.; Satoh, S.; Maruyama, T.; Watanabe, H.; Shuto, S.; Hemink, G. J.; Shirota, R.; Watanabe, S.; Masuoka, F. A 0.67 µm² self-aligned shallow trench isolation cell (SA-STI cell) for 3 V–only 256 Mbit NAND EEPROMs, *Electron Devices Meeting, 1994. IEDM'94. Technical Digest., International*, pp. 61–64, 11–14 Dec. 1994.

[23] Imamiya, K.; Iwata, Y.; Sugiura, Y.; Nakamura, H.; Oodaira, H.; Momodomi, M.; Ito, Y.; Watanabe, T.; Araki, H.; Narita, K.; Masuda, K.; Miyamoto, J. A 35 ns-cycle-time 3.3 V-only 32 Mb NAND flash EEPROM, *Solid-State Circuits Conference, 1995. Digest of Technical Papers. 42nd ISSCC, 1995 IEEE International*, pp. 130–131, 351, 15–17 Feb. 1995.

[24] Iwata, Y.; Imamiya, K.; Sugiura, Y.; Nakamura, H.; Oodaira, H.; Momodomi, M.; Itoh, Y.; Watanabe, T.; Araki, H.; Narita, K.; Masuda, K.; Miyamoto, J.-I. A 35 ns cycle time 3.3 V only 32 Mb NAND flash EEPROM, *Solid-State Circuits, IEEE Journal of*, vol. 30, no. 11, pp. 1157–1164, Nov. 1995.

[25] Suh, K.-D.; Suh, B.-H.; Um, Y.-H.; Kim, J.-Ki; Choi, Y.-J.; Koh, Y.-N.; Lee, S.-S.; Kwon, S.-C.; Choi, B.-S.; Yum, J.-S; Choi, J.-H.; Kim, J.-R.; Lim, H.-K. A 3.3 V 32 Mb NAND flash memory with incremental step pulse programming scheme, *Solid-State Circuits Conference, 1995. Digest of Technical Papers. 42nd ISSCC, 1995 IEEE International*, pp.128–129, 350, 15–17 Feb. 1995.

[26] Suh, K.-D.; Suh, B.-H.; Lim, Y.-H.; Kim, J.-K.; Choi, Y.-J.; Koh, Y.-N.; Lee, S.-S.; Kwon, S.-C.; Choi, B.-S.; Yum, J.-S.; Choi, J.-H.; Kim, J.-R.; Lim, H.-K. A 3.3 V 32 Mb NAND flash memory with incremental step pulse programming scheme, *Solid-State Circuits, IEEE Journal of*, vol. 30, no. 11, pp. 1149–1156, Nov. 1995.

[27] Satoh, S.; Hemink, G. J.; Hatakeyama, F.; Aritome, S. Stress induced leakage current of tunnel oxide derived from flash memory read-disturb characteristics, *Microelectronic Test Structures, 1995. ICMTS 1995. Proceedings of the 1995 International Conference on*, pp. 97–101, 22–25 Mar. 1995.

[28] Satoh, S.; Hemink, G.; Hatakeyama, K.; Aritome, S.; Stress-induced leakage current of tunnel oxide derived from flash memory read-disturb characteristics, *IEEE Transactions on Electron Devices*, vol. 45, no. 2, pp. 482–486 1998.

[29] Hemink, G. J.; Tanaka, T.; Endoh, T.; Aritome, S.; Shirota, R. Fast and accurate programming method for multi-level NAND EEPROMs, *VLSI Technology, 1995. Digest of Technical Papers. 1995 Symposium on*, pp. 129–130, 6–8 June 1995.

[30] Takeuchi, K.; Tanaka, T.; Nakamura, H. A double-level-V_{th} select gate array architecture for multi-level NAND flash memories, *VLSI Circuits, 1995. Digest of Technical Papers., 1995 Symposium on*, pp. 69–70, 8–10 June 1995.

[31] Takeuchi, K.; Tanaka, T.; Nakamura, H. A double-level-V_{th} select gate array architecture for multilevel NAND flash memories, *Solid-State Circuits, IEEE Journal of*, vol. 31, no. 4, pp. 602–609, Apr. 1996.

[32] Aritome, S.; Takeuchi, Y.; Sato, S.; Watanabe, H.; Shimizu, K.; Hemink, G.; Shirota, R. A novel side-wall transfer-transistor cell (SWATT cell) for multi-level NAND EEPROMs, *Electron Devices Meeting, 1995. International*, pp. 275–278, 10–13 Dec. 1995.

[33] Aritome, S.; Takeuchi, Y.; Sato, S.; Watanabe, I.; Shimizu, K.; Hemink, G.; Shirota, R. A side-wall transfer-transistor cell (SWATT cell) for highly reliable multi-level NAND EEPROMs, *Electron Devices, IEEE Transactions on*, vol. 44, no. 1, pp. 145–152, Jan. 1997.

[34] Jung, T.-S.; Choi, Y.-J.; Suh, K.-D.; Suh, B.-H.; Kim, J.-K.; Lim, Y.-H.; Koh, Y.-N.; Park, J.-W.; Lee, K.-J.; Park, J.-H.; Park, K.-T.; Kim, J.-R.; Lee, J.-H.; Lim, H.-K. A 3.3 V 128 Mb multi-level NAND flash memory for mass storage applications, in Solid-State Circuits Conference, 1996. Digest of Technical Papers. 42nd ISSCC., 1996 IEEE International, pp. 32–33, 10-10 Feb. 1996.

[35] Jung, T.-S.; Choi, Y.-J.; Suh, K.-D.; Suh, B.-H.; Kim, J.-K.; Lim, Y.-H.; Koh, Y.-N.; Park, J.-W.; Lee, K.-J.; Park, J.-H.; Park, K.-T.; Kim, J.-R.; Yi, J.-H.; Lim, H.-K. A 117-mm^2 3.3-V only 128-Mb multilevel NAND flash memory for mass storage applications, *Solid-State Circuits, IEEE Journal of*, vol. 31, no. 11, pp. 1575–1583, Nov. 1996.

[36] Kim, J.-K.; Sakui, K.; Lee, S.-S.; Itoh, J.; Kwon, S.-C.; Kanazawa, K.; Lee, J.-J.; Nakamura, H.; Kim, K.-Y.; Himeno, T.; Jang-Rae, Kim; Kanda, K.; Tae-Sung, Jung; Oshima, Y.; Kang-Deog, Suh; Hashimoto, K.; Sung-Tae Ahn; Miyamoto, J. A 120 mm^2 64 Mb NAND flash memory achieving 180 ns/byte effective program speed, *VLSI Circuits, 1996. Digest of Technical Papers 1996 Symposium on*, pp. 168–169, 13–15 June 1996.

[37] Kim, J.-K.; Sakui, K.; Lee, S.-S.; Itoh, Y.; Kwon, S.-C.; Kanazawa, K.; Lee, K.-J.; Nakamura, H.; Kim, K.-Y.; Himeno, T.; Kim, J.-R.; Kanda, K.; Jung, T.-S.; Oshima, Y.; Suh, K.-D.; Hashimoto, K.; Ahn, S.-T.; Miyamoto, J. A 120-mm^2 64-Mb NAND flash memory achieving 180 ns/Byte effective program speed, *Solid-State Circuits, IEEE Journal of*, vol. 32, no. 5, pp. 670–680, May. 1997.

[38] Hemink, G. J.; Shimizu, K.; Aritome, S.; Shirota, R. Trapped hole enhanced stress induced leakage currents in NAND EEPROM tunnel oxides, *IEEE International Reliability Physics Symposium, 1996. 34th Annual Proceedings*, pp. 117–121, 1996.

[39] Tanzawa, T.; Tanaka, T.; Takeuchi, K.; Shirota, R.; Aritome, S.; Watanabe, H.; Hemink, G.; Shimizu, K.; Sato, S.; Takeuchi, Y.; Ohuchi, K. A compact on-chip ECC for low cost flash memories, *VLSI Circuits, 1996. Digest of Technical Papers, 1996 Symposium on*, pp. 74–75, 13–15 June 1996.

[40] Tanzawa, T.; Tanaka, T.; Takeuchi, K.; Shirota, R.; Aritome, S.; Watanabe, H.; Hemink, G.; Shimizu, K.; Sato, S.; Takeuchi, Y.; Ohuchi, K. A compact on-chip ECC for low cost flash memories, *Solid-State Circuits, IEEE Journal of*, vol. 32, no. 5, pp. 662–669, May 1997.

[41] Choi, J. D.; Kim, D. J.; Tang, D. S.; Kim, J.; Kim, H. S.; Shin, W. C.; Ahn, S. T.; Kwon, O.H. A novel booster plate technology in high density NAND flash memories for voltage scaling-down and zero program disturbance, *VLSI Technology, 1996. Digest of Technical Papers. 1996 Symposium on*, pp. 238–239, 11–13 June 1996.

[42] Kim, D.J.; Choi, J. D.; Kim, J.; Oh, H. K.; Ahn, S. T.; Kwon, O. H. Process integration for the high speed NAND flash memory cell, *VLSI Technology, 1996. Digest of Technical Papers. 1996 Symposium on*, pp. 236–237, 11–13 June 1996.

[43] Watanabe, H.; Shimizu, K.; Takeuchi, Y.; Aritome, S. Corner-rounded shallow trench isolation technology to reduce the stress-induced tunnel oxide leakage current for highly reliable flash memories, *Electron Devices Meeting, 1996. IEDM'96., International*, pp. 833–836, 8–11 Dec. 1996.

[44] Shin, W. C.; Choi, J. D.; Kim, D. J.; Kim, H. S.; Mang, K. M.; Chung, C. H.; Ahn, S. T.; and Kwon, O. H.. A new shared bit line NAND Cell technology for the 256 Mb flash memory with 12V programming, *Electron Devices Meeting, 1996. IEDM'96, International*, Dec. 1996.

[45] Jung, T.-S.; Choi, D.-C.; Cho, S.-H.; Kim, M.-J.; Lee, S.-K.; Choi, B.-S.; Yum, J.-S.; Kim, S.-H.; Lee, D.-G.; Son, J.-C.; Yong, M.-S.; Oh, H.-K.; Jun, S.-B.; Lee, W.-M.; Haq, E.; Suh, K.-D.; Ali, S.; Lim, H.-K. A 3.3 V 16 Mb nonvolatile virtual DRAM

using a NAND flash memory technology, *Solid-State Circuits Conference, 1997. Digest of Technical Papers. 43rd ISSCC, 1997 IEEE International*, pp. 398–399, 493, 6–8 Feb. 1997.

[46] Jung, T.–S.; Choi, D.-C.; Cho, S.-H.; Kim, M.-J.; Lee, S.-K.; Choi, B.-S.; Yum, Jin-Sun; Kim, S.-H.; Lee, D.-G.; Son, J.-C.; Yong, M.-S.; Oh, H.-K.; Jun, S.-B.; Lee, W.-M.; Haq, E.; Suh, K.-D.; Ali, S. B.; Lim, H.-K.; A 3.3-V single power supply 16-Mb nonvolatile virtual DRAM using a NAND flash memory technology, *Solid-State Circuits, IEEE Journal of*, vol. 32, no. 11, pp. 1748–1757, Nov. 1997.

[47] Tanaka, T.; Tanzawa, T.; Takeuchi, K.; , A 3.4-Mbyte/sec programming 3-level NAND flash memory saving 40% die size per bit, *VLSI Circuits, 1997. Digest of Technical Papers., 1997 Symposium on*, pp. 65–66, 12–14 June 1997.

[48] Takeuchi, K.; Tanaka, T.; Tanzawa, T. A Multi-page Cell Architecture for high-speed programming multi-level NAND flash memories, *VLSI Circuits, 1997. Digest of Technical Papers, 1997 Symposium on*, pp. 67–68, 12–14 June 1997.

[49] Takeuchi, K.; Tanaka, T.; Tanzawa, T. A multipage cell architecture for high-speed programming multilevel NAND flash memories, *Solid-State Circuits, IEEE Journal of*, vol. 33, no. 8, pp. 1228–1238, Aug. 1998.

[50] Kim, H. S.; Choi, J. D.; Kim, J.; Shin, W. C.; Kim, D. J.; Mang, K. M.; Ahn, S. T. Fast parallel programming of multi-level NAND flash memory cells using the booster-line technology, *VLSI Technology, 1997. Digest of Technical Papers, 1997 Symposium on*, pp. 65–66, 10–12 June 1997.

[51] Shimizu, K.; Narita, K.; Watanabe, H.; Kamiya, E.; Takeuchi, Y.; Yaegashi, T.; Aritome, S.; Watanabe, T. A novel high-density $5F^2$ NAND STI cell technology suitable for 256 Mbit and 1 Gbit flash memories, *Electron Devices Meeting, 1997. IEDM'97. Technical Digest, International*, pp. 271–274, 7–10 Dec. 1997.

[52] Satoh, S.; Hagiwara, H.; Tanzawa, T.; Takeuchi, K.; Shirota, R. A novel isolation-scaling technology for NAND EEPROMs with the minimized program disturbance, *Electron Devices Meeting, 1997. IEDM'97. Technical Digest, International*, pp. 291–294, 7–10 Dec. 1997.

[53] Choi, J. D.; Lee, D. G.; Kim, D. J.; Cho, S. S.; Kim, H. S.; Shin, C. H.; Ahn, S. T. A triple polysilicon stacked flash memory cell with wordline self-boosting programming, *Electron Devices Meeting, 1997. IEDM'97. Technical Digest, International*, pp. 283–286, 7–10 Dec. 1997.

[54] F. Masuoka, flash memory makes a big leap, *Kogyo Chosakai*, vol. 1, pp. 1–172, 1992. (in Japanese).

[55] Aritome, S., NAND flash innovations, *Solid-State Circuits Magazine, IEEE*, vol. 5, no. 4, pp. 21,29, Fall 2013.

[56] Aritome, S. Advanced flash memory technology and trends for file storage application *Electron Devices Meeting, 2000. IEDM Technical Digest International*, pp. 763–766, 2000.

[57] Hwang, J.; Seo, J.; Lee, Y.; Park, S.; Leem, J.; Kim, J.; Hong, T.; Jeong, S.; Lee, K.; Heo, H.; Lee, H.; Jang, P.; Park, K.; Lee, M.; Baik, S.; Kim, J.; Kkang, H.; Jang, M.; Lee, J.; Cho, G.; Lee, J.; Lee, B.; Jang, H.; Park, S.; Kim, J.; Lee, S.; Aritome, S.; Hong, S.; and Park, S. A middle-1X nm NAND flash memory cell (M1X-NAND) with highly manufacturable integration technologies, *Electron Devices Meeting (IEDM), 2011 IEEE International*, pp. 199–202, Dec. 2011.

[58] Tanaka, H.; Kido, M.; Yahashi, K.; Oomura, M.; Katsumata, R.; Kito, M.; Fukuzumi, Y.; Sato, M.; Nagata, Y.; Matsuoka, Y.; Iwata, Y.; Aochi, H.; Nitayama, A. Bit cost scalable technology with punch and plug process for ultra high density flash memory, *VLSI Symposium Technical. Digest., 2007*, pp. 14–15.

[59] Katsumata, R.; Kito, M.; Fukuzumi, Y.; Kido, M.; Tanaka, H.; Komori, Y.; Ishiduki, M.; Matsunami, J.; Fujiwara, T.; Nagata, Y.; Zhang, L.; Iwata, Y.; Kirisawa, R.; Aochi, H.; Nitayama, A. Pipe-shaped BiCS flash memory with 16 stacked layers and multi-level-cell operation for ultra high density storage devices, *VLSI Symposium Technology. Digest.*, pp. 136–137, 2009.

[60] Kim, J.; Hong, A. J.; Ogawa, M.; Ma, S.; Song, E. B.; Lin, Y.-S.; Han, J.; Chung, U.-I.; Wang, K. L. Novel 3-D structure for ultra high density flash memory with VRAT (vertical-recess-array-transistor) and PIPE (planarized integration on the same plane), *VLSI Symposium Technology. Digest.*, *2008*, pp. 122–123.

[61] Kim, W. J.; Choi, S.; Sung, J.; Lee, T.; Park, C.; Ko, H.; Jung, J., Yoo, I.; Park, Y. Multi-layered vertical gate NAND flash overcoming stacking limit for terabit density storage, *VLSI Symposium Technology. Digest.*, *2009*, pp. 188–189.

[62] Jang, J.; Kim, H.-S.; Cho, W.; Cho, H.; Kim, J.; Shim, S.I.; Jang, Y.; Jeong, J.-H.; Son, B.-K.; Kim, D. W.; Kim, K.; Shim, J.-J.; Lim, J. S; Kim, K.-H.; Yi, S. Y.; Lim, J.-Y.; Chung, D.; Moon, H.-C.; Hwang, S.; Lee, J.-W.; Son, Y.-H.; U-In Chung and Lee, W.-S. Vertical cell array using TCAT (terabit cell array transistor) technology for ultra high density NAND flash memory", *VLSI Symposium Technology. Digest, 2009*, pp. 192–193.

[63] Lue, H.-T.; Hsu, T.-H.; Hsiao, Y.-H.; Hong, S. P.; Wu, M. T.; Hsu, F. H.; Lien, N. Z.; Wang, S.-Y.; Hsieh, J.-Y.; Yang, L.-W.; Yang, T.; Chen, K.-C.; Hsieh, K.-Y.; Lu, C.-Y.; A highly scalable 8-layer 3D vertical-gate (VG) TFT NAND flash using junction-free buried channel BE-SONOS device, *VLSI Technology (VLSIT), 2010 Symposium on*, pp. 131–132, 15–17 June 2010.

[64] Park, K.-T.; Nam, S.; Kim, D.; Kwak, P.; Lee, D.; Choi, Y.-H.; Choi, M.-H.; Kwak, D.-H.; Kim, D.-H.; Kim M.-S.; Park, H.-W.; Shim, S.-W.; Kang, K.-M.; Park, S.-W.; Lee, K.; Yoon, H.-J.; Ko, K.; Shim, D.-K.; Ahn, Y.-L.; Ryu, J.; Kim, D.; Yun, K.; Kwon, J.; Shin, S.; Byeon, D.-S.; Choi, K.; Han, J.-M.; Kyung, K.-H.; Choi, J.-H.; Kim, K. Three-dimensional 128 Gb MLC vertical NAND flash memory with 24-WL stacked layers and 50 MB/s high-speed programming, *Solid-State Circuits, IEEE Journal of*, vol. 50, no. 1, pp. 204, 213, Jan. 2015.

第 2 章

NAND 闪存原理

2.1 NAND 闪存器件与结构

2.1.1 NAND 闪存单元结构

闪存的单个单元结构如图 2.1 所示。单个单元有一个 N 型 MOS 晶体管和多晶硅浮栅（FG）。浮栅通过隧穿氧化层（tunnel oxide）和多晶硅层间介质（interpoly dielectric，IPD）进行电隔离。电荷存储在浮栅中，浮栅的电势由控制栅电压控制，并在控制栅与浮栅之间存在电容耦合。图 2.2 显示了 NAND 的串（string）结构 [1]。NAND 单元串由 32 个单元（典型情况下）和两个选择晶体管组成，32 个单元串联在一起。与漏极连接的为漏极选择晶体管（SGD），其将漏极与位线（BL）隔离，而连接源极的为源极选择晶体管（SGS），其将源极与源线（SL）隔离。一个 NAND 串的单元数从 8 个单元→ 16 个单元→ 32 个单元（0.12μm 工艺）→ 64 个单元（43nm 工艺）逐步增加。

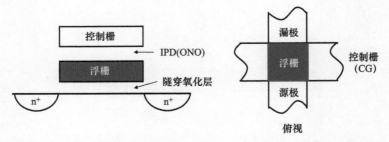

图 2.1　浮栅型闪存的单个单元结构。具有多晶硅浮栅的 N 型晶体管，浮栅通过隧穿氧化层和多晶硅层间介质（IPD）进行电隔离，电荷存储在浮栅中

图 2.3a 和 b 分别显示了 NAND 闪存存储单元的俯视图和截面视图。一个 NAND 串由 32 个串联堆叠的栅极存储晶体管和两个栅极选择晶体管组成。整个存储器阵列由排布的有源区直线（水平线）和排列的栅直线（垂直线）组成。这种简单的单元结构使得具有小特征尺寸的存储单元易于制造，存储单元位于两条直线的交叉点处。32 个存储晶体管布置在两个选择晶体管之间，这使得位线和源线的触点每 34 个栅极线（垂直线）布置一次。

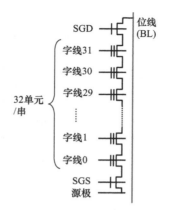

图 2.2　NAND 单元的串（string）结构示意。NAND 单元串由 32 个单元（举例而言）和两个选择晶体管（SGD、SGS）组成。32 个单元串联，SGD 和 SGS 分别连接漏极和源极，使单元与位线和源线隔离开

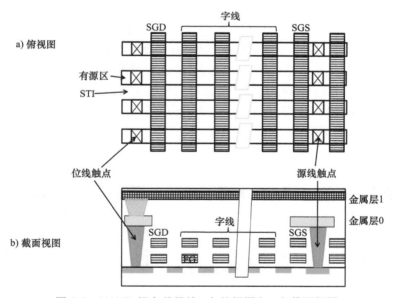

图 2.3　NAND 闪存单元的 a）俯视图和 b）截面视图

　　NAND 闪存单元的阵列结构如图 2.4 所示。其中，页（page）的大小通常为 2 ～ 16KB（2 ～ 16KB 存储单元 +ECC 码）。增加页大小是为了提高读取和编程操作的性能。早期的页大小为512B 单元 +ECC 码 [2-5]。随工艺节点降低，页大小按 512B → 2KB（0.12μm 工艺技术代）→ 4KB（56nm 工艺技术代）→ 8KB（43nm 工艺技术代）→ 16KB（2X ～ 1X-nm 工艺技术代，采用全位线方案）的步骤迭代增加。未来的 NAND 器件需要更高的性能，页大小将会继续增加。在这种情况下，块（block）的大小等于基础页大小 ×2×32 单元，即 128 ～ 256KB 的物理单元。块大小也可以通过增加 NAND 串中的单元数量和增加页大小来增加。读取和编程操作是按页执行的，擦除操作则是按每个块执行的。

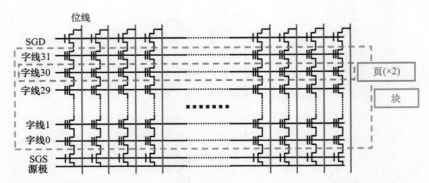

图 2.4　NAND 闪存单元的阵列结构。页大小通常为 2 ~ 16KB（2 ~ 16KB 存储单元 +ECC 码），块大小通常为基础页大小 ×2×32 单元，即 128 ~ 256KB（物理单元）。读操作和编程操作按页执行，擦除操作按块执行

2.1.2　外围器件

图 2.5 为典型 NAND 闪存器件的截面图[6]。其中，存储单元阵列制造在由 p 阱和 n 阱组成的双阱上，N 型（N 沟道）和 P 型（P 沟道）的低压晶体管分别位于 p 阱和 n 阱上。在 P 型硅衬底上制备有 N 沟道高压晶体管。P 沟道高压晶体管则是制备在一个 n 阱上，这个 n 阱与 P 型低压晶体管的 n 阱基本相同。NAND 闪存通常有三个金属层，分别是金属层 0（Metal-0）、金属层 1（Metal-1）和金属层 2（Metal-2）。在一些公司的产品中，采用大马士革工艺制备的铜金属层被用作金属层 1 和金属层 2。

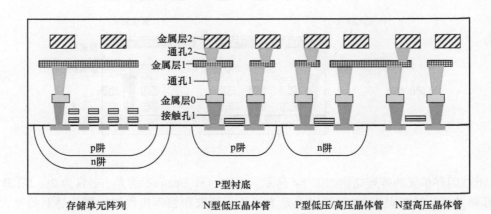

图 2.5　NAND 闪存器件的截面图

用于 NAND 闪存器件的外围晶体管如图 2.6 所示。外围晶体管的类型组合取决于电路的设计要求。图 2.6 显示了一个典型情况的晶体管列表。25 ~ 40nm 厚的栅氧化层被用于高压晶体管。低压晶体管具有与存储单元中的隧穿氧化层相同的薄栅氧化层（约 9nm 厚）。为了实现低工艺成本，重要的是在不增加工艺步骤的情况下制造外围电路晶体管。

高压晶体管的缩放是 NAND 闪存的重要挑战之一。其尺寸缩放需要将高压晶体管以特定的单元间距隔离放置。有两个关键位置用于高压晶体管缩放：一个是行解码器 / 字线驱动器区域，高压晶体管及隔离层的宽度必须大体上等同于串与串的间距；另一个是位线选择器区域，高压晶体管的尺寸必须尽可能小，以使位线选择器的面积小。

2.2　单元操作

2.2.1　读操作

基本的单个单元读操作如图 2.7 所示。对于 SLC（1 比特位 / 单元），根据所施加控制栅电压 V_{gate}=0V 期间，单元电流（I_{cell}）状态，即有电流 "ON" 或无电流 "OFF"，来判断数据处于 "0" 或 "1"。擦除态下，存储单元的浮栅中呈现正电荷；编程态下，浮栅中呈现负电荷。

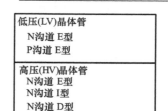

NAND闪存外围晶体管

低压(LV)晶体管
　N沟道 E型
　P沟道 E型

高压(HV)晶体管
　N沟道 E型
　N沟道 I型
　N沟道 D型
　P沟道 E(+)型

其中，E 型=增强型
　　　I 型=本征型（阈值电压为0V）
　　　D 型=耗尽型
　　　E(+) 型=深度增强型（阈值电压为-3V）

图 2.6　NAND 闪存器件外围晶体管列表

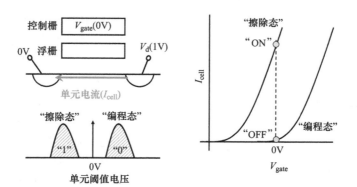

图 2.7　单个单元的读操作原理。擦除态：浮栅中呈正电荷，I_{cell} 处于 "ON"；编程态：浮栅中呈负电荷，I_{cell} 处于 "OFF"

读操作以页为单位执行，如图 2.8 所示。一页对应于一排存储单元，并通过单个字线访问。在未被选中的字线上施加读通过电压 V_{passR}（约 6V）使其中对应的晶体管导通。SLC 的随机读速度（即访问时间 t_R）通常为 25μs，MLC 为 60μs。然而，由于单元电流的减小，t_R 随单元缩小变得越来越长。

读干扰问题主要发生在未被选中的单元中，这些单元的控制栅被施加读通过电压 V_{passR} 并且沟道电压为 0V。这即是弱电子注入模式，然后单元的阈值电压（V_{th}）逐渐升高。详细的读干扰特性将在第 6 章中讨论。

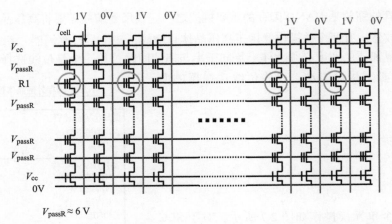

图 2.8   NAND 单元阵列的读操作。页读取：一次 2 ～ 16KB；典型的随机读速度 t_R：25μs（SLC），60μs（MLC）

2.2.2   编程和擦除操作

在 NAND 闪存产品的早期开发阶段，几种编程和擦除方案被考虑使用，如图 2.9 所示。只有两种方式可以将电子注入（injection）到浮栅中，即沟道热电子（channel hot electron，CHE）注入和 Fowler-Nordheim（FN）沟道注入。并且，电子从浮栅中射出（ejection）也只有两种方式，即漏极 / 源极 FN 射出和沟道 FN 射出。将这些注入和射出方式组合，可以实现四种编程和擦除操作方案，如图 2.9 所示。第一种是 NOR 闪存的编程 / 擦除方案，CHE 注入用于编程操作，源极 FN 射出用于擦除操作；第二种是新 NOR 闪存的编程 / 擦除方案 [7]，CHE 注入用于编程操作，擦除操作则通过沟道 FN 射出方式；第三种是旧 NAND 闪存的编程 / 擦除方案 [8, 9]，漏极 FN 射出用于编程操作，沟道 FN 注入用于擦除操作；第四种是目前的 NAND 闪存编程 / 擦除方案 [7, 10, 11]，沟道 FN 注入用于编程操作，擦除操作则通过沟道 FN 射出方式。

由于电流较大，CHE 注入和漏极 / 源极 FN 射出方案的操作功耗都较高。同时，由于需要在漏极 / 源极施加较大的电压，CHE 注入和漏极 / 源极 FN 射出方案下的存储单元扩展性也较差。此外，由于所产生生热空穴的退化，漏极 / 源极 FN 射出方案的可靠性也更差，这将在第 6 章中进行描述。因此，NAND 闪存产品的编程和擦除操作采用了均一（uniform）编程 / 擦除方案，如图 2.9 所示 [7, 10, 11]。详细的编程和擦除操作过程如下所述。

NAND 闪存单元的编程操作是通过给控制栅极施加一个高编程电压 V_{pgm}（约 20V），同时保持衬底 / 源极 / 漏极电压为 0V 来实施的。电子通过 FN 隧穿机制，穿过隧穿氧化层注入浮栅中，单元 V_{th} 即产生一个正向偏移。擦除操作的执行则是在衬底（p 阱）上施加高擦除电压 V_{erase}（约 20V），同时保持控制栅极电压为 0V。浮栅中电子穿过隧穿氧化层射出到衬底上，单元 V_{th} 即产生负向偏移。单个 NAND 闪存单元的编程和操作如图 2.10 所示。

图 2.11 显示了一个典型的编程特性。较高的编程电压或较长的编程脉冲宽度可以产生更快的编程。

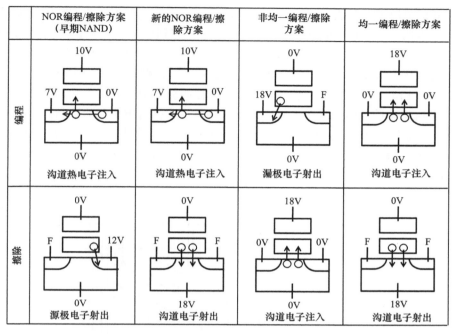

图 2.9　NOR 和 NAND 闪存单元的编程和擦除方案

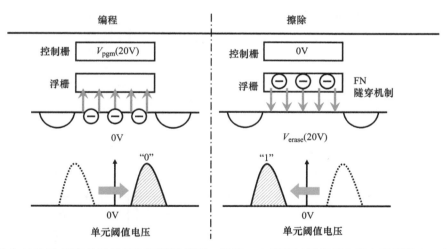

图 2.10　单个 NAND 闪存单元的编程和擦除原理。编程：电子穿过隧穿氧化层向浮栅注入；擦除：电子从浮栅射出

　　图 2.12 显示了单元阵列编程方案。首先，编程从源极侧的单元开始。编程电压 V_{pgm} 施加于选中单元的控制栅（与字线 WL0 相连的控制栅 CG0），同时编程通过电压 V_{pass} 施加于未被选中单元的控制栅。这些未被选中的单元充当通路晶体管，使沟道电压升压并防止升压模式下的编程干扰，如 2.2.4 节所述。在位线上施加 0V，然后通过在所选中单元位线和浮栅之间的电场将电子从位线（沟道）注入浮栅中。选中单元的 V_{th} 被推高到大约 2V，处于编程增强模式。而在

编程抑制模式的情况下，位线上施加供电电压 V_{cc}。在对未被选中单元的控制栅施加 V_{pass} 之前，位线供电电压与选择晶体管阈值电压之间的电压差被转移到单元串的沟道上。随后在未被选中单元的控制栅施加 V_{pass}，使未被选择串的沟道上形成升压。没有电子从沟道注入浮栅，因为此时位线和浮栅之间的电场不足以启动隧穿，单元的阈值电压保持在 −3V 的擦除态。在对与控制栅 CG0（WL0）相连的单元进行编程后，开始对与控制栅 CG1（WL1）相连的单元进行编程。即 V_{pgm} 施加于所选中单元的控制栅（CG1），V_{pass} 施加于未被选中的控制栅（CG0、CG2 ～ CG31）。将 0V 或 V_{cc} 施加于与数据（"0" 或 "1"）相对应的位线。随后，从源极侧单元向位线侧单元依次进行编程。典型的每页编程时间（包含数据加载序列）：SLC 为 200μs，MLC 为 800 ～ 1600μs。

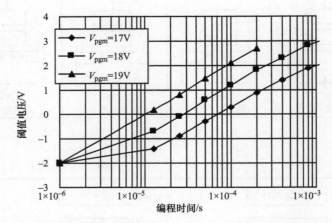

图 2.11　典型的存储单元编程特性。编程电压越高，编程操作速度越快

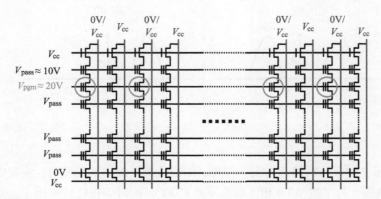

图 2.12　NAND 闪存单元阵列的编程操作。页编程：一次编程 2 ～ 16KB。页中的所有单元都在一个编程序列（包括部分禁止的页编程）中进行编程。编程速度 t_{prog}：SLC 为 200μs；MLC 为 800 ～ 1600μs。页编程的顺序是从源极侧的页到漏极侧的页（按块中序列进行页编程）。随机顺序的页编程通常是被禁止的

增量步进脉冲编程（incremental step pulse programming，ISPP）可以在工艺和环境变化的情况下实现快速的编程性能，同时保持紧凑的编程态单元 V_{th} 分布[12-14]。ISPP 方案的 V_{pgm} 波形如图 2.13 所示。V_{pgm} 随每一次脉冲步进增大。ISPP 方案允许用较低的编程电压对快速编程态单元进行编程，而用较高的编程电压对慢速编程态单元进行编程，从而有效地抑制了过程变化问题。例如，在初始的 15.5V 编程脉冲之后，每个后续脉冲（如果编程需要）以 0.5V（ΔV_{pgm}）递增，直至 20V。由于已充分编程的单元在验证步骤中自动切换到编程抑制状态，因此易于编程的单元不受较高的编程电压的影响。一个 1V 的编程脉冲增量大约与没有增量的 5 个脉冲一样有效。因此，ISPP 方案通过动态优化编程电压对单元特性的影响，在没有实际增加编程时间的情况下，具有增加脉冲宽度的效果[15]。通过编程脉冲 / 验证的循环操作，采用图 2.14 所示的 0.5V ISPP 步进方式[12]，将编程态单元 V_{th} 维持在 0.6V 以内。使用 ISPP 方案条件下，对于 SLC 的页编程通常在 2 ~ 6 个编程脉冲 / 验证循环周期内（约 300μs）。图 2.14 所示的恒定 16.5V 编程电压下器件具有最紧密的 V_{th} 分布宽度（约 0.5V）。然而，其编程验证循环周期更长，由 11 ~ 37 个循环周期组成，意味着编程速度要慢 2 ~ 16 倍。因此，ISPP 方案提供了紧密 V_{th} 分布和快速编程时间的最佳组合。

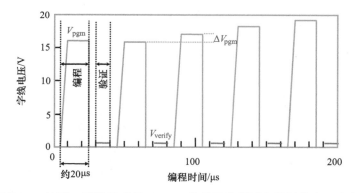

图 2.13　ISPP 方案的 V_{pgm} 波形。页编程采用 ISPP，使单元获得紧密的阈值电压分布。由于编程过程中避免了隧穿氧化层长期处于最大电场，可以减轻隧穿氧化层的退化

通过有效地调整工艺和环境的变化，ISPP 方案可保持一致的编程性能，这有助于提高器件的良率。当条件变化时，以前不符合规范的存储单元随 ISPP 方案的采用变得符合规范。ISPP 方案能够补偿单个芯粒中单元之间可能存在的变化。

在编程脉冲电压之后进行编程验证操作，检查每个单元 V_{th} 是否达到 V_{verify} 的验证水平，如图 2.13 所示。其操作条件与常规读操作基本相同，如图 2.8 所示。与常规读操作的不同之处在于，控制栅电压为 V_{verify}，在图 2.8 中为 R1。

擦除操作以块为单元进行，如图 2.15 所示。被选中的块的字线是接地的，未被选中的块的字线是浮动的。然后将高擦除脉冲（约 20V）施加到存储单元区域的 p 阱和 n 阱（见图 2.5）。在被选中的块中，擦除电压在 p 阱和控制栅之间产生一个大的（约 20V）电压差。这会使 FN 隧穿电子从浮栅进入 p 阱，导致典型的单元阈值电压负向偏移。由于在 NAND 闪存中没有过度

擦除问题，因此单元 V_{th} 通常擦除到 −3V。此外，较低的擦除态单元阈值电压提供了一个额外的裕度，以防止通常由编程/擦除循环、编程干扰、读干扰和浮栅电容耦合干扰引起的 V_{th} 偏移这些因素所导致的阈值电压上升（见第 5 章）。

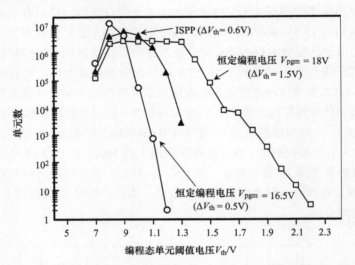

图 2.14　器件编程采用 ISPP 和不采用 ISPP 情况下单元阈值电压分布的比较（恒定编程电压为 16.5V 和 18V）

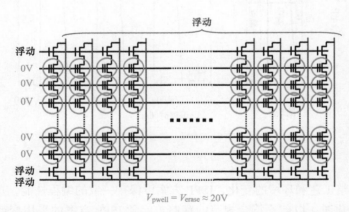

图 2.15　NAND 闪存单元阵列的擦除操作。块擦除：128 ~ 256KB（2KB × 2 × 32）单元同时被擦除。擦除速度 t_{erase} 为 2 ~ 5ms（含擦除验证）

　　图 2.16 显示了典型的擦除特性。单元电压可以通过施加 17 ~ 18V、1ms 宽度的擦除脉冲擦除到 −3V。

　　擦除验证操作在擦除脉冲（V_{erase}）之后执行，以检查串中所有单元 V_{th} 值是否小于某个 V_{th}（例如，0V）。擦除验证的操作条件如图 2.17 所示。0V 的电压施加于一个块中的所有控制栅，而 V_{cc} 和 0V 分别施加于源线和位线。位线电压最初设置为 0V，然后设置为浮动（F）。在擦除验证的读过程中，单元电流流经串使位线电压增加，然后判断串中的单元是否全部被擦除。如果某些单元没有被擦除，则以与编程验证操作相同的方式执行额外的擦除操作。

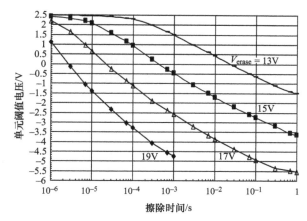

图 2.16　典型的擦除特性。擦除电压越高，擦除速度越快。擦除速度 t_{erase} 为 2 ~ 5ms

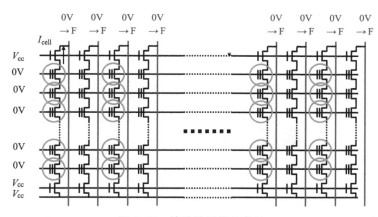

图 2.17　擦除验证操作条件

2.2.3　编程和擦除的动力学过程

本节描述了用于编程和擦除动力学过程的器件模型 [16]。

1. 隧穿电流的计算

由著名的 Fowler-Nordheim 方程 [17, 18] 可近似表示穿过隧穿氧化层的隧穿电流密度：

$$J_{tun} = \alpha E_{tun}^2 (\exp(-\beta / E_{tun})) \tag{2.1}$$

式中，E_{tun} 为隧穿氧化层中的电场；α 和 β 为常数。E_{tun} 可表示为

$$E_{tun} = |V_{tun}| / X_{tun} \tag{2.2}$$

式中，V_{tun} 为穿过隧穿氧化层的电压降；X_{tun} 为隧穿氧化层厚度。V_{tun} 可以从单元的电容等效电路中计算出来。

2. V_{tun} 的计算

为了深入了解器件的基本工作原理，我们使用了一种简化的等效电路，如图 2.18 所示。图中，C_{pp} 为多晶硅层间电容；C_{tun} 为浮栅与衬底之间的薄氧化层（隧穿氧化层）电容。Q_{fg} 为浮栅上的存储电荷。对于电中性浮栅，V_{tun} 可以用简单的耦合比表示：

$$\left|V_{tun}\right|_{write} = V_g K_w \tag{2.3}$$

式中，

$$K_w = C_{pp} / (C_{pp} + C_{tun}) \tag{2.4}$$

并且

$$\left|V_{tun}\right|_{erase} = V_{well} K_e \tag{2.5}$$

式中，

$$K_e = 1 - C_{tun} / (C_{pp} + C_{tun}) \tag{2.6}$$

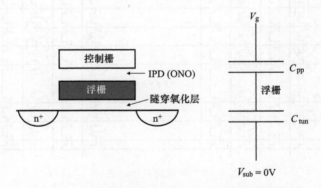

图 2.18   一种简化的 NAND 闪存单元电容等效电路

耦合比 K_w 和 K_e 表示在隧穿氧化层上出现的施加电压的分数。需要注意，式（2.3）和式（2.5）仅在 $Q_{fg} = 0$ 时适用。在编程操作过程中，浮栅负电荷的积累将使隧穿氧化层电压降低为

$$\left|V_{tun}\right|_{write} = V_g K_w + Q_{fg} / (C_{pp} + C_{tun}) \tag{2.3'}$$

在擦除操作中，浮栅上的初始负存储电荷将使隧穿氧化层电压增加为

$$\left|V_{tun}\right|_{erase} = V_{well} K_e - Q_{fg} / (C_{pp} + C_{tun}) \tag{2.5'}$$

在擦除操作结束时，即当正电荷建立在浮栅上时，式（2.5'）中的最后一项将降低隧穿氧化层电压。

3. 阈值电压的计算

单元的初始阈值电压，对应于 $Q_{fg}=0$，用 V_{ti} 表示。存储电荷根据这种关系改变阈值，即

$$\Delta V_{th} = -Q_{fg} / C_{pp} \tag{2.7}$$

根据编程 / 擦除脉冲结束时的 Q_{fg} 使用式（2.3′）及式（2.5′），则单元的阈值电压为

$$V_{tw} = V_{ti} - Q_{fg}/C_{pp} = V_{ti} + V_g(1 - V'_{tun}/(K_w V_g)) \tag{2.8}$$

$$V_{te} = V_{ti} - Q_{fg}/C_{pp} = V_{ti} - V_{well}(K_e/K_w - V'_{tun}/(K_w V_{well})) \tag{2.9}$$

式中，V_{tw} 为编程态单元的阈值电压；V_{te} 为擦除态单元的阈值电压；V_g 和 V_{well} 分别为编程和擦除脉冲的电压幅值；V'_{tun} 为脉冲结束时的隧穿氧化层电压。假设编程或擦除的脉冲足够长，当隧穿实际上"停止"时，薄氧化层电场将降低到约 $1 \times 10^7 \text{V/cm}$ 以下。V'_{tun} 的近似值可以从式（2.2）中计算出来，并将其代入式（2.8）和式（2.9）中，得到单元的近似编程窗口及其对单元参数和编程电压的依赖关系。典型的结果如图 2.19 所示 [16]。

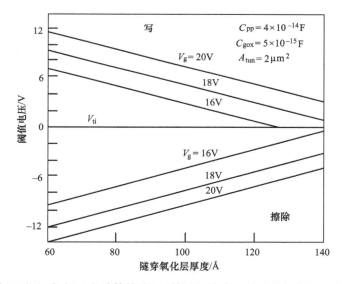

图 2.19　由近似式（2.8）和式（2.9）计算的编程 / 擦除阈值窗口随隧穿氧化层厚度的变化关系，其中假设操作结束时 $V'_{tun} = 1 \times 10^7 X_{tun}$

为了在给定的隧穿氧化层厚度和编程 / 擦除电压下最大化单元操作窗口，耦合比 K_w 和 K_e 应趋于一致。降低 C_{tun} 和增加 C_{pp} 可以提高这两种耦合比。在给定的隧穿氧化层厚度下，这通常是通过最小化薄氧化层面积和在单元晶体管的侧面增加额外的多晶硅重叠面积来实现的。典型的耦合比约为 0.6。

图 2.20 显示了编程操作的仿真和测量结果 [16]。图中显示了阈值电压随编程脉冲幅值的变化关系，仿真结果与实测数据吻合较好。可以看出，在相同脉宽下，写入（编程）脉冲幅度与 V_{th}

呈线性关系，即 $\Delta V_{th}=\Delta V_{pgm}$。这在考虑采用 ISPP 方式和 V_{th} 窗口设置的情况下很重要。

2.2.4   编程升压操作

编程干扰是在编程操作过程中，未被选中单元的阈值电压升高的现象。编程干扰的基本模式如图 2.21 所示。编程干扰有两种模式。一种是在所选择 NAND 串中的"V_{pass} 模式"，其中位线和单元沟道电压为 0V。于控制栅（字线）施加 V_{pass}（约 10V）电压，而于源极和漏极（沟道）施加 0V。这种情况是对浮栅的弱电子注入模式，特别是在 V_{pass} 较高的情况下，然后 V_{th} 增加。另一种是在未被选择 NAND 串中的"升压模式"。在控制栅施加编程电压 V_{pgm}，沟道中形成升压电压。升压电压（约 8V）主要由串中未被选中单元字线的 V_{pass} 电压产生。"升压模式"也处于弱电子注入模式，即存

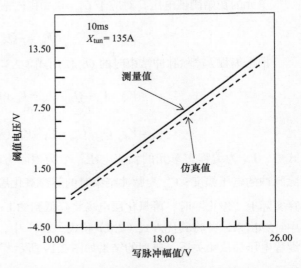

图 2.20   阈值电压的测量值和仿真值随编程脉冲幅度的变化。编程时间固定为 10ms

储单元的 V_{th} 增加，特别是在高 V_{pgm} 和低 V_{pass}（对应较低的升压电压）的情况下。如图 2.21 所示，在 MLC 的 V_{th} 设置中，主要在 L0 或 L1 态的 V_{th} 分布中出现分布尾，因为其中的隧穿氧化层电场更高。

图 2.22 则显示了编程干扰数据对 V_{pass} 的依赖关系[19]。在 V_{pass} 较高的情况下（14～18V），V_{pass} 模式下的 V_{th} 偏移增加。另一方面，在 V_{pass} 较低的情况下（约 10V），升压模式下的 V_{th} 偏移增加。因此，必须使用中等的 V_{pass} 电压（10～14V）使 V_{th} 偏移尽可能小，即编程干扰小。通常，可用的 V_{pass} 电压范围称为"V_{pass} 窗口"，实际上，V_{pass} 区域中被干扰产生的 V_{th} 偏移不会导致不正确的操作。

对于多电平 NAND 闪存单元，有几种编程升压方案。图 2.23 显示了三种基本的自升压方案。第一种是常规的自升压（self-boosting，SB）方案。这种自升压方案主要用于 SLC 器件。第二种是局部自升压（local self-boosting，LSB）方案[13]。由于相邻字线的单元因施加 0V 而被关断，升压电压（V_{boost}）可以升高。通过减小编程电压 V_{pgm} 和沟道升压电压 V_{boost} 之间的电压差，则可以改善升压模式下的编程干扰。第三种是擦除区自升压（erase-area self-boosting，EASB）方案。为了获得更高的升压电压，EASB 方案被广泛应用于多电平 NAND 单元中。NAND 串中擦除态单元和编程态单元的分离是获得较高升压电压的原因。由于页编程操作是按顺序进行，所选中字线的源极侧存储单元已经被编程，源极侧单元的升压效率较低。然而，所选中字线的漏极侧单元仍然处于擦除态，其单元 V_{th} 较低，故升压效率比源极侧单元高。因此通过切断漏极侧与源极侧单元之间形成的升压点，来获得高升压电压是非常有效的。此外，当 NAND 闪存单元缩小后，升压电压在源 / 漏区产生更高的电场。较高的电场产生热电子和热空穴，并出乎意

料地注入浮栅中。为了缓解高电场问题，自升压方案正在每一代的 NAND 闪存中成为一种更先进、更复杂的方案。

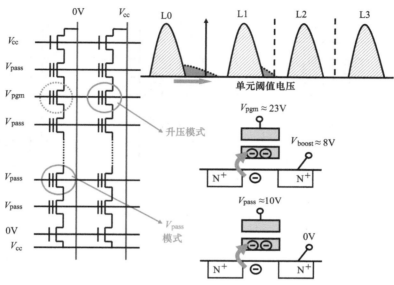

图 2.21　NAND 闪存单元间的编程干扰。未被选中单元中引起弱电子注入模式。有两种干扰模式：升压模式和 V_{pass} 模式。自升压方案适用于未被选中的单元串。未被选中串的沟道升压电压 V_{boost} 已提升至约 8V

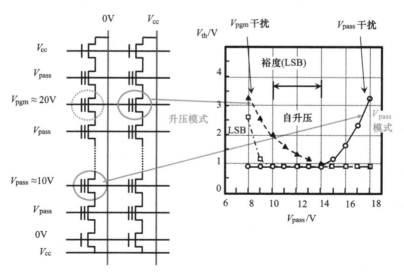

图 2.22　自升压方案中编程干扰引起的 V_{th} 偏移。高 V_{pass} 电压下，V_{pass} 模式占主导；低 V_{pass} 电压下，升压模式占主导。V_{pass} 电压的窗口即介于 V_{pass} 模式和升压模式之间

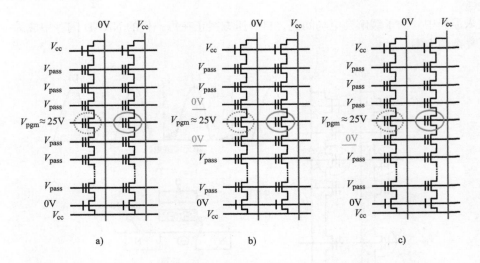

图 2.23　不同的自升压方案。a）自升压（SB）方案；b）局部自升压（LSB）方案；c）擦除区自升压（EASB）方案

2.3　多电平单元（MLC）

2.3.1　单元阈值电压设置

SLC 和 MLC 的单元 V_{th} 分布如图 2.24 所示。由图可见，SLC 具有更宽的单元 V_{th} 窗口裕度，因此 SLC 具有更好的编程和读取性能，并且比 MLC 具有更好的可靠性。如 2.2.1 节所述，在读操作中，未被选中的单元必须在读取期间成为导通晶体管。因此，所有单元 V_{th} 分布必须低于读通过电压 V_{passR}，如图 2.24 所示。这是单元 V_{th} 设置的限制之一。

图 2.25 显示了 MLC 的读 V_{th} 窗口。这里 V_{th} 窗口可定义为擦除态 V_{th} 分布的右侧边缘和 L3 编程态 V_{th} 分布的左侧边缘之间的电压间距，其中 L3 为串或块中的所有页编程后的编程态。其他两个编程态 L1 和 L2 的 V_{th} 分布应该在 V_{th} 窗口的内部。于是，定义的读窗口裕度（read window margin，RWM）如图 2.25 所示[20]。而随闪存单元尺寸的缩小，RWM 会受许多不可避免的物理现象影响而减小，这将在 5.2 节中描述。狭窄的单元 V_{th} 窗口裕度可能会引发较为严重的可靠性问题。

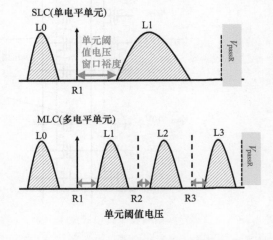

图 2.24　SLC 和 MLC 的单元阈值电压分布

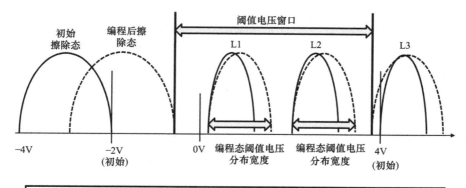

读窗口裕度(RWM)= 阈值电压窗口−2×编程态阈值电压分布宽度

图 2.25　MLC NAND 单元的读阈值电压窗口

参 考 文 献

[1] Masuoka, F.; Momodomi, M.; Iwata, Y.; Shirota, R. New ultra high density EPROM and flash EEPROM with NAND structure cell, *Electron Devices Meeting*, *1987 International*, vol. 33, pp. 552–555, 1987.

[2] Itoh, Y.; Momodomi, M.; Shirota, R.; Iwata, Y.; Nakayama, R.; Kirisawa, R.; Tanaka, T.; Toita, K.; Inoue, S.; Masuoka, F. An experimental 4 Mb CMOS EEPROM with a NAND structured cell, *Solid-State Circuits Conference, 1989. Digest of Technical Papers. 36th ISSCC, 1989 IEEE International*, pp. 134–135, 15–17 Feb. 1989.

[3] Momodomi, M.; Itoh, Y.; Shirota, R.; Iwata, Y.; Nakayama, R.; Kirisawa, R.; Tanaka, T.; Aritome, S.; Endoh, T.; Ohuchi, K.; Masuoka, F. An experimental 4-Mbit CMOS EEPROM with a NAND-structured cell, *Solid-State Circuits, IEEE Journal of*, vol. 24, no. 5, pp. 1238–1243, Oct. 1989.

[4] Momodomi, M.; Iwata, Y.; Tanaka, T.; Itoh, Y.; Shirota, R.; Masuoka, F. A high density NAND EEPROM with block-page programming for microcomputer applications, *Custom Integrated Circuits Conference, 1989, Proceedings of the IEEE 1989*, pp. 10.1/1–10.1/4, 15–18 May 1989.

[5] Iwata, Y.; Momodomi, M.; Tanaka, T.; Oodaira, H.; Itoh, Y.; Nakayama, R.; Kirisawa, R.; Aritome, S.; Endoh, T.; Shirota, R.; Ohuchi, K.; Masuoka, F. A high-density NAND EEPROM with block-page programming for microcomputer applications, *Solid-State Circuits, IEEE Journal of*, vol. 25, no. 2, pp. 417–424, Apr. 1990.

[6] Takeuchi, Y.; Shimizu, K.; Narita, K.; Kamiya, E.; Yaegashi, T.; Amemiya, K.; Aritome, S. A self-aligned STI process integration for low cost and highly reliable 1 Gbit flash memories, *VLSI Technology, 1998. Digest of Technical Papers. 1998 Symposium on*, pp. 102–103, 9–11 June 1998.

[7] Aritome, S.; Shirota, R.; Kirisawa, R.; Endoh, T.; Nakayama, R.; Sakui, K.; Masuoka, F. A reliable bi-polarity write/erase technology in flash EEPROMs, *International electron devices meeting, 1990. IEDM'90. Technical Digest*, pp. 111–114, 1990.

[8] Shirota, R., Itoh, Y., Nakayama, R., Momodomi, M., Inoue, S., Kirisawa, R., Iwata, Y., Chiba, M., Masuoka, F. New NAND cell for ultra high density 5V-only EEPROMs, *Digest of Technical Papers—Symposium on VLSI Technology*, pp. 33–34, 1988.

[9] Momodomi, M.; Kirisawa, R.; Nakayama, R.; Aritome, S.; Endoh, T.; Itoh, Y.; Iwata, Y.; Oodaira, H.; Tanaka, T.; Chiba, M.; Shirota, R.; Masuoka, F. New device technologies for 5 V-only 4 Mb EEPROM with NAND structure cell, *Electron Devices Meeting, 1988. IEDM'88. Technical Digest, International*, pp. 412–415, 1988.

[10] Aritome, S.; Kirisawa, R.; Endoh, T.; Nakayama, R.; Shirota, R.; Sakui, K.; Ohuchi, K.; Masuoka, F. Extended data retention characteristics after more than 10^4 write and erase cycles in EEPROMs, *International Reliability Physics Symposium, 1990. 28th Annual Proceedings.*, pp. 259–264, 1990.

[11] Kirisawa, R.; Aritome, S.; Nakayama, R.; Endoh, T.; Shirota, R.; Masuoka, F. A NAND structured cell with a new programming technology for highly reliable 5 V-only flash EEPROM, *1990 Symposium on VLSI Technology*. Digest of Technical Papers, pp. 129–130, 1990.

[12] Suh, K.-D.; Suh, B.-H.; Um, Y.-H.; Kim, J.-K.; Choi, Y.-J.; Koh, Y.-N.; Lee, S.-S.; Kwon, S.-C.; Choi, B.-S.; Yum, J.-S.; Choi, J.-H.; Kim, J.-R.; Lim, H.-K. A 3.3 V 32 Mb NAND flash memory with incremental step pulse programming scheme, *Solid-State Circuits Conference, 1995. Digest of Technical Papers. 42nd ISSCC, 1995 IEEE International*, pp. 128–129, 350, 15–17 Feb. 1995.

[13] Suh, K.-D.; Suh, B.-H.; Lim, Y.-H.; Kim, J.-K.; Choi, Y.-J.; Koh, Y.-N.; Lee, S.-S.; Kwon, S.-C.; Choi, B.-S.; Yum, J.-S.; Choi, J.-H.; Kim, J.-R; Lim, H.-K. A 3.3 V 32 Mb NAND flash memory with incremental step pulse programming scheme, *Solid-State Circuits, IEEE Journal of*, vol. 30, no. 11, pp. 1149–1156, Nov. 1995.

[14] Hemink, G.J.; Tanaka, T.; Endoh, T.; Aritome, S.; Shirota, R. Fast and accurate programming method for multi-level NAND EEPROMs, *VLSI Technology, 1995. Digest of Technical Papers. 1995 Symposium on*, pp. 129–130, 6–8 June 1995.

[15] Tanaka, T.; Tanaka, Y.; Nakamura, H.; Sakui, K.; Oodaira, H.; Shirota, R.; Ohuchi, K.; Masuoka, F.; Hara, H. A quick intelligent page-programming architecture and a shielded bitline sensing method for 3 V-only NAND flash memory, *Solid-State Circuits, IEEE Journal of*, vol. 29, no. 11, pp. 1366–1373, Nov. 1994.

[16] Kolodny, A.; Nieh, S.T.K.; Eitan, B.; Shappir, J. Analysis and modeling of floating-gate EEPROM cells, *Electron Devices, IEEE Transactions on*, vol. 33, no. 6, pp. 835–844, June 1986.

[17] Lenzlinger, M.; Snow, E. H. Fowler–Nordheim tunneling into thermally grown SiO, *Journal of Applied Physics*, vol. 40. p. 278, 1969.

[18] Weinberg, Z. A. On tunneling in metal-oxide–silicon structures, *J. Appl. Phys.*, vol. 53, p. 5052, 1982.

[19] Jung, T.-S.; Choi, D.-C.; Cho, S.-H.; Kim, M.-J.; Lee, S.-K.; Choi, B.-S.; Yum, J.-S.; Kim, S.-H.; Lee, D.-G.; Son, J.-C.; Yong, M.-S.; Oh, H.-K.; Jun, S.-B.; Lee, W.-M.; Haq, E.; Suh, K.-D.; Ali, S.B.; Lim, H.-K. A 3.3-V single power supply 16-Mb nonvolatile virtual DRAM using a NAND flash memory technology, *Solid-State Circuits, IEEE Journal of*, vol. 32, no. 11, pp. 1748–1757, Nov. 1997.

[20] Aritome, S.; Kikkawa, T. Scaling challenge of self-aligned STI cell (SA-STI cell) for NAND flash memories, *Solid-State Electronics* vol. 82, pp. 54–62, 2013.

第 3 章

NAND 闪存器件

3.1 引言

对 NAND 闪存[1]而言，最重要的是低比特位成本。为了实现低比特位成本，缩小存储单元尺寸是必不可少的。本章讨论了 NAND 闪存单元及其缩放技术。

NAND 闪存技术路线图和 2D NAND 闪存单元的结构缩放分别如图 3.1 和图 3.2 所示。

NAND 闪存的批量生产是于 1992 年从 0.7μm 技术节点开始的。字线的线宽或间距为理想的 $2F$（F 为特征尺寸）；然而，由于局部硅氧化（local oxidation of silicon，LOCOS）隔离的限制，位线的线宽或间距为（3～4）F。考虑到编程过程中的高压操作，NAND 闪存单元对隔离的要求比其他器件更为严格。而由于 LOCOS 氧化过程中硼会从隔离层底部扩散，导致 LOCOS 隔离层宽度难以缩小到 1.5μm 以上。于是开发了一种新的场穿透注入（field through implantation，FTI）工艺[2, 3]，如 3.2 节所述。归因于 FTI 工艺，LOCOS 隔离宽度可以缩小到 0.8μm（0.4μm 设计规则的 $2F$），技术节点可以缩小到 0.35μm，如图 3.1 中的 "1）LOCOS 单元缩放" 所示。

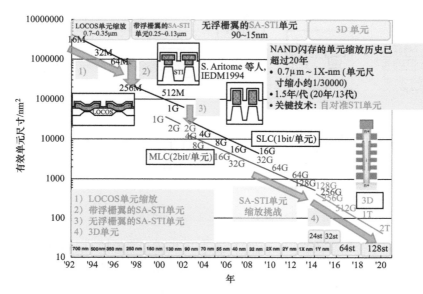

图 3.1　NAND 闪存技术路线图

接下来，开发了带有浮栅（FG）翼的自对准浅沟槽隔离单元（SA-STI cell）[4, 5]，如 3.3 节所述。由于 STI 的存在，在相同的设计规则下，隔离宽度可大幅缩小至 50%（$0.8 \sim 0.4\mu m$），单元尺寸可缩小至 67%（位线间距：$1.2 \sim 0.8\mu m$），如图 3.1 中"2）带浮栅翼的 SA-STI 单元"所示。同时，由于 STI 的深度隔离，大大提高了隔离能力。此外，由于隧穿氧化层中没有 STI 角，提高了隧穿氧化层的可靠性。

之后，开发了无浮栅翼的 SA-STI 单元[6]，详见 3.4 节。采用这种单元结构，由于使用浮栅侧壁的 IPD 电容大，可以获得高耦合比，如图 3.1 中"3）无浮栅翼的 SA-STI 单元"所示。SA-STI 单元具有非常简单的结构，并且布局允许形成非常小的单元尺寸，其位线和字线间距为 $2F$。于是单元尺寸变为理想的 $4F^2$，如图 3.2 所示。SA-STI 技术也证明了出色的可靠性，因为隧穿氧化层上的浮栅被自对准 STI 的功能区覆盖且去除掉了，浮栅不会与 STI 角重叠。因此，SA-STI 单元实现了非常低的位成本和高可靠性[4-9]。SA-STI 单元已广泛使用超过 15 年（自1998 年以来），超过 10 代（$0.25\mu m \sim 1Y\text{-nm}$）NAND 闪存产品。

在 3.5 节中，提出了平面浮栅单元[10-12]。平面浮栅单元具有厚度约为 10nm 的极薄浮栅和高 k 块介电介质作为 IPD。叠栅和控制栅（CG）填充的宽高比都得到了很大的改善。控制栅填充问题是 5.6 节描述的 SA-STI 单元的严重问题之一，可以通过平面浮栅结构消除。此外，由于薄的浮栅，平面浮栅单元具有非常小的浮栅电容耦合干扰。平面浮栅单元也开始在一家 NAND闪存供应商的 2X-nm 技术节点上使用。

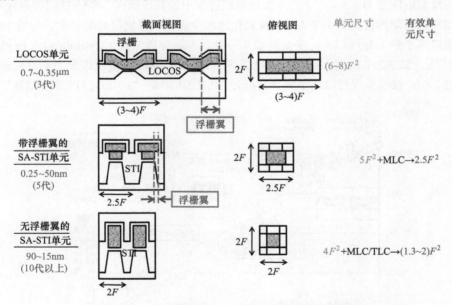

图 3.2 2D NAND 闪存单元的结构缩放示意图

在 3.6 节中，侧壁传输晶体管（SWATT）单元[13, 14] 将作为多层 NAND 闪存单元的备用存储单元技术进行讨论。通过使用 SWATT 单元，可以允许较宽的阈值电压（V_{th}）分布宽度。实现这种宽 V_{th} 分布宽度的关键技术是位于 STI 区侧壁并与浮栅晶体管并联的传输晶体管。在读取过程中，未被选中单元的传输晶体管（与选中单元串联）作为导通晶体管工作。因此，即使未被选中的浮栅晶体管的 V_{th} 高于控制栅电压，未被选中的单元也可以处于 ON 状态。因此，浮栅晶体管的 V_{th} 分布可以更宽，编程速度可以更快，因为编程 / 验证周期的数量可以减少。

其他先进的 NAND 闪存器件技术将在 3.7 节中介绍。

首先，讨论了 NAND 闪存中的虚拟字线方案 [15-17]。虚拟字线（虚拟单元）位于 NAND 串的边缘字线（边缘存储单元）和所选晶体管（GSL 或 SSL）之间。可以抑制 GIDL 生成的热电子注入机制的编程干扰。此外，还可以降低选择门与边缘字线之间的电容耦合噪声。通过降低耦合噪声，可以大大改善编程干扰失效、读取失效和擦除分布宽度。由于在边缘单元中运行稳定，从 40nm 技术节点开始采用虚拟字线方案。

其次，介绍了 p 型掺杂浮栅 [18-21]。与 n 型浮栅相比，p 型浮栅具有更好的循环寿命和数据保留特性。p 型浮栅由于可靠性较好，从 2X-nm 技术节点开始使用。

3.2　LOCOS 单元

3.2.1　常规 LOCOS 单元

NAND 闪存的量产始于 1992 年 [1]。采用 0.7μm 工艺技术和常规的 LOCOS 隔离工艺，首次生产出了 16Mbit 的器件。为了将存储单元尺寸缩小到 0.7μm 以下，LOCOS 隔离宽度的缩小是一个关键问题。在 0.7μm 技术代的常规 LOCOS 工艺中，隔离宽度为 1.7μm，位线间距为 2.4μm，如图 3.3 所示 [2, 3]。由于寄生场晶体管需要高结击穿电压（>8V）和高阈值电压，很难将隔离宽度缩小到 1.5μm 以下。硼掺杂的隔离塞植入在 LOCOS 隔离氧化之前。硼的掺杂物在 LOCOS 氧化过程中容易扩散。而由于硼的扩散，很难同时满足寄生场晶体管的高结击穿电压（>8V）和高阈值电压的要求。

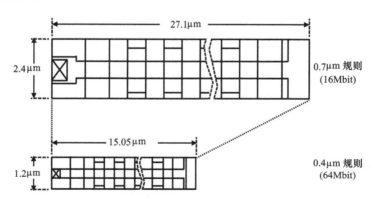

图 3.3　0.4μm 和 0.7μm 规则下的 NAND 结构单元的俯视图。这种 NAND 结构的单元有 16 个存储晶体管，它们串联在两个选择晶体管之间。字线和位线的间距分别为 0.8μm（线宽 / 间距 =0.4μm/0.4μm）和 1.2μm。整个单元面积为 1.13μm²，包括选择晶体管和漏极接触面积。Copyright 1994，日本应用物理学会

3.2.2　先进 LOCOS 单元

采用 0.4μm 工艺技术，制备出了一个小的 NAND 结构单元（1.13μm²/bit）[2, 3]。据估计，使用该单元的 64Mbit NAND 闪存的芯片尺寸为 120mm²，是 64Mbit DRAM 芯片尺寸的 60%。为了实现小的单元尺寸，利用场穿透注入技术实现了 0.8μm 宽的场隔离。在编程期间，对存储单元的 p 阱施加 −0.5V 的负偏置。即使在 100 万次写/擦除循环后，读干扰也可以保证 10 年以上。

1. NAND 单元的微缩

图 3.3 将先进的 0.4μm NAND 单元与常规的 0.7μm NAND 单元的俯视图进行了比较。图 3.4 为 0.4μm 设计规则下 NAND 单元的截面图 [2, 3]。这种 NAND 结构单元有 16 个存储晶体管，它们串联在两个选择晶体管之间。字线间距为 0.8μm（线宽/间距 = 0.4μm/0.4μm）。采用 0.8μm 场隔离技术可将位线间距减小到 1.2μm。图 3.5 为自对准叠栅刻蚀工艺后的 0.4μm NAND 结构单元的截面 SEM 图像。浮栅由第一层多晶硅（掺磷）制成。控制栅由第二层多晶硅（掺磷多晶硅和硅化钨）制成。工艺技术总结见表 3.1。

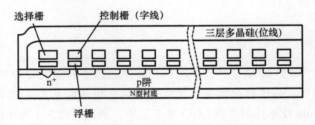

图 3.4　0.4μm 设计规则下 NAND 单元的截面图。Copyright 1994，日本应用物理学会

表 3.1　工艺技术总结

工艺	双阱 CMOS 三层多晶硅技术单金属层	
单元	单元尺寸	1.13μm²
	线宽/线长	0.4μm/0.4μm
	隧穿氧化层	8nm
	IPD	ONO 20nm（有效）
外围电路	L-poly N 沟道	0.8μm
	P 沟道	0.8μm

来源：Copyright 1994，日本应用物理学会。

当字线的设计规则可被微缩时，很明显 NAND 单元具有缩小存储单元栅极长度的优势。这是因为 NAND 单元在编程和擦除过程中漏极和源极之间没有电压差，因此具有无穿通操作。此外，由于没有热电子注入编程和源极擦除，扩散层的杂质浓度可以小于 $10^{18}cm^{-3}$，因此 NAND 单元具有非常小的栅极 - 漏极重叠区。因此，NAND 单元的栅极长度可以随着特征尺寸的减小而减小。

关于位线方向（位线间距）的微缩，隔离技术非常重要，如 3.2.3 节所述。

2. NAND 单元的操作

NAND 单元的操作条件见表 3.2。在写入过程中，将 18V 加到所选中的控制栅，同时将位线接地；电子从衬底隧穿到浮栅，导致阈值电压正向偏移。如果在位线上施加 7V 的电压（非自升压操作），隧穿效应被抑制，阈值电压保持不变。对 p 阱施加负偏置可以有效地防止寄生场晶体管导通。在擦除过程中，20V 同时施加于 p 阱和衬底（N 型），同时保持位线浮动和所有选中的控制栅接地。电子从浮栅隧穿到衬底，存储单元的阈值电压变为负值。

图 3.5　经过自对准堆叠栅刻蚀工艺后的 0.4μm NAND 结构单元的截面 SEM 图像。Copyright 1994，日本应用物理学会

NAND 单元的读取方法见表 3.2。0V 施加到所选存储单元的栅极，而 3.3V（V_{cc}）施加到其他单元的栅极。因此，除了所选中的晶体管外，所有其他存储晶体管都充当传输晶体管。如果选定的存储晶体管处于耗尽模式，则单元电流流动。相反，如果存储单元被编程且处于增强模式，则单元电流不流动。

表 3.2　NAND 单元的操作条件

	编程	擦除	读取
位线	0/7V	Open	1.5V
选择栅	7V	20V	3.3V
控制栅 1	7V	0V	3.3V
控制栅 2	18V（选中）	0V	0V
控制栅 16	7V	0V	3.3V
选择栅	0V	20V	3.3V
源线	0V	Open	0V
p 阱	−0.5V	20V	0V
N 型衬底	3.3V	20V	3.3V

来源：Copyright 1994，日本应用物理学会。

3.2.3　隔离技术

对于 NAND 单元，高压场隔离技术对于降低位线间距非常重要。位线之间的隔离必须满足两个要求，如图 3.6 所示 [2, 3]。一个是位线结区的穿通电压或结击穿电压。在编程过程中，在位线上施加 7V 以防止电子注入到应该保持在擦除状态的单元中。0V 加到位线上，该位线连接到应编程的单元。相邻位线结之间的穿通电压必须高于 7V，位线结击穿电压也必须高于 7V。另一个要求是寄生场晶体管的高阈值电压。在编程过程中，所选的控制栅带有 18V 的高压偏置，这很容易使相邻位之间的场晶体管导通（见表 3.2）。

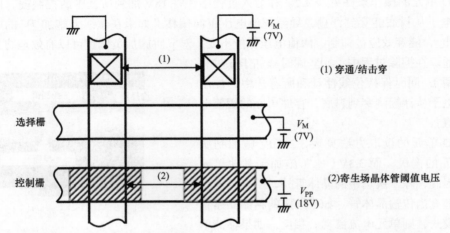

图 3.6 两个相邻位线之间的隔离：(1) 位线触点区域的穿通/结击穿；(2) 寄生场晶体管阈值电压。Copyright 1994，日本应用物理学会

为了避免位线结击穿/穿通，防止场晶体管导通，开发了 FTI 工艺和 p 阱负偏置方法[2, 3]，如图 3.7 所示。在 FTI 工艺中，硼离子（160keV，$1.13cm^{-2}$）在 LOCOS 制备后注入形成场阻挡。经 FTI 的场氧化层厚度为 420nm。寄生晶体管的击穿电压和阈值电压增加，但结击穿电压没有降低，这是因为与 LOCOS 制备前的常规场阻挡层注入相比，硼阻挡层杂质的横向扩散减少了。p 阱的负偏置可防止穿通，并增加寄生场晶体管的阈值电压。

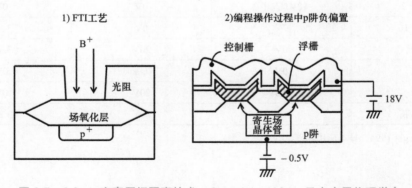

图 3.7 0.8μm 宽高压场隔离技术。Copyright 1994，日本应用物理学会

图 3.8 显示了两个相邻位线之间击穿电压与位线触点距离的关系。在 p 阱负偏置的情况下，确保击穿电压高于 7V。图 3.9 显示了寄生场晶体管的阈值电压。采用 FTI 工艺，0.8μm 场晶体管的阈值电压高于 28V。此外，在 p 阱上施加 -0.5V 的负偏置以增加寄生场晶体管的阈值电压。与 p 阱零偏置相比，晶体管阈值电压增加到 30V 以上。因此，场隔离宽度裕度从 0.05μm 增加

到 0.15μm。于是可以实现非常小的位线间距，为 1.2μm。

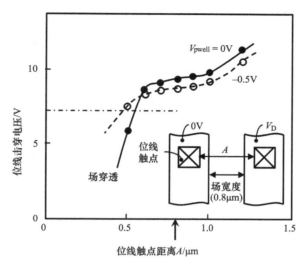

图 3.8　位线结的击穿电压。在位线触点距离 0.8μm 条件下，穿通电压和结击穿电压均大于 7V。Copyright 1994，日本应用物理学会

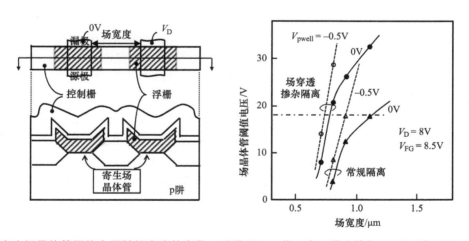

图 3.9　寄生场晶体管阈值电压随场宽度的变化。采用 FTI 工艺，当 p 阱上施加 −0.5V 时，0.8μm 宽的场晶体管阈值电压高于 28V。Copyright 1994，日本应用物理学会

　　FTI 工艺还降低了单元晶体管的体效应，因为单元晶体管和选择晶体管沟道区域下的硼杂质浓度降低了。体效应的减弱导致单元电流的增加。图 3.10 显示了 NAND 单元的单元电流与单元栅长度的关系。在离位线触点侧最近的单元上测量单元电流，该单元电流在所有单元中最小，因为该单元会受到由于其他单元的串联电阻引起的体效应的强烈影响。所选中单元的阈值

电压为 −1V 和 −3V，未选中单元的阈值电压，串联时在 0.5 ~ 1.5V 之间。在 FTI 工艺中，单元电流比常规情况下的电流大。

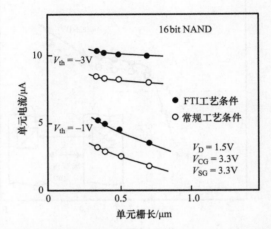

图 3.10   采用 FTI 工艺和常规工艺条件下进行读操作时的单元电流。由于抑制了硼元素向沟道区域的扩散，FTI 工艺的单元电流比常规工艺的单元电流大。Copyright 1994，日本应用物理学会

3.2.4   可靠性

图 3.11 显示了具有 8nm 和 10nm 厚度隧穿氧化层的 NAND 单元的编程（写入）和擦除循环耐久特性 [2, 3]。其采用了双极均一编程 / 擦除方案 [22-25]。该方案保证了即使在 100 万次编程 / 擦除循环后单元仍具有一个高达 4V 的宽阈值窗口。由于 8nm 厚度的隧穿氧化层中电子阱数量较少，在 8nm 厚隧穿氧化层单元中几乎不会观察到窗口缩小。

读干扰作为一种弱编程模式发生。当在读取过程中对控制栅施加一定的正电压时，一个小的 Fowler-Nordheim 隧穿电流从衬底流向浮栅。不幸的是，由编程和擦除循环应力诱导的隧穿氧化层漏电流促进了存储单元的读干扰，如图 3.12 所示。为了抑制读干扰，必须降低所施加的栅极电压。当栅极电压从 5V 降至 3.3V，可以将隧穿氧化层的尺寸从 10nm 降至 8nm，如图 3.13 所示。3.3V 的施加可以通过逐位验证的编程方案来完成 [26]，这导致写入的单元阈值电压在 0.5 ~ 1.8V 之间。

如图 3.13 所示，即使对于 8nm 的隧道氧化物厚度，即使在 100 万次循环后，也可以确保 10 年以上的读干扰抑制。通过将隧穿氧化层厚度从 10nm 减小到 8nm，编程电压可以从 21V 降低到 18V，从而允许设计更紧凑的外围电路，如行解码器和电流感应放大器。

采用 0.4μm 技术，成功地开发了 1.13μm² 存储单元，可用于 64Mbit NAND 闪存。高压场隔离技术实现了 1.2μm 的极小位线间距。隧穿氧化层的厚度可以从 10nm 缩小到 8nm，并且使用逐位验证编程方法使单元可以在 3.3V 下操作。该技术适用于低成本、高可靠性的存储芯片。

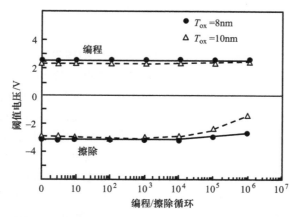

图 3.11　编程（写入）和擦除的循环耐久特性。阈值电压定义为漏 - 源电压 1.5V 条件下漏极电流达到 1μA 时的控制栅电压。隧穿氧化层厚度 8nm 条件下，编程（写入）：V_{cg}=18V，0.1ms；擦除：V_{pwell}=20V，1ms；隧穿氧化层厚度 10nm 条件下，编程（写入）：V_{cg}=20.4V，0.1ms；擦除：V_{pwell}=22.7V，1ms。在 100 万次编程（写入）/ 擦除循环内几乎不会观察到窗口缩小。Copyright 1994，日本应用物理学会

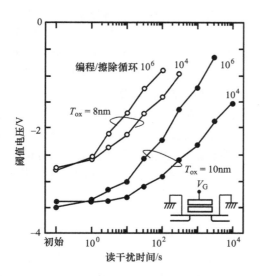

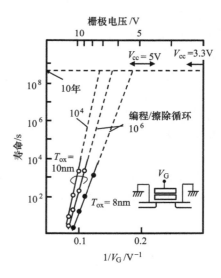

图 3.12　隧穿氧化层厚度为 8nm 和 10nm 的 NAND 闪存单元的读干扰特性。加速条件下，控制栅电压为 9V。阈值电压在与图 3.11 所示相同的条件下测量获得。Copyright 1994，日本应用物理学会

图 3.13　读干扰寿命定义为在施加栅极电压应力期间，单元阈值电压达到 −1.0V 的时间。即使使用 8nm 厚的隧穿氧化层，当使用 +3.3/−0.3V 供电电压（V_{cc}）时，读干扰的寿命也远远超过 10 年。Copyright 1994，日本应用物理学会

3.3　带浮栅翼的自对准 STI 单元

参考文献 [4, 5] 描述了一种高密度（$5F^2$）自对准浅沟槽隔离（self-aligned shallow trench isolation，SA-STI）单元技术，用于实现低成本和高可靠性的 NAND 闪存。在 0.25μm 的设计规则下，获得了 $0.31μm^2$ 的极小单元尺寸。为了减小单元尺寸，通过一种新颖的氮化硅衬垫（SiN-spacer）工艺，采用 STI 和狭缝形成浮栅之间的隔离，使得在 0.25μm 设计规则下实现 0.55μm 间距的隔离宽度成为可能。该小尺寸单元的另一个结构特征是与选择栅自对准的源线 / 位线无边界触点。所提出的 NAND 单元栅长为 0.2μm，隔离空间为 0.25μm，显示出正常的晶体管工作特性，没有穿通现象。由于 SA-STI 单元的沟道宽度具有良好的均匀性，因此在 2Mbit 存储单元阵列中实现了紧密分布的阈值电压（2.0V）。此外，外围低压晶体管和高压晶体管可采用自对准 STI 工艺同时制备。该单元的优点如下：①与常规工艺相比，工艺步骤减少 60%；②即使在高压晶体管上，由于栅极电极不重叠在沟槽角上，栅氧化物也实现了高可靠性。因此，这种 SA-STI 工艺集成将小单元尺寸（低成本）与高可靠性相结合，适用于可制造的 256Mbit 和 1Gbit 闪存。

3.3.1　自对准 STI 单元结构

本节描述了一种新型高密度（$5F^2$）NAND STI 单元技术 [4] 和外围晶体管器件 [5]，它们已被开发出来用于低位成本的闪存。其中介绍了使单元尺寸最小化的三种关键技术，如图 3.14 所示。SA-STI 单元采用厚浮栅，具有高耦合比 [6]。然而，其高长宽比的栅极间距给采用化学机械抛光（CMP）进行隔离沟槽平坦化的工艺控制带来了困难。为了克服这个问题，采用了堆叠浮栅结构。第一层薄多晶硅栅极与单元的有源区自对准，以精确地控制沟道宽度。由于减小了栅极间距的长宽比，CMP 工艺的全局平面化具有很强的可控性。在第一层多晶硅栅极上形成第二层多晶硅栅极，以实现单元的高耦合比（>0.6）。第二层多晶硅栅极采用一种新颖的氮化硅衬垫工艺制备，衬垫间距为 0.15μm。该工艺使 0.55μm 间距的隔离成为可能。单元及其小尺寸的另一个特点是与选择栅自对准的源线 / 位线无边界触点。通过以上技术，在 0.25μm 的设计规则下获得了 $0.31μm^2$ 的极小单元尺寸。

3.3.2　制备工艺流程

带有浮栅翼的 SA-STI 单元的工艺流程如图 3.15 所示 [4]。使用第一层薄多晶硅栅极的自对准掩模形成 STI，对有源区域形成隔离（见图 3.15a）。采用 CVD 沉积 SiO_2 后进行 CMP 平坦化，第二层多晶硅栅极沉积在暴露的第一层多晶硅层上，从而形成堆叠浮栅结构（见图 3.15b）。第二层多晶硅层相邻间距为 0.15μm，该间距小于设计规则尺寸。以 0.25μm 的间距制作 SiN 掩模，然后沉积 50nm 厚的 SiN 衬垫层。通过对 SiN 掩模进行刻蚀，得到了空间间距为 0.15μm 的条纹掩模图案（见图 3.15c）。去除 SiN 掩模后，依次沉积层间介质层（ONO）和控制栅层（见图 3.15d）。连续曝光并制备形成浮栅和控制栅，接着沉积一个 SiN 阻挡层和一个中间介质层。覆盖在控制栅上的 SiN 层可以防止栅极和无边界触点之间的短路。最后，在位线触点和源线触点内填充掺杂多晶硅并刻蚀，然后进行金属化。图 3.16 和图 3.17 显示了基于 0.25μm 设计规则制备的单元尺寸为 0.31μm² 的 5F^2 存储单元阵列的截面 SEM 图像。关键工艺参数见表 3.3。

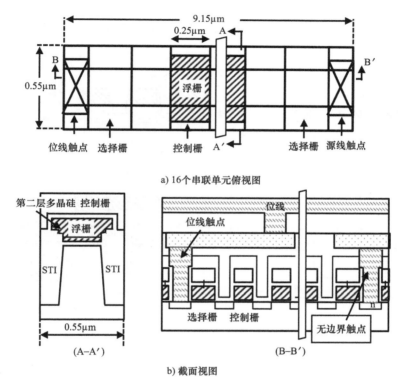

a) 16个串联单元俯视图

b) 截面视图

图 3.14　带有浮栅翼的 SA-STI 单元示意图。a）16 个串联单元的俯视图。b）图 a 中 A-A' 和 B-B' 的截面视图。介绍了实现 5F^2 单元尺寸的三个关键技术。①为了减小栅极间距，采用了堆叠浮栅结构。第一层薄多晶硅栅极自对准有源区。在暴露的第一层多晶硅栅极上形成第二层栅极，以实现与浮栅翼的高耦合比（>0.6）。②第二层多晶硅栅极采用一种新颖的氮化硅衬垫工艺制备，其间距为 0.15μm。该工艺使 0.55μm 间距的隔离成为可能。③与选择栅自对准的无边界位线和源线触点可以消除触点和栅极之间的空间

图 3.18 显示了 SA-STI 单元和外围晶体管的原理图。所提出的新工艺与常规工艺的比较如图 3.19 所示。新工艺的制造步骤数约减少到常规工艺的 60%。存储单元和外围晶体管可以同时形成，而不需要任何额外的处理步骤。

首先，通过高能离子注入形成倒掺杂阱。每次注入都针对阱的形成形貌、场穿通阻止和沟道阈值特性调整进行。接下来，形成用于高压晶体管的 40nm 厚栅氧化层和用于低压晶体管的 9nm 厚栅氧化层，然后依次沉积作浮栅的第一层多晶硅层和 SiN 层，如图 3.19a 所示。刻蚀出与第一层多晶硅层自对准的浅沟槽，随后用 SiO₂ 填充满并进行 CMP 平坦化，如图 3.19b 所示。去除 SiN 掩模层后，沉积第二层多晶硅层。采用 SiN 衬垫工艺在第二层多晶硅层上曝光形成间距 0.15μm 的隔离空间。堆叠多晶硅结构作为单元的浮栅和外围晶体管的栅极。随后，沉积 ONO，如图 3.19c 所示。

接下来，沉积用于单元控制栅极的 WSi 硅化物层，然后将多晶硅层、ONO 和堆叠的多晶硅层连续进行图案化曝光，如图 3.19d 所示。外围晶体管的栅极也与存储单元一起曝光。外围晶体管中的硅化物层被部分去除以形成栅极触点。

最后，采用双大马士革工艺形成互连和外围触点。图 3.20 显示了外围晶体管的截面图 [8]。外围器件的主要参数见表 3.3。

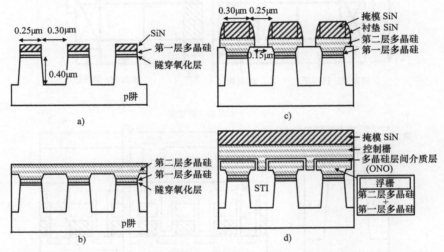

图 3.15　带有浮栅翼的 SA-STI 单元的工艺流程。a）刻蚀出沟槽。b）LPCVD 沉积 SiO₂ 填充满沟槽，随后进行 CMP 平坦化，表面沉积第二层多晶硅栅极层。c）采用 SiN 衬垫工艺形成浮栅。d）ONO 和控制栅层形成

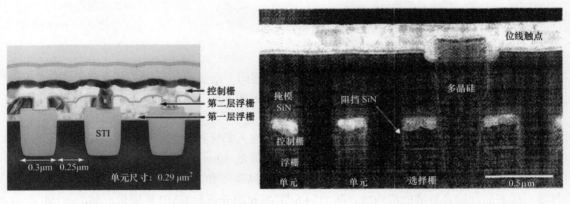

图 3.16　与控制栅平行方向单元的截面 SEM 图像

图 3.17　与位线平行方向单元的截面 SEM 图像

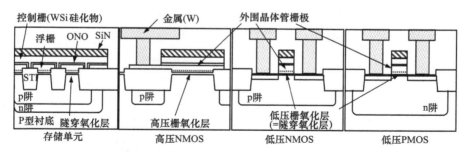

图 3.18　SA-STI NAND 闪存的截面示意图

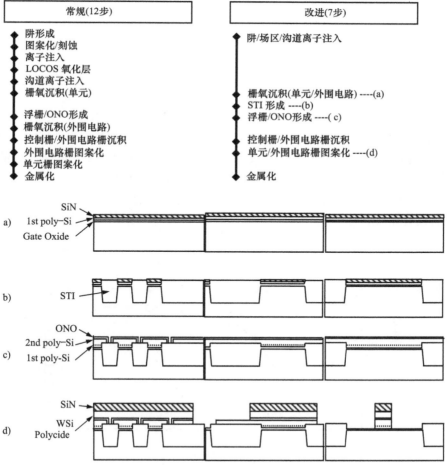

图 3.19　SA-STI NAND 闪存的工艺步骤流程

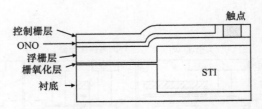

图 3.20　外围晶体管截面示意图。栅极（浮栅层）与 STI 自对准

表 3.3　外围器件的主要参数

工艺	0.25μm 双阱工艺 CMOS 自对准 STI	
单元	隧穿氧化层	9.0nm
	栅长	0.25μm
	沟道长	0.25μm
	单元尺寸	0.31μm²
外围电路	高压栅氧化层	40.0nm
	低压栅氧化层	9.0nm
	NMOS 有效栅长	0.28μm
	PMOS 有效栅长	0.38μm

3.3.3　带浮栅翼的自对准 STI 单元的特性

图 3.21 显示了位线结击穿特性随隔离宽度的变化。当注入硼作为场阻挡层时，STI 宽度达 0.25μm 时的位线触点之间不会发生场穿通。此外，0.4μm 厚的 STI 场氧化层导致相邻位线之间寄生场晶体管的阈值电压较高（>30V）。从图 3.22 可以看出，由于没有注入的硼原子从沟槽底部扩散到沟道区域，因此单元晶体管的阈值电压对沟道宽度的依赖性较弱。从这些结果来看，STI 单元非常适合缩放隔离间距。

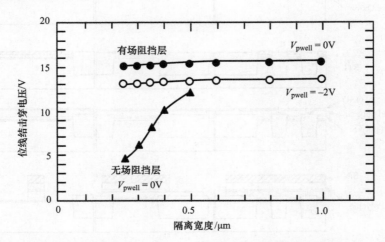

图 3.21　被 STI 隔离的位线结击穿电压。硼注入场阻挡层条件下结击穿电压小于 15V 时没有穿通

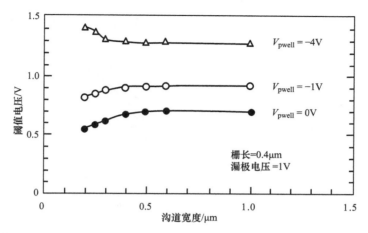

图 3.22   SA-STI 单元的阈值电压随沟道宽度的变化。显示出 SA-STI 单元的阈值电压对沟道宽度的依赖性较弱。因此，STI 单元适用于隔离间距的缩放

图 3.23 显示了 SA-STI 单元晶体管的 I_d-V_g 特性。在 10μm 的宽沟道晶体管的亚阈值特性中没有观察到异常驼峰，因为浮栅没有与 STI 角重叠。在 NAND 单元晶体管的例子中，仅在读操作中施加大约 1V（小于 V_{cc}）的最大漏极电压。图 3.24 显示了在 V_d=V_{cc}（2.5V）时不同栅长单元晶体管的 I_d-V_g 特性。当栅极长度为 0.2μm 时，有足够的裕度用于器件操作。这些促使 0.2μm 设计规则下的 SA-STI 单元面积可小至 0.31μm^2。在 SA-STI 单元中，采用 Fowler-Nordheim 隧穿通过在控制栅上施加 17V 电压来实现快速编程（20μs），同时通过在 p 阱上施加 18V 电压实现快速擦除（2ms），如图 3.25 所示。图 3.26 则显示了隧穿氧化层的时间相关介电击穿（TDDB）特性。由于带沟槽边的条形电容器的 Q_{BD} 与无沟槽边的平面电容器的 Q_{BD} 几乎相同，SA-STI 的制备步骤对隧穿氧化层的工艺损伤可以忽略不计。因此，SA-STI 单元的耐久特性非常优异，如图 3.27 所示。结果显示在 100 万次循环中未观察到阈值电压窗口变窄。

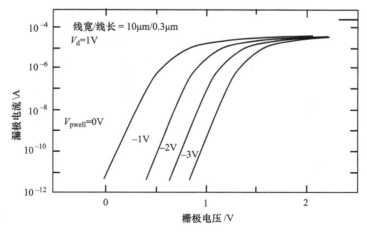

图 3.23   不同 p 阱电压下宽沟道宽度单元晶体管的 I_d-V_g 特性。在亚阈值区域特性中没有看到异常驼峰，因为浮栅没有与 STI 角重叠

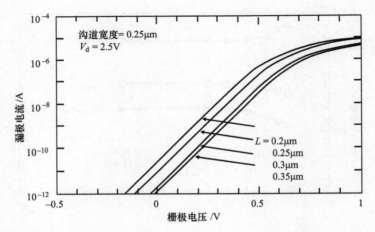

图 3.24 短沟道单元晶体管在 V_d=2.5V（读操作电压）时的 I_d-V_g 特性。栅长为 0.2μm 时有足够的裕度用于器件操作

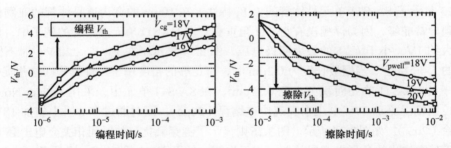

图 3.25 SA-STI 单元的编程和擦除特性。采用 Fowler-Nordheim 隧穿，编程时在控制栅上施加 17V，擦除时在 p 阱上施加 18V，可实现快速编程（20μs）和快速擦除（2ms）

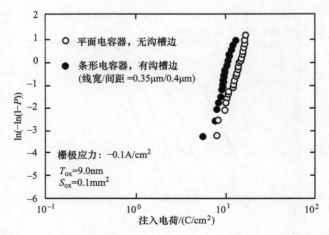

图 3.26 STI 条形电容器和平面电容器中隧穿氧化层的 TDDB 特性。在 SA-STI 制备过程中，隧穿氧化层的工艺损伤可以忽略不计

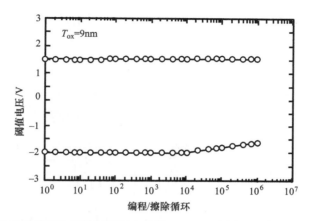

图 3.27 SA-STI 单元的编程和擦除循环耐久特性。100 万次循环中未观察到阈值电压窗口变窄

通过测量 2Mbit 单元阵列来评估编程态单元和擦除态单元的阈值电压分布，如图 3.28 所示。编程和擦除都是通过电子的 Fowler-Nordheim 隧穿来实现的。由于采用自对准 STI 结构使存储单元内的沟道宽度均匀性好，因此在不验证的情况下，通过一个脉冲进行编程和擦除，实现了约 2.0V 的紧密分布。

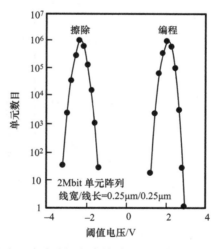

图 3.28 在一次编程和一次擦除（无脉冲验证）中的单元阈值电压分布。编程和擦除分别在 17V、10μs 和 18V、1ms 条件下进行

3.3.4 外围器件特性

图 3.29 显示了低压外围晶体管的亚阈值特性随阱电压的变化。由于避免了栅极与 STI 角重叠，在亚阈值区域没有观察到驼峰。

图 3.30 显示了寄生场晶体管的结击穿电压和阈值电压。STI 单元的隔离能力大大高于

LOCOS 单元。此外，击穿电压高于需求电压（>22.5V），并有足够的器件操作裕度。因此，自对准 STI 工艺既适用于外围晶体管，也适用于存储单元。

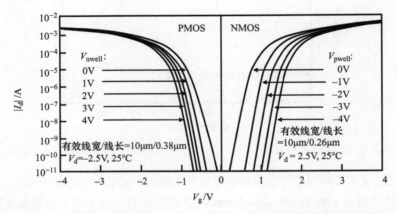

图 3.29　低压外围晶体管（NMOS 和 PMOS）的亚阈值特性随阱电压的变化

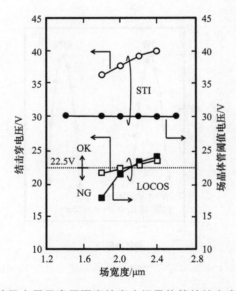

图 3.30　不同单元中用于高压隔离的寄生场晶体管的结击穿电压和阈值电压

图 3.31 显示了高压晶体管栅氧化层的 TDDB 特性。该栅氧化层的评估寿命足够长。这说明对栅氧化层的工艺损伤可以忽略不计。

采用 0.25μm 设计规则，成功研制了具有浮栅翼和外围晶体管集成工艺的 0.31μm² SA-STI 单元。该技术可以用简单的工艺实现可靠的存储单元和外围器件。因此，具有浮栅翼的 SA-STI 单元适用于 256Mbit 这类低成本闪存和用于大容量存储应用的 1Gbit 闪存 [7, 8]。具有浮栅翼的

SA-STI 单元已成功应用于 0.25μm 规则 [7, 8]、0.15 ~ 0.16μm 规则 [27]、0.12 ~ 0.13μm 规则 [28, 29] 和 90nm 规则 [30] 的 NAND 闪存产品中，以实现低成本且可靠的闪存，如图 3.1 和图 3.2 所示。

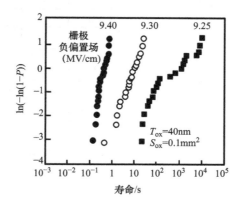

图 3.31　在负栅极电压下，高压晶体管栅氧化层的 TDDB 特性随外加栅极电场的变化

3.4　无浮栅翼的自对准 STI 单元

一种采用 SA-STI 技术的超高密度 NAND 闪存单元已被开发用于高性能和低位成本的闪存 [6]。采用 SA-STI 技术的结果是一个极小的单元尺寸达到理想的 $4F^2$。当前实现小单元尺寸的关键技术是：①采用 0.4μm（F）宽度的 STI 来隔离相邻存储位；②采用与 STI 自对准的浮栅消除浮栅翼。即使取消浮栅翼，利用浮栅侧壁增加耦合比，也能获得 0.65 的高耦合比。采用这种自对准结构，可以获得可靠的隧穿氧化层，因为浮栅不与沟槽边角重叠，从而避免了沟槽边角处的强化隧穿。因此，SA-STI 单元结合了低位成本、高性能和高可靠性。

3.4.1　自对准 STI 单元结构

参考文献 [6] 描述了一种无浮栅翼的 SA-STI 单元，用于高性能、低位成本的 NAND 闪存单元。相比 1.13μm² 的 LOCOS 单元，SA-STI 单元在 0.35μm 设计规则下获得了 0.67μm² 的小单元尺寸，包括选择晶体管和漏极触点区域 [3]。实现小单元尺寸的关键技术是采用了 STI 工艺的位线隔离技术。该技术同时还实现了单元的高可靠性和高性能。

图 3.32 对比了 SA-STI 单元与常规 LOCOS 单元的截面视图和俯视图。该 NAND 结构单元有 16 个存储晶体管，它们串联在两个选择晶体管之间，字线间距为 0.7μm。采用 0.4μm STI 技术可将位线间距降至 0.8μm。因此，SA-STI 单元的单元尺寸约为常规 LOCOS 单元的 60%[3]。

一般来说，随着存储单元之间隔离宽度的减小，由于浮栅翼面积的减小，耦合比会减小。然而，在无浮栅翼的 SA-STI 单元中，即使采用非常紧凑的 0.4μm 宽度隔离，但因为采用了 0.3μm 高的浮栅侧壁来增加耦合比，也可以获得 0.65 的高耦合比，如图 3.33 所示。表 3.4 则显示了主要的单元参数。

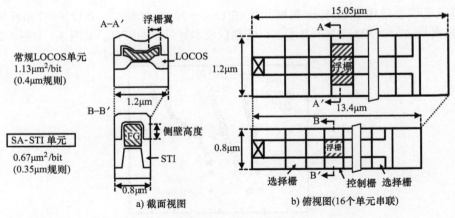

图 3.32   无浮栅翼的 SA-STI 单元与常规 LOCOS 单元的比较

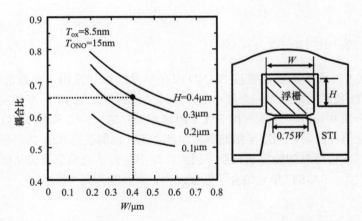

图 3.33   SA-STI 单元的耦合比随栅极宽度（W）的变化。由于采用了 0.3μm 高的浮栅侧壁（H），可获得 0.65 的高耦合比

表 3.4   0.4μm 工艺下无浮栅翼的 SA-STI 单元的存储单元参数

单元尺寸	$0.67\mu m^2$（包括选择晶体管等）
栅长	0.35μm
栅宽	0.4μm
沟槽隔离宽度	0.4μm
隧穿氧化层厚度	8.5nm
IPD 厚度	ONO 15nm（有效厚度）
编程时间	0.195μs/B
擦除时间	2ms/ 扇
	2ms/ 芯片

3.4.2　制备工艺流程

SA-STI 单元的制备简单，仅使用常规技术，如图 3.34 所示。首先，依次沉积栅氧化层、浮栅多晶硅层和顶盖氧化层，形成堆叠层。下一步，通过对这三层进行图案化曝光来定义沟槽隔离区域，接着进行刻蚀形成沟槽，如图 3.34a 所示。随后对所形成沟槽用 LP-CVD SiO$_2$ 填充满，如图 3.34b 所示。紧接着，对 LP-CVD SiO$_2$ 进行回刻，直到暴露出浮栅多晶硅的侧壁。之后，沉积多晶硅层间介质层（ONO）（见图 3.34c）和控制栅多晶硅层（见图 3.34d），然后进行栅堆叠层曝光工艺。在该工艺中，浮栅和 STI 的图案化曝光由同一掩模进行，因此与常规 LOCOS 工艺相比，SA-STI 工艺的制作步骤可减少约 10%。图 3.35 为 SA-STI 单元的截面 SEM 图像。

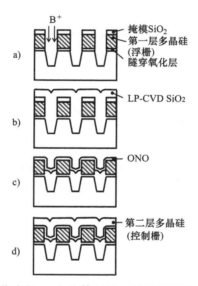

图 3.34　无浮栅翼的 SA-STI 工艺流程。a）沟槽刻蚀，B$^+$ 离子注入；b）LP-CVD SiO$_2$ 填充；c）氧化硅回刻，ONO 沉积；d）控制栅沉积形成。浮栅和 STI 的图案化曝光共用一个掩模，因此与常规 LOCOS 工艺相比，SA-STI 工艺的制作步骤可以减少约 10%

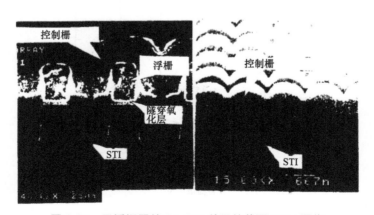

图 3.35　无浮栅翼的 SA-STI 单元的截面 SEM 图像

3.4.3　STI 技术

在采用 LOCOS 隔离的情况下，0.5μm 隔离宽度处发生位线结的穿通，如图 3.36 所示。然而，在采用 STI 的情况下，即使隔离宽度低至 0.4μm，穿通电压和结击穿电压也高于 15V，如图 3.36 所示。此外，0.7μm 厚的 STI 场氧化层导致相邻位之间寄生场晶体管的阈值电压较高（>30V）。因此，使用 STI 可以实现非常紧凑的 $2F$（0.8μm）位线间距。

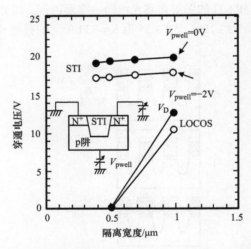

图 3.36　采用 STI 的位线结穿通电压，以及与 LOCOS 隔离的比较。穿通电压高于 15V，足以实现 0.4μm 的沟槽隔离

图 3.37 显示了 SA-STI 和 LOCOS 工艺条件下 n^+-p 阱间结的泄漏，SA-STI 工艺条件下的结漏电流与 LOCOS 工艺相当。

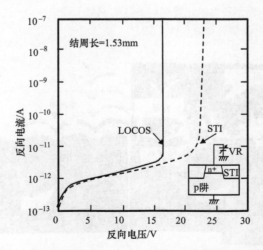

图 3.37　SA-STI 和 LOCOS 工艺的结漏电流。SA-STI 工艺条件下的结漏电流与 LOCOS 工艺相当

3.4.4　自对准 STI 单元的特性

图 3.38 显示了沟道宽度为 0.4μm 的 SA-STI 单元的亚阈值 I_d-V_g 特性。亚阈值区域未见异常特征（驼峰），这是采用 SA-STI 结构的结果。

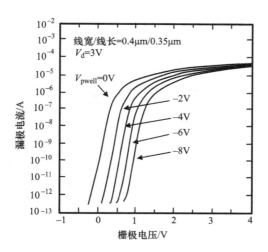

图 3.38　不同衬底（p 阱）偏置条件下 SA-STI 单元的亚阈值电特性。因为浮栅不与沟槽边角重叠，未见异常的亚阈值特征（驼峰）

图 3.39 显示了 SA-STI 单元的编程和擦除特性。采用 Fowler-Nordheim 隧穿，编程时给控制栅施加 17V 的正电压，擦除时给 p 阱施加 17V 的正电压，可实现 100μs/512B 的快速编程和 2ms 的快速擦除，如图 3.39 所示。

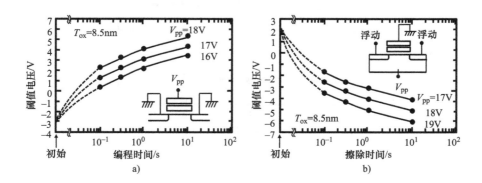

图 3.39　SA-STI 单元的编程和擦除特性。在编程时给控制栅施加 17V 的正电压，在擦除时给 p 阱施加 17V 的正电压，通过沟道上的 Fowler-Nordheim 隧穿可以实现快速编程（100μs）和快速擦除（2ms）

　　SA-STI 工艺中隧穿氧化层的 TDDB 特性与 LOCOS 工艺基本相同，如图 3.40 所示，因为浮栅不会与沟槽边角重叠。因此，SA-STI 单元的耐久特性与常规 LOCOS 单元相当，如图 3.41 所示。即使在 100 万次编程 / 擦除循环之后，SA-STI 单元也保证了高达 3V 的宽单元阈值窗口。此外，即使在 100 万次编程 / 擦除循环后，读干扰特性也可以保证 10 年以上，如图 3.42 所示。

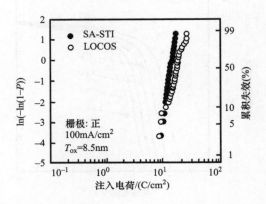

图 3.40　8.5nm 厚隧穿氧化层的 TDDB 特性。无浮栅翼的 SA-STI 工艺下的 TDDB 特性与 LOCOS 工艺下几乎一样

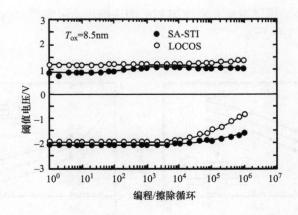

图 3.41　SA-STI 单元和 LOCOS 单元的编程和擦除的耐久特性。在 SA-STI 单元中，经过 100 万次编程 / 擦除循环未观察到阈值电压窗口变窄

　　无浮栅翼的 SA-STI 单元具有非常简单的单元结构和非常小的单元尺寸（理想的 $4F^2$），位线和字线间距为 $2F$，如图 3.2 所示。SA-STI 技术也展示出了出色的单元可靠性和性能。因此，如

图 3.1 所示，从 2002 年前后开始，无浮栅翼的 SA-STI 单元已经被广泛使用 12 年以上，超过 8 代（90nm 技术代至 1X-nm 技术代）NAND 闪存产品，如 90nm 单元 [31]、70nm 单元、50nm 单元、43nm 单元 [32]、30nm 单元 [33]、27nm 单元 [34]、20nm 单元和中等 1X-nm 单元 [21, 35]。

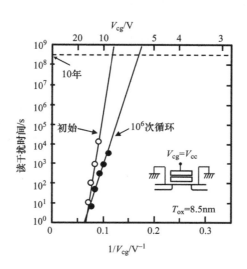

图 3.42　无浮栅翼的 SA-STI 单元的读干扰特性。当 V_{cc} 为 3.0V 时，即使经过 100 万次编程 / 擦除循环，读干扰的寿命也超过 10 年

3.5　平面浮栅单元

3.5.1　结构优势

常规的 SA-STI 单元存在浮栅间可形成控制栅的结构问题，如图 3.43 所示（在 5.6 节中详细描述）。微缩单元中的浮栅之间没有足够的空间来制备控制栅 [36]。为了解决这个问题，提出了两种解决方案，如图 3.43 所示：一种是减小浮栅宽度，以获得足够的空间用于控制栅 [21, 35]；另一种是平面浮栅单元 [10-12]，它具有带高 k 层间介质的薄浮栅（约 10nm）。由于高 k 层间介质，控制栅和浮栅之间的电容变得足够大，可以操作存储单元。于是浮栅的厚度可以很薄。

图 3.44a、b 和 c 分别显示了常规 SA-STI 单元截面、平面浮栅单元截面 [10]，以及平面浮栅单元的堆叠结构的截面 [11]。浮栅的厚度很薄，大约为 10nm，且高 k 块介电体（block dielectric，BD）作为层间介质堆叠在薄浮栅上。将常规 SA-STI 单元（包裹单元）与平面浮栅单元中叠栅和填充控制栅的宽高比进行比较，如图 3.45 所示 [12]。在 SA-STI 单元中，亚 20nm 单元尺寸下叠栅和填充控制栅的宽高比都大于 10。而平面浮栅单元可以大大缓解这一限制。

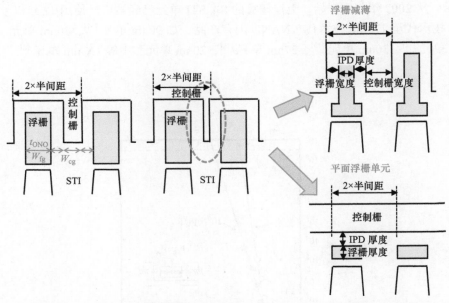

图 3.43   SA-STI 单元的结构问题及两种解决方案：浮栅减薄和平面浮栅单元

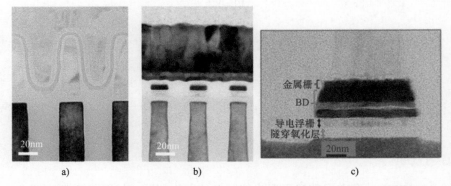

图 3.44   a）常规无浮栅翼的 SA-STI 单元截面；b）20nm 平面浮栅单元截面；c）平面浮栅单元的堆叠结构的截面

3.5.2   电学特性

平面浮栅单元可以大幅降低浮栅电容耦合干扰（单元间干扰），如图 3.46 所示。由于浮栅电容耦合干扰较小，读窗口裕度（RWM）可以得到很大的改善（见 5.2 节）。同时，擦除阈值电压的设置可以是更浅的（即较高的阈值电压）。然后，由于在编程/擦除操作期间穿过氧化层的电荷量减少，氧化层应力降低，因此可以预计编程/擦除循环耐久特性和数据保持能力也将得到改善。

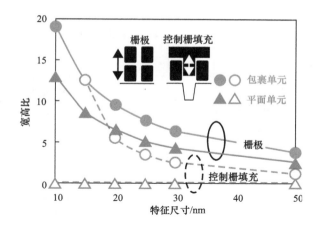

图 3.45　常规 SA-STI 单元（包裹单元）与平面单元的宽高比。宽高比随着单元特征尺寸微缩而增加。在亚 20nm 的 SA-STI 单元（实心符号：栅极，空心符号：控制栅填充）中，字线和位线方向的宽高比都大于 10

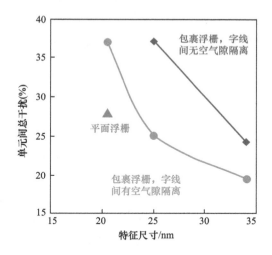

图 3.46　单元间的微缩干扰（浮栅电容耦合干扰）。平面浮栅单元可实现总干扰降低约 30%

　　图 3.47a 显示了平面浮栅单元的编程和擦除特性。在 20nm 单元尺寸和 1X-nm 单元尺寸的平面浮栅单元中显示出了良好的编程/擦除窗口和编程斜率（约为 1）。这两个特性对于实现高可靠性的 MLC NAND 闪存都很重要。图 3.47b 显示了平面浮栅单元的编程/擦除循环耐久特性。当前结果也显示出了优异的循环耐久特性。

　　平面浮栅单元通过结构问题的消除和较小的浮栅电容耦合干扰，在有效地扩展 NAND 单元缩放方面具有潜力。

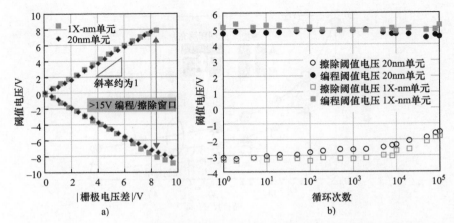

图 3.47　20nm 和 1X-nm 平面浮栅单元的 a）编程 / 擦除特性和 b）相应的耐久特性

3.6　侧壁传输晶体管（SWATT）单元

一种采用侧壁传输晶体管（sidewall transfer-transistor，SWATT）结构的多电平 NAND 闪存单元已被开发用于高性能和低位成本的闪存 [13, 14]。使用 SWATT 单元，实现 MLC（2 比特位 / 单元）可以采用相对宽的阈值电压分布宽度，约为 1.1V，而常规单元的 MLC 实现通常要求狭窄的 0.6V 分布宽度。实现这种宽阈值电压分布的关键技术是传输晶体管，它位于 STI 区域的侧壁，并与浮栅晶体管并联。在读操作过程中，未被选中单元的传输晶体管（与被选中单元串联）作为导通晶体管工作。因此，即使未被选中浮栅晶体管的阈值电压高于控制栅电压，未被选中的单元也将处于 ON 状态。因此，浮栅晶体管的阈值电压分布可以更宽，编程可以更快，因为编程 / 验证循环的次数可以减少。

3.6.1　SWATT 单元概念

参考文献 [13，14] 描述了用于多电平 NAND 闪存的 SWATT 单元概念。SWATT 单元的原理图和等效电路如图 3.48 所示。一个单元由一个浮栅晶体管和一个传输晶体管组成，其中传输晶体管位于 STI 区域的侧壁。浮栅晶体管和传输晶体管并联在一起。16 个单元串联在两个选择晶体管之间，形成 NAND 单元串。对于单电平（SLC）方案，常规 NAND 单元和 SWATT 单元的读操作条件如图 3.49 所示。在常规单元中，0V 被施加到所选中存储单元的栅极上，而 5.0V 被施加到 NAND 串中未被选中存储单元的栅极上。除了所选中的存储单元外，其他所有的存储单元都充当传输晶体管。因此，对于常规 NAND 单元，串联单元的阈值电压必须低于未被选中的控制栅电压（4.5 ~ 5.5V）。因此，编程态单元的阈值电压分布必须窄，宽度小于 3.0V，才能实现两电平操作，如图 3.49a 所示。

另一方面，SWATT 单元中的侧壁传输晶体管作为导通晶体管而不是浮栅晶体管工作，如图 3.49b 所示。于是，浮栅晶体管的阈值电压不必低于未被选中单元的控制栅电压（4.5 ~

5.5V)。因此，编程态下允许一个较宽的浮栅晶体管阈值电压分布（大于 3V）用于两电平操作。由此可见，与常规 NAND 单元相比，SWATT 单元的阈值电压分布可以更宽。

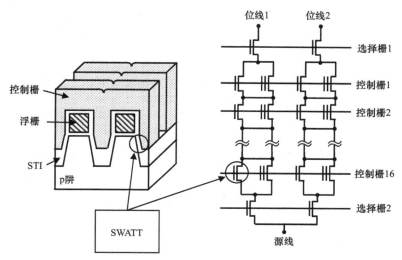

图 3.48　SWATT 单元的原理图和等效电路。传输晶体管位于 STI 区域的侧壁，与浮栅晶体管并联

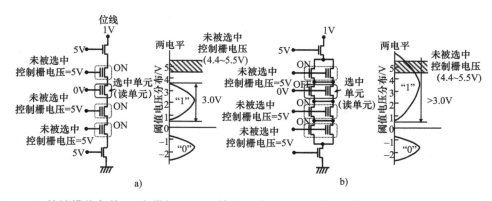

图 3.49　SLC 的读操作条件。a）常规 NAND 单元；b）SWATT 单元。常规 NAND 单元中，编程态单元的阈值电压分布必须窄，宽度为 3.0V 或更小，因为未被选中单元必须在 5V 的控制栅电压下作为导通晶体管工作。然而，在 SWATT 单元中，侧壁传输晶体管作为导通晶体管工作。因此，MLC 操作时允许浮栅晶体管在编程态下的阈值电压分布非常宽，分布宽度可超过 3.0V

SLC 和 MLC 操作方案的阈值电压分布对比如图 3.50 所示。在常规 NAND 单元中，处于编程态（"1""2" 和 "3"）单元的阈值电压分布必须非常窄（约 0.6V），因为串联的单元必须作为导通晶体管工作。然而，在 SWATT 单元中，在编程态 "1" 和 "2" 条件下，允许的浮栅晶体管阈值电压分布非常宽（约 1.1V）。编程态 "3" 条件下允许的阈值电压分布比 1.1V 更宽。

由于减少了编程 / 验证循环的次数和良好的数据保持特性，这种宽阈值电压分布实现了更高的编程速度。

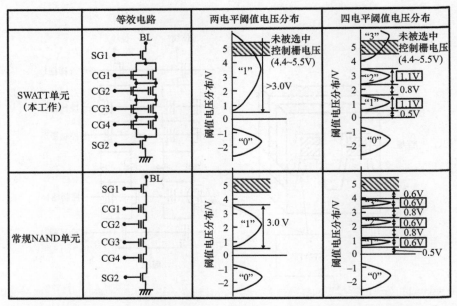

图 3.50 SWATT 单元和常规 NAND 单元在 MLC 和 SLC 操作下的单元阈值电压分布。在 SWATT 单元中，MLC 操作允许 1.1V 的宽阈值分布。常规 NAND 单元需要 0.6V 的窄阈值分布，未被选中单元的控制栅电压范围受到读操作的限制

3.6.2 制备工艺

所开发的 SWATT 单元有 16 个存储晶体管串联在两个选择晶体管之间。其字线间距为 0.7μm。采用 0.4μm 宽的 STI 技术，可以实现 0.8μm 的极窄位线间距。结果表明，在 0.35μm 设计规则下，可获得 $5.5F^2$（$0.67μm^2$）的小单元尺寸，包括选择晶体管和漏极触点面积。侧壁介电层（ONO）的有效厚度为 40nm。

SWATT 单元的制备工艺与 SA-STI 单元相似，其工艺流程如图 3.51 所示。首先，依次沉积形成栅氧化层、浮栅多晶硅层和顶盖氧化层的堆叠层。下一步，通过对这三层进行图案化来定义沟槽隔离区，然后进行沟槽刻蚀、沟槽底部硼注入、LP-CVD SiO_2 填充，如图 3.51a 所示。随后，进行 LP-CVD SiO_2 回刻，直到 STI 的侧壁暴露出来（见图 3.51b）。采用硼离子注入（60keV，$2 \times 10^{12}/cm^2$）调整侧壁传输晶体管的阈值电压。之后，层间介质层（ONO）和传输晶体管栅氧化层同时形成，如图 3.51c 所示。然后沉积控制栅多晶硅，接着是叠栅图案化曝光（见图 3.51d）。在此过程中，由于 STI 侧壁的氧化增强，STI 侧壁的热氧化层比多晶硅上的热氧化层厚约两倍。因此，即使在编程操作期间向控制栅施加约 20V 的高电压，也不会发生控制栅击穿。

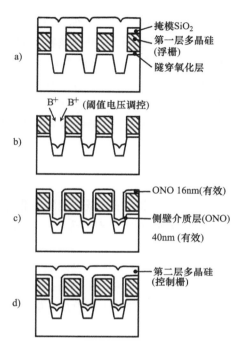

图 3.51　SWATT 单元的工艺流程。a）沟槽刻蚀，LP-CVD SiO$_2$ 填充；b）SiO$_2$ 回刻和 B$^+$ 离子注入（侧壁传输晶体管阈值电压调控）；c）ONO 形成；d）控制栅形成。由于 STI 侧壁的氧化增强，STI 侧壁的热氧化层比多晶硅上的热氧化层厚约两倍

　　SWATT 单元的截面 TEM 图像如图 3.52 所示。浮栅晶体管的沟道隔离和沟道宽度（栅极宽度）均为 0.4μm。侧壁传输晶体管的垂直沟道宽度约为 0.2μm。

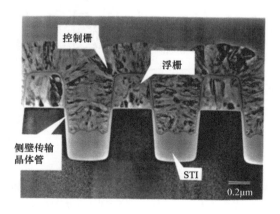

图 3.52　SWATT 单元沿字线方向（控制栅方向）截面的 TEM 图像

　　侧壁传输晶体管阈值电压的精确控制对于 SWATT 单元是非常重要的。阈值电压的范围确定如下：当未被选中单元控制栅施加电压（4.5～5.5V）时，侧壁传输晶体管必须处于 ON 状态。

因此，侧壁传输晶体管的阈值电压上限为 4.5V。另一方面，MLC 操作中对控制栅施加编程态 "2" 和 "3" 之间的读电压（约 3.9V）时，侧壁传输晶体管必须处于 OFF 状态。因此，对于 MLC 操作，侧壁传输晶体管的阈值电压必须在 3.9 ~ 4.5V 之间（对于 SLC 操作，阈值电压则必须在 0 ~ 4.5V 之间）。侧壁传输晶体管阈值电压的重要统计参数是沟道区域的硼浓度和侧壁栅氧化层厚度。硼的离子注入对硼的浓度有良好的控制作用，如图 3.51b 所示。此外，STI 侧壁的氧化层厚度变化可控制在 10% 以内。因此，可以在窄范围内调节侧壁传输晶体管的阈值电压。

3.6.3   电学特性

1. 隔离

对于 NAND 闪存单元来说，高压隔离技术对于降低位线间距非常重要。位线之间的隔离必须满足两个要求：一是位线结区域的高穿通或结击穿电压（>10V）；另一个是存储单元中控制栅寄生场晶体管的高阈值电压（>25V）。

位线结的击穿电压约为 19V，但未观察到穿通现象。击穿电压高于要求的 10V，足以应用于 NAND 闪存单元。

图 3.53 显示了 SWATT 单元中寄生场晶体管的阈值电压。0.3μm 厚的 STI 场氧化层导致了相邻位之间寄生场晶体管的高阈值电压（>30V）。

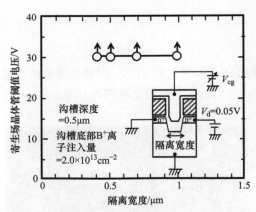

图 3.53   采用 STI 的 SWATT 单元中寄生场晶体管的阈值电压。场晶体管的阈值电压高于 30V，足以实现 0.4μm 宽度的沟槽隔离

2. 单元特性

SWATT 单元的编程和擦除特性分别如图 3.54a 和 b 所示。编程的阈值电压在 4.2V 左右达到饱和。相应的解释如下：在这个存储单元中（观察到 V_{th}=4.2V 的单元），一个浮栅晶体管被编程为高阈值电压（V_{th}>4.2V），因此一个浮栅晶体管在测量条件下处于 OFF 状态。另一方面，当控制栅电压 V_{cg}>4.2V 时，侧壁传输晶体管处于 ON 状态，因为侧壁传输晶体管的 V_{th} 约为 4.2V。因此，侧壁传输晶体管的阈值电压被观察到。然后，即使经过长时间（在 22V 时 >0.1ms）的

编程，V_{th} 也会在 4.2V 左右饱和。结果表明，该方法具有 200μs/512B 的编程速度和 2ms 的擦除速度。

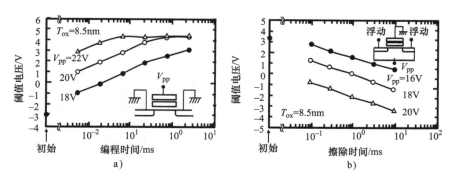

a) 　　　　　　　　　　　b)

图 3.54　SWATT 单元的 a) 编程特性和 b) 擦除特性。通过 Fowler-Nordheim 隧穿，在编程过程中对控制栅施加 21V 的正电压，在擦除过程中对 p 阱施加 19V 的正电压，可以实现 200μs 的快速编程和 2ms 的快速擦除

图 3.55 显示了 SWATT 单元在擦除态 "0" 和编程态 "1" "2" "3" 条件下的亚阈值 I_d-V_g 特性。在编程态 "3" 下，浮栅晶体管的阈值电压大于 4.5V，因此只能观察到侧壁传输晶体管的 I_d。

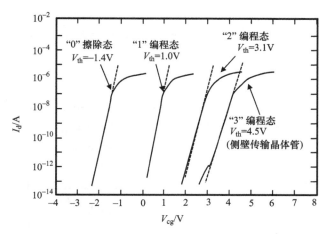

图 3.55　SWATT 单元在擦除态 "0" 和编程态 "1" "2" "3" 条件下的亚阈值 I_d-V_g 特性。在编程态 "3" 中，侧壁传输晶体管处于 ON 状态

图 3.56 显示了 SWATT 单元的耦合比与栅极宽度（W）的关系。一般来说，随着存储单元之间隔离宽度的减小，由于浮栅翼面积的减小，耦合比将减小。然而，在 SWATT 单元中，即使采用非常紧凑的 0.4μm 宽度隔离，也可以获得 0.65 的高耦合比，因为利用了 0.3μm 高的浮栅侧壁来提高耦合比。而且，耦合比也随着栅极宽度的减小而增大。这意味着编程电压和擦除电

压可以随着存储单元的缩小而降低，从而允许设计更紧凑的外围电路，如行解码器和感测放大器。此外，由于浮栅侧壁高度（H）由浮栅多晶硅的厚度决定，因此 SWATT 单元的耦合比变化可以非常小。因此，预计 SWATT 单元的阈值电压分布非常紧密。

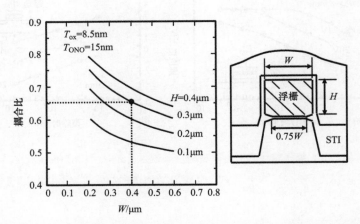

图 3.56　SWATT 单元耦合比随沟道宽度（W）的变化。由于采用了 0.3μm 高的浮栅侧壁（H）来提高耦合比，耦合比达到了 0.65

3. 可靠性

图 3.57 显示了采用均一编程 / 擦除方案的 SWATT 单元的编程 / 擦除循环耐久特性[22-25]。该方案保证了一个宽的单元阈值窗口，即使在 100 万次编程 / 擦除循环之后，阈值窗口也高达 3V。SWATT 单元的这些耐久特性与常规的 NAND 单元相当[4-6]。

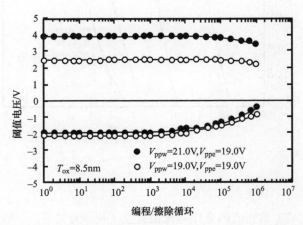

图 3.57　SWATT 单元的编程 / 擦除循环耐久特性。100 万次编程 / 擦除循环后未观察到阈值窗口变窄

读干扰作为一种弱编程模式发生。由编程和擦除循环应力产生的隧穿氧化层漏电流，降低

了存储单元的读干扰，如图 3.58 所示。然而，即使经过 100 万次编程 / 擦除循环，当 V_{cg} 为 5.0 V 时，读干扰的寿命超过 10 年。

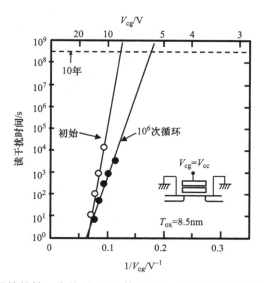

图 3.58　SWATT 单元的读干扰特性。当使用 5.0V 的 V_{cc} 时，即使经过 100 万次编程 / 擦除循环，读干扰寿命也超过 10 年

3.7　NAND 闪存的先进技术

3.7.1　虚拟字线

为了消除边缘存储单元异常的编程干扰，提出了 NAND 闪存中的虚拟字线（虚拟单元）方案 [15-17]。虚拟字线（虚拟单元）位于 NAND 串的边缘字线（边缘存储单元）和选择晶体管（GSL 或 SSL）之间。GIDL 产生的热电子注入机制的编程干扰 [37] 可以通过增加边缘单元与选择晶体管之间的距离来抑制。同时，利用适当的虚拟字线电压和虚拟单元阈值电压可以很好地控制从边缘单元到选择晶体管的编程升压电压降。因此，可以极大地抑制边缘存储单元的异常编程干扰。此外，选择晶体管与边缘存储单元之间的电容耦合噪声可以降低到 50% 以下。通过减小耦合噪声可以减小编程干扰失效、读取失效和擦除分布宽度。由于边缘单元中的稳定操作，从 40nm 技术节点开始使用虚拟字线方案 [17]。

NAND 闪存单元的微缩中，NAND 串中两个选择晶体管的面积开销正在增加，因为由于编程升压电压所需的抗穿通能力，选择晶体管不能随着存储单元的缩小而缩小。这是 NAND 闪存单元的缩放问题之一。此外，选择晶体管（GSL、SSL）与边缘字线（WL：WL[0] 和 WL[31]）之间的空间面积（S_e）是另一个面积开销问题，如图 3.59a 所示。由于以下两个原因，S_e 很难被缩小。一个原因是减小 S_e 会增加选择晶体管与边缘字线之间的电容耦合噪声。当通过电压 V_{pass} 和编程电压 V_{pgm} 加到边缘字线时，由于选择晶体管和边缘字线之间存在较大的耦合，穿过选择晶体管的漏电流可以减小编程抑制的沟道升压电压。这将导致编程抑制失败。同时，在边缘单元读操作期间，由于与选择栅的耦合，边缘字线的电压有一个凸起，选择栅电压在边缘字线的电压上升后随之上升 [39]。这将导致读操作失败。另一个原因是选择晶体管与边缘字线交界处的大电场引起的热载流子扰动 [37]，如图 3.60 所示（详见 6.5.2 节）。热载流子主要由栅极诱导漏极泄漏（GIDL）机制产生，热电子通过选择晶体管和边缘单元之间的电场增强。一些热电子注入了边缘存储单元的浮栅中。据报道，为了避免严重的热载流子编程干扰，至少需要大于 110nm 的 S_e，如图 3.61 所示 [37]。

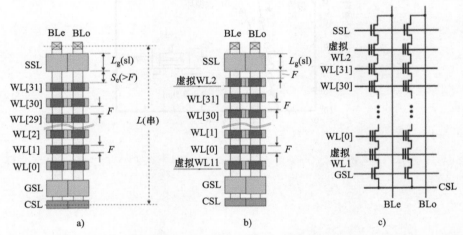

图 3.59　a）常规 NAND 闪存的布局图；b）NAND 闪存中虚拟字线的布局图；c）NAND 闪存中的虚拟字线示意图。Copyright 2007，日本应用物理学会

此外，边缘存储单元与中间存储单元具有不同的条件。在边缘单元中，源极/漏极的一侧连接到选择晶体管，而另一侧连接到相邻单元。然而，在中间的单元中，两边都连接到相邻的单元。在操作过程中，浮栅在边缘单元和中间单元之间的电势是不同的。与中间单元相比，边缘单元中将引起异常的电特性，如擦除和编程特性。这是因为浮栅的耦合比和施加在相邻栅极周围的电压条件在每个操作的边缘单元和中间单元之间是不同的。这最终导致擦除和编程态的阈值电压分布变宽。

为了解决这些边缘存储单元的缩放问题，参考文献 [15-17] 提出了一个虚拟字线方案和新的操作条件。图 3.59b 和 c 显示了虚拟单元方案的结构。在每个选择晶体管（GSL、SSL）和边缘存储单元（WL[0]、WL[31]）之间额外放置一个与正常存储单元相同的虚拟单元。选择晶体管和虚拟单元之间的空间尺寸基本为特征尺寸 F。通过调整虚拟单元的阈值电压值，结合优化的虚拟字线偏置条件，可以为边缘存储单元提供一个接近相等的中间单元环境，从而消除不可预计的边缘存储单元效应。在读取和擦除操作期间，虚拟单元充当正常的存储单元。虚拟字线的操作条件见表 3.5。

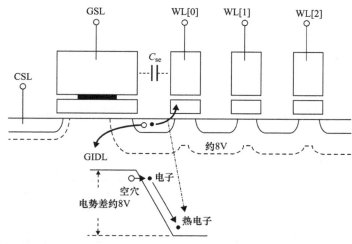

图 3.60　GIDL 引起的热载流子对边缘存储单元的编程扰动增强。Copyright 2007，日本应用物理学会

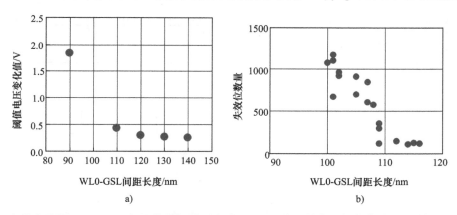

a)　　　　　　　　　　b)

图 3.61　a）具有不同 WL0-GSL 间距的单元阵列中注入 WL0 单元的电子数仿真结果。b）V_{pass} =10V 时，1Mbit 块阵列中测量出的失效位数量。Copyright 2007，日本应用物理学会

表 3.5　NAND 闪存单元中虚拟字线方案下的读取和擦除条件

	读取	擦除
位线	V_{pc}	浮动
SSL	V_{cc}	浮动
虚拟字线 WL2	V_{read}	0V
未选中的字线	V_{read}	0V
选中的字线	V_r	0V
虚拟字线 WL1	V_{read}	0V
GSL	V_{cc}	浮动
CSL	0V	浮动

注：V_{pc} 为位线预充电电压；V_r 为选中的字线的读取电压；V_{read} 为未被选中的字线的读取电压。Copyright 2007，日本应用物理学会

图 3.62 显示了一个模拟的带 - 带电子 / 空穴生成轮廓（图 3.62a、b），以及编程抑制过程中常规方案（不含虚拟单元）和虚拟单元方案条件下模拟的横向电场（图 3.62c）[15]。在常规方案中，高横向电场产生大量带 - 带载流子，而在虚拟单元方案中，在虚拟单元和边缘存储单元之间可以抑制横向电场。这可以解释为，优化的偏置电压和调整的虚拟单元阈值电压减小了虚拟单元和边缘存储单元之间的静电势差，从而减少了热载流子注入边缘单元的浮栅。根据虚拟字线偏置电压和虚拟单元的阈值电压调整，可以进一步减小产生的横向电场，如图 3.62c 所示。

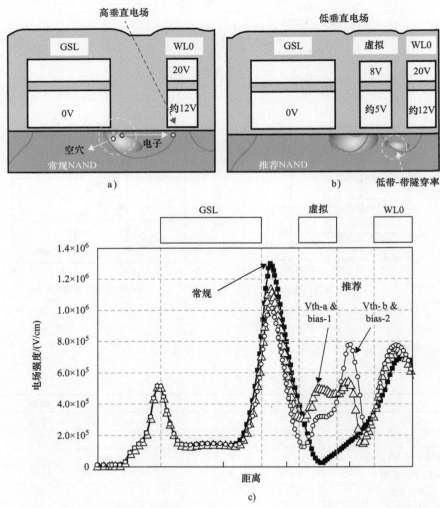

图 3.62　编程过程中模拟的带 - 带电子 / 空穴产生率和横向电场：a）常规 NAND（无虚拟字线）条件下带 - 带电子 / 空穴生成轮廓。b）有虚拟字线方案下带 - 带电子 / 空穴生成轮廓。c）结构截面的横向电场分布。Copyright 2007，日本应用物理学会

　　虚拟单元方案还能够在擦除操作期间通过 GSL/SSL 选择栅的高压增强来屏蔽一个存储单元。图 3.63 显示了擦除操作过程中浮栅的模拟静电势。在擦除过程中，GSL 浮动连接产生的电压被提升到与高擦除电压几乎相同，由于 GSL 与虚拟单元之间的电容耦合，使得虚拟单元浮栅的电势略高于中间单元的浮栅电势。得益于虚拟单元的屏蔽作用，边缘单元的浮栅电势几乎等于中间单元的电位，从而改善了擦除阈值电压的分布宽度。图 3.64 显示了在常规和虚拟字线方案下，每个字线的擦除态的实测阈值电压分布。与中间字线相比，常规 NAND 中边缘字线的擦除态阈值电压分布高达 0.5 ~ 1.2V。整个擦除态阈值电压分布约为 1.65V 宽。使用虚拟字线方案后，边缘字线与中间字线的擦除态阈值电压分布差可以忽略不计，如图 3.64b 所示。虚拟字线方案的擦除态阈值电压分布约为 1.1V，宽度变窄约为 31%。与常规存储单元相比，这将导致更好的编程态单元阈值电压分布。

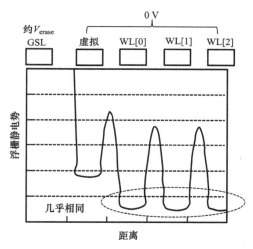

图 3.63　在擦除操作过程中存储单元浮栅的模拟静电势。Copyright 2007，日本应用物理学会

3.7.2　p 型浮栅

　　n 型掺磷多晶硅浮栅是 1992 年 NAND 闪存初始生产的遗留工艺。n 型多晶硅具有诸多优点，如更好的掺杂可控性、使表面沟道 NMOS 单元有更好的可微缩性、作为选择栅具有低的片状电阻等。特别是，在 NAND 单元中，对于 n 型多晶硅层来说，由于 LOCOS 单元和带有浮栅翼的 SA-STI 单元中要求较短的选择栅 RC（电阻和电容）延迟，因此具有较低的片状电阻是很重要的（如 3.2 节和 3.3 节中所述）。由于较高的片状电阻，p 型多晶硅不能用于 NAND 闪存单元。然而，在无浮栅翼的 SA-STI 单元中，浮栅的高片状电阻不是问题，因为浮栅和控制栅直接连接，形成选择栅晶体管和外围晶体管。

　　已有报道称，p 型浮栅在提高闪存单元的数据保持方面具有优势[18]。然而，p 型浮栅的损耗效应不可忽略，因为与 n 型掺磷多晶硅相比，p 型浮栅固有的硼偏析更快，因此在后续热处理工艺中难以维持所需的掺杂浓度。因此，p 型浮栅中的硼掺杂浓度通常比 n 型浮栅中的硼掺杂浓度低几倍。如果掺杂浓度不足，由于浮栅中的瞬态深层耗尽现象，编程速度会降低。

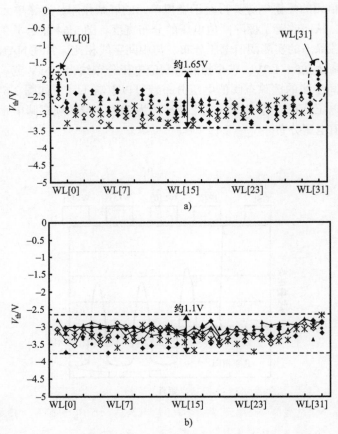

图 3.64　闪存单元擦除态阈值电压的测量值：a）无虚拟字线的常规 NAND 闪存单元；b）有虚拟字线的 NAND 闪存单元。Copyright 2007，日本应用物理学会

　　瞬态深层耗尽行为会影响基于非平衡深层耗尽现象模型的编程和擦除操作[38]。图 3.65 给出了瞬态深层耗尽现象的概念模型[19, 20]。在 p 型浮栅中，平衡态的电子数量很低；因此，当编程电压施加于控制栅时，浮栅中的负电荷在 IPD/ 浮栅界面处不可用。于是发生深层耗尽，并向浮栅内更深处延伸，如图 3.65a 所示。在非平衡状态下，IPD/ 浮栅界面处的导带能远低于浮栅的费米能级，从而产生较大的电压降，导致耦合比损失。打破深层耗尽条件的方法有：通过隧穿氧化层注入电子、注入电子产生冲击电离来产生电子、SRH 产生热电子、强电场产生 BTBT 电子等。所有这些机制都有助于打破深层耗尽。

　　在 p 型掺杂浓度足够高（$N_a > 10^{20}$）的情况下，伴随打破深层耗尽条件的编程和擦除操作成功执行。图 3.66 显示了 n-FG/n-CG 单元和 p-FG/n-CG 单元在 42nm 技术节点单元中的编程和擦除的实验特性[19]。如上所述，p-FG/n-CG 单元在约 1.5V 时的擦除速度似乎比 n-FG/n-CG 单元慢，而在约 1V 时，其编程速度似乎更快。

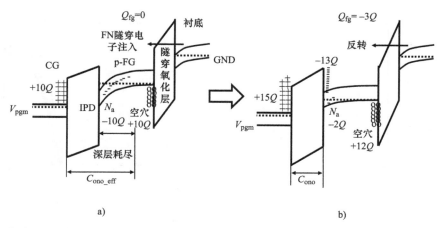

图 3.65　p 型浮栅单元在 a）$Q_{fg}=0$ 和 b）$Q_{fg}=-3Q$ 时瞬态深层耗尽现象的能带示意图。电荷值 Q 未标定，仅作为概念性的说明

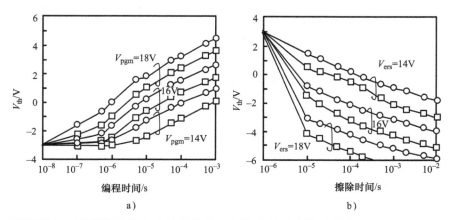

图 3.66　n 型浮栅和 p 型浮栅单元实验获得的编程和擦除特性（圆形符号为 p-FG/n-CG，矩形符号为 n-FG/n-CG）

与 n 型浮栅相比，p 型浮栅的编程 / 擦除循环耐久特性更好，如图 3.67[19] 和图 3.68[20] 所示。p 型浮栅的 N_{OT}（氧化层捕获电荷）引起的中隙（mid-gap）电压偏移很低，因此只引起 N_{IT}（界面捕获电荷）的退化，如图 3.67 所示。这可以解释为擦除过程中注入的电子 / 空穴电流比，即

是导致退化的主要原因，如图 3.69 所示 [20]。在 p 型浮栅中，由于浮栅处电子密度低，导致擦除电压增大，促使空穴电流相对增大，来达到擦除所需的电子电流，如图 3.69b 所示。空穴电流与总擦除电流的比率增加，这随之增加了隧穿氧化层中空穴捕获的数量。因此，隧穿氧化层中的电子捕获主要由空穴捕获补偿，结果导致 N_{OT} 的偏移可以忽略不计。

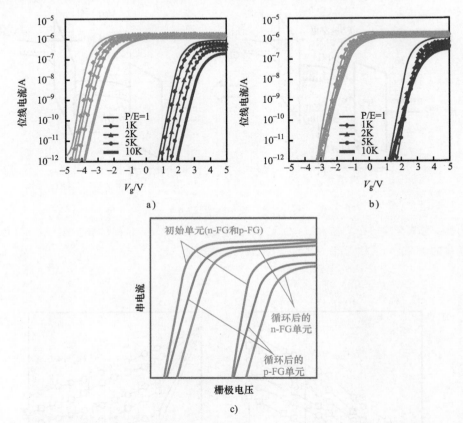

图 3.67   在编程 / 擦除循环前后的 I_d-V_g 实验特性：a) n-FG/n-CG 单元；b) p-FG/n-CG 单元。c) 在编程 / 擦除前后的 n 型和 p 型浮栅的单元晶体管的 I_d-V_g 曲线示意图

　　模拟的擦除过程中空穴 / 电子电流的 2D 分布，如图 3.70 所示 [19]。从硅衬底注入的空穴电流与从浮栅发射的电子电流之比在 p 型浮栅单元中比在 n 型浮栅单元中高 260 倍。p 型掺杂浓度越高，参与擦除操作的两种载流子的平衡对空穴隧穿的贡献越强。

　　p 型浮栅的数据保持特性与 n 型浮栅相似 [19]。这里解释了 p 型 /n 型浮栅单元中的电子陷阱以相同的方式从隧穿氧化层中脱阱，但即使经过高温烘烤，空穴仍然留在空穴陷阱位点而没有脱阱，导致两个单元中的电荷损失相同，如图 3.71 所示。

　　如上所述，p 型浮栅比 n 型浮栅具有更好的循环耐久特性。但是，对于控制栅的掺杂类型还没有很好的讨论。在实际工艺过程中，在 p 型浮栅的条件下，控制栅的掺杂类型应为 p 型，因为浮栅在 SA-STI 单元的选择栅中直接与控制栅相连。应避免 p 型和 n 型掺杂剂的混合和抵消。有报道称，p 型多晶硅被应用于中等 1X-nm 技术代单元的控制栅[21]。参考文献 [21] 指出了一种由严重的控制栅耗尽引起的读偏置灵敏度新问题。p 型控制栅位于 STI 上（浮栅之间），由于低掺杂，在读操作期间完全耗尽。通过增加浮栅和控制栅的掺杂浓度可以解决读偏置灵敏度问题[21]。

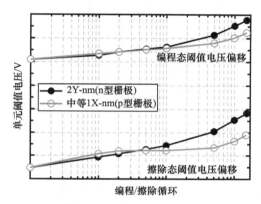

图 3.68　p 型浮栅单元的编程 / 擦除循环耐久特性。与采用 n 型多晶硅栅极的 2Y-nm 单元相比，采用 p 型多晶硅栅极的中等 1X-nm 单元具有更好的循环寿命

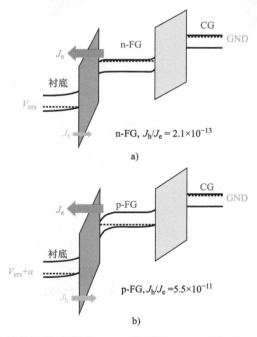

图 3.69　p 型浮栅单元的耐久特性改善示意图。a）n 型浮栅；b）p 型浮栅。p 型浮栅的空穴 / 电子电流比随着 p 型浮栅中空穴电流的增大而增大

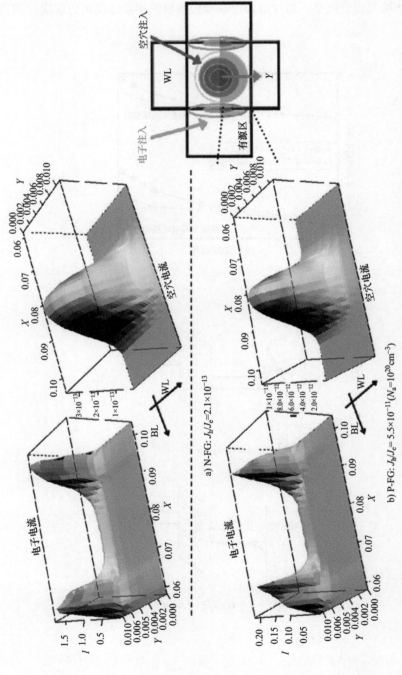

图 3.70 $N_a = 10^{20} \text{cm}^{-3}$ 时擦除隧穿电流中的空穴 / 电子电流分布：a）n 型浮栅单元；b）p 型浮栅单元

a) N-FG: $J_h / J_e = 2.1 \times 10^{-13}$

b) P-FG: $J_h / J_e = 5.5 \times 10^{-11} (N_a = 10^{20} \text{cm}^{-3})$

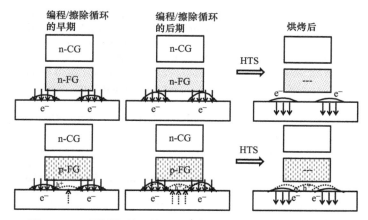

图 3.71　p 型浮栅单元的耐久特性和数据保持（HTS）模型

参 考 文 献

[1] Masuoka, F.; Momodomi, M.; Iwata, Y.; Shirota, R. New ultra high density EPROM and flash EEPROM with NAND structure cell, *Electron Devices Meeting, 1987 International*, vol. 33, pp. 552– 555, 1987.

[2] Aritome, S.; Hatakeyama, I.; Endoh, T.; Yamaguchi, T.; Shuto, S.; Iizuka, H.; Maruyama, T.; Watanabe, H.; Hemink, G.H.; Tanaka, T.; Momodomi, M.; Sakui, K.; and Shirota, R. A 1.13 um^2 memory cell technology for reliable 3.3 V 64 Mb EEPROMs, *1993 International Conference on Solid State Device and Material (SSDM93)*, pp. 446–448, 1993.

[3] Aritome S.; Hatakeyama I.; Endoh T.; Yamaguchi T.; Shuto S.; Iizuka H.; Maruyama T.; Watanabe H.; Hemink G.; Sakui K.; Tanaka T.; Momodomi, M.; and Shirota R. An advanced NAND-structure cell technology for reliable 3.3 V 64 Mb electrically erasable and programmable read only memories (EEPROMs), *Japanese Journal of Applied Physics*, vol. 33, part 1, no. 1B, pp. 524–528, Jan. 1994.

[4] Shimizu, K.; Narita, K.; Watanabe, H.; Kamiya, E.; Takeuchi, Y.; Yaegashi, T.; Aritome, S.; Watanabe, T. A novel high-density 5F^2 NAND STI cell technology suitable for 256 Mbit and 1 Gbit flash memories, *Electron Devices Meeting, 1997. IEDM '97. Technical Digest, International*, pp. 271–274, 7–10 Dec. 1997.

[5] Takeuchi, Y.; Shimizu, K.; Narita, K.; Kamiya, E.; Yaegashi, T.; Amemiya, K.; Aritome, S. A self-aligned STI process integration for low cost and highly reliable 1 Gbit flash memories, *VLSI Technology, 1998. Digest of Technical Papers. 1998 Symposium on*, pp. 102–103, 9–11 June 1998.

[6] Aritome, S.; Satoh, S.; Maruyama, T.; Watanabe, H.; Shuto, S.; Hemink, G. J.; Shirota, R.; Watanabe, S.; Masuoka, F. A 0.67 μm^2 self-aligned shallow trench isolation cell (SA-STI cell) for 3 V-only 256 Mbit NAND EEPROMs, *Electron Devices Meeting, 1994. IEDM '94. Technical Digest, International*, pp. 61–64, 11–14 Dec. 1994.

[7] Imamiya, K.; Sugiura, Y.; Nakamura, H.; Himeno, T.; Takeuchi, K.; Ikehashi, T.; Kanda, K.; Hosono, K.; Shirota, R.; Aritome, S.; Shimizu, K.; Hatakeyama, K.; Sakui, K. A 130 mm^2 256 Mb NAND flash with shallow trench isolation technology, *Solid-State Circuits Conference, 1999. Digest of Technical Papers. ISSCC. 1999 IEEE International*, pp. 112–113, 1999.

[8] Imamiya, K.; Sugiura, Y.; Nakamura, H.; Himeno, T.; Takeuchi, K.; Ikehashi, T.; Kanda, K.; Hosono, K.; Shirota, R.; Aritome, S.; Shimizu, K.; Hatakeyama, K.; Sakui, K. A 130-mm², 256-Mbit NAND flash with shallow trench isolation technology, *Solid-State Circuits, IEEE Journal of*, vol. 34, no. 11, pp. 1536–1543, Nov. 1999.

[9] Aritome, S. Advanced flash memory technology and trends for file storage application, *Electron Devices Meeting, 2000. IEDM Technical Digest. International*, pp. 763–766, 2000.

[10] Goda, A.; Parat, K. Scaling directions for 2D and 3D NAND cells, *Electron Devices Meeting (IEDM), 2012 IEEE International*, pp. 2.1.1, 2.1.4, 10–13 Dec. 2012.

[11] Ramaswamy, N.; Graettinger, T.; Puzzilli, G.; Liu H.; Prall, K.; Gowda, S.; Furnemont, A.; Changhan K.; Parat, K. Engineering a planar NAND cell scalable to 20nm and beyond, *Memory Workshop (IMW), 2013 5th IEEE International*, pp. 5,8, 26–29 May 2013.

[12] Goda, A. Recent progress and future directions in NAND flash scaling, *Non-Volatile Memory Technology Symposium (NVMTS), 2013 13th*, pp. 1,4, 12–14 Aug. 2013.

[13] Aritome, S.; Takeuchi, Y.; Sato, S.; Watanabe, H.; Shimizu, K.; Hemink, G. J.; Shirota, R. A novel side-wall transfer-transistor cell (SWATT cell) for multi-level NAND EEPROM's, in *IEEE IEDM Technical Digest*, pp. 275–278, 1995.

[14] Aritome, S.; Takeuchi, Y.; Sato, S.; Watanabe, I.; Shimizu, K.; Hemink, G.; Shirota, R. A side-wall transfer-transistor cell (SWATT cell) for highly reliable multi-level NAND EEPROMs, *Electron Devices, IEEE Transactions on*, vol. 44, no. 1, pp.145–152, Jan 1997.

[15] Park, K.-T.; Lee, S.C.; Sel, J.-S.; Choi, J.; Kim, K. Scalable wordline shielding scheme using dummy cell beyond 40 nm NAND flash memory for eliminating abnormal disturb of edge memory cell, *SSDM*, pp. 298–299, 2006.

[16] Park, K.-T.; Lee, S.C.; Sel, J.-S.; Choi, J.; Kim, K. Scalable wordline shielding scheme using dummy cell beyond 40 nm NAND flash memory for eliminating abnormal disturb of edge memory cell, *Japanese Journal of Applied Physics*, vol. 46, no. 4B, pp. 2188–2192, 2007.

[17] Kanda, K.; Koyanagi, M.; Yamamura, T.; Hosono, K.; Yoshihara, M.; Miwa, T.; Kato, Y.; Mak, A.; Chan, S.L.; Tsai, F.; Cernea, R.; Le, B.; Makino, E.; Taira, T.; Otake, H.; Kajimura, N.; Fujimura, S.; Takeuchi, Y.; Itoh, M.; Shirakawa, M.; Nakamura, D.; Suzuki, Y.; Okukawa, Y.; Kojima, M.; Yoneya, K.; Arizono, T.; Hisada, T.; Miyamoto, S.; Noguchi, M.; Yaegashi, T.; Higashitani, M.; Ito, F.; Kamei, T.; Hemink, G.; Maruyama, T.; Ino, K.; Ohshima, S. A 120 mm² 16 Gb 4-MLC NAND flash memory with 43 nm CMOS technology, *Solid-State Circuits Conference, 2008. ISSCC 2008. Digest of Technical Papers. IEEE International*, pp. 430–625, 3–7 Feb. 2008.

[18] Shen, C.; Pu, J.; Li, M.-F.; Cho, J. Byung, P-Type Floating Gate for Retention and P/E Window Improvement of flash memory devices, *Electron Devices, IEEE Transactions on*, vol. 54, no. 8, pp. 1910, 1917, Aug. 2007.

[19] Lee, C.H.; Fayrushin, A.; Hur, S.; Park, Y.; Choi, J.; Choi, J.; Chung, C. Physical modeling and analysis on improved endurance behavior of *p*-type floating gate NAND flash memory, *Memory Workshop (IMW), 2012 4th IEEE International*, pp. 1,4, 20–23 May 2012.

[20] Park, Y.; Lee, J. Device considerations of planar NAND flash memory for extending towards sub-20 nm regime, *Memory Workshop (IMW), 2013 5th IEEE International*, pp. 1,4, 26–29 May 2013.

[21] Seo, J.; Han, K.; Youn, T.; Heo H.-E.; Jang, S.; Kim, J.; Yoo, H.; Hwang, J.; Yang, C.; Lee, H.; Kim, B.; Choi, E.; Noh, K.; Lee, B.; Lee, B.; Chang, H.; Park, S.; Ahn, K.;

Lee, S.; Kim, J.; Lee, S. Highly reliable M1X MLC NAND flash memory cell with novel active air-gap and $p+$ poly process integration technologies, *Electron Devices Meeting (IEDM), 2013 IEEE International*, pp. 3.6.1,3.6.4, 9–11 Dec. 2013.

[22] Aritome, S.; Kirisawa, R.; Endoh, T.; Nakayama, R.; Shirota, R.; Sakui, K.; Ohuchi, K.; Masuoka, F. Extended data retention characteristics after more than 10^4 write and erase cycles in EEPROMs, *International Reliability Physics Symposium, 1990. 28th Annual Proceedings*, 1990, pp. 259–264, 1990.

[23] Kirisawa, R.; Aritome, S.; Nakayama, R.; Endoh, T.; Shirota, R.; Masuoka, F.; A NAND structured cell with a new programming technology for highly reliable 5 V-only flash EEPROM, *1990 Symposium on VLSI Technology, 1990. Digest of Technical Papers*, 1990, pp. 129–130, 1990.

[24] Aritome, S.; Shirota, R.; Kirisawa, R.; Endoh, T.; Nakayama, R.; Sakui, K.; Masuoka, F.; A reliable bi-polarity write/erase technology in flash EEPROMs, *International Electron Devices Meeting, 1990. IEDM '90. Technical Digest, 1990*, pp. 111–114, 1990.

[25] Aritome, S.; Shirota, R.; Hemink, G.; Endoh, T.; Masuoka, F.; Reliability issues of flash memory cells, *Proceedings of the IEEE*, vol. 81, no. 5, pp. 776–788, 1993.

[26] Tanaka, T.; Tanaka, Y.; Nakamura, H.; Oodaira, H.; Aritome, S.; Shirota, R.; Masuoka, F. A quick intelligent program architecture for 3 V-only NAND-EEPROMs, *VLSI Circuits, 1992. Digest of Technical Papers, 1992 Symposium on*, pp. 20–21, 4–6 June 1992.

[27] Choi, J.-D.; Lee, J.-H.; Lee, W.-H.; Shin, K.-S.; Yim, Y.-S.; Lee, J.-D.; Shin, Y.-C.; Chang, S.-N.; Park, K.-C.; Park, J.-W.; Hwang, C.-G. A 0.15 μm NAND flash technology with 0.11 μm² cell size for 1 Gbit flash memory," *Electron Devices Meeting, 2000. IEDM '00. Technical Digest. International*, pp. 767,770, 10–13 Dec. 2000.

[28] Arai, F.; Arai, N.; Satoh, S.; Yaegashi, T.; Kamiya, E.; Matsunaga, Y.; Takeuchi, Y.; Kamata, H.; Shimizu, A.; Ohtami, N.; Kai, N.; Takahashi, S.; Moriyama, W.; Kugimiya, K.; Miyazaki, S.; Hirose, T.; Meguro, H.; Hatakeyama, K.; Shimizu, K.; Shirota, R. High-density (4.4F²) NAND flash technology using super-shallow channel profile (SSCP) engineering, *Electron Devices Meeting, 2000. IEDM '00. Technical Digest International*, pp. 775,778, 10–13 Dec. 2000.

[29] Choi, J.-D.; Cho, S.-S.; Yim, Y.-S.; Lee, J.-D.; Kim, H.-S.; Joo, K.-J.; Hur, S.-H.; Im, H.-S.; Kim, J.; Lee, J.-W.; Seo, K.-I.; Kang, M.-S.; Kim, K.-H.; Nam, J.-L.; Park, K.-C.; Lee, M.-Y. Highly manufacturable 1 Gb NAND flash using 0.12 μm process technology, *Electron Devices Meeting, 2001. IEDM '01. Technical Digest International*, pp. 2.1.1,2.1.4, 2–5 Dec. 2001.

[30] Kim, D.-C.; Shin, W.-C.; Lee, J.-D.; Shin, J.-H.; Lee, J.-H.; Hur, S.-H.; Baik, I.-G.; Shin, Y.-C.; Lee, C.-H.; Yoon, J.-S.; Lee, H.-G.; Jo, K.-S.; Choi, S.-W.; You, B.-K.; Choi, J.-H.; Park, D.; Kim, K. A 2 Gb NAND flash memory with 0.044 μm² cell size using 90 nm flash technology, *Electron Devices Meeting, 2002. IEDM '02. International*, pp. 919,922, 8–11 Dec. 2002.

[31] Ichige, M.; Takeuchi, Y.; Sugimae, K.; Sato, A.; Matsui, M.; Kamigaichi, T.; Kutsukake, H.; Ishibashi, Y.; Saito, M.; Mori, S.; Meguro, H.; Miyazaki, S.; Miwa, T.; Takahashi, S.; Iguchi, T.; Kawai, N.; Tamon, S.; Arai, N.; Kamata, H.; Minami, T.; Iizuka, H.; Higashitani, M.; Pham, T.; Hemink, G.; Momodomi, M.; Shirota, R. A novel self-aligned shallow trench isolation cell for 90 nm 4 Gbit NAND flash EEP-ROMs, *VLSI Technology, 2003. Digest of Technical Papers. 2003 Symposium on*, pp. 89,90, 10–12 June 2003.

[32] Noguchi, M.; Yaegashi, T.; Koyama, H.; Morikado, M.; Ishibashi, Y.; Ishibashi, S.; Ino, K.; Sawamura, K.; Aoi, T.; Maruyama, T.; Kajita, A.; Ito, E.; Kishida, M.; Kanda, K.; Hosono, K.; Miyamoto, S.; Ito, F.; Hemink, G.; Higashitani, M.; Mak, A.; Chan, J.; Koyanagi, M.; Ohshima, S.; Shibata, H.; Tsunoda, H.; Tanaka, S. A high-performance

multi-level NAND flash memory with 43 nm-node floating-gate technology, *Electron Devices Meeting, 2007. IEDM 2007. IEEE International*, pp. 445, 448, 10–12 Dec. 2007.

[33] Kamigaichi, T.; Arai, F.; Nitsuta, H.; Endo, M.; Nishihara, K.; Murata, T.; Takekida, H.; Izumi, T.; Uchida, K.; Maruyama, T.; Kawabata, I.; Suyama, Y.; Sato, A.; Ueno, K.; Takeshita, H.; Joko, Y.; Watanabe, S.; Liu, Y.; Meguro, H.; Kajita, A.; Ozawa, Y.; Watanabe, T.; Sato, S.; Tomiie, H.; Kanamaru, Y.; Shoji, R.; Lai, C.H.; Nakamichi, M.; Oowada, K.; Ishigaki, T.; Hemink, G.; Dutta, D.; Dong, Y.; Chen, C.; Liang, G.; Higashitani, M.; Lutze, J. Floating Gate super multi level NAND Flash Memory Technology for 30 nm and beyond, *Electron Devices Meeting, 2008. IEDM 2008. IEEE International*, pp. 1,4, 15–17 Dec. 2008.

[34] Lee, C.-H.; Sung, S.-K.; Jang, D.; Lee, S.; Choi, S.; Kim, J.; Park, S.; Song, M.; Baek, H.-C.; Ahn, E.; Shin, J.; Shin, K.; Min, K.; Cho, S.-S.; Kang, C.-J.; Choi, J.; Kim, K.; Choi, J.-H.; Suh, K.-D.; Jung, T.-S. A highly manufacturable integration technology for 27 nm 2 and 3bit/cell NAND flash memory, *Electron Devices Meeting (IEDM), 2010 IEEE International*, pp. 5.1.1,5.1.4, 6–8 Dec. 2010.

[35] Hwang, J.; Seo, J.; Lee, Y.; Park, S.; Leem, J.; Kim, J.; Hong, T.; Jeong, S.; Lee, K.; Heo, H.; Lee, H.; Jang, P.; Park, K.; Lee, M.; Baik, S.; Kim, J.; Kkang, H.; Jang, M.; Lee, J.; Cho, G.; Lee, J.; Lee, B.; Jang, H.; Park, S.; Kim, J.; Lee, S.; Aritome, S.; Hong, S. and Park, S. A middle-1X nm NAND flash memory cell (M1X-NAND) with highly manufacturable integration technologies, *Electron Devices Meeting (IEDM), 2011 IEEE International*, pp. 199–202, Dec. 2011.

[36] Govoreanu, B.; Brunco, D. P.; Van Houdt, J. Scaling down the interpoly dielectric for next generation flash memory; Challenges and opportunities, *Solid-State Electronics*, vol. 49, pp. 1841–1848, Nov. 2005.

[37] Lee, J. D.; Lee, C. K.; Lee, M. W; Kim, H. S.; Park, K. C.; Lee, W. S. A new programming disturbance phenomenon in NAND flash memory by source/drain hot-electrons generated by GIDL current, *NVSMW*, pp. 31–33, 2006.

[38] Spessot, A.; Monzio Compagnoni, C.; Farina, F.; Calderoni, A.; Spinelli, A. S.; Fantini P. Effect of floating-gate polysilicon depletion on the erase efficiency of nand flash memories, *Electron Device Letters, IEEE*, vol. 31, no. 7, pp. 647, 649, July 2010.

[39] Takeuchi, K.; Kameda, Y.; Fujimura, S.; Otake, H.; Hosono, K.; Shiga, H.; Watanabe, Y.; Futatsuyama, T.; Shindo, Y.; Kojima, M.; Iwai, M.; Shirakawa, M.; Ichige, M.; Hatakeyama, K.; Tanaka, S.; Kamei, T.; Fu, J.Y.; Cernea, A.; Li, Y.; Higashitani, M.; Hemink, G.; Sato, S.; Oowada, K.; Lee S.-C.; Hayashida, N.; Wan, J.; Lutze, J.; Tsao, S.; Mofidi, M.; Sakurai, K.; Tokiwa, N.; Waki, H.; Nozawa, Y.; Kanazawa, K.; Ohshima, S. A 56 nm CMOS 99 mm^2 8Gb Multi-level NAND Flash Memory with 10MB/s Program Throughput, *Solid-State Circuits Conference, 2006. ISSCC 2006. Digest of Technical Papers. IEEE International*, pp. 507–516, 6–9 Feb. 2006.

第 4 章

多电平单元的先进操作

4.1 引言

为了降低每比特闪存的成本，多电平存储单元技术已经得到了广泛的发展[1-7]，同时也减少了存储单元的尺寸[8]（见第 3 章）。多电平单元技术最初是为 MLC（2 比特位 / 单元）开发的，但后来扩展到 TLC（3 比特位 / 单元）和 QLC（4 比特位 / 单元）。与单电平单元的 SLC（1 比特位 / 单元）方案相比，使用 MLC 方案可以将芯片尺寸减小到 60% 左右。然而，在多电平存储单元中，窄的阈值电压（V_{th}）分布宽度是必要的，以便在 V_{th} 分布之间有足够的裕度。由于这种窄的 V_{th} 分布宽度，多电平单元的编程时间比常规 SLC 的编程时间要长。而且，由于 V_{th} 裕度更小（读 V_{th} 窗口裕度），多电平单元的可靠性比 SLC 差。为了避免这些问题，V_{th} 分布宽度控制得尽可能窄是非常重要的。

多电平存储单元的结构和制备工艺与 SLC 基本相同。因此，多电平单元技术的发展重点是使 V_{th} 分布宽度变窄。许多复杂、先进的技术已经被提出并实施到 NAND 闪存产品中[9]。4.2 节描述了这些技术，如增量步进脉冲编程（ISPP）、逐位验证操作、两步验证方案和伪通过方案。

即使在页编程时使 V_{th} 分布宽度变窄，但由于浮栅电容耦合干扰（单元与单元间的干扰）等原因，编程后相邻单元的 V_{th} 分布也会受到干扰而变宽。4.3 节描述了几种减少浮栅电容耦合影响的页编程序列。

TLC（3 比特位 / 单元）和 QLC（4 比特位 / 单元）技术分别在 4.4 节和 4.5 节中描述。4.6 节介绍了以牺牲 SLC 和 MLC 的性能和可靠性为代价的三电平（1.5 比特位 / 单元）单元技术。

最后，在 4.7 节中，提出了移动读算法来补偿 V_{th} 偏移以最小化位失效率。

4.2 紧凑 V_{th} 分布宽度的编程操作

4.2.1 单元 V_{th} 设置

图 4.1 显示了一个编程态 V_{th} 设置示意图。为了避免失效，V_{th} 分布宽度必须足够紧凑，并且分布的尾部必须与读电压有足够的裕度。然而，缩放存储单元尺寸，V_{th} 分布宽度会因几种物理机制而变得更宽，如浮栅电容耦合（FGC）干扰、随机电报信号噪声（RTN）、编程电子注入

展宽（EIS）、背景模式依赖（BPD）等，如图 4.1 所示（详见第 5 章）。随着内存单元的缩放，操作裕度会减少，因为每个物理现象都会随着缩放而变得更糟。

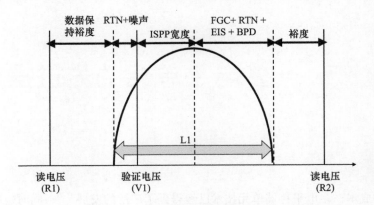

图 4.1　一个编程态 V_{th} 的设置示意图

　　图 4.2 显示了 SLC（1 比特位 / 单元）、MLC（2 比特位 / 单元）和 TLC（3 比特位 / 单元）的 V_{th} 分布示意图。SLC 具有更宽的单元 V_{th} 窗口裕度，因此 SLC 具有更好的可靠性，并且比 MLC 和 TLC 具有更好的编程和读取性能。MLC 和 TLC 有非常窄的裕度来管理足够好的可靠性。为了获得更宽的裕度，重要的是使 V_{th} 分布宽度更紧凑。图 4.3 显示了 MLC 在四种单元状态下

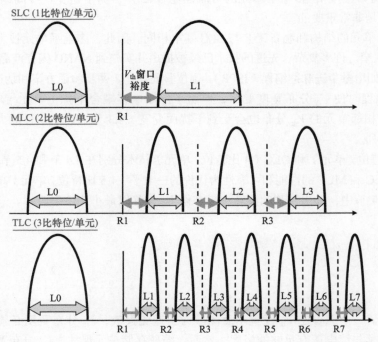

图 4.2　SLC（1 比特位 / 单元）、MLC（2 比特位 / 单元）和 TLC（3 比特位 / 单元）的 V_{th} 分布图

阈值电压分布的一个例子[5]。擦除态"11"单元足够"深"，并且擦除态 V_{th} 分布的宽度不需要像三个编程态那样严格控制。每个编程态都有一个 0.4V 的 V_{th} 分布宽度和一个 0.8V 的裕度将它们分开。在 0.4μm 技术节点单元中测量到的 V_{th} 分布如图 4.4 所示[5]。这表明 V_{th} 优化操作促使每个编程态在正常操作条件下有一个相对紧凑的 V_{th} 分布宽度，为 0.4V。

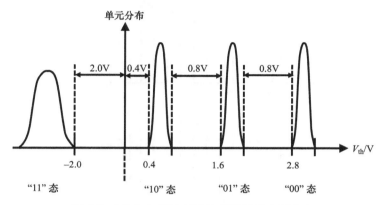

图 4.3　MLC 中四种状态的目标阈值电压分布

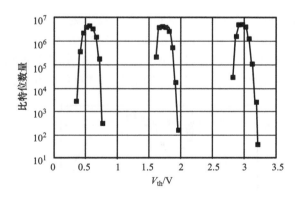

图 4.4　MLC 中测量的三个编程态 V_{th} 分布

4.2.2　增量步进脉冲编程（ISPP）

为了使编程态的 V_{th} 分布宽度更紧凑，提出了增量步进脉冲编程（ISPP）方案[10, 11]。

图 2.13（第 2 章）所示为 ISPP 方案[10]（步进升压式编程方案[11]）。编程脉冲 V_{pgm} 通过 ΔV_{pgm} 进行升压。将 ISPP 方案与其他方案进行对比，如图 4.5 所示[11]。常规编程脉冲（见图 4.5a）为相同编程电压 $V_{pp}(=V_{pgm})$ 下的重复脉冲。由于需要许多脉冲来完成一个页面的编程，因此存在增加编程时间的问题。另一方面，在步进升压式编程脉冲中（见图 4.5c），由于可以用更高的 V_{pp} 对页面中较慢的单元进行编程，从而可以通过少量的编程脉冲完成页编程，大大提高编程速度。

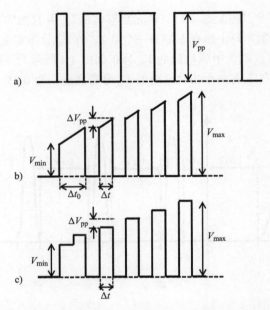

图 4.5　编程脉冲波形：a）常规；b）梯形；c）阶梯（ISPP）。每个脉冲后进行一个验证步骤

　　在 ISPP 方案中，在不增加编程脉冲数的情况下，采用更窄阶跃 ΔV_{pp}（ $= \Delta V_{pgm}$ ）可以获得更紧凑的编程 V_{th} 分布宽度，如图 4.6 所示[11]。此外，ISPP 方案还有一个重要的优点。在编程脉冲过程中，与常规编程脉冲相比，V_{pp} 启动值较低，可以减小隧穿氧化层中的电场。这有助于抑制隧穿氧化层的劣化，从而大大提高编程 / 擦除循环、数据保持和读操作的可靠性[12]。

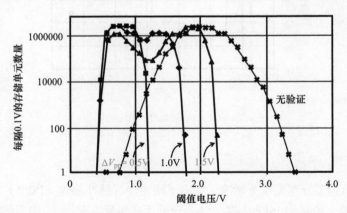

图 4.6　在 16Mbit 存储阵列中，有 / 无验证，采用长度为 20μs 的阶梯脉冲（ISPP），V_{pgm} 步长分别为 0.5V、1.0V、1.5V 的编程态 V_{th} 分布

　　ISPP 方案由于编程速度快、V_{th} 分布紧密、可靠性优异，已在 NAND 闪存产品中使用了 20 多年。

4.2.3 逐位验证操作

另一个重要的、基本的使 V_{th} 分布紧密的操作技术是逐位验证操作。

一种智能快速逐位验证电路被提出 [13, 14]，以实现快速的页编程速度和紧凑的编程态 V_{th} 分布宽度。这个新的验证电路仅由在常规电路中增加两个晶体管（T1,T2）组成，如图 4.7 所示 [13, 14]。与常规的芯片外部验证操作相比，编程验证操作可以大大简化。详细操作如下所示。

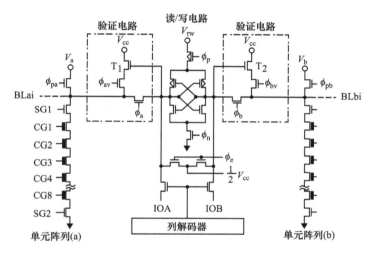

图 4.7　智能验证电路原理图，用于逐位验证操作

编程操作后，执行验证操作来检测存储单元，这需要更多时间才能达到"1"编程态。在验证操作中，根据图 4.8 所示的数据修改规则，将锁存在读写电路中的编程数据修改为重新编程的数据。因此，重新编程操作只在没有达到"1"编程态的存储单元上执行。

当读/写电路锁存器中的编程数据为"0"时，验证电路中晶体管 T1 的状态为"ON"（见图 4.7）。进行"0"编程后的位线由验证电路重新充电超过 $1/2V_{cc}$。因此，锁存的重新编程数据为"0"，与图 4.8a、b 中的存储单元数据无关。

在读/写电路锁存器中的编程数据为"1"的情况下，晶体管 T1 的状态为"OFF"。因此，即使时钟 ϕ_{av} 转高，位线也不会被验证电路重新充电。如果存储单元已成功编程为"1"，则"1"编程后的位线电压超过 $1/2V_{cc}$（见图 4.8d）。另一方面，如果存储单元没有达到"1"编程态，位线电压降至 $1/2V_{cc}$ 以下（见图 4.8c）。对于处于"1"编程态的存储单元，锁存的重新编程数据为"0"（见图 4.8d）。对于尚未达到"1"编程态的存储单元，重新编程数据为"1"（见图 4.8c）。

利用验证电路，将编程数据自动同时修改为图 4.8 所示的重新编程数据。

编程后的 V_{th} 分布紧凑，验证操作快，并且由于芯片内部验证操作取代了常规的芯片外部验证操作，编程速度被加快。

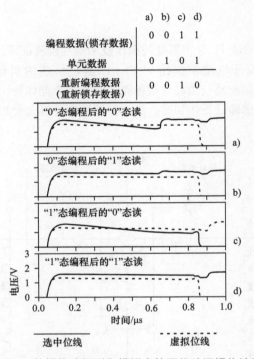

图 4.8　数据修改规则和模拟出的逐位验证操作波形

4.2.4　两步验证方案

为了实现紧凑的 V_{th} 分布宽度，在 ISPP 编程操作过程中控制单元 V_{th} 的移动是很重要的。编程验证读操作中的两步验证方案被广泛用于多电平单元（MLC、TLC、QLC）控制 V_{th} 偏移[15]，如图 4.9a~c[16] 和图 4.10[15] 所示。在两步验证方案中，TLC 中 P1 ~ P7 的每个编程态电平执行两次验证读操作，如图 4.9c 所示。例如，对于编程态电平 P1，分别对第一个 P1V 和第二个 P1V 进行两次验证读（如图 4.10 所示的第一步写入验证电压和第二步写入验证电压）。第二个 P1V 为目标验证电压，第一个 P1V 电压水平略低于目标验证电压。对于其 V_{th} 小于第一个 P1V 电压的单元，在下一个编程脉冲正常编程（使 V_{th} 偏移），0V 被施加于位线。而对于其 V_{th} 大于第二个 P1V 电压的单元，在下一个编程脉冲期间位线施加 V_{cc} 作为抑制条件。对于其 V_{th} 第一 P1V 和第二 P1V 之间的单元，在下一个编程脉冲期间，在位线上施加一个预定的低电压 V_{fbl}（= 0.4V，如图 4.10 所示），使 V_{th} 偏移小于 ISPP 阶跃电压，如图 4.9b 和图 4.10 所示。由于其 V_{th} 刚好低于目标验证电压（即第一个 P1V< V_{th}< 第二个 P1V）的单元的 V_{th} 偏移较小，因此两步验证方案的编程态 V_{th} 分布宽度可以比常规验证方案更紧凑。

然而，对于每个目标 V_{th} 状态，两步验证方案需要两次以上的验证操作，从而增加了编程时间。这对于 TLC NAND 单元来说尤其夸张，其中超过 66% 的编程总时间花在验证操作上。为了减少额外的验证开销时间，提出了一种验证 - 跳过的两步隧穿 ISPP 方案[16]，如图 4.9d 和图 4.11 所示。验证 - 跳过的两步隧穿 ISPP 方案使用前一个目标状态的第二个验证电平作为下一

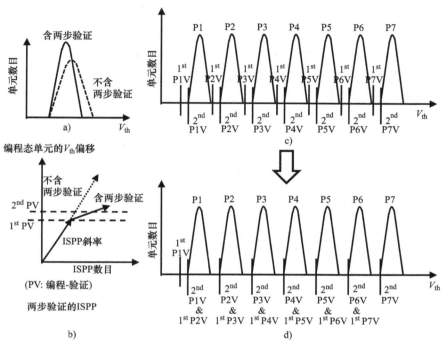

图 4.9 a)含两步验证方案和不含两步验证方案的 V_{th} 分布图。b)两步验证方案中编程态单元的 V_{th} 偏移。c)两步验证方案。d)验证 - 跳过的两步验证方案

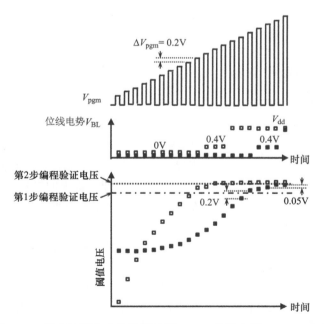

图 4.10 两步验证方案的编程波形 V_{pgm}、位线电压 V_{bl}、V_{th} 偏移

个目标状态的第一步验证电平。为了使 V_{fbl} 具有较小的 V_{th} 偏移效果，需将施加位线电压的时间延迟到施加几个编程脉冲之后。当前一个目标状态的验证电平验证通过时，位线电压的延迟施加由页缓冲区中的计数数据锁存器来执行，如图 4.11 所示。因此，在没有额外验证操作的情况下，使用两步隧穿方案实现了紧密的 V_{th} 分布宽度。与常规的两步验证方案相比，验证 - 跳过两步隧穿 ISPP 方案的编程性能提高了 13%[16]。

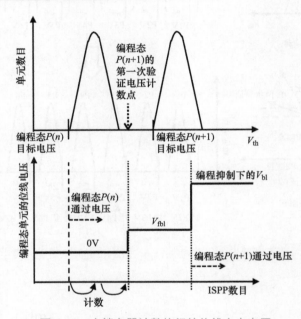

图 4.11　由锁存器计数执行的位线上电电压

4.2.5　页编程中的伪通过方案

快速的编程速度本质上要求更多地减少单页编程的时间。页编程的持续时间需设置得足够长，以完成页面中所有比特位的编程。因此，与大多数单元相比，当任何单元具有异常慢的编程特征时，页编程速度就会变慢。为了解决这一问题，提出了伪通过方案（pseudo-pass scheme，PPS）[17]。它允许完成一个页编程操作，即使有几个比特位没有被充分编程。未被充分编程的错误位在读操作中由 ECC（纠错码）纠正。然而，常规的失效位计数（FBC）操作非常耗时，因此 PPS 不够有效。为了实现有效的 PPS，还提出了高速 FBC 操作[17]。

图 4.12a 显示了常规页编程序列的流程图。首先，根据加载的数据对页面中的存储单元进行编程。然后，依次进行验证。如果所有应该被编程的单元都被编程了，那么编程操作完成并成为通过状态。然而，如果存储单元没有完成编程，将被重新编程。判断"所有单元是否已编程"是通过使用存储在页缓冲区中的数据来完成的，如图 4.13 所示。当缓冲区中的数据为"1"时，不对与缓冲区对应的单元进行编程，但是，当数据为"0"时，对单元进行重复编程。每次验证操作都会修改页缓冲区的数据。当编程态单元的 V_{th} 从擦除态的负电压上升到大于目标值

0.8V 时，验证后缓冲区的数据由 "0" 变为 "1"。

　　图 4.12b 给出了 PPS 的页编程序列流程图。PPS 可以在常规编程序列之后执行。如果在编程循环的预定迭代次数之后编程操作没有完成，FBC 电路将计算数据为 "0" 的页面缓冲区数量。如果检测到的失效位数小于或等于允许的值，则输出 "伪通过" 状态，然后终止编程序列。在图 4.13 中，假定编程循环的预定迭代次数为 3 次，这对大多数单元编程来说是足够的。在这种情况下，编程操作通过 "伪通过" 的操作完成，这是在第三个编程循环之后的 FBC 的结果，无需重新尝试额外的编程循环，即使仍然存在一些未充分编程的单元。因此，与常规的验证方法相比，编程循环的迭代次数可以减少一个或多个，而常规的验证方法不允许有任何不充分的编程位。

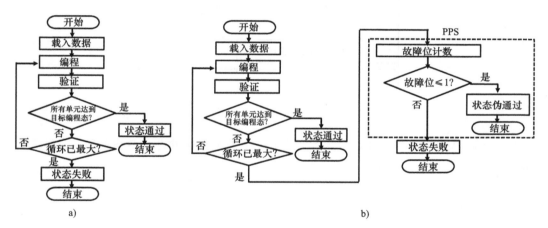

图 4.12　a ）常规页编程序列流程图。b ）具有 PPS 的页编程序列流程图

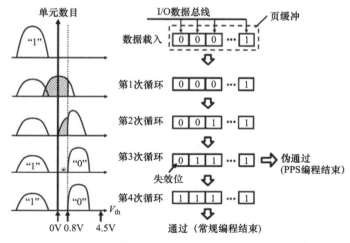

图 4.13　在编程序列期间，存储单元 V_{th} 和页缓冲区中数据的变化

图 4.14 比较了常规编程操作和 PPS 编程操作的 SLC 编程性能。横轴显示为最差的编程时间。当假定大多数单元的典型编程时间（$t_{Prog\_typical}$）为 200μs 时，由于需要一个或多个编程 / 验证序列，常规编程的最差编程时间有可能变为 250μs 或更多。然而，采用新型高速失效位计数器电路[17] 的 PPS 运行的最差编程时间被限制在 200.8μs，这是典型编程时间 200μs 和 FBC 操作中计数时间 0.8μs 的总和。在这种情况下，通过减少一些缓慢编程态单元的编程循环次数，与常规的最差编程时间相比，最差编程时间的改进至少为 20%。与总编程时间相比，0.8μs 的额外时间对于 PPS 操作可以忽略不计。

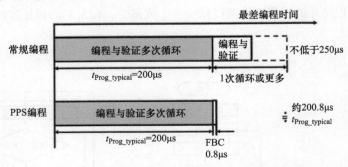

图 4.14   常规页编程和带 PPS 的页编程的编程性能比较

PPS 在 SLC/MLC/TLC 的 NAND 闪存产品上已经实施了 10 多年，其优点是页编程速度快，通过避免过多的编程压力从而减少编程故障。

4.3   页编程序列

4.3.1   原始页编程方案

为了在缩放 NAND 闪存单元中实现多电平单元（MLC），精确的 V_{th} 分布控制是关键。通过 ISPP 和逐位验证方案，编程态 V_{th} 分布可以变得非常紧凑。然而，该分布最终会受到众所周知的主要寄生效应的干扰，即背景模式依赖（BPD）、源线噪声和浮栅电容耦合干扰（单元间干扰），如图 4.15 所示[18, 19]。其中，背景模式依赖可以通过各种技术最小化，例如固定页编程顺序，以及在选中的 NAND 串中对未被选中的单元施加适当的读取电压。此外，存储阵列线网络中共接源线的低电阻，以及存储阵列 p 阱结构（如逆行掺杂的 p 阱）的低电阻也可以使源线噪声最小化。然而，单元间干扰主要是由单元间寄生电容产生的浮栅电容耦合引起的，因此受单元缩放的影响很大（详见第 5 章）。图 4.15b 显示了上述三种寄生效应在 60nm 技术节点上的典型贡献[18-19]。事实上，每种影响的具体贡献大小可能会根据所使用的 NAND 器件结构及其工作条件而有所不同，但浮栅电容耦合干扰是最主要的影响，并且随着 NAND 闪存单元的缩小而急剧增加。

图 4.16a 显示了常规 NAND 闪存器件（初始 MLC 产品）的存储单元阵列核心架构和页面分配[6, 7, 18, 19]。偶数位线（BLe）和奇数位线（BLo）分别通过开关连接到感测放大器（图中未

示出）。根据图 4.16a 所示的顺序交替选择一个偶数或奇数位线单元并按顺序编程。这种位线方案被称为偶 / 奇屏蔽位线架构 [14, 21]。该方案有效地降低了读取和编程验证过程中的位线噪声。初始 MLC NAND 闪存中使用的常规 MLC 编程方案如图 4.16b 所示。在 LSB 编程中，所选中单元 V_{th} 状态的变化为：以擦除态 V_{th} 作为初始状态移动到最低的编程态 "10"。接下来，在 MSB 编程阶段，根据之前的 LSB 数据，依次形成两个编程态 "00" 和 "01"。在完成一个字线（WL$<n>$）所对应四个页面的编程后，相继地编程下一个字线（WL$<n+1>$）对应的四个页面。这里值得注意的是，在常规架构中，同一字线上的逻辑偶数和奇数页与物理偶数和奇数位线相匹配。原始的 MLC NAND 架构和页编程方案如图 4.16 所示，在 2000 年用于 0.16μm 技术节点下具有 512Mbit NAND 闪存的第一代 MLC NAND 产品。

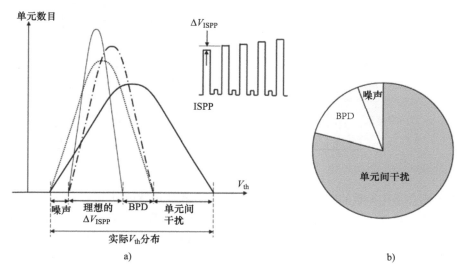

图 4.15　a）NAND 闪存中 V_{th} 分布的寄生效应。b）基于 60nm 技术节点测量的每个寄生效应的贡献度

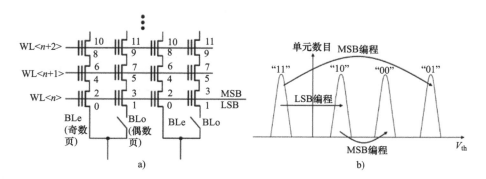

图 4.16　a）常规的核心架构和页面分配。b）常规 MLC 编程方案。MSB：最高有效位；LSB：最低有效位

　　图 4.17 显示了在原始 NAND 架构中出现的浮栅电容耦合干扰的最坏情况（见图 4.16）[18, 19]。在 LSB 页编程过程中，只有被选中单元 "A" 被从 "1" 编程到 "0"，而周围所有的相邻单元都

保持在擦除态（"1"→"1"）。随后在 MSB 页编程时，如果所选中单元的数据为"1"，则不编程使其状态保持在"10"。接下来，如果所有相邻单元的数据都为"0"，那么将所有相邻单元从擦除态"11"编程为最高编程态"01"。由于寄生浮栅电容耦合的干扰，所选中单元"A"会产生较大的 V_{th} 偏移，如图 4.17 所示。

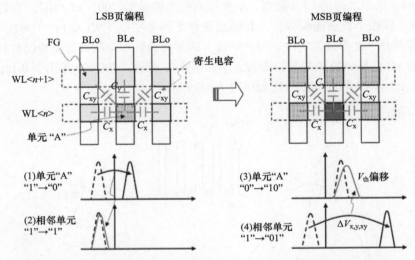

图 4.17　常规 NAND 架构的最坏情况的单元间干扰（浮栅电容耦合干扰）

浮栅电容耦合干扰导致的原始 NAND 架构中 V_{th} 分布的加宽可以用图 4.18 中的"图 4.16 中的原始方案"条目对应的公式近似表示。由该公式可知，减小 NAND 闪存单元的寄生电容，减少所选中单元编程后再被编程的相邻单元的数目和 MSB 编程阶段的偏移量，这些对于减小浮栅电容耦合干扰是非常重要的。

	浮栅电容耦合估算公式
图4.16中的原始方案	$\Delta V_x(2C_x/C_{tot})+\Delta V_y(C_y/C_{tot})+\Delta V_{xy}(2C_{xy}/C_{tot})$
图4.19中的新方案（一）	$(\Delta V_x/2)(2C_x/C_{tot})+(\Delta V_y/2)(C_y/C_{tot})+(\Delta V_{xy}/2)(2C_{xy}/C_{tot})$
图4.23中的新方案（二）	$(\Delta V_y/2)(C_y/C_{tot})+(\Delta V_{xy}/2)(2C_{xy}/C_{tot})$

图 4.18　三页编程中浮栅电容耦合干扰的近似方程

4.3.2　新的页编程方案（一）

图 4.19 显示了用于新的存储单元阵列核心架构和页面分配的新的页编程方案（一）[22, 18, 19]。该方案通过减小浮栅电容耦合干扰的影响而减小了 V_{th} 分布宽度，已广泛应用于批量生产。通过执行 LSB 编程到临时状态"x0"，可以减小 BL-BL 方向（x 方向）的浮栅电容耦合干扰。对其相邻的字线单元进行 LSB 编程后，再对所选中的字线进行 MSB 编程，可以降低 WL-WL 方向

（y 方向）和对角相邻单元的浮栅电容耦合干扰，如图 4.19a 所示。与图 4.16 的原始方案相比，WL-WL 和对角线干扰引起的 V_{th} 偏移几乎减少了一半。采用新的页编程方案（一），产生的浮栅电容耦合干扰可由图 4.18 中的 "图 4.19 中的新方案（一）" 表示。图 4.19 所示的新的页编程方案（一）于 2005 年首次应用于 70nm 技术节点下的 8Gbit MLC NAND 闪存产品[23]。

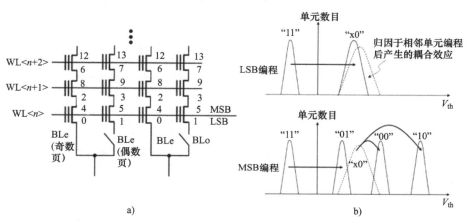

图 4.19　新的页编程方案（一）。MLC 编程在临时 LSB 数据存储后执行。a）新的核心架构和页面分配。b）新的 MLC 编程方案

采用这种新的页编程方案（一），与原始 MLC 编程方案相比，可以改善浮栅电容耦合干扰的最坏情况。该方案采用了一种新的具有 LSB 数据临时存储的编程方案，如图 4.19b 所示。在 LSB 编程阶段，与 SLC 编程一样，将存储单元从 "11" 编程到 "x0" 作为临时状态。在字线相邻单元也进行 LSB 编程后，V_{th} 分布可能被加宽，如图 4.19b 上图所示。然后，在 MSB 编程阶段，将 "x0" 状态编程为 "00" 和 "01" 作为与输入数据对应的最终状态，或者将 "11" 状态编程为 "01" 作为最终状态。在 MSB 编程阶段，除 "11" 单元外的所有存储单元都从 LSB 数据的临时编程状态编程到最终状态。与图 4.16 所示的常规页编程方案相比，相邻单元的 V_{th} 偏移降低到一半左右，从而大大降低了相邻单元的浮栅电容耦合干扰。在这个新的页编程方案（一）的 MSB 编程过程中，为了区分要读取的 LSB 和 MSB，还对一个用于表示 MSB 编程的标志单元进行编程并放置在每个单元页上。

参考文献 [24-26] 也介绍了通过编程到临时状态来减少 WL-WL 干扰的新方案。这种编程方案是在最终编程电平被正确编程之前，对相邻单元进行粗略编程。图 4.20 显示了单元 "a" 与相邻单元 "b" V_{th} 分布的转变过程。编程顺序如图 4.21 所示。首先，将单元 "a" 大致编程为低于实际目标电平的水平，如图 4.20 中（1）所示。这种预编程的增量步进脉冲的阶跃电压较大[10, 11]，因此操作的编程时间很短。接下来，相邻单元 "b" 以同样的方式被编程。由于浮栅电容耦合效应，单元 "a" 的 V_{th} 分布变宽，如图 4.20 中（2）所示。之后，使用阶跃电压较小的增量步进脉冲，再次对单元 "a" 进行编程，直至合适的电平，如图 4.20 中（3）所示。当随后对相邻单元 "c" 和相邻单元 "b" 进行编程时，由于浮栅电容耦合效应，单元 "a" 的 V_{th} 分布被加宽，但加宽很小，因为相邻单元的 V_{th} 偏移很小，如图 4.20 中（4）和（5）所示。

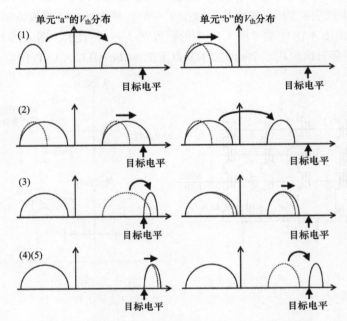

图 4.20   单元 "a" 和相邻单元 "b" 的 V_{th} 分布转变

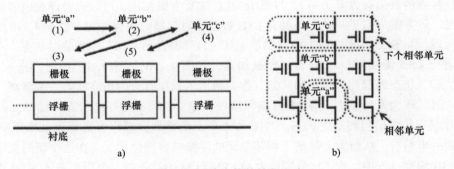

图 4.21   按字线的编程顺序

4.3.3   新的页编程方案（二）

采用新的页编程方案（一）可以降低浮栅电容耦合效应，如图 4.19 所示。为了进一步减少位线之间（ x 方向）的浮栅电容耦合干扰，在同一编程脉冲（序列）下对相邻单元（偶数页和奇数页都有）进行编程的方法是有效的 [18, 19, 27, 28]。新架构的概念只是为了减少相邻单元的数量以及它们在 MSB 编程阶段的 V_{th} 偏移量。图 4.22 显示了用以减少位线之间的相邻单元数量的新的页编程方案（二）的页面分配概念 [18, 19]。在这个新的页编程方案（二）中，同一字线上的逻辑偶数页和奇数页分别分配给一组物理内存位线。通过采用这种架构，将相同的页地址分配给所选存储单元组中同一字线上的相邻存储单元，这意味着可以同时对包含位线方向相邻单元在内的存储单元进行编程。因此，当逻辑奇数页数据在奇数页组的内存单元中被编程时，偶数页组中的内存单元根本不受耦合效应的影响。为了消除页组边缘存储单元的浮栅电容耦合干扰，可以简单地在不同页组之间使用一个虚拟的位线（虚拟单元），如图 4.22 所示。

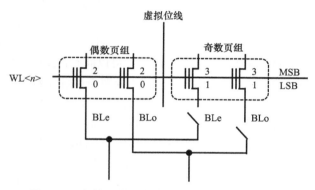

图 4.22 新的页编程方案（二）的页面分配概念

图 4.23a 和 b 分别显示了简化后的存储单元阵列核心架构和新的页编程方案（二）的页地址排序。耦合到每个偶数和奇数页组的两个位线选通管被配置为从页缓冲区传输偶数和奇数页数据。为了消除页组边缘存储单元的浮栅电容耦合干扰，采用虚拟位线简单地形成了奇偶页组的边界。应该注意的是，在所提出的内存阵列中没有额外的面积损失。这是因为常规内存阵列中已有用于连接 CSL（公共源线）或阱的虚拟位线可以用作页组边界的虚拟位线。采用新架构后，浮栅电容耦合干扰可以大大降低，近似表示为图 4.18 的"图 4.23 中的新方案（二）"中的公式。

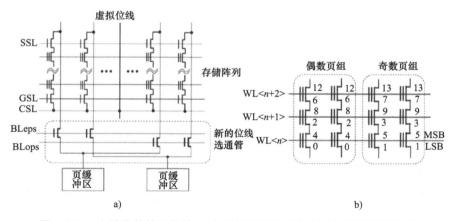

图 4.23 a）简化的核心架构；b）新的页编程方案（二）的页地址排序

4.3.4 全位线（ABL）架构

全位线（all-bit-line，ABL）架构在 2008 年的 ISSCC 会议中首次被提出[27, 28]。在 ABL 架

构中，沿所选中字线的所有单元同时编程，而不是将其分为偶数或奇数页组。其次，由于减小了 BL-BL 干扰，ABL 结构可以减小浮栅电容耦合干扰，并且 ABL 结构可以实现双页高速页编程。

在 ABL 架构提出之前，NAND 闪存产品采用常规的奇偶隔离位线方案。在 NAND 单元阵列结构中，BL-BL 耦合电容（非浮栅耦合电容）约占总位线电容的 90%[23]。出于这个原因，大多数 NAND 闪存产品使用常规的隔离位线方案来进行感测[13, 21]，其中只有一半的位线被感测，另一半位线处于 0V。由于同一字线上只有一半的单元可以同时被感知，因此数据锁存器被设计为由奇偶对共享，以节省芯片尺寸。这种体系结构需要对奇数和偶数位线进行单独的编程和验证。编程速度受限于偶数和奇数位线的小页面尺寸。此外，随着存储单元尺寸的减小，由于在同一字线上的编程时间变长，编程干扰问题更加严重，从而降低了可靠性。

图 4.24 给出了 ABL 架构的存储核心电路示意图[27, 28]。偶数位线和奇数位线（即所有位线）都附加了自己的感测放大器（SA）。为解决 BL-BL 耦合电容较大的问题，将奇偶隔离位线方案的电压传感改为 ABL 方案的电流传感。SA 在读取、编程验证和擦除验证操作中进行感知操作。在 ABL 架构中，同一字线上的所有比特位可以同时编程和读取。可编程的单元总数是常规的奇偶位线架构的两倍。

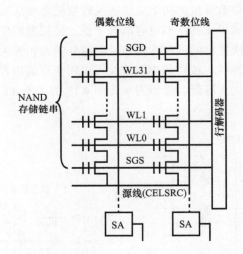

图 4.24   简化的 ABL 架构的存储核心架构

因此，ABL 架构可以在双倍页面大小的情况下实现高性能的编程，同时具有较高的可靠性和较短的编程干扰应力时间。而且在 ABL 架构中，与常规的奇偶隔离位线方案相比，可以降低浮栅电容耦合干扰。由于浮栅电容耦合干扰，对奇数位线（奇数页）上的单元编程将导致偶数位线（偶数页）上的相邻单元产生 V_{th} 偏移，如图 4.25a 和 b 所示。另一方面，在 ABL 方案中，偶数页和奇数页的所有单元同时被编程。浮栅电容耦合干扰引起的 V_{th} 偏移可以大大降低[27]。尽管擦除分布仍然可以遇到充分的浮栅电容耦合干扰，但对第一编程态的影响减少了。最高编程态几乎没有干扰引起的 V_{th} 偏移，如图 4.25c 所示[27]。

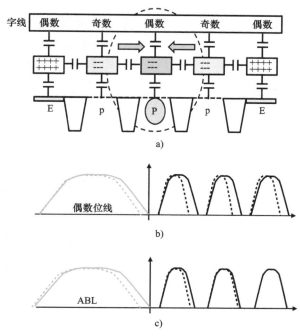

图 4.25　a）常规奇偶编程方案中偶数页的浮栅电容耦合干扰；b）奇偶编程方案中偶数页的 V_{th} 分布示意图；c）ABL 编程方案中的 V_{th} 分布示意图。在 ABL 编程方案中，由于偶数页和奇数页同时编程，可以减少浮栅电容耦合干扰

4.4　TLC（3 比特位 / 单元）

为了降低 NAND 闪存的位成本，开发了 TLC（3 比特位 / 单元）技术 [29-36, 16]。第一篇关于 TLC 量产的论文发表于 2008 年的 ISSCC（国际固态电路会议），其采用了 56nm 工艺节点技术 [30]。TLC 技术的关键问题是页编程顺序和实现非常紧凑的 V_{th} 分布宽度以便在每个 V_{th} 状态之间产生裕度的方法。

页面地址的分配方式使每个页面都可以被视为用户的独立页面。相同的用户命令可以用于阵列中所有可编程页面。常规页编程序列如图 4.26 所示 [24, 25, 35, 29-31]。该序列的实现是将 MLC 的新的页编程方案（二）的概念（4.3.3 节）应用于 TLC，以尽量减少浮栅电容耦合干扰的影响。同一字线上的三个页面分别称为下页面（第一页）、中页面（第二页）和上页面（第三页）。对下页面（第一页）像一个正常的 SLC 编程操作一样编程，其中擦除态单元 "E" 被编程为状态 "A1"。对下页面完成编程后，可以引入中页面（第二页）编程数据进行编程。对于中页面的编程，需要从 2 比特位（下页面和中页面）来编程到 3 个编程态。可以将下页面数据从内存阵列读入数据锁存器。中页面的编程类似于 2 比特位 / 单元的编程，即从 "E" 到 "B1" 和从

"A1"到"B2"或"B3"。中页面的编程完成后，从外部引入上页面（第三页）编程数据。上页面的编程需要从下页面和中页面数据来编程到 7 个编程态。可以从阵列中读取下页面和中页面的页面信息。这 7 个编程态必须有一个适合的 V_{th} 窗口，类似于 MLC 编程的 V_{th} 窗口。因此，上页面的编程应该具有非常小的 V_{PGM} 步长，为所有 7 个编程态实现一个控制良好的窄 V_{th} 分布。因此，上页面的编程是三个页面中编程速度最慢的。图 4.26b 显示了字线之间的页编程序列。该序列也是将 MLC 中新的页编程方案（二）的概念（4.3.3 节）应用于 TLC 来实现的，以尽量减少浮栅电容耦合干扰的影响。

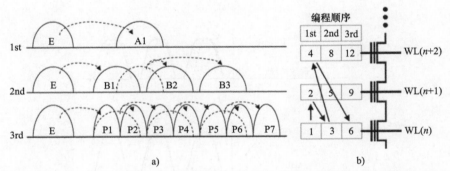

图 4.26 a）TLC（3 比特位 / 单元）的常规页编程序列。在每个字线上进行三个页面的编程，即第一页（下页面）、第二页（中页面）和第三页（下页面）; b）字线之间的编程顺序

针对 21nm 技术节点单元，提出了一种新的带有预编程的页编程序列[35]，如图 4.27 所示。在这个新方案中，分别在第一步和第二步编程中实现 5 个编程态和 8 个编程态，从而在第三步编程中最小化了相邻单元间的干扰（浮栅电容耦合干扰），如图 4.27a 所示[35]。通过在第一步编程中采用预编程的"A2"和"A3"态，与顺序编程方案相比，相邻位线之间耦合干扰减少了 15%，从而降低了"A1""A2"和"A3"态的 V_{th} 分布宽度，如图 4.27b 的上图所示。基于同样的原因，在第一步编程中采用预编程的"B1"态，相邻字线之间耦合干扰可降低 10%。在第二步编程中，由于预编程"B1"态的影响，相邻字线之间的耦合干扰被最小化。图 4.27b 的下图显示了使用预编程方案所测量的第二步编程的 V_{th} 分布。

随着存储单元几何尺寸的缩小，浮栅电容耦合干扰日益严重。较小的存储单元也容易受到更多单元间差异的影响。这些因素结合起来会对编程性能产生负面影响。浮栅电容耦合干扰可以通过相邻两个字线之间的空气隙（AG）工艺（见 5.3.4 节）来减小。19nm 技术节点下 AG 技术具有的浮栅耦合比与不含 AG 的 2X-nm 技术节点条件下相当。此外，为了提高 19nm 技术节点上的编程性能，TLC 128Gbit 的 NAND 闪存采用了一种新的增强型三步编程（three-step program，TSP），如图 4.28 所示[36]。在这个新的增强型 TSP 中，单元从擦除态 /LM 的 2 个状态编程到擦除态 /A~G 的 8 个状态，然后对 A~G 状态执行压缩编程（图 4.28 中的步骤 3）。由于跳过了图 4.26 所示的常规编程方案中的中页面编程，编程速度提高了。因此，结合新的增强型三步编程和 AG，在 19nm 技术节点的 TLC 上，编程速度可达 18MB/s。

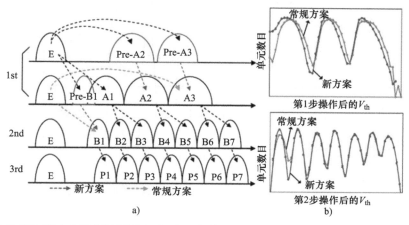

图 4.27　a）含有预编程方案的新的页编程序列；b）第一页（下页面）和第二页（中页面）编程后的 V_{th} 分布测量值

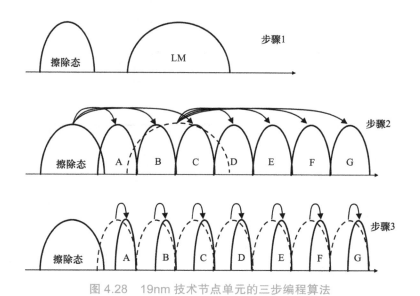

图 4.28　19nm 技术节点单元的三步编程算法

图 4.29 显示了几代 NAND 闪存单元中 TLC 编程的 V_{th} 分布，其中图 a 是 56nm 技术节点单元 [29, 30]，图 b 是 32nm 技术节点单元 [31]，图 c 是 20nm 技术节点单元（27nm）[16]，图 d 是 21nm 技术节点单元 [35]，图 e 是 19nm 技术节点单元 [36]。我们可以看到，即使为每一代都新开发编程操作，读窗口裕度也会随着内存单元的微缩而逐渐降低。

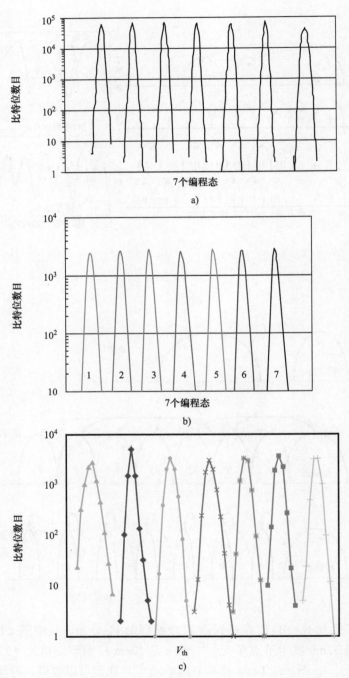

图 4.29　7 个编程态（TLC）在不同技术代单元中的 V_{th} 分布。a）56nm，b）32nm，c）20nm 节点
（27nm），d）21nm，e）19nm

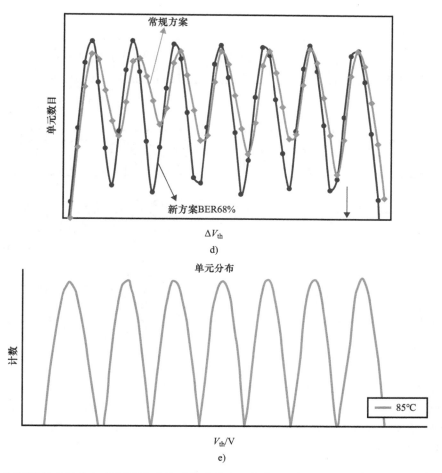

图 4.29　7 个编程态（TLC）在不同技术代单元中的 V_{th} 分布。a）56nm，b）32nm，c）20nm 节点（27nm），d）21nm，e）19nm（续）

4.5　QLC（4 比特位 / 单元）

　　QLC 技术在 2007 年的 VLSI 电路研讨会上基于 70nm 技术节点单元被提出[24]，并且在 2009 年的 ISSCC 上基于 43nm 技术节点单元被提出[37]。本节主要描述了通过减小浮栅电容耦合干扰来实现紧凑 V_{th} 分布宽度的智能操作。图 4.30 显示了 16LC（16 级电平单元）的 V_{th} 分布转变[24, 25]。首先，将单元大致编程为比目标电平（目标验证电压）更低的电平（更低的验证电压），如图 4.30 中（1）所示。然后，在对相邻单元进行编程时，主要由于浮栅电容耦合干扰导致分布宽度变宽，如图 4.30 中（2）所示。之后，再次对单元进行编程，达到 16 个目标电压水平，如图 4.30 中（3）所示。再次对相邻单元进行编程时，这些单元的 V_{th} 分布会变宽，但变化量很小，因为相邻单元的 V_{th} 偏移足够小，如图 4.30 中（4）和（5）所示。利用该方法可以为 16LC 得到非常紧凑的 V_{th} 分布宽度。

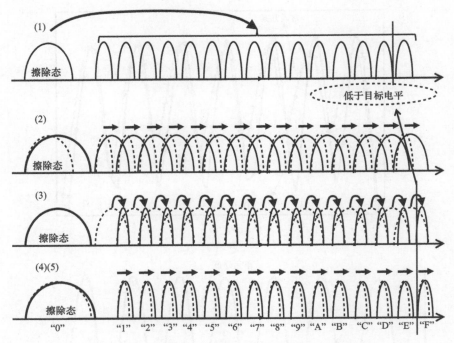

图 4.30　16LC（QLC，4 比特位 / 单元）的 V_{th} 分布转变

　　QLC 技术是在 43nm 技术节点的存储单元中开发的[37]。43nm 技术节点下 QLC 的页编程序列与 70nm 节点下 QLC 单元的页编程序列基本相同[24, 25]。图 4.31 显示了单元串中单元"a"的 V_{th} 分布转变和编程顺序。每个单元都要经过三步编程。首先，单元"a"被编程为 3 个电平（步骤 1），类似于 MLC 器件操作（见图 4.31 中（1））。接下来，对相邻单元"b"以同样的

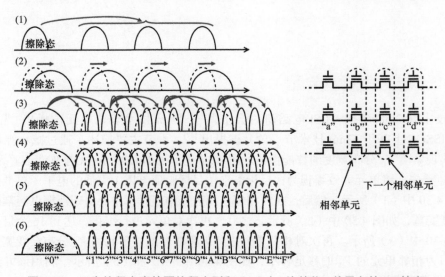

图 4.31　三步编程方案的页编程序列和 QLC（4 比特位 / 单元）的 V_{th} 转变

方式编程。由于浮栅耦合效应，单元 "a" 的 V_{th} 分布变宽（见图 4.31 中（2））。单元 "a" 大致被编程（步骤 2）为 15 个电平，低于目标电平（见图 4.31 中（3））。接下来，再将相邻单元（单元 "c" 和单元 "b"）分别大致编程为 3 个和 15 个电平，使得单元 "a" 的 V_{th} 分布再次变宽（见图 4.31 中（4））。最后，单元 "a" 被编程（步骤 3）为 15 个目标电平（见图 4.31 中（5））。相邻单元（单元 "b" "c" 和 "d"）然后以同样的方式再次编程（见图 4.31 中（6））。该页编程序列将浮栅耦合效应最小化，即使在技术节点缩放而使耦合效应放大的条件下。图 4.32 显示了 15 个编程态的实测数据，以及每一步的编程时间。当在两个单元阵列中对两个页面一起编程时（两页模式），11.75ms 的总编程时间转换对应 5.6MB/s 的编程速度。

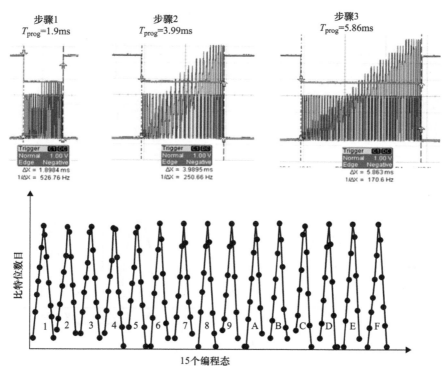

图 4.32　QLC 各页编程步骤的编程时间测量数据及 V_{th} 分布

4.6　三电平（1.5 比特位 / 单元）NAND 闪存

提出 1.5 比特位 / 单元技术是为了在同一产品中实现高性能和低位成本[38]。1.5 比特位 / 单元技术的目标主要有 3 个：①具有与 SLC（2 比特位 / 单元）性能接近的高编程性能；②具有比 MLC 更好的可靠性；③具有比 SLC 产品更低的位成本。

基于四电平 V_{th} 状态的 MLC（2 比特位 / 单元）NAND 闪存技术是最受欢迎的需求解决方案。然而，由于 MLC 的读窗口裕度较窄和编程速度较慢，四电平的 MLC 难以提供像 SLC 那样好的可靠性和性能。这些问题将限制其在市场上的应用。为了克服应用限制，同时兼顾成本和性能，三电平存储单元技术有希望具有比四电平 MLC 宽至少 2 倍的读窗口裕度。

三电平存储单元的数据为 "0" "1" "2"，如图 4.33[38] 和图 4.34[39] 所示。"0" 状态（擦除态）对应于阈值电压小于 −1V 的状态，一对存储单元来存储 3 位数据，如图 4.33b 所示。在这里，528B 的页面数据包括奇偶校验位和几个标志数据，通过 2816 个紧凑的智能三电平列锁存器同时从 2816 个存储单元传输或传输到 2816 个存储单元。

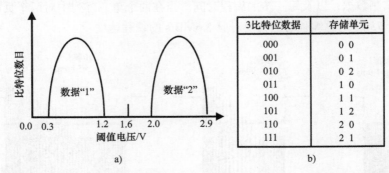

图 4.33　a）三电平存储单元（1.5 比特位 / 单元）的阈值电压分布。b）三电平数据所对应存储单元的 3 比特位数据

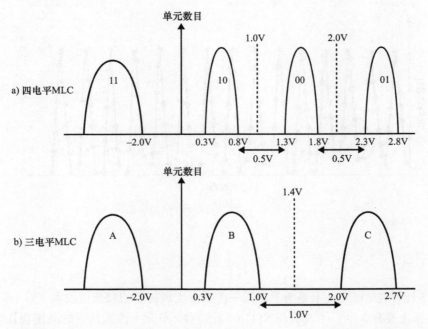

图 4.34　NAND 闪存中的 V_{th} 分布：a）四电平 MLC；b）三电平单元（1.5 比特位 / 单元）

四个中间代码（6 比特位数据）在 25ns 循环时间内加载。在数据加载期间，电荷泵为第一个编程脉冲产生高电压。高电压的启动时间为 5μs。第一个脉冲持续时间为 20μs，随后每个脉

冲持续时间为 10μs。编程恢复时间为 1μs，编程验证时间为 16μs。512B 数据的总编程时间为 150.6μs[704 × 25ns+20μs+1μs+16μs+(5μs+10μs+1μs+16μs) × 3 = 150.6μs]。于是，典型的编程吞吐量为 3.4MB/s，是两电平 NAND 闪存的 68%，如图 4.35 所示。在参考文献 [39] 中，页编程速度是 1 比特位 / 单元（两电平）SLC NAND 单元的 45%。图 4.35 显示了三电平方法与常规方法之间所估算编程速度的比较。

	编程速度		管芯(die)尺寸/比特位	
	参考文献 [38]	参考文献 [39]	参考文献 [38]	参考文献 [39]
1比特位/单元（SLC）	100%	100%	100%	100%
1.5比特位/单元	68%	45%	61%	80%
2比特位/单元(MLC)	11%	15%	50%	62%

图 4.35　编程速度和管芯尺寸 / 比特位的比较

在两电平闪存的情况下，存储单元和列锁存器占据了管芯（die）尺寸的 66%，这一假设也估计了管芯尺寸。当存储容量增加一倍时，存储单元的数量和列锁存器的面积增加到 133.3%。三电平闪存芯片的管芯尺寸增加到 122%。因此，每比特位的管芯尺寸减小到 61%，如图 4.35 所示。参考文献 [39] 表明，估计的管芯尺寸为 103mm^2，与 SLC 管芯相比减小了 20%，如图 4.35 所示。

如上所示，与 MLC 相比，三电平单元的优势是编程速度提高了 3~6 倍，与 SLC 相比，管芯尺寸缩小了 20%~39%。三电平单元有可能用于特定的应用，例如高端企业服务器等。

4.7　移动读算法

随着内存单元尺寸的缩小，数据保持的 V_{th} 偏移变得越来越差，特别是在大量的编程 / 擦除循环之后。为了弥补这种数据保持问题，提出了移动读算法 [26]。移动读操作是根据数据保持等引起的单元 V_{th} 偏移，调整所选控制栅上的读电压。

用于编程和读取序列的移动读算法示例如图 4.36 所示 [26]。在编程操作的页缓冲区设置过程中，将被编程为 PV3 的单元计数并存储在页中名为 FLG_PV3 的特殊额外单元中。在读操作中，对 PV3 状态的单元进行计数，并与理想的 FLG_PV3 进行比较。如果计数值满足 FLG_PV3，则可以应用当前的读电压级别。但是，如果计数值不满足 FLG_PV3（大多数情况下是数据保持的较大 V_{th} 偏移）而影响读结果，则根据计数值与 FLG_PV3 的差值计算下移的读电平电压。之所以监测 PV3 单元，是因为在 PV3 状态下，数据保持的 V_{th} 偏移是最糟糕的。通过移动读算法，由数据保持引起的 V_{th} 偏移误差被改进了 30% 以上。

图 4.36 中的移动读操作就是一个例子。同时有许多移动读取的替代算法来补偿单元 V_{th} 偏移，这些偏移不仅是由数据保持引起的，也是由浮栅电容耦合干扰、编程注入展宽、RTN、编程干扰、读干扰等因素引起的，这些将在第 5 章和第 6 章中描述。

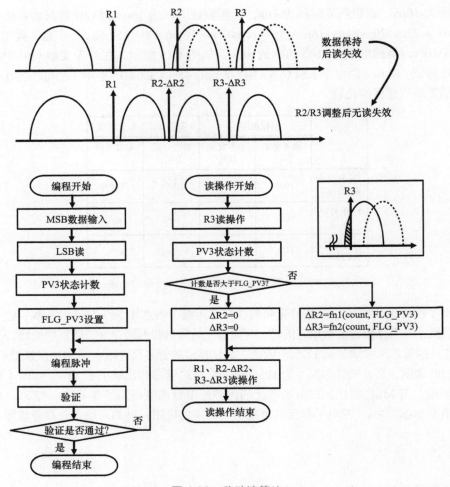

图 4.36 移动读算法

参 考 文 献

[1] Bauer, M.; Alexis, R.; Atwood, G.; Baltar, B.; Fazio, A.; Frary, K.; Hensel, Ishac, M.; Javanifard, J.; Landgraf, M.; Leak, D.; Loe, K.; Mills, D.; Ruby, P.; Rozman, R.; Sweha, S.; Talreja, S., Wojciechowski, K. A multilevel-cell 32 Mb flash memory, *IEEE ISSCC*, pp. 132–133, 1995.

[2] Takeuchi, K.; Tanaka, T.; Nakamura, H. A double-level-V_{th} select gate array architecture for multi-level NAND flash memories, in *1995 Symposium on VLSI Circuits*, Technical Paper, pp. 69–70, 1995.

[3] Hemink, G. J.; Tanaka, T.; Endoh, T.; Aritome, S., Shirota, R. Fast and accurate programming method for multi-level NAND EEPROM's, in *1995 Symposium on VLSI Technology*, Technical Paper, pp. 129–130, 1995.

[4] Jung, T. S.; Choi, Y. J.; Suh, K. D.; Suh, B. H.; Kim, J. K.; Lim, Y. H.; Koh, Y. N.; Park, J. W.; Lee, K. J.; Park, J. H.; Park, K. T.; Kim, J. R.; Lee, J. H.; Lim, H. K. A 3.3 V

128 Mb multi-level NAND flash memory for mass storage applications, *IEEE ISSCC*, pp. 32–33, 1996.

[5] Jung, T.-S.; Choi, Y.-J.; Suh, K.-D.; Suh, B.-H.; Kim, J.-K.; Lim, Y.-H.; Koh, Y.-N.; Park, J.-W.; Lee, K.-J.; Park, J.-H.; Park, K.-T.; Kim, J.-R.; Yi, J.-H.; Lim, H.-K. A 117-mm^2 3.3-V only 128-Mb multilevel NAND flash memory for mass storage applications, *Solid-State Circuits, IEEE Journal of*, vol. 31, no. 11, pp. 1575–1583, Nov. 1996.

[6] Takeuchi, K.; Tanaka, T.; Tanzawa, T. A Multi-page cell architecture for high-speed programming multi-level NAND flash Memories, *VLSI Circuits, 1997. Digest of Technical Papers, 1997 Symposium on*, pp. 67–68, 12–14 June 1997.

[7] Takeuchi, K.; Tanaka, T.; Tanzawa, T. A multipage cell architecture for high-speed programming multilevel NAND flash memories, *Solid-State Circuits, IEEE Journal of*, vol. 33, no. 8, pp. 1228–1238, Aug. 1998.

[8] Aritome, S.; Satoh, S.; Maruyama, T.; Watanabe, H.; Shuto, S.; Hemink, G. J.; Shirota, R.; Watanabe, S.; Masuoka, F. A 0.67 µm^2 self-aligned shallow trench isolation cell (SA-STI cell) for 3 V-only 256 Mbit NAND EEPROMs, *Electron Devices Meeting, 1994. IEDM '94. Technical Digest., International*, pp. 61–64, 11–14 Dec. 1994.

[9] Aritome, S. NAND Flash Innovations, *Solid-State Circuits Magazine, IEEE*, vol. 5, no. 4, pp. 21, 29, Fall 2013.

[10] Suh, K.-D.; Suh, B.-H.; Lim, Y.-H.; Kim, J.-K.; Choi, Y.-J.; Koh, Y.-N.; Lee, S.-S.; Kwon, S.-C.; Choi, B.-S.; Yum; J.-S. Choi, J.-H.; Kim, J.-R.; Lim, H.-K. A 3.3 V 32 Mb NAND flash memory with incremental step pulse programming scheme, *Solid-State Circuits, IEEE Journal of*, vol. 30, no. 11, pp. 1149–1156, Nov. 1995.

[11] Hemink, G. J.; Tanaka, T.; Endoh, T.; Aritome, S.; Shirota, R. Fast and accurate programming method for multi-level NAND EEPROMs, *VLSI Technology, 1995. Digest of Technical Papers. 1995 Symposium on*, pp. 129–130, 6–8 June 1995.

[12] Hemink, G.J.; Shimizu, K.; Aritome, S.; Shirota, R. Trapped hole enhanced stress induced leakage currents in NAND EEPROM tunnel oxides, *Reliability Physics Symposium, 1996. 34th Annual Proceedings., IEEE International*, pp. 117–121, April 30 1996–May 2 1996.

[13] Tanaka, T.; Tanaka, Y.; Nakamura, H.; Oodaira, H.; Aritome, S.; Shirota, R.; Masuoka, F. A quick intelligent program architecture for 3 V-only NAND-EEPROMs, *VLSI Circuits, 1992. Digest of Technical Papers, 1992 Symposium on*, pp. 20–21, 4–6 June 1992.

[14] Tanaka, T.; Tanaka, Y.; Nakamura, H.; Sakui, K.; Oodaira, H.; Shirota, R.; Ohuchi, K.; Masuoka, F.; Hara, H. A quick intelligent page-programming architecture and a shielded bitline sensing method for 3 V-only NAND flash memory, *Solid-State Circuits, IEEE Journal of*, vol. 29, no. 11, pp. 1366–1373, Nov. 1994.

[15] Tanaka, T.; Chen, J. US Patent, US6643188, 2003.

[16] Park, K.-T.; Kwon, O.; Yoon, S.; Choi, M.-H.; Kim, I.-M.; Kim, B.-G.; Kim, M.-S.; Choi, Y.-H.; Shin, S.-H.; Song, Y.; Park, J.-Y.; Lee, J.-e.; Eun, C.-G.; Lee, H.-C.; Kim, H.-J.; Lee, J.-H.; Kim, J.-Y.; Kweon, T.-M.; Yoon, H.-J.; Kim, T.; Shim, D.-K.; Sel, J.; Shin, J.-Y.; Kwak, P.; Han, J.-M.; Kim, K.-S.; Lee, S.; Lim, Y.-H.; Jung, T.-S. A 7 MB/s 64 Gb 3-bit/cell DDR NAND flash memory in 20 nm node technology, *Solid-State Circuits Conference Digest of Technical Papers (ISSCC), 2011 IEEE International*, pp. 212, 213, 20–24 Feb. 2011.

[17] Hosono, K.; Tanaka, T.; Imamiya, K.; Sakui, K. A high speed failure bit counter for the pseudo pass scheme (PPS) in program operation for Giga bit NAND flash, *Non-Volatile Semiconductor Memory Workshop, 2003. IEEE NVSMW 2003.* pp. 23–26, 16–20 Feb. 2003.

[18] Park, K.-T. A zeroing cell-to-cell interference page architecture with temporary LSB storing program scheme for sub-40 nm MLC NAND flash memories and beyond, *VLSI Circuits, 2007 IEEE Symposium on*, pp. 188–189, 14–16 June 2007.

[19] Park, K.-T.; Kang, M.; Kim, D.; Hwang, S.-W.; Choi, B. Y.; Lee, Y.-T.; Kim, C.; Kim, K. A zeroing cell-to-cell interference page architecture with temporary LSB storing and parallel MSB program scheme for MLC NAND flash memories, *Solid-State Circuits, IEEE Journal of*, vol. 43, no. 4, pp. 919–928, April 2008.

[20] Takeuchi, Y.; Shimizu, K.; Narita, K.; Kamiya, E.; Yaegashi, T.; Amemiya, K.; Aritome, S. A self-aligned STI process integration for low cost and highly reliable 1 Gbit flash memories, *VLSI Technology, 1998. Digest of Technical Papers. 1998 Symposium on*, pp. 102–103, 9–11 June 1998.

[21] Sakui, K.; Tanaka, T.; Nakamura, H.; Momodomi, M.; Endoh, T.; Shirota, R.; Watanabe, S.; Ohuchi, K.; Masuoka, F. A shielded bitline sensing technology for a high-density and low-voltage NAND EEPROM design, in *International Workshop on Advanced LSI's*, pp. 226–232, July 1995.

[22] Shibata, N.; Tanaka, T. US Patent 7,245,528. 7,370,009. 7,738,302.

[23] Hara, T.; Fukuda, K.; Kanazawa, K.; Shibata, N.; Hosono, K.; Maejima, H.; Nakagawa, M.; Abe, T.; Kojima, M.; Fujiu, M.; Takeuchi, Y.; Amemiya, K.; Morooka, M.; Kamei, T.; Nasu, H.; Chi-Ming, Wang; Sakurai, K.; Tokiwa, N.; Waki, H.; Maruyama, T.; Yoshikawa, S.; Higashitani, M.; Pham, T. D.; Fong, Y.; Watanabe, T. A 146-mm^2 8-gb multi-level NAND flash memory with 70-nm CMOS technology," *Solid-State Circuits, IEEE Journal of*, vol. 41, no. 1, pp. 161, 169, Jan. 2006.

[24] Shibata, N.; Maejima, H.; Isobe, K.; Iwasa, K.; Nakagawa, M.; Fujiu, M.; Shimizu, T.; Honma, M.; Hoshi, S.; Kawaai, T.; Kanebako, K.; Yoshikawa, S.; Tabata, H.; Inoue, A.; Takahashi, T.; Shano, T.; Komatsu, Y.; Nagaba, K.; Kosakai, M.; Motohashi, N.; Kanazawa, K.; Imamiya, K.; Nakai, H. A 70 nm 16 Gb 16-level-cell NAND Flash Memory, *VLSI Circuits, 2007 IEEE Symposium on*, pp. 190–191, 14–16 June 2007.

[25] Shibata, N.; Maejima, H.; Isobe, K.; Iwasa, K.; Nakagawa, M.; Fujiu, M.; Shimizu, T.; Honma, M.; Hoshi, S.; Kawaai, T.; Kanebako, K.; Yoshikawa, S.; Tabata, H.; Inoue, A.; Takahashi, T.; Shano, T.; Komatsu, Y.; Nagaba, K.; Kosakai, M.; Motohashi, N.; Kanazawa, K.; Imamiya, K.; Nakai, H.; Lasser, M.; Murin, M.; Meir, A.; Eyal, A.; Shlick, M. A 70 nm 16 Gb 16-level-cell NAND flash memory, *Solid-State Circuits, IEEE Journal of*, vol. 43, no. 4, pp. 929–937, April 2008.

[26] Lee, C.; Lee, S.-K.; Ahn, S.; Lee, J.; Park, W.; Cho, Y.; Jang, C.; Yang, C.; Chung, S.; Yun, I.-S.; Joo, B.; Jeong, B.; Kim, J.; Kwon, J.; Jin, H.; Noh, Y.; Ha, J.; Sung, M.; Choi, D.; Kim, S.; Choi, J.; Jeon, T.; Yang, J.-S.; Koh, Y.-H. A 32 Gb MLC NAND-flash memory with V_{th}-endurance-enhancing schemes in 32 nm CMOS, *Solid-State Circuits Conference Digest of Technical Papers (ISSCC), 2010 IEEE International*, pp. 446–447, 7–11 Feb. 2010.

[27] Cernea, R.-A.; Pham, L.; Moogat, F.; Chan, S.; Le, B.; Li, Y.; Tsao, S.; Tseng, T.-Y.; Nguyen, K.; Li, J.; Hu, J.; Yuh, J. H.; Hsu, C.; Zhang, F.; Kamei, T.; Nasu, H.; Kliza, P.; Htoo, K.; Lutze, J.; Dong, Y.; Higashitani, M.; Junnhui, Yang; Hung-Szu, Lin; Sakhamuri, V.; Li, A.; Pan, F.; Yadala, S.; Taigor, S.; Pradhan, K.; Lan, J.; Chan, J.; Abe, T.; Fukuda, Y.; Mukai, H.; Kawakami, K.; Liang, C.; Ip, T.; Chang, S.-F.; Lakshmipathi, J.; Huynh, S.; Pantelakis, D.; Mofidi, M.; Quader, K. A 34 MB/s MLC write throughput 16 Gb NAND with all bit line architecture on 56 nm technology *Solid-State Circuits, IEEE Journal of*, vol. 44, no. 1, pp. 186–194, Jan. 2009.

[28] Cernea, R.; Pham, L.; Moogat, F.; Chan, S.; Le, B.; Li, Y.; Tsao, S.; Tseng, T.-Y.; Nguyen, K.; Li, J.; Hu, J.; Park, J.; Hsu, C.; Zhang, F.; Kamei, T.; Nasu, H.; Kliza, P.; Htoo, K.; Lutze, J.; Dong, Y.; Higashitani, M.; Yang, J.; Lin, H.-S.; Sakhamuri, V.; Li, A.; Pan, F.;

Yadala, S.; Taigor, S.; Pradhan, K.; Lan, J.; Chan, J.; Abe, T.; Fukuda, Y.; Mukai, H.; Kawakamr, K.; Liang, C.; Ip, T.; Chang, S.-F.; Lakshmipathi, J.; Huynh, S.; Pantelakis, D.; Mofidi, M.; Quader, K. A 34 MB/s-program-throughput 16 Gb MLC NAND with all-bitline architecture in 56 nm, *Solid-State Circuits Conference, 2008. ISSCC 2008. Digest of Technical Papers. IEEE International*, pp. 420–624, 3–7 Feb. 2008.

[29] Li, Y.; Lee, S.; Fong, Y.; Pan, F.; Kuo, T.-C.; Park, J.; Samaddar, T.; Nguyen, H. T.; Mui, M. L.; Htoo, K.; Kamei, T.; Higashitani, M.; Yero, E.; Kwon, G.; Kliza, P.; Wan, J.; Kaneko, T.; Maejima, H.; Shiga, H.; Hamada, M.; Fujita, N.; Kanebako, K.; Tam, E.; Koh, A.; Lu, I.; Kuo, C. C.-H.; Pham, T.; Huynh, J.; Nguyen, Q.; Chibvongodze, H.; Watanabe, M.; Oowada, K.; Shah, G.; Byungki, Woo; Gao, R.; Chan, J.; Lan, J.; Hong, P.; Peng, L.; Das, D.; Ghosh, D.; Kalluru, V.; Kulkarni, S.; Cernea, R.-A.; Huynh, S.; Pantelakis, D.; Wang, C.-M.; Quader, K. A 16 Gb 3-bit per cell (X3) NAND flash memory on 56 nm technology with 8 MB/s write rate, *Solid-State Circuits, IEEE Journal of*, vol. 44, no. 1, pp. 195, 207, Jan. 2009.

[30] Li, Y.; Lee, S.; Fong, Y.; Pan, F.; Kuo, T.-C.; Park, J.; Samaddar, T.; Nguyen, H.; Mui, M.; Htoo, K.; Kamei, T.; Higashitani, M.; Yero, E.; Gyuwan, Kwon; Kliza, P.; Jun, Wan; Kaneko, T.; Maejima, H.; Shiga, H.; Hamada, M.; Fujita, N.; Kanebako, K.; Tarn, E.; Koh, A.; Lu, I.; Kuo, C.; Pham, T.; Huynh, J.; Nguyen, Q.; Chibvongodze, H.; Watanabe, M.; Oowada, K.; Shah, G.; Woo, B.; Gao, R.; Chan, J.; Lan, J.; Hong, P.; Peng, L.; Das, D.; Ghosh, D.; Kalluru, V.; Kulkarni, S.; Cernea, R.; Huynh, S.; Pantelakis, D.; Wang, C.-M.; Quader, K. A 16 Gb 3 b/cell NAND flash memory in 56 nm with 8MB/s write rate, *Solid-State Circuits Conference, 2008. ISSCC 2008. Digest of Technical Papers. IEEE International*, pp. 506–632, 3–7 Feb. 2008.

[31] Futatsuyama, T.; Fujita, N.; Tokiwa, N.; Shindo, Y.; Edahiro, T.; Kamei, T.; Nasu, H.; Iwai, M.; Kato, K.; Fukuda, Y.; Kanagawa, N.; Abiko, N.; Matsumoto, M.; Himeno, T.; Hashimoto, T.; Liu, Y.-C.; Chibvongodze, H.; Hori, T.; Sakai, M.; Ding, H.; Takeuchi, Y.; Shiga, H.; Kajimura, N.; Kajitani, Y.; Sakurai, K.; Yanagidaira, K.; Suzuki, T.; Namiki, Y.; Fujimura, T.; Mui, M.; Nguyen, H.; Lee, S.; Mak, A.; Lutze, J.; Maruyama, T.; Watanabe, T.; Hara, T.; Ohshima, S. A 113 mm^2 32 Gb 3b/cell NAND flash memory, *Solid-State Circuits Conference—Digest of Technical Papers, 2009. ISSCC 2009. IEEE International*, pp. 242–243, 8–12 Feb. 2009.

[32] Nobukata, H.; Takagi, S.; Hiraga, K.; Ohgishi, T.; Miyashita, M.; Kamimura, K.; Hiramatsu, S.; Sakai, K.; Ishida, T.; Arakawa, H.; Itoh, M.; Naiki, I.; Noda, M. A 144 Mb 8-level NAND flash memory with optimized pulse width programming, *VLSI Circuits, 1999. Digest of Technical Papers. 1999 Symposium on*, pp. 39–40, 1999.

[33] Nobukata, H.; Takagi, S.; Hiraga, K.; Ohgishi, T.; Miyashita, M.; Kamimura, K.; Hiramatsu, S.; Sakai, K.; Ishida, T.; Arakawa, H.; Itoh, M.; Naiki, I.; Noda, M. A 144-Mb, eight-level NAND flash memory with optimized pulsewidth programming, *Solid-State Circuits, IEEE Journal of*, vol. 35, no. 5, pp. 682–690, May 2000.

[34] Yang, J.; Park, M.; Jung, S.; Park, S.; Cho, S.; An, J.; Lee, J.; Cho, S.; Lee, H.; Cho, M. K.; Ahn, K. O.; Jin, K.; Koh, Y. The operation scheme and process optimization in TLC (triple level cell) NAND flash characteristics, SSDM 2009.

[35] Shin, S.-H.; Shim, D.-K.; Jeong, J.-Y.; Kwon, O.-S.; Yoon, S.-Y.; Choi, M.-H.; Kim, T.-Y.; Park, H.-W.; Yoon, H.-J.; Song, Y.-S.; Choi, Y.-H.; Shim, S.-W.; Ahn, Y.-L.; Park, K.-T.; Han, J.-M.; Kyung, K.-H.; Jun, Y.-H. A new 3-bit programming algorithm using SLC-to-TLC migration for 8 MB/s high performance TLC NAND flash memory," *VLSI Circuits (VLSIC), 2012 Symposium on*, pp. 132, 133, 13–15 June 2012.

[36] Li, Y.; Lee, S.; Oowada, K.; Nguyen, H.; Nguyen, Q.; Mokhlesi, N.; Hsu, C.; Li, J.; Ramachandra, V.; Kamei, T.; Higashitani, M.; Pham, T.; Honma, M.; Watanabe, Y.; Ino,

K.; Binh, Le; Woo, B.; Htoo, K.; Tseng, T.-Y.; Pham, L.; Tsai, F.; Kim, K.-h.; Chen, Y.-C.; She, M.; Yuh, J.; Chu, A.; Chen, C.; Puri, R.; Lin, H.-S.; Chen, Y.-F.; Mak, W.; Huynh, J.; Chan, J.; Watanabe, M.; Yang, D.; Shah, G.; Souriraj, P.; Tadepalli, D.; Tenugu, S.; Gao, R.; Popuri, V.; Azarbayjani, B.; Madpur, R.; Lan, J.; Yero, E.; Pan, F.; Hong, P.; Jang, Yong Kang; Moogat, F.; Fong, Y.; Cernea, R.; Huynh, S.; Trinh, C.; Mofidi, M.; Shrivastava, R.; Quader, K. 128 Gb 3b/cell NAND flash memory in 19 nm technology with 18 MB/s write rate and 400 Mb/s toggle mode, *Solid-State Circuits Conference Digest of Technical Papers (ISSCC), 2012 IEEE International*, pp. 436, 437, 19–23 Feb. 2012.

[37] Trinh, C.; Shibata, N.; Nakano, T.; Ogawa, M.; Sato, J.; Takeyama, Y.; Isobe, K.; Le, B.; Moogat, F.; Mokhlesi, N.; Kozakai, K.; Hong, P.; Kamei, T.; Iwasa, K.; Nakai, J.; Shimizu, T.; Honma, M.; Sakai, S.; Kawaai, T.; Hoshi, S.; Yuh, J.; Hsu, C.; Tseng, T.; Li, J.; Hu, J.; Liu, M.; Khalid, S.; Chen, J.; Watanabe, M.; Lin, H.; Yang, J.; McKay, K.; Nguyen, K.; Pham, T.; Matsuda, Y.; Nakamura, K.; Kanebako, K.; Yoshikawa, S.; Igarashi, W.; Inoue, A.; Takahashi, T.; Komatsu, Y.; Suzuki, C.; Kanazawa, K.; Higashitani, M.; Lee, S.; Murai, T.; Lan, J.; Huynh, S.; Murin, M.; Shlick, M.; Lasser, M.; Cernea, R.; Mofidi, M.; Schuegraf, K.; Quader, K. A 5.6MB/s 64Gb 4b/Cell NAND Flash memory in 43 nm CMOS, *Solid-State Circuits Conference—Digest of Technical Papers, 2009. ISSCC 2009. IEEE International*, pp. 246–247, 247a, 8–12 Feb. 2009.

[38] Tanaka, T.; Tanzawa, T.; Takeuchi, K. A 3.4-Mbyte/sec programming 3-level NAND flash memory saving 40% die size per bit, *VLSI Circuits, 1997. Digest of Technical Papers., 1997 Symposium on*, pp. 65–66, 12–14 June 1997.

[39] Park, K.-T.; Choi, J.; Cho, S.; Choi, Y.; Kim, K. A high cost-performance and reliable 3-level MLC NAND flash memory using virtual page cell architecture, *Non-Volatile Semiconductor Memory Workshop, 2006. IEEE NVSMW 2006, 21st*, pp. 34–35, 12–16 Feb. 2006.

第 5 章

NAND 闪存单元微缩面临的挑战

5.1 引言

低成本和高可靠的 NAND 闪存技术在过去 25 年里得到了广泛的发展 [1-9]，如第 3 章所述。自对准 STI 单元（SA-STI 单元）作为一种适合 NAND 闪存的存储单元结构，已经被开发出来 [4-7] 并应用到 NAND 闪存产品中 [8]。该单元可以将存储单元的尺寸减小到理想的 $4F^{2[4]}$，并且也表现出了极好的可靠性，因为浮栅不与 STI 的边角重叠。因此，SA-STI 单元的结构和工艺已经使用了超过 15 年和 10 代的 NAND 闪存产品。最先进的闪存单元是中等 1X-nm（15 ~ 16nm）技术代的 SA-STI 闪存单元 [10]，如图 5.1 所示。有效单元尺寸也可以通过多电平单元技术来减小，这已在第 4 章中描述。因此，$4F^2$ 的小物理单元尺寸与多电平单元相结合，可以大大降低 NAND 闪存的位成本。

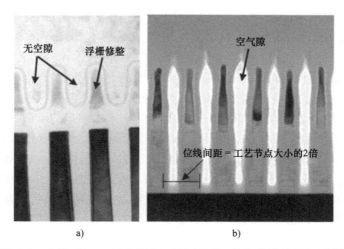

图 5.1　中等 1X-nm 工艺下 SA-STI NAND 闪存单元的 TEM 图像

然而，随着存储单元尺寸扩展超过 20nm 技术代，由于许多物理现象严重影响 NAND 闪存的运行裕度，实现高性能和高可靠性的 NAND 闪存变得非常困难 [11]。

在第 5 章中，讨论了超过 20nm 特征尺寸的多电平单元的 NAND 闪存单元的微缩挑战。一个重要的物理现象是浮栅电容耦合干扰[12]，它通过对相邻单元进行编程而引起 V_{th} 偏移。V_{th} 分布宽度的增加（5.3 节）将导致读窗口裕度（RWM）的降低。影响 RWM 的其他主要物理现象是电子注入展宽（EIS）[13-15]（5.4 节）和随机电报噪声（RTN）[16]（5.5 节）。

NAND 闪存的缩放能力已经在一些会议和论文中进行了讨论[20-33]。他们指出了主要的微缩限制因素，如浮栅电容耦合干扰[21-23, 25-28, 31, 32]，电子数量的减少[21-23]，光刻 / 图案化[22-24]，RTN 和 RDF（随机掺杂波动）[23]，结构限制[25, 28, 30]，空气隙[34, 35]，V_{th} 窗口裕度[11, 28, 30] 等。

在第 5 章中，广泛讨论了 2X ~ 0X-nm 技术代的几个缩放问题和限制[11]。作为结果，通过精确控制 FG/CG 形成过程和空气隙工艺，有可能将 NAND 闪存单元缩小到 1Z-nm（10nm）技术代，以管理浮栅电容耦合干扰和字线高场问题。

5.2 读窗口裕度（RWM）

5.2 节中讨论了 2X ~ 0X-nm 技术代的 NAND 闪存中 SA-STI 单元的 RWM[11]。通过推断 FG-FG 耦合干扰（浮栅电容耦合干扰）、EIS、背景模式依赖（BPD）和 RTN 等物理现象来研究 RWM。RWM 不仅会由于编程态 V_{th} 分布宽度的增加而退化，也会因 FG-FG 耦合干扰较大导致擦除态 V_{th} 增加而退化。然而，采用空气隙工艺可使 FG-FG 耦合干扰减少了 60%，在 1Z-nm 制程中 RWM 值仍然是正的。因此，随着空气隙减少了 60% 的 FG-FG 耦合干扰，SA-STI 单元有望能够缩小到 1Z-nm（10nm）技术代。

5.2.1 RWM 的假设条件

图 5.2 显示了常规的 NAND 单元串的俯视图。为了研究 NAND 闪存单元的缩放，我们假设单元尺寸超过 2X-nm（26nm）技术代，见表 5.1。其给出了 2X-nm 技术代单元的关键尺寸，位线半间距为 27nm，字线半间距为 26nm。假设超过 2X-nm 技术代后关键尺寸按固定比例因子微缩，位线半间距的固定比例因子为 0.85，字线半间距的固定比例因子为 0.8。并且假设沟道宽度 W 和多晶硅层间介质（IPD）厚度分别按 0.9 和 0.95 的固定比例因子缩小。

图 5.3 显示了 MLC（2 比特位 / 单元）NAND 单元中读 V_{th} 窗口的示意图[11]。V_{th} 窗口由在块（多个串）中完成所有页编程操作后的擦除态分布右边缘和 L3（最高编程态）左边缘定义。L1/L2 两个编程态的 V_{th} 分布必须在 V_{th} 窗口内才能进行可靠的读操作。RWM 被定义为 RWM = V_{th} 窗口 $-2×$ 编程态 V_{th} 分布宽度，因此 RWM 表示每个状态 V_{th} 分布之间的裕度。

当单元尺寸从 0.7μm 微缩到 2X-nm 时，由于一些物理限制变得更严重，RWM 已经严重退化。因此，为了进一步缩放 NAND 单元，分析和预测未来可缩放的 NAND 单元中的 RWM 是非常重要的。为了研究 RWM，对 EIS[13-15]、FG-FG 耦合干扰[12]、RTN[16] 和 BPD 等物理现象缩放趋势的假设将在下面描述。而其他对页编程顺序、参数设置等的假设，也如下一并描述。

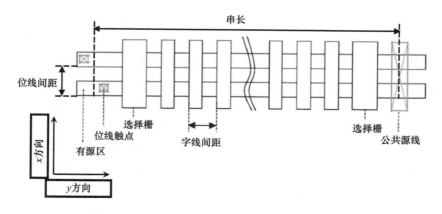

图 5.2　NAND 单元串的俯视图。64 个单元与两个选择栅串联。位线间距和字线间距都接近等于 2F，于是单元尺寸约为理想的 $4F^2$

表 5.1　单元尺寸和 ONO（IPD）厚度的假设，由 2X-nm 技术代推至 0X-nm 技术代[1]

工艺技术代	2X	2Y	1X	1Y	1Z	0X	比例因子
位线半间距 /nm	27	23.0	19.5	16.6	14.1	12.0	0.85（假设）
字线半间距 /nm，栅长 L	26	20.8	16.6	13.3	10.6	8.5	0.80（假设）
沟道宽度 W/nm	20	18.0	16.2	14.6	13.1	11.8	0.90（假设）
ONO 厚度 /nm	12	11.4	10.8	10.3	9.8	9.3	0.95（假设）

[1] 给出了 2X-nm 技术代单元的关键尺寸，例如位线半间距为 27nm，字线半间距为 26nm；假设从 2Y-nm 技术代开始，位线半间距（x 方向）比例因子为 0.85，字线半间距（y 方向）比例因子为 0.8。同时，沟道宽度和 ONO 厚度的比例因子分别假设为 0.9 和 0.95。

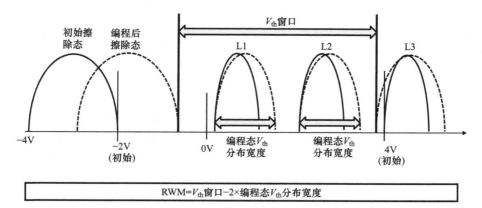

图 5.3　MLC NAND 单元的读 V_{th} 窗口。由于 EIS、FG-FG 耦合干扰、RTN 和 BPD，擦除态和编程 L1、L2、L3 态的 V_{th} 分布将正向偏移且变宽。RWM 定义为 RWM = V_{th} 窗口 $-2 \times$ 编程态 V_{th} 分布宽度

RWM 计算的假设

（a）假设 V_{th} 分布宽度（$\pm 3\sigma$ 范围）变宽的大小为 EIS、FG-FG 耦合干扰、RTN、BPD

所对应 3σ 值的简单求和。每个值由 2X-nm 技术代给出，并根据以下所描述的公式外推 2Y ~ 0X-nm 技术代。

（b）编程 EIS[13-15] 是在编程操作过程中由于编程脉冲期间少量电子注入引起的统计分布展宽（详见 5.4 节）。EIS 的标准差 σ 与 $\sqrt{q \cdot ISPP\_step / C_{IPD}}$ 呈线性关系[13, 14]，其 3 倍的 σ 值简单地用于 V_{th} 分布的加宽。其中，C_{IPD} 为多晶硅层间介质的电容值，从 2X-nm 起每一代降低为 0.72 倍；ISPP_step 是 ISPP 的编程电压步长[36, 37]。ISPP_step = 300mV 的实测标准差 σ 为 37.1mV，如图 5.4 所示。假设 σ 值由于浮栅耗尽效应[38] 而增大 50%，以此类推。然后，假设 2X-nm 技术代下 ISPP_step = 300mV 时对应的 σ 为 55.6mV，ISPP_step = 600mV 时对应的 σ 为 78.7mV。

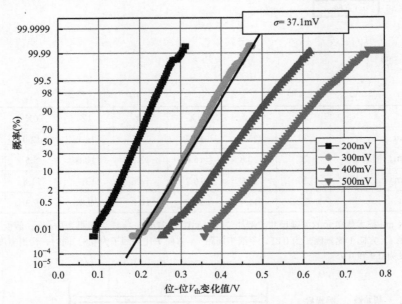

图 5.4　2X-nm 技术代单元中阈值电压分布的 EIS。ISPP 步长 ISPP_step = 300mV 时，分布的标准差 σ 为 37.1mV。考虑浮栅耗尽效应，假设 σ 大于 50%。然后假设 300mV 的 ISPP_step 条件下 V_{th} 分布的 σ 为 55.6mV

（c）FG-FG 耦合干扰（浮栅电容耦合干扰）[12]（见 5.3 节）从 2X-nm 技术代到每一代按 WL-WL 方向 0.9 倍、BL-BL 方向 0.8 倍、对角线方向 0.85 倍来缩放。其引起的展宽效应（额外的 V_{th} 偏移）假设为 FG-FG 耦合值的 10%。在测量结果的基础上，假设 2X-nm 技术代下 FG-FG 的耦合值在 x 方向的两侧（位线之间）为 94mV/V，在 y 方向的一侧（字线之间）为 85mV/V，在 xy 方向的两侧（对角线）为 25mV/V。FG-FG 耦合的比例因子（WL-WL 方向 0.9 倍、BL-BL 方向 0.8 倍和对角线方向 0.85 倍）是根据 FG-FG 电容随着 FG-FG 距离减小而增加的简单假设。这个简单的假设是乐观的，因为它不包括降低总浮栅电容的影响。总浮栅电容的降低主要归因于 IPD 和隧穿氧化层厚度的缩放较小。

（d）RTN 引起的展宽与 $1/(W\sqrt{L})$ 呈线性关系（见 5.5 节）[39]。基于测量结果，假设 2X-nm

技术代下对应的 3σ 值为 ±107mV。

（e）BPD 是一种 V_{th} 偏移，它是由于单元串中串联电阻的增加，对同一串中的串联单元编程引起的。BPD 引起的展宽与 L/W 呈线性关系。假设 2X-nm 技术代下对应的 3σ 值为 310mV，如图 5.5 所示。

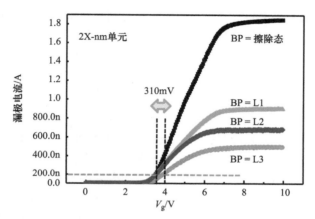

图 5.5　2X-nm 技术代单元中一个 64 单元串的 BPD。假设 BPD 的 V_{th} 偏移为 310mV，作为 BP = L3 的最坏情况（未被选中的单元位于 L3 态）

（f）页编程序列使用最小化的 FG-FG 耦合编程序列[40, 41]，如图 5.6 所示。这意味着，在执行 MSB 编程之前，周围的页（字线 WLn-1、WLn、WLn+1 的 LSB 和字线 WLn-1 的 MSB）已经完成编程。对于已完成编程的 V_{th} 分布，可以最小化 FG-FG 耦合干扰（见 4.3 节）。

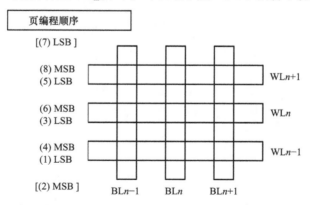

图 5.6　最小化 FG-FG 耦合干扰的页编程序列。在（6）WLn 的 MSB 编程之前，周围页面 [（1）WLn-1 的 LSB、（3）WLn 的 LSB、（5）WLn+1 的 LSB 和（4）WLn-1 的 MSB] 已经被编程。于是可以使编程态 V_{th} 分布的 FG-FG 耦合干扰最小化

（g）全位线（ABL）方案[42]（见 4.3 节）。假设 x 方向 FG-FG 耦合干扰的 V_{th} 偏移值是基于相邻单元 V_{th} 偏移量的 $3\sigma \cdot \sqrt{2} \cdot (1/2)$，其中 σ = 单个编程脉冲下 V_{th} 分布宽度（±3σ）/6 =3V/6 = 0.5V；1/2 为随机数据模式因子，因为相邻单元与目标单元同时进行编程。

（h）随机数据模式。

（i）擦除态的初始 V_{th} 分布，$V_{th} = -3V \pm 1V$（V_{th} 分布宽度为 2V）。擦除态初始右侧边缘为 −2V。

（j）L1 态验证电平为 0.5V，L2 态验证电平为 2.25V，L3 态验证电平为 4.0V，LSB 验证电平为 0.8V，5.2.5 节中 V_{th} 设置依赖的情况除外。

（k）LSB 和 MSB 编程的 ISPP 步长（ISPP[36, 37]）分别为 600mV 和 300mV。

（l）数据保持 V_{th} 偏移不包括在这个 RWM 研究中，因为它将由多次读操作（移动读算法）来管理，如 4.7 节所述。此外，编程干扰、读干扰和其他干扰也不包括在这个 RWM 的研究中。

5.2.2   编程态 V_{th} 分布宽度

在常规编程操作中，通过使用 ISPP[36, 37]（见 4.2.2 节）和逐位验证操作 [43]（见 4.2.3 节），可以压缩编程态 V_{th} 的分布宽度。初始的编程态 V_{th} 分布宽度由 ISPP_step 和 EIS 共同确定。然后，由于 RTN、FG-FG 耦合干扰和 BPD 等因素，V_{th} 分布在一个块（串）中所有页编程后变宽。

根据 5.2.1 节的假设，对一个块内所有页编程完成后的编程态 V_{th} 分布宽度进行了计算，如图 5.7 所示。当存储单元从 2X-nm 技术代缩小到 0X-nm 技术代时，编程态 V_{th} 分布宽度从 1320mV 增加到 2183mV。很明显，V_{th} 分布宽度增加的主要原因是 FG-FG 耦合和 RTN。

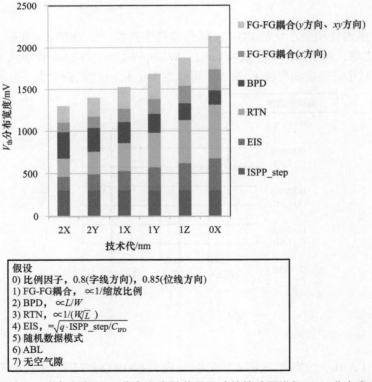

图 5.7   计算的编程态 V_{th} 分布宽度。V_{th} 分布宽度随单元尺寸的缩放而增加。V_{th} 分布宽度增加的主要影响因素是 FG-FG 耦合和 RTN

为了获得恰当的 FG-FG 耦合干扰的 V_{th} 偏移值，我们导出了相邻入侵单元（受目标单元影响）的阈值电压变化量 ΔV_{th}，如图 5.8 所示。页编程各步骤的 V_{th} 分布也在图 5.8 中描述。对于编程态下的 FG-FG 耦合，入侵单元的 ΔV_{th} 被描述为 $dV_{th\_E\_L1}$ 或 $dV_{th\_LSB\_L2}+dV_{th\_LSB\_L3}$，如图 5.8 中步骤 3）所示。$dV_{th\_E\_L1}$ 表示从 MSB 编程之前的擦除态（步骤 2））转换到 L1 态的 V_{th} 变化量。计算 FG-FG 耦合的 V_{th} 偏移时，采用较大的 $dV_{th\_E\_L1}$ 或 $dV_{th\_LSB\_L2}+dV_{th\_LSB\_L3}$ 值。

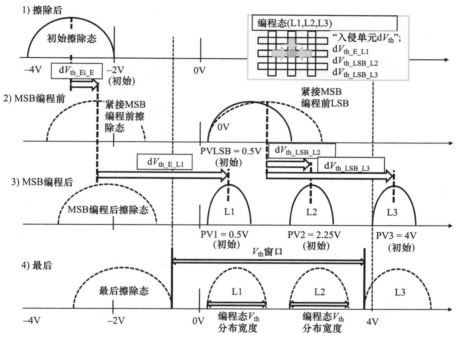

图 5.8　页编程各步骤中的 V_{th} 分布。$dV_{th\_E\_L1}$ 或 $dV_{th\_LSB\_L2}+dV_{th\_LSB\_L3}$ 的入侵单元 V_{th} 变化量受到 y 方向相邻的编程态目标单元的影响，并通过 FG-FG 耦合干扰导致 V_{th} 分布宽度更大。然后，编程步骤从 3）到 4），编程态单元的分布宽度变宽

假设 x 方向 FG-FG 耦合干扰的 V_{th} 偏移值基于相邻单元 V_{th} 偏移值的 $3\sigma \cdot \sqrt{2} \cdot (1/2)$，如 5.2.1 节的 (g) 所示，因为在 ABL 方案中，相邻单元与目标单元都按相同的编程顺序编程。V_{th} 偏移的假设如下。处于 3V 宽 V_{th} 分布下的编程态单元通过 ISPP 编程上移。某个单元（单元 A）在 V_{th_cell-A} 的阈值电压下通过验证后停止编程，而相邻单元（单元 B）在 V_{th_cell-B} 的阈值电压下尚未通过验证。相邻单元（单元 B）按 ISPP 步骤继续进行编程，然后在单元 A 上引起 FG-FG 耦合，其 V_{th} 差值为 $V_{th\_cell-A}-V_{th\_cell-B}$。在此假设下，假设 V_{th} 差值 $V_{th\_cell-A}-V_{th\_cell-B}$ 的分布由 V_{th} 分布（3V 宽）组成，则 V_{th} 偏移的 σ 为 $\sqrt{\sigma^2+\sigma^2}=\sigma\sqrt{2}$。同时，我们假设相同的 FG-FG 耦合 V_{th} 偏移发生在 L1 和 L2 之间，假设使用更可取的编程操作来减少 L1 和 L2 的 FG-FG 耦合，如 ABL 并行编程方法[44]，BC 态优先编程算法[45]，以及 P3 模式预脉冲方案[46]。

通过 LSB 编程周围单元（y 方向、xy 方向、x 方向的两侧）和 MSB 编程周围单元（y 方向、xy 方向的一侧）的 FG-FG 耦合，图 5.8 中处于步骤 2）的擦除态 V_{th} 分布已经随着 $dV_{th\_Ei\_E}$ 从初

始 V_{th} 分布上升，如图 5.6 所示。单元尺寸缩放时，由于 FG-FG 耦合干扰较大，$dV_{th\_Ei\_E}$ 变大。于是，由于单元的缩放，$dV_{th\_E\_L1}$ 的值变小。因此，编程态下 y 方向 FG-FG 耦合干扰相对小于预期，如图 5.7 所示。

5.2.3 V_{th} 窗口

V_{th} 窗口定义为擦除态 V_{th} 分布的右侧边缘到 L3 态 V_{th} 分布的左侧边缘，如图 5.3 所示。图 5.9 显示了通过空气隙[34, 35, 47, 48] 或低 k 介质使 FG-FG 耦合减少 0%、30% 和 60% 的三种情况下，V_{th} 窗口、擦除态 V_{th} 分布右侧边缘、L3 态 V_{th} 分布左侧边缘的计算结果。x 方向（沿 STI 间空气隙方向[35, 49]）和 y 方向（沿字线间空气隙方向[34, 47, 48]）上 FG-FG 耦合都被假设减少。

如图 5.9 所示，在常规的 0% FG-FG 耦合减少的情况下，由于单元缩放 V_{th} 窗口变得非常窄（见 "V_{th} 窗口 0%"）。这是因为擦除分布的右侧边缘由于缩放而大大增加。然而，在 FG-FG 耦合降低 60% 的情况下，即使在 1Z-nm 技术代中，擦除分布的右侧边缘也可以保持在 0V 以下。然后，在 1Z-nm 技术代中，V_{th} 窗口可以保持在 4000mV 以上。

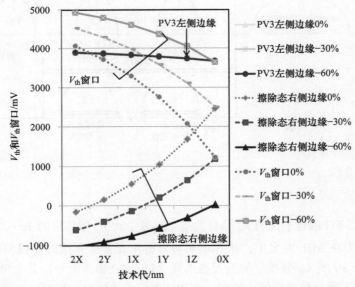

图 5.9 计算的 V_{th} 窗口随单元微缩的变化规律。V_{th} 窗口的减少主要是因为擦除态 V_{th} 分布的右侧边缘的增加。如果 FG-FG 耦合干扰可以减少 30% 或 60%，则可以大大改善擦除态右侧边缘的增加

为了阐明擦除态右侧边缘增加的原因，我们分析了擦除态右侧边缘增加的因素，如图 5.10 所示。擦除态右侧边缘的增加主要是通过 FG-FG 耦合，特别是通过 y 方向和 xy 方向的 FG-FG 耦合。对于擦除态，FG-FG 耦合 V_{th} 偏移远远大于编程态的 FG-FG 耦合 V_{th} 偏移。图 5.11 显示了导致擦除态 FG-FG 耦合较大的原因。有两个原因。一种是入侵单元的 ΔV_{th} 较大，如图 5.11a 所示。这是因为 $dV_{th\_Ei\_L1}$、$dV_{th\_Ei\_L2}$、$dV_{th\_Ei\_L3}$（从擦除初始态到每个编程态 L1、L2、L3 的入侵

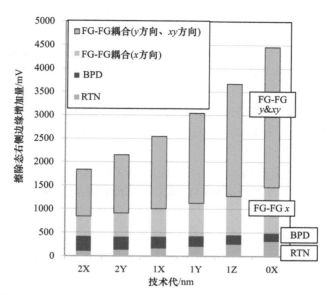

图 5.10　在 FG-FG 耦合没有减少的情况下，擦除态分布右侧边缘增加量随存储单元缩放的变化规律。擦除态右侧边缘的增加主要是由于 FG-FG 耦合干扰，特别是 y 方向和 xy 方向的 FG-FG 耦合

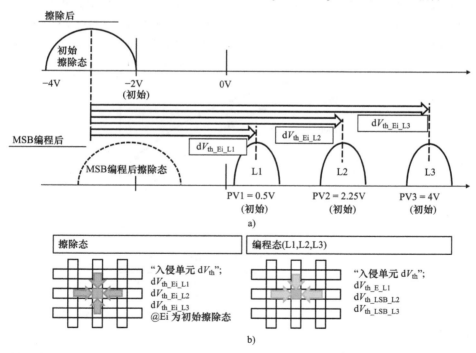

图 5.11　擦除态的 FG-FG 耦合。a）$dV_{th\_Ei\_L1}$ 或 $dV_{th\_Ei\_L2}$ 或 $dV_{th\_Ei\_L3}$ 过程中的入侵单元（目标单元的相邻单元或周围单元）V_{th} 偏移受到擦除态目标单元的影响。擦除态的 V_{th} 偏移比编程态的要大，因为擦除态的入侵单元 V_{th} 偏移大于编程态的入侵单元 V_{th} 偏移（见图 5.10）；b）所有的周围单元都受到擦除态单元影响，相比之下并非所有周围单元受到编程态单元影响

单元 ΔV_{th}) 与编程态入侵单元 V_{th} 偏移（如 $dV_{th\_E\_L1}$ 或 $dV_{th\_LSB\_L2}+dV_{th\_LSB\_L3}$）相比要大得多，如图 5.8 所示。另一个原因是，擦除态单元周围所有单元都引起 FG-FG 耦合 V_{th} 偏移（见图 5.11b）。相反，对于编程态单元，只有周围部分单元（y 方向的一侧和 x 方向的两侧）引起了 FG-FG 耦合 V_{th} 偏移，如图 5.11b 所示。

为了在 1Y 和 1Z 技术代中获得更宽的 V_{th} 窗口，减少 FG-FG 耦合是很重要的，特别是 y 和 xy 方向的 FG-FG 耦合。对于未来的 NAND 单元，字线间空气隙（或低 k 材料）[34, 47, 48] 和 STI 空气隙 [35, 49] 必须实现尽可能小的 FG-FG 耦合。

此外，当前计算中使用了 FG-FG 耦合的最优比例因子，如 5.2.1 节（c）所述。即使采用了最优值，V_{th} 窗口退化的主要因素仍是 FG-FG 耦合。因此，减少 FG-FG 耦合对于未来的微缩单元是很重要的。

5.2.4 RWM

图 5.12 为 RWM 的缩放趋势，由图 5.7 中的编程态 V_{th} 分布宽度和图 5.9 中的 V_{th} 窗口计算得出。RWM 随单元缩放而退化。在"无空气隙"的情况下，1X-nm 技术代的 RWM 比较紧凑，1Y-nm 技术代的 RWM 为负值（-719mV）。在"含空气隙 FG-FG 耦合减少 30%"的情况下，1Y-nm 技术代 RWM 变为紧凑的正值，1Z-nm 技术代的 RWM 为负值。此外，在"含空气隙 FG-FG 耦合减少 60%"的情况下，1Z-nm 技术代具有正的 RWM。这意味着 1Y-nm 技术代单元需要减少 30% 的 FG-FG 耦合，而 1Z-nm 技术代单元需要减少 50% ~ 60%。

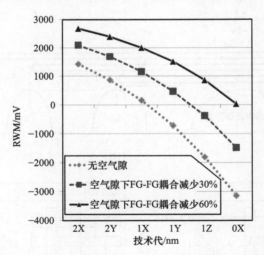

图 5.12　分别在无空气隙、FG-FG 耦合减少 30% 和 60% 情况下计算出的 RWM。无空气隙的情况下，RWM 在 1X-nm 技术代以上变得小于 0V。然而，通过采用 FG-FG 耦合减少 60% 的空气隙工艺，即使采用 1Z-nm 技术代，RWM 也可以保持正值

5.2.5 RWM 中 V_{th} 设置的依赖性

为了找到更宽 RWM 的其他解决方案，研究了 V_{th} 设置的依赖性。图 5.13 显示了在 FG-FG

耦合减少 30% 的 1Z-nm 技术代情况下，RWM 依赖于 V_{th} 的设置。在 5.2.1 节中，PV3 和擦除态初始右侧边缘分别为固定的 4V 和 −2V。在本节中，假设 PV3 和擦除态初始右侧边缘较低，如图 5.13 所示。

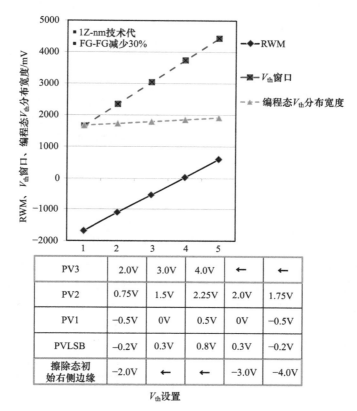

PV3	2.0V	3.0V	4.0V	←	←
PV2	0.75V	1.5V	2.25V	2.0V	1.75V
PV1	−0.5V	0V	0.5V	0V	−0.5V
PVLSB	−0.2V	0.3V	0.8V	0.3V	−0.2V
擦除态初始右侧边缘	−2.0V	←	←	−3.0V	−4.0V

V_{th} 设置

图 5.13　在 FG-FG 耦合减少 30% 的情况下，1Z-nm 技术代的 RWM 和 V_{th} 窗口。RWM 通过擦除态 V_{th} 设置值的降低而增加

在减小擦除态右侧边缘的情况下，即使编程态 V_{th} 分布宽度略有增加，RWM 也可以得到改善。在擦除态初始右侧边缘为 −4V 的情况下，RWM 变为正。然而，由于受到较高的擦除电压应力，擦除态 V_{th} 设置的减小会降低可靠性。于是，为了在 1Z-nm 技术代中获得更宽的 RWM，最小化 FG-FG 耦合的空气隙工艺应与减小擦除态 V_{th} 设置值相结合。

5.3　浮栅电容耦合干扰

浮栅电容耦合干扰（FG-FG 耦合）[12] 是限制浮栅 NAND 闪存单元微缩的主要问题，因为 RWM 主要因浮栅电容耦合干扰 [11] 而降低，如 5.2 节所述。随着特征尺寸的微缩，浮栅与浮栅之间的空间变得更小，从而形成因相邻单元 V_{th} 改变而导致的 V_{th} 偏移。这个微缩问题导致了 V_{th} 分布宽度的扩大。

5.3.1 浮栅电容耦合干扰模型

在大单元尺寸的旧概念中，浮栅电压仅由控制栅电压决定，其耦合比 $CR = C_{IPD}/C_{total}$，其中 C_{IPD} 为控制栅到浮栅电容，C_{total} 为浮栅的总电容，如式（5.1）所示（假设浮栅电荷 $Q_{FG} = 0$）。

$$V_{FG} = \frac{C_{IPD}}{C_{TUN} + C_{IPD}} V_{CG} = \frac{C_{IPD}}{C_{total}} V_{CG} = CR \cdot V_{CG} \tag{5.1}$$

式中，C_{TUN} 为衬底对浮栅的电容。

由于 NAND 闪存的设计规则是按比例缩小，浮栅周围的寄生电容（C_{FGX}、C_{FGY}、C_{FGXY}、C_{FGCG}、C_{FGAA}）相对变大，如图 5.14 所示。这些电容不能忽视。浮栅电压不仅由相应的控制栅电压决定，也由周围单元的浮栅电压、控制栅电压，及有源区电压所决定，如式（5.2）所示（假设浮栅电荷 $Q_{FG} = 0$）。

$$V_{FG} = \frac{\begin{array}{l} C_{IPD}V_{CG} + C_{FGX}(V_{FGX1} + V_{FGX2}) + C_{FGY}(V_{FGY1} + V_{FGY2}) + \\ C_{FGXY}(V_{FGXY1} + V_{FGXY2} + V_{FGXY3} + V_{FGXY4}) + \\ C_{FGCG}(V_{CG1} + V_{CG2}) + C_{FGAA}(V_{AA1} + V_{AA2}) \end{array}}{C_{TUN} + C_{IPD} + 2C_{FGX} + 2C_{FGY} + 4C_{FGXY} + 2C_{FGCG} + 2C_{FGAA}} \tag{5.2}$$

式中，寄生电容各变量的说明如图 5.14 所示。一种被称为"浮栅电容耦合干扰"的现象发生了，其中单元 V_{th} 的变化（ΔV_{th}）是由相邻单元阈值电压的偏移（因浮栅电压偏移（ΔV_{FG}）所产生）所引起的。也就是说，浮栅电压与控制栅电压一样，是由带有寄生电容的相邻单元的浮栅电压变化耦合而成，如式（5.1）所示。例如，如果上层 y 方向浮栅电压（V_{FGY2}）的变化为 ΔV_{FGY2}，则目标单元浮栅电压变化引起的 ΔV_{FG} 如式（5.3）所示。

$$\Delta V_{FG} = \frac{C_{FGY}}{C_{TUN} + C_{IPD} + 2C_{FGX} + 2C_{FGY} + 4C_{FGXY} + 2C_{FGCG} + 2C_{FGAA}} \cdot \Delta V_{FGY2} = \frac{C_{FGY}}{C_{total}} \cdot \Delta V_{FGY2} \tag{5.3}$$

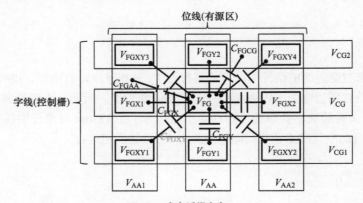

C_{FGX}: x方向浮栅电容
C_{FGY}: y方向浮栅电容
C_{FGXY}: xy方向浮栅电容
C_{FGCG}: 相邻控制栅电容
C_{FGAA}: 相邻有源区电容

图 5.14　基于寄生电容耦合的浮栅电容耦合干扰模型

在浮栅电容耦合干扰的第一篇报道中 [12]，利用 3D 电容模拟器获得了 0.12μm 设计规则下单元中的浮栅电容耦合干扰（栅长度 = 栅间距 = 浮栅高度 = 沟道宽度 = 0.12μm，隧穿氧化层厚度 = 7.5nm，IPD（ONO）厚度 = 15.5nm）。如果将相邻单元 V_{th} 从 −3V 编程至 2.2V，则在 y 方向上存在 0.19V 的浮栅干扰，在 x 方向上存在 0.04V 的浮栅干扰，在对角线方向（xy 方向）存在 0.01V 的浮栅干扰。

根据式（5.2）或式（5.3）推导可知，浮栅电容耦合干扰与相邻单元 V_{th} 的变化呈线性关系。图 5.15 显示了在 0.12μm 设计规则单元上的浮栅电容耦合干扰的测量结果 [12]。由浮栅干扰引起的单元 V_{th} 偏移与相邻单元 V_{th} 的变化呈线性关系。与氮化硅衬垫层隔离相比，氧化硅衬垫层隔离由于寄生电容更低可以显著降低干扰。

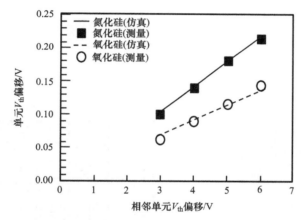

图 5.15　在 0.12μm 设计规则单元阵列上测量的浮栅电容耦合干扰测量结果。基于氮化硅衬垫层和氧化硅衬垫层隔离的样品，在 WL8 单元上测量了浮栅电容耦合干扰随 WL9 单元 V_{th} 改变的变化规律函数。在 WL9 单元的 V_{th} 由 −3V 编程至 2.2V 的前后过程中监测 WL8 单元的 V_{th} 偏移。每个数据由 WL8 单元的 15 个点组成

图 5.16 显示了不同单元技术节点下由浮栅电容耦合干扰引起的 V_{th} 偏移的仿真结果。在 3D TCAD 模拟中，63nm 存储单元的隧穿氧化层厚度为 8nm，ONO 厚度为 15nm，浮栅高度为 85nm。存储单元晶体管已经从 63nm 缩小到 20nm。随着单元尺寸的减小，场氧化层凹槽保持为 +5nm，并调整掺杂浓度以防止单元晶体管被穿通。随着技术节点的缩小，浮栅电容耦合干扰引起的 V_{th} 偏移显著增加。

图 5.17 显示了浮栅电容耦合干扰随技术节点的变化规律 [23]。随着技术节点缩小，浮栅电容耦合干扰在总的 V_{th} 偏移中的贡献百分比显著增加。超过 30nm 技术节点时，浮栅电容耦合干扰对 V_{th} 偏移的贡献超过 30%。在 20nm 技术节点处，浮栅电容耦合干扰贡献了接近 50% 的单元总 V_{th} 偏移。故需要一个解决方案来管理 30nm 技术节点以下的干扰。据估计，对于 MLC（2 比特位 / 单元），如果假设 ΔV_{th} = 4V 的相邻单元中总干扰 <1V，则 FG-FG 电容必须小于总浮栅电容的 20%。

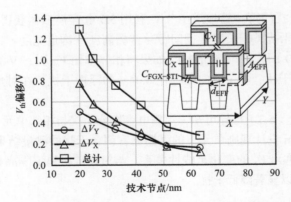

图 5.16 单元尺寸减小时单元之间干扰引起的 V_{th} 偏移的仿真结果。通过将相邻单元晶体管 V_{th} 从 −5V 改变为 5V，参考单元的 V_{th} 偏移从 V_{th} = 1V 时开始测量。其他字线在读操作中具有 6.5V 的通路电压。ΔV_X 是 x 方向（字线方向）上两个相邻单元晶体管诱导的单元 V_{th} 偏移，而 ΔV_Y 是 y 方向（位线方向）上单个单元晶体管诱导的单元 V_{th} 偏移

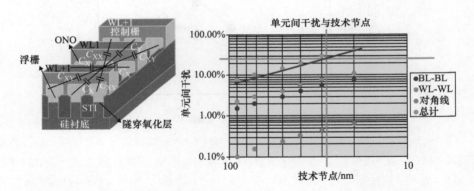

图 5.17 FG-FG 耦合干扰及总 V_{th} 偏移中浮栅干扰的贡献百分比随光刻工艺节点的变化规律。其中 BL-BL 项、WL-WL 项和对角线项的贡献也分别表示。超过 30nm 技术代时，FG-FG 电容耦合干扰占比超过 30%。对于 MLC（2 比特位 / 单元），需要一个低于 30nm 技术节点的解决方案，假设 ΔV_{th} = 4V 的相邻单元中总干扰 <1V，FG-FG 电容必须小于总浮栅电容的 20%

5.3.2　沟道直接耦合

根据常规的浮栅电容耦合干扰理论，63nm 技术节点下 y 方向的 V_{th} 偏移（ΔV_Y）比 x 方向的 V_{th} 偏移（ΔV_X）更严重，如图 5.16 所示[50]，因为浮栅在 y 方向上直接面对彼此，而在 x 方向上被一个嵌入的控制栅屏蔽。但是，ΔV_X 在 50nm 技术节点时超过 ΔV_Y，并且当技术节点减小到 20nm 时，ΔV_X 急剧增加。

在 50nm 以下的技术节点中，单元晶体管沟道边缘与相邻单元浮栅之间的距离非常近，相邻单元的浮栅电压直接影响沟道边缘，从而改变沟道边缘的电场分布。因此，V_{th} 偏移是由相邻

单元浮栅电压的直接场效应引起的。由于大约 70% 的单元电流在沟道边缘流动，因此单元晶体管的 V_{th} 主要取决于电场拥挤的情况和沟道边缘的掺杂浓度[51]。因此，存储单元遭受了强烈的 V_{th} 偏移，特别是在 x 方向上，其中浮栅面对沟道边缘的整个表面。这意味着观察到的浮栅电容耦合干扰包括了与相邻单元沟道边缘的耦合。x 方向的干扰（ΔV_X）可以表示为[50]

$$\Delta V_X = \Delta V_{X\text{-Indirect}} + \Delta V_{X\text{-Direct}} = 2(C_{FGX} / C_{Tot})\Delta V_{FGX} + \alpha C_{FGX\text{-STI}}\Delta V_{FGX} \tag{5.4}$$

式中，ΔV_X 为 ΔV_{FGX} 引起的浮栅电容耦合干扰效应的总量，ΔV_{FGX} 为相邻单元晶体管在 x 方向的 V_{th} 变化量。ΔV_X 分解为间接场效应和直接场效应两项，即分别对应 $\Delta V_{X\text{-Indirect}}$ 和 $\Delta V_{X\text{-Direct}}$。间接场效应或寄生电容耦合效应产生以 C_{FGX}/C_{Tot} 为比值的 V_{th} 偏移（即 $\Delta V_{X\text{-Indirect}}$），其中 C_{FGX} 为 x 方向上两个相邻单元晶体管之间的 FG-FG 电容，C_{Tot} 为浮栅总电容。这意味着 $\Delta V_{X\text{-Indirect}}$ 的间接 V_{th} 位移是常规的浮栅电容耦合干扰。直接场效应产生一个随 $\alpha C_{FGX\text{-STI}}\Delta V_{FGX}$ 的变化量引起的 V_{th} 偏移，其中 $C_{FGX\text{-STI}}$ 是相邻单元晶体管的浮栅与沟道边缘之间的电容。α 是定义直接场效应影响的常数，反映掺杂浓度形貌和隧穿氧化层厚度。在亚 100nm 技术节点中，相邻单元的浮栅与沟道边缘之间的距离很长，$C_{FGX\text{-STI}}$ 小得可以忽略不计。然而，当单元尺寸减小到 50nm 以下时，$C_{FGX\text{-STI}}$ 大大增加，并在沟道边缘建立一个较大的电场。因此，结合沟道边缘的硼元素偏析，一个大的 $C_{FGX\text{-STI}}$ 在沟道边缘引起强烈的 V_{th} 偏移，导致亚 50nm 技术节点的 $\Delta V_{X\text{-Direct}}$ 超过 $\Delta V_{X\text{-Indirect}}$。

这一效应通过 3D TCAD 仿真得到了证实[50]。仿真的单元为 45nm 的设计规则，栅间距和有源区间距为 90nm，如图 5.18 所示。所选中单元晶体管 FG0 中隧穿氧化层和场氧化层的电势分布，及其随相邻单元晶体管 FG1 中浮栅电势的变化如图 5.18 所示。在 V_{FG1} 从 −2V 到 2V 的变化过程中，观察到 FG0 沟道边缘的电势由 1.65V 增加到 1.71V，而沟道中心的电势在 1.43V 上保持不变，显示出了相邻单元晶体管电势对沟道边缘的影响。V_{th} 的仿真结果在 V_{FG1} = 2V 时为 0.62V，并且在 V_{FG1} = −2V 时增加到 0.82V。当沟道边缘的电势从 1.65V 变化到 1.71V 时，单元晶体管的 V_{th} 从 0.62V 移动到 0.82V。这是因为在沟道边缘发生了严重的硼元素偏析。实际上，当电容耦合比为 0.5 时，V_{th} 的偏移将是两倍。这一结果表明，相邻单元晶体管的直接场效应本质上改变了单元的 V_{th}，并且大于 FG-FG 电容耦合效应。

45nm 设计规则下单元间干扰的实验数据则如图 5.19 所示[50]。随着场氧化层凹槽的减小，相邻单元对沟道边缘的直接场效应增加，从而使 V_{th} 偏移变大。图 5.19 中有三条线，分别是常规浮栅电容耦合干扰的 V_{th} 偏移（$\Delta V_{X\text{-Indirect}}$）、直接场效应的 V_{th} 偏移（$\Delta V_{X\text{-Direct}}$）和实验测量的 V_{th} 偏移（ΔV_X）。$\Delta V_{X\text{-Indirect}}$ 和 $\Delta V_{X\text{-Direct}}$ 都是由 3D 器件模拟计算和归类的。$\Delta V_{X\text{-Indirect}}$ 随场氧化层凹槽的变化不大，在 −25nm 场氧化层凹槽下其值为 0.28V，而 $\Delta V_{X\text{-Direct}}$ 则急剧增加，−25nm 场氧化层凹槽下其值达到 0.67V。此外，两项之和的 V_{th} 偏移为 0.95V，与实验结果（ΔV_X 为 0.87V）误差为 0.08V。实验结果表明，在 x 方向上直接场效应对浮栅电容耦合干扰有很强的影响。因此，为了在 50nm 技术节点以下的 NAND 闪存单元中减少这种影响，有必要最大限度地提高场氧化层凹槽并保持其平衡，以避免凹槽较大或较深时出现异常的 V_{th} 负向偏移效应，如 6.7 节所述[52]。

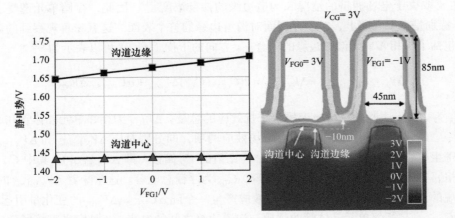

图 5.18 仿真结果描述了所选单元晶体管 FG0 的隧穿／场氧化层的电势分布及其随相邻单元晶体管 FG1 浮栅电势的变化。右图显示了 V_{FG1} = −1V 时的代表性静电势分布

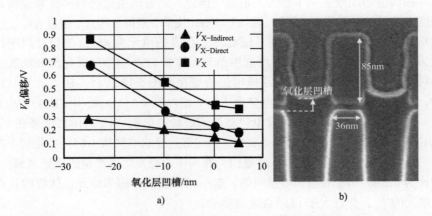

图 5.19 a）V_{th} 偏移对场氧化层凹槽的依赖性。制备了四种凹槽条件：−25nm、−10nm、0nm 和 +5nm 的场氧化物凹槽，并将相邻单元晶体管 V_{th} 从 −5V 扫描至 5V 来测量单元间干扰的影响。b）45nm 技术节点下 NAND 闪存单元晶体管的代表性截面 SEM 图像

5.3.3 源漏耦合

在 40nm 设计规则以下的微缩单元中，报道了一种新的单元间干扰现象——浮栅诱导势垒增强（floating-gate induced barrier enhancement，FIBE）[53]。与常规的浮栅电容耦合不同，受干扰单元的 V_{th} 偏移明显超过一些干扰单元的 V_{th}。这是由于源极／漏极和干扰单元浮栅之间的电容耦合调制了源极和漏极处的导带。该模型的有效性得到了实验和仿真的验证。为了降低 FIBE 效应，在源／漏结处采用较高的掺杂和在相邻字线处采用较高的读电压方案是有效的。

图 5.20 显示了位线之间（y 方向）的单元间干扰[53]。受干扰单元的 V_{th} 值在区域 B（干扰单元 V_{th} 值较高时的对应区域）异常增大，而受干扰单元的 V_{th} 值在区域 A（干扰单元 V_{th} 值较低时的对应区域）与干扰单元的 V_{th} 值呈线性关系，表现为常规的浮栅电容耦合。这种区域 B V_{th} 的异常增加仅在 NAND 闪存单元缩放尺度超过 40nm 时的干扰单元的较高 V_{th} 中观察到。

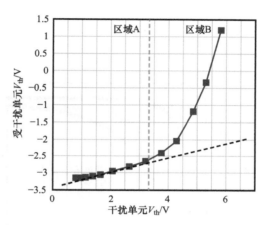

图 5.20　受干扰单元 V_{th} 偏移随干扰单元 V_{th} 的变化。受干扰单元的初始 V_{th} 设置为 −3V，干扰单元为 0.6V。区域 A 的线性可以用常规的寄生电容耦合来解释

针对这一现象，提出了 FIBE 这种新的模型[53]。干扰单元的编程导致了受干扰单元漏极区域较高的沟道导带电势，这归因于受干扰单元源极 / 漏极与干扰单元浮栅之间的直接电容耦合，最后导致了干扰单元 V_{th} 增大，如图 5.21a 所示。图 5.21b 显示了预编程的干扰单元情况下，在寄生电容和寄生电容 +FIBE 效应情况下受干扰单元的导带轮廓仿真图。在常规浮栅电容耦合下，受干扰单元的浮栅电位变化似乎只增加了沟道中心的导带。而干扰单元的浮栅电位变化增强了漏极区域的导带，影响了受干扰单元的沟道导带，如图 5.21b 所示。

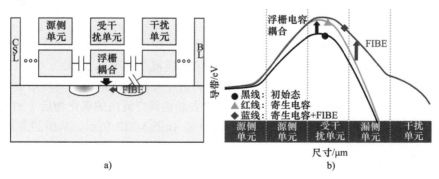

图 5.21　a）NAND 闪存单元字线方向寄生耦合电容的简化图。源 / 漏结与干扰单元的浮栅耦合。b）隧穿氧化层下方的导带图。字线干扰（y 方向干扰）由常规浮栅电容耦合和 FIBE 两个因素组成

FIBE 出现在干扰单元 V_{th} 相对较高的区域，在那里漏极区域的导带被充分增强。图 5.22 显示了在 27nm 技术节点下 NAND 闪存单元中受浮栅耦合和 FIBE 影响的 $I_d\text{-}V_g$ 曲线 [53]。如果只考虑常规的浮栅电容耦合干扰，在图 5.22 中我们可以看到线 2 与初始的线 1 之间只有中间位置电压的偏移，没有 $I_d\text{-}V_g$ 曲线的斜率变化。然而，在线 3 中，$I_d\text{-}V_g$ 曲线的饱和区域发生了扭曲形变，当干扰单元被编程至高达 5.5V 时，这种形变甚至扩展到 $I_d\text{-}V_g$ 曲线的线性区域。这种现象使 V_{th} 异常升高，如图 5.20 所示。

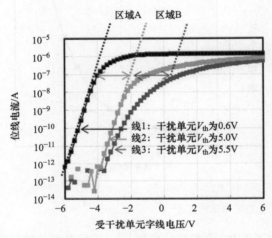

图 5.22　受干扰单元中位线电流随字线电压的变化。受干扰单元的初始 V_{th} 设置为 -4V，干扰单元则设置为 0.6V。在干扰单元被编程到 5.0V 后，位线电流被平行上移（线 2）。在干扰单元被编程达到 5.5V（V_{read} 为 7V）后，由于 FIBE 效应，位线电流被扭曲变形（线 3）

5.3.4　空气隙和低 k 材料

本节介绍了采用低 k 介电介质和低 k 氧化物、空气隙等栅极隔离材料改善浮栅电容耦合干扰的方法 [47, 48, 54, 55]。

图 5.23A 显示了在栅极之间形成空气隙的工艺流程示例 [47]。在栅极图案化成型后，沉积缓冲氧化层 / 氮化层（图 5.23b），然后沉积氧化物以填充栅极空间（图 5.23c）。之后，通过干法刻蚀去除覆盖在栅极上的氧化物（图 5.23d）。然后，为了在栅极之间的空间内形成栅翼，沉积氮化硅（SiN）层并刻蚀（图 5.23f）。通过湿法刻蚀去除栅翼空间内的氧化物后（图 5.23g），沉积氧化层以形成栅极之间空间内的空气隙（图 5.23h）。如图 5.23B 所示，从所制备器件的 SEM 图像可以清楚地观察到空气隙。

图 5.24a ～ c 显示了 90nm 技术节点的单元中栅极隔离材料分别为氮化硅、氧化硅及空气隙条件下 WL30 和 WL31 的单元 V_{th} 分布 [47]。通过对 WL30/ 奇数位线和 WL31/ 偶数位线中的相邻单元进行编程，WL30/ 偶数位线上的单元 V_{th} 发生偏移。当单元从 $V_{th} = -3V$ 编程到 $V_{th} = 1.5V$ 时，栅极隔离材料为氮化硅、氧化硅和空气隙的 V_{th} 变化分别为 0.16V、0.07V 和 0.02V。这些 V_{th} 的

偏移量几乎与材料介电常数大小的比例一致（氮化硅：氧化硅：空气 = 8∶4∶1）。空气隙条件下 V_{th} 偏移较小是因为其浮栅之间的寄生电容较低。图 5.24d 则比较了单个脉冲编程下 1Gbit 阵列的单元 V_{th} 分布。空气隙的存在改善了浮栅电容耦合干扰，进而改善了单元的 V_{th} 分布。

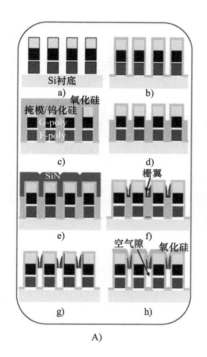

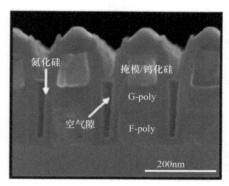

图 5.23 A）空气隙工艺流程：a）栅极图案化成型和栅氧化硅层沉积（150Å）；b）栅氮化硅层沉积（200Å）；c）厚氧化硅层沉积（1000Å）；d）干法刻蚀去除厚氧化硅；e）氮化硅沉积（150Å）；f）栅极间侧翼形成；g）湿法刻蚀去除栅极之间的厚氧化物；h）空气隙形成。B）90nm 技术节点单元中空气隙的SEM 图像（栅长度 = 栅间距 = 浮栅高度 = 沟道宽度 = 90nm，隧穿氧化层厚度 = 6.5nm，ONO 厚度 = 16nm）

图 5.25 为中等 1X-nm 技术节点单元中字线空气隙结构和 STI 空气隙结构的横截面 TEM 图像[49]。由图可见，成功地制备了字线空气隙和 STI 空气隙。为了减少浮栅电容耦合干扰，从25nm 技术代的产品开始使用字线空气隙[34]。字线空气隙也可以改善字线高场问题[10, 11]，如 5.7节所述。

从具有 20nm 位线半间距的中等 1X-nm 技术节点单元开始使用 STI 空气隙，如图 5.25[49] 和图 5.26[49] 所示。STI 空气隙不仅能非常有效地改善浮栅电容耦合干扰，而且还能改善编程干扰，这与 6.5.3 节所述的沟道耦合有关[31, 49, 56]。

这些空气隙技术改善了浮栅电容耦合干扰[35]、字线高场问题[10] 和编程干扰[49]，是实现20nm 设计规则以下小单元尺寸的关键。

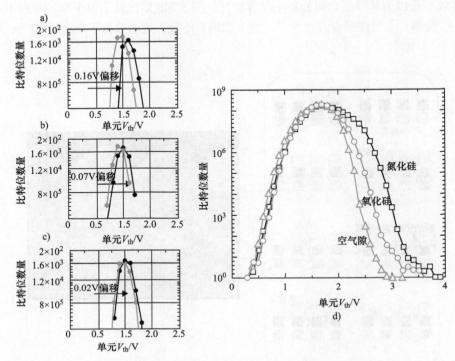

图 5.24   WL30 上测量的浮栅干扰引起的 V_{th} 偏移：a）氮化硅隔离、b）氧化硅隔离、c）空气隙隔离。
d）浮栅干扰引起的单元 V_{th} 分布偏移

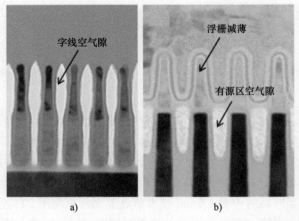

图 5.25   中等 1X-nm 技术节点下 SA-STI NAND 闪存单元中 a）字线空气隙和 b）STI 空气隙结构的横
截面 TEM 图像。空气隙是改善浮栅电容耦合干扰、字线高场问题和编程干扰的关键技术。字线空气隙和
STI 空气隙分别应用于 25nm 技术代和 20nm STI 半间距的产品

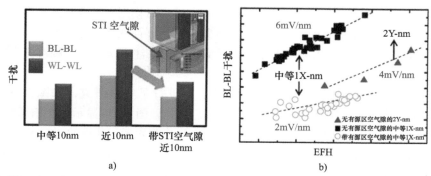

图 5.26　a）模拟结果表明，利用 STI 空气隙，近 10nm 技术节点单元的 BL-BL 干扰值与中等 10nm 技术节点单元（中等 1X-nm 技术代单元）的 BL-BL 干扰值相近。b）中等 1X-nm 和 2Y-nm 设计规则下的 BL-BL 干扰。EFH 为 STI 埋藏氧化层的"有效场高度"（见图 6.72 中的 FH）

5.4　编程电子注入展宽（EIS）

5.4.1　编程 EIS 理论

　　微缩存储单元尺寸，可以减少浮栅存储的电子数量，如图 5.27 所示[19, 57]。在 1X-nm 存储单元中，存储的电子数量接近 100，对应于 3V 的 V_{th} 偏移。这意味着在一个编程脉冲中，只要 10 个电子被注入到浮栅中，每个脉冲之间就有 300mV 的升压。这 10 个少量的电子会对注入浮栅的电子数量产生较大的统计变化，从而使编程态的 V_{th} 分布宽度更宽。

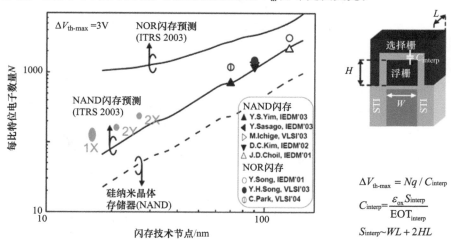

图 5.27　根据 ITRS 2003 版，存储在浮栅中的电子数随闪存技术节点的变化规律。电子的数量随着存储单元尺寸的微缩而减少

　　据报道，在编程脉冲过程中，通过统计 EIS，编程态 V_{th} 分布宽度变宽[13-15]。编程脉冲注入少量电子时，电子注入过程遵循泊松统计规律。这可以解释为电子注入浮栅之后隧穿氧化层中

的场被减小，从而降低了电子注入速率。该结果用蒙特卡洛模型来解释，此模型能够正确地描述编程操作背后的主要物理原理。分布会因注入统计的扩展而变宽，导致一些单元从验证电平的偏移就超过 V_{step}。由于单个编程脉冲中的电子数量减少，注入统计的扩展被认为随着 NAND 存储单元的缩放而增大。

采用递进编程（即 ISPP[36, 37, 58]）对 ΔV_{th} 的展宽进行了实验研究，如图 5.28 所示[13, 14]。ΔV_{th} 定义为经过编程脉冲步骤 n_s 后得到的 V_{th} 偏移。例如，图 5.29a 显示了在相同的 60nm 技术节点 NAND 存储单元上，以控制栅递进编程的第 29 步作为参考，获得的 $\Delta V_{th} = V_{th,29+ns} - V_{th,29}$ 的瞬态过程。结果清晰地显示了 ΔV_{th} 的统计特征。对于 $n_s = 1$ 时（即 $V_{th,30} - V_{th,29}$），在同一单元上 100 个 V_{th} 瞬变获得的 ΔV_{th} 累积分布如图 5.29b 所示。这些结果与在 NAND 存储单元阵列的一页（16kbit）上的 V_{th} 编程瞬态得到的 ΔV_{th} 分布进行了比较。可以看出，这两种分布之间有很好的一致性，这证实了我们在单个单元和多个单元的结果上观察到的相同统计分布。此外，还可以看到，这些分布明显为高斯分布，其展宽几乎等于标准差 $\sigma \Delta V_{th} = 41mV$。

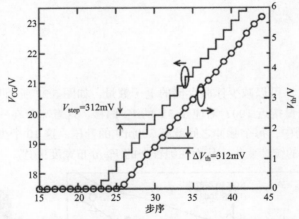

图 5.28　60nm 技术节点器件上用于 NAND 单元编程的控制栅电压波形示例，及获得的 V_{th} 瞬时特性。注意，在常规 NAND 单元阵列中，只能感测到正的 V_{th} 值

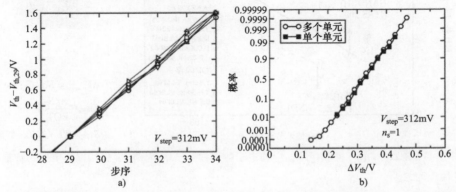

图 5.29　a）在相同的 60nm 技术节点 NAND 单元上测量的 ΔV_{th} 瞬时变化的实例（假设阶梯第 29 步 V_{th} 作为参考）；b）$V_{step} = 312mV$ 和 $n_s = 1$ 条件下，在同一个单元中使用多个编程步或多个单元中使用单个编程步估计的 ΔV_{th}

图 5.30 显示了 V_{step} = 312mV 情况下，许多单元统计数据中的 ΔV_{th} 分布[14]。随着阶梯脉冲的增加，ΔV_{th} 的分布展宽明显增加，ΔV_{th} 的平均值也增加。注入展宽与 ΔV_{th} 统计数据严格相关，基于以下关系：

$$\sigma\Delta V_{th} = \frac{q}{C_{pp}}\sqrt{\sigma n^2}$$

式中，q 为电子电荷，n 为注入电子数，C_{pp} 为多晶硅层间介质电容。假设 n 为泊松统计量，它的方差 σn^2 等于它的平均值 $\bar{n}$，上式变为

$$\sigma\Delta V_{th} = \frac{q}{C_{pp}}\sqrt{\bar{n}} = \sqrt{\frac{q}{C_{pp}}\overline{\Delta V_{th}}} \tag{5.5}$$

$\sigma\Delta V_{th}$ 对 ΔV_{th} 的平方根依赖性可由式（5.5）导出。然而，进一步的考虑源于泊松注入的假设。事实上，当一个电子被注入到浮栅时，浮栅的势能上升。这降低了隧穿氧化层场和电子注入速率，从而导致了亚泊松电子注入过程。

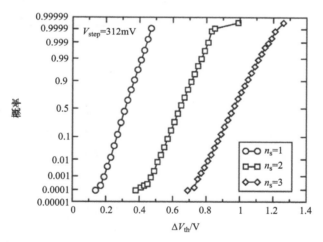

图 5.30　V_{step} = 312mV 和 n_s 增加时实验获得的 ΔV_{th} 分布，显示 $\sigma\Delta V_{th}$ 随着 ΔV_{th} 平均值的增大而增加

为了考虑隧穿氧化层场反馈的影响，对电子注入过程进行了蒙特卡洛仿真。对于每个浮栅电势，平均电子注入速率可以计算为 JA/q，其中 A 为单元面积，J 为通过隧穿氧化层的隧穿电流密度。为了获得合理的精度，从恒定控制栅电压编程瞬态中实验提取了隧穿电流 - 浮栅电压（J-V_{FG}）特性[13]。平均注入速率用于从衬底中提取下一个电子注入事件的时间。仿真考虑了控制栅步进（增加浮栅电势和平均注入速率）和电子注入事件（降低隧穿氧化层场和平均注入速率），导致了非平稳泊松过程。然后从许多 V_{th} 瞬态的仿真结果中提取 $\sigma\Delta V_{th}$。

图 5.31 显示了不同 V_{step}、n_s 和步进时间下编程瞬态稳定部分提取的实验和计算的 $\sigma\Delta V_{th}$ 随 ΔV_{th} 的变化规律。由于 ΔV_{th} 的展宽仅取决于电子注入过程，因此 $\sigma\Delta V_{th}$ 仅取决于 ΔV_{th}，而不取决于控制栅阶梯的步进时间或达到 $\sigma\Delta V_{th}$ 值所需的步进数[13, 14]。对于低 ΔV_{th}，实验和蒙特卡洛计算都与假设电子注入过程具有泊松统计量的预测值很吻合。这是因为当注入电子数量很少时，

隧穿氧化层场的反馈可以忽略不计。然而，当 ΔV_{th} 增加时，实验和蒙特卡洛仿真都明显地出现了饱和行为。这揭示了电子注入过程的亚泊松性质，由每次电子注入事件后的隧穿氧化层场的反馈决定。泊松展宽 $\sigma\Delta V_{th}$ 曲线与曲线饱和区之间的分离起始点取决于 $J\text{-}V_{FG}$ 特征的形状，其在编程条件附近的斜率决定了场的变化。

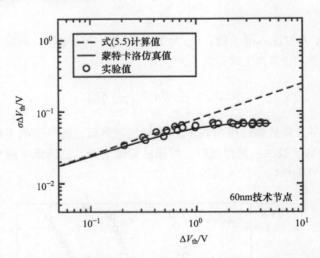

图 5.31　在 60nm 技术节点的 NAND 闪存单元中，实验和计算的 $\sigma\Delta V_{th}$ 随平均 ΔV_{th} 的变化规律

　　图 5.32a 显示了采用编程验证电压为 V_{pv} 的逐位编程验证操作时，注入展宽对 V_{th} 分布的影响[43]。基于 60nm 技术节点的 NAND 闪存单元计算了 200mV、300mV 和 400mV 的三个阶梯电压情况下的结果。如果忽略了注入展宽，原则上 ISPP 编程算法应该使所有的 V_{th} 处于 V_{pv} 和 $V_{pv}+V_{step}$ 之间[59]（见 2.2.3 节）。略低于 V_{pv} 的单元，需要接受一个额外的编程脉冲，以高于验证

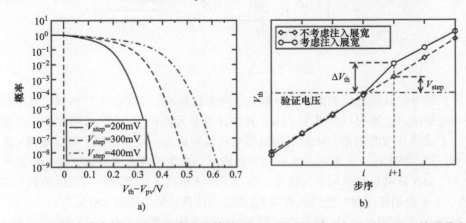

图 5.32　a）60nm 技术节点的 NAND 闪存中计算的 $V_{th}\text{-}V_{pv}$ 累积概率，假设对 NAND 使用具有不同 V_{step} 值的恒流编程；b）考虑和不考虑注入展宽时增加步数条件下的 V_{th} 演化。在存在验证电平的情况下，在步骤 i，单元 V_{th} 略低于 V_{pv} 时，会出现最坏情况，因此需要一个额外的编程步骤。当不考虑注入展宽时，单元 V_{th} 偏移至 $V_{pv}+V_{step}$，但当考虑注入展宽时，将偏移至更大值

电平。这个额外的编程脉冲通过 V_{step} 移动 V_{th}，将单元 V_{th} 编程到 $V_{pv}+V_{step}$，如图 5.32b 所示。但考虑注入展宽时，会导致 V_{th} 值大于 $V_{pv}+V_{step}$。这种情况的一个例子（见图 5.32b）是由于单步 ΔV_{th} 值可能大于 V_{step}，从而导致单元进一步偏离验证电平。

　　随着 NAND 单元的缩放，多晶硅层间介质电容 C_{pp} 减小（即存储的电子数量减少），然后 $\sigma\Delta V_{th}$ 增加。图 5.33a 中清楚地显示了这一趋势，其中显示了 90nm、70nm 和 60nm 不同技术节点下 NAND 单元的 $\sigma\Delta V_{th}$。由于隧穿氧化层的导电特性与工艺尺度保持一致，因此所有曲线都观察到相同的饱和行为。对于现有技术，ΔV_{th} 为 200mV、300mV 和 400mV 时对应的展宽如图 5.33b 所示，一并绘制了可能的微缩预测。$\sigma\Delta V_{th}$ 值随着技术节点的扩展而急剧增加。这一结果表明，在使微缩的 NAND 闪存中多电平单元的 V_{th} 分布宽度更为紧密的过程中，EIS 将是一个严重的问题。为了不使用非常小的 V_{step} 幅值情况下保持 V_{th} 分布宽度尽可能接近验证电平，应该仔细考虑 C_{pp} 的缩放。

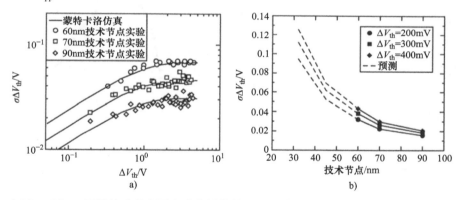

图 5.33　a）90 ~ 60nm 不同技术节点下实验和计算的 $\sigma\Delta V_{th}$ 随平均 ΔV_{th} 值的变化。b）电子注入过程中泊松区域不同 ΔV_{th} 值下的 $\sigma\Delta V_{th}$ 随 NAND 技术节点的变化。连续的曲线和符号表示可用的技术；虚线是假设 C_{pp} 随单元面积缩放而计算的投影。随着存储单元的微缩，浮栅中存储的电子数量减少（C_{pp} 减小），编程态 V_{th} 宽度随编程的变化而变大（即变差）

5.4.2　浮栅低掺杂效应

　　浮栅中较低的掺杂浓度增强了 EIS[38]。在 40nm 设计规则的单元中，低浮栅掺杂浓度的单元中观察到更大的 ΔV_{th} 分布，如图 5.34a 所示，其中 ΔV_{th} 表示从 j 到 $j+1$ 个升压编程脉冲的 V_{th} 偏移（$\Delta V_{th} \equiv V_{th}(j+1)-V_{th}(j)$）。浮栅低掺杂的 ΔV_{th} 分布比浮栅高掺杂的 ΔV_{th} 分布更广，并且浮栅低掺杂的情况下，在较高的 ΔV_{th} 处可观察到尾位。

　　浮栅低掺杂时 ΔV_{th} 分布较大的原因可以通过浮栅中形成反转层和 FN 隧穿下电子注入产生电子 - 空穴对的动力学来解释。具体可描述为，在每个编程步骤中都考虑了详细的浮栅电势的时间依赖性。在第 n 个编程脉冲过程开始时，由于隧穿氧化层中电场较大，浮栅中的隧穿氧化层界面被深度耗尽。这在浮栅的隧穿氧化层界面产生了较大的能带弯曲，如图 5.35a 所示。隧穿电子在浮栅处变得有能量，并产生电子 - 空穴对（e-h 对）。这些产生的空穴聚集在隧穿氧化层界面上。因此，随着编程时间（编程脉冲宽度）的延长，聚集的孔形成反转层，减小了浮栅中的耗尽宽度，从而导致能带弯曲电压 V_{bend} 的降低。通常来说，在编程时间较长的情况下，向浮栅注入的电荷会减小隧穿氧化层电场。然而，V_{bend} 的降低使隧穿氧化层电场降低速度变慢。这种 V_{bend} 的减少如图 5.35b 所示。因此，电场对隧穿氧化层的增强增加了第 n 个编程脉冲末期的 FN 隧穿电流。在施加下一个（$n+1$ 个）编程脉冲之前，在 NAND 闪存编程的实际操作中插入一个验证读序列。然后，编程脉冲期间产生的空穴扩散到整个浮栅区域，并在相对较长的验证读周期内几乎与电子重新结合。因此，浮栅中的深耗尽反复发生在下一个（$n+1$ 个）编程脉冲持续期间的开始。在浮栅中磷掺杂较低的情况下，由于每个编程脉冲开始时的 V_{bend} 较大，这种穿过隧穿氧化层电场的增强效应被夸大了。通过这一效应可以分析得出低掺杂浮栅的 ΔV_{th} 分布较宽。

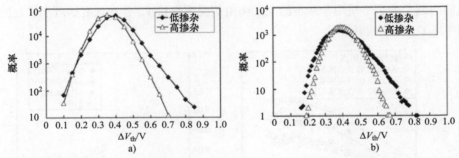

图 5.34 a）阶梯编程从 j 个到 $j+1$ 个脉冲的逐位 V_{th} 瞬态（ΔV_{th}）分布的测量结果。ΔV_{th} 分布采样点是通过将 $j = 12 \sim 17$ 的数据相加来累积的。V_{step} 为 400mV。浮栅低磷掺杂的 NAND 单元阵列 ΔV_{th} 分布比高掺杂的 ΔV_{th} 分布更宽。b）考虑 FN 隧穿统计量影响的浮栅低、高磷掺杂情况下的 ΔV_{th} 分布计算值

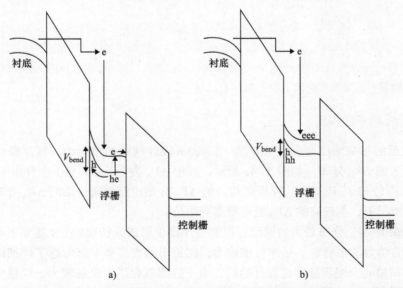

图 5.35 编程过程中 NAND 单元的一维能带示意图。a）编程初始阶段的能带图和 FN 隧穿电流产生电子 - 空穴对的过程。生成的空穴向隧穿氧化层界面移动，生成的电子向 ONO 界面移动。b）编程后的能带示意图。空穴反转层形成并使深耗尽区域发生了退化（与初始情况相比，能带弯曲的高度更小）

　　基于该模型，结合浮栅中存储的空穴对能带弯曲减少的影响和 FN 隧穿统计数据，对这一现象进行了模拟[13, 59]。采用蒙特卡洛方法进行仿真，将每个编程脉冲分为多个小段，并对每个分段进行仿真计算。浮栅高磷掺杂和低磷掺杂的仿真 ΔV_{th} 分布如图 5.34b 所示。很明显，由于隧穿氧化层的电场增强效应，浮栅低掺杂情况下的 ΔV_{th} 分布比高掺杂情况下的分布更广。

　　图 5.36 显示了 $\sigma\Delta V_{th}$ 对磷掺杂的依赖性，其中 V_{step} 固定在 400mV[38]。ΔV_{th} 分布在低磷掺杂的浮栅中显著扩大。这种 ΔV_{th} 分布的扩大主要是由于高 ΔV_{th} 一侧尾位的存在，如图 5.34b 所示。相反，随着浮栅掺杂的增加，高 ΔV_{th} 侧的尾位数量减少。这意味着，当浮栅掺杂量较高时，ΔV_{th} 分布的标准差曲线呈现出更清晰的线性。这一结果为 NAND 单元工艺的设计提供了新的指导。

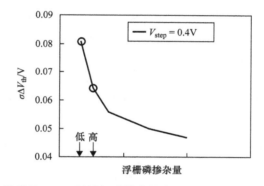

图 5.36　计算的 $\sigma\Delta V_{th}$ 随浮栅磷掺杂的变化。V_{step} 被固定为 400mV

　　一般情况下，由于 C_{pp} 的减小，随着 NAND 单元的缩小，$\sigma\Delta V_{th}$ 也随之增大。此外，在浮栅较低杂质掺杂处的隧穿氧化层电场增强效应，随着单元尺寸的微缩，加速了 $\sigma\Delta V_{th}$ 的增大，如图 5.37 所示，其中考虑了 FN 隧穿统计量的影响。$\sigma\Delta V_{th}$ 的增加为未来 NAND 技术的读窗口裕度设计引入了一个新的可靠性约束。杂质掺杂的上限将来自于隧穿氧化层的可靠性降低。相反，下限将来自这个 ΔV_{th} 分布的展宽。

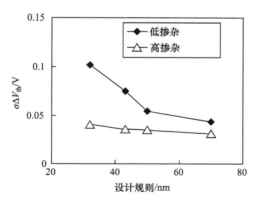

图 5.37　计算的 $\sigma\Delta V_{th}$ 随技术节点的变化。比较了浮栅高、低磷掺杂下的 $\sigma\Delta V_{th}$ 值，其中 V_{step} 固定在 400mV

5.5 随机电报信号噪声（RTN）

5.5.1 闪存单元中的 RTN

MOSFET 中的随机电报噪声（random telegraph noise，RTN）是由栅氧化层界面附近电荷陷阱位点的电子捕获和发射事件引起的漏极电流或阈值电压波动，如图 5.38 所示[69]。闪存单元中每个陷阱位点的阈值电压波动幅度（$\Delta V_{t_{\text{trap}}}$）[60-62] 约为

$$\Delta V_{t_{\text{trap}}} = \frac{q}{L_{\text{eff}} W_{\text{eff}} \gamma C_{\text{ox}}} \tag{5.6}$$

式中，q 为元电荷，L_{eff} 和 W_{eff} 分别为沟道的有效长度和宽度，γ 为控制栅与浮栅的耦合比，C_{ox} 为栅极电容。在浮栅型闪存单元中，RTN 的振幅通常比 CMOS 逻辑器件中的要大，这是由于相对较厚的隧穿氧化层（约 10nm 厚）造成非常小的 C_{ox}。而且在 NAND 闪存中，存储单元的尺寸已经被大大缩小了；因此，沟道尺寸 L 和 W，特别是 W，比常规的 CMOS 逻辑器件要小得多。此外，由于电流路径渗流机制，RTN 的振幅可能比式（5.6）所期望的要大[63]。因此，RTN 是在规模化 NAND 闪存中读操作失败的一个潜在来源。

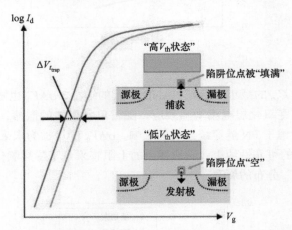

图 5.38　MOSFET 中 RTN 引起的阈值电压波动是由氧化层陷阱位点的电子捕获和发射事件引起的

参考文献 [16] 首次报道了在闪存中观察到由 RTN 引起的阈值电压波动。图 5.39 显示了在 90nm 技术节点单元中测量 RTN 的一个例子。漏极电流在逻辑 CMOS 晶体管中显示与 RTN 相同的开关行为。

参考文献 [16] 通过蒙特卡洛仿真研究了 RTN 对多电平闪存的影响。在多电平闪存中，需要精确控制 V_{th}，并形成紧凑的 V_{th} 分布。对于这样的需求，一种逐位编程 / 验证技术被采用[43]（见 4.2.3 节）。在这种技术中，编程偏压只施加给在验证操作中被判断为"失效"的内存单元。此外，为了以一个编程脉冲常数来保持 V_{th} 偏移，使用了 ISPP 方案（见 4.2.2 节）。图 5.40a 显示了采用逐位编程 / 验证技术和 ISPP 编程方案获得的 V_{th} 分布的仿真结果。在采用 RTN 模型的

分布仿真中，与不采用 RTN 模型的理想分布相比，尾位出现在 V_{th} 分布的上端和下端。图 5.40b 显示了测量的 V_{th} 分布。通过对比图 5.40a 和 b，首次证实了闪存中存在 RTN 产生的 V_{th} 分布尾位。

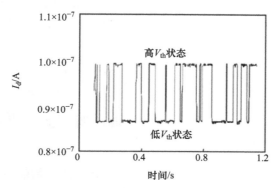

图 5.39　90nm 技术节点的闪存中，漏极电流随时间序列变化的示例

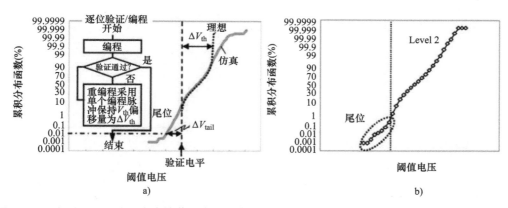

图 5.40　a）采用逐位验证方案的蒙特卡洛仿真结果。b）测量的 Level 2 级 V_{th} 分布，分布被扩大

参考文献 [65,66] 通过对闪存阵列中 RTN 的统计分析，研究了 SiO_2 中陷阱的性质。建立了描述陷阱占有率的初等马尔可夫过程统计叠加的新物理模型。将模拟结果与实测数据进行比较，可以估算出与单元阈值电压不稳定有关的氧化层缺陷的能量和空间分布。

随机电报信号的处理过程 [67] 如图 5.41a 所示 [65]。氧化层陷阱与衬底 /SiO_2 界面的距离为 x_t，对 SiO_2 导带的能级为 E_t。氧化层陷阱以平均时间常数 τ_c 捕获并以平均时间常数 τ_e 从衬底发射单个电子，从而产生图 5.41b 所示的漏极电流的典型行为，并影响 V_{th} [67]。导致 RTN 的陷阱的性质可以通过实验从 τ_c 和 τ_e 的 V_G 依赖性中提取出来。采用闪存阵列来采集数据，可以有效地评估大量器件。然后直接从 V_{th} 分布中提取 RTN 统计分布，而不需要对任何单一陷阱的 τ_c 和 τ_e 进行彻底表征。

参考文献 [66] 采用 65nm 节点技术的 512Kbit NOR 闪存阵列，通过顺序读取阵列中所有单

元的 V_{th} 达 1000 次来进行评估。图 5.42a 显示了在阵列上第 1 次和第 100 次读时测量的 V_{th} 累积分布。在主分布和尾部分布，第 1 次读和第 100 次读之间的 V_{th} 分布没有显著变化。然而，当对每个单元计算两次读操作之间的 ΔV_{th} 时，V_{th} 不稳定性变得清晰，如图 5.42b 所示，其中累积分布为在第 1 次和第 n 次读的 V_{th} 之间的 ΔV_{th} 分布。累积分布与以 ΔV_{th} 为中心的理想阶跃函数有明显的不同，这是稳定的 V_{th} 所能得到的。累积分布的上下两部分也呈近似指数的尾部。此外，这些尾部偏移在分布中随时间向上移动。

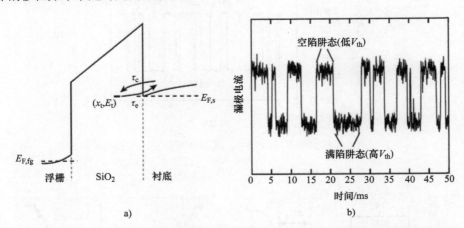

图 5.41 a）栅极正偏压（闪存单元的读操作）和陷阱捕获 / 发射过程下 MOS 结构的导带分布。b）闪存单元中漏极电流在控制栅固定偏置下随时间的变化。可以清楚地看到两个状态 RTN 波动，与空陷阱和满陷阱状态有关

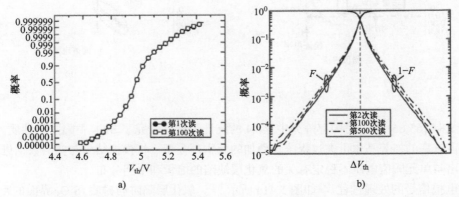

图 5.42 a）阵列第 1 次和第 100 次读时测量的 V_{th} 累积分布。b）$\Delta V_{th} = V_{th}(n) - V_{th}(1)$ 的累积概率 F（和 $1-F$）的实验结果，读次数分别为 $n = 2$、100 和 500

图 5.43 显示了由模型计算出的 ΔV_{th} 累积分布，随 RTN 关联的陷阱密度 N_t 和衰减常数 λ 的变化[66]。值得注意的是，该模型很好地再现了图 5.42b 所示的实验 ΔV_{th} 分布的指数行为，尾部的振幅由 N_t 决定，尾部的斜率与 λ 相关。陷阱密度 N_t 的增加只会引起分布尾位的增加，而衰减常数 λ 的增加会导致指数尾部的"倾斜"[68]。

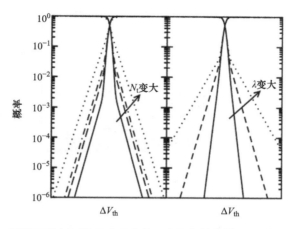

图 5.43　根据模型中不同 N_t（左）和 λ（右）计算的 ΔV_{th} 累积概率分布

该模型可用于分析涉及 RTN 相关 V_{th} 不稳定性的氧化层中陷阱的位置和能量，如图 5.44 所示。两个读操作之间运行时间的增加导致更多的陷阱被激活，有更长的捕获和发射时间常数。这种效应增加了单元 V_{th} 的随机性，从而增加了 ΔV_{th} 分布的宽度。在图 5.44 中，RTN 激活陷阱显示在第 2 次和第 1000 次读中，显示出陷阱所涉及的氧化层区域向隧穿氧化层更深处扩大。

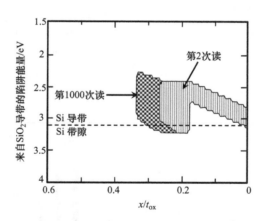

图 5.44　隧穿氧化层区域，就是 RTN V_{th} 不稳定性中活跃的陷阱区域，位于第 2 次和第 1000 次读。随着读次数的增加，隧穿氧化层内的区域会扩大，这与 RTN 过程中新陷阱的激活相对应。t_{ox} 是隧穿氧化层的厚度

5.5.2　RTN 的微缩趋势

有几篇报道描述了闪存单元中 RTN 的缩放趋势[16, 39, 69, 70]。在这些报道中，RTN 对栅极长度和沟道宽度的依赖关系不遵循相同的趋势。

随着器件尺寸的缩小，闪存中的 RTN 变大。图 5.45 显示了在每个工艺节点中估算的 V_{th} 偏移[16]。据估计，如果将多电平闪存的合理预算限制在 1V 左右，则 45nm 工艺节点的总 V_{th} 偏移超过了 1V 的限制。

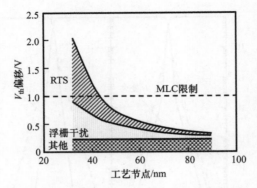

图 5.45 估算的 V_{th} 偏移随工艺节点的变化

Fukuda 等人提出了 20 ~ 90nm 设计规则下浮栅 NAND 闪存单元中 V_{th} 波动的统计模型（ΔV_{thcell}）。该模型考虑了因掺杂物诱导的表面电位不均匀性引起的电流路径渗透，这产生了一个具有大振幅噪声的尾部。

单元尺寸的微缩减少了存储单元中陷阱位点的平均数量，并增加了每个陷阱位点的噪声贡献，如图 5.46 所示。有趣的是，相比较大的单元，较小单元的 ΔV_{thcell} 具有更大的 3σ 值，但平均 ΔV_{thcell} 更小。这导致 ΔV_{thcell} 分布随着单元尺寸的微缩而扩大，如图 5.47a 所示。再如图 5.47b 所示，从 90nm 到 20nm 技术节点，从图 5.47a 中所提取的 ΔV_{thcell} 分布 3σ 值增加了 1.8 倍。这比以（LW）$^{-1}$ 和（LW）$^{-1/2}$ 关系模型表示下的增长要小得多，其中（LW）$^{-1}$ 模型下增加超过 10 倍，（LW）$^{-1/2}$ 模型下增加超过 3 倍。换句话说，微缩的预测前景不如（LW）$^{-1}$ 和（LW）$^{-1/2}$ 下的预测前景那么悲观。这将表明 $\Delta V_{thcell} \propto （LW）^{-0.24}$，这是一个比普遍接受的（$L_{eff}W_{eff}$）$^{-1}$ 趋势慢得多的缩放趋势，如式（5.6）所示。

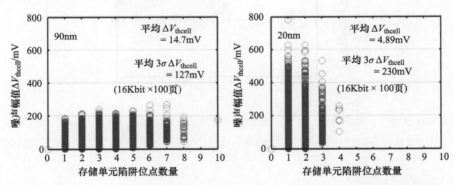

图 5.46 90nm 和 20nm 技术节点下 16Mbit 存储单元（1Kbit × 100 页）的蒙特卡洛仿真结果。假设 N_D = 7×10^{17}/cm^3，$N_{trap} = 2 \times 10^{10}$/cm^2

Ghetti 等人也展示了 NAND 和 NOR 浮栅单元的微缩趋势 [39, 70]。采用改变 L、W、t_{ox} 和 N_a 的蒙特卡洛方法研究了 RTN 不稳定性的微缩趋势，并假设离散的掺杂原子按均匀分布随机放置。计算得到的 RTN 尾部的斜率除以控制栅与浮栅电容耦合比 α_G，即可确定闪存单元的真实 λ 值。

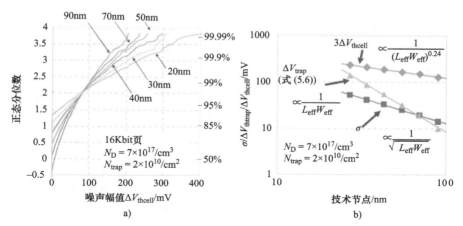

图 5.47　RTN。ΔV_{th} 与（$L_{eff} W_{eff}$）$^{-0.24}$ 呈线性关系。a）6 个技术节点下典型的噪声分布。每个轨迹代表一个 16Kbit 页面的噪声分布。所有技术节点中均假设有 $N_D = 7 \times 10^{17}/cm^3$，$N_{trap} = 2 \times 10^{10}/cm^2$；b）式（5.6）中 $\Delta V_{t_{trap}}$、σ，以及 ΔV_{thcell} 的 3σ 的微缩趋势。所有技术节点中均假设有 $N_D = 7 \times 10^{17}/cm^3$，$N_{trap} = 2 \times 10^{10}/cm^2$

图 5.48a 显示了斜率 λ 的微缩趋势（见图 5.43；单位为 mV/dec），其中假设 $W = L$。幂律关系（$W = L$）$^{-1.5}$ 可以很好地描述 λ 对单元尺寸的依赖关系。这种依赖性低于预期的（$W = L$）$^{-2}$（即（WL）$^{-1}$），但比参考文献 [69] 中提出的（WL）$^{-0.5}$ 依赖性更强。同时也研究了 λ 对 W 和 L 的单独依赖关系，如图 5.48b 和 c 所示。结果表明，（$W = L$）$^{-1.5}$ 幂律可以分解为 $W^{-1}L^{-0.5}$ 的形式。这意味着 W 对 λ 的影响更大，因为陷阱在较窄的沟道中有效地淬灭渗流传导路径的可能性更高。

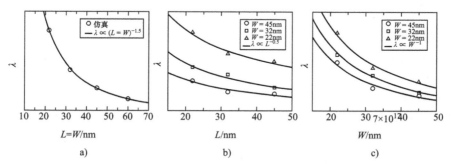

图 5.48　a）假设 $W = L$ 时的 λ 微缩趋势；b）不同 W 参数值下 λ 随 L 的变化关系；c）不同 L 参数值下 λ 随 W 的变化关系

从图 5.49a 可以看出，衬底平均掺杂量越大，有可能导致沟道反转层中掺杂量的不均匀性越大，从而导致了 λ 的增加。这增强了渗流效应和单元沟道边缘的电流拥挤，这是造成 RTN 指数偏斜的原因，导致了 λ 对 N_a 的平方根依赖。

图 5.49b 显示了隧穿氧化层厚度的缩放使 λ 降低，并呈现轻微的线性关系 $t_{ox}^{0.9}$。这是由于栅

极电极被放置在离沟道更远的地方，在有源区域上的电流传导不太均匀，增加了单元沟道边缘的电流拥挤，并且相对于 $\lambda \propto t_{ox}$ 定律的依赖性略弱。为了证实这一结果，图 5.49b 也给出了忽略 STI 边缘的仿真结果，即采用 2D 结构向 W 方向挤压；在这种情况下，观察到一个完美的 λ 对 t_{ox} 的线性依赖。因此，指数 0.9 与 STI 角的几何形状严格相关，可以采用更通用的依赖性关系 t_{ox}^{α}，α 略小于 1。

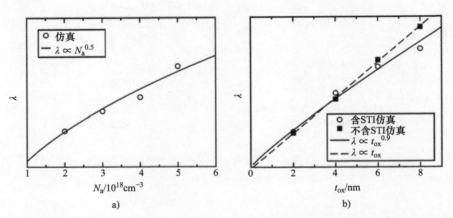

图 5.49　a）固定单元几何形状下 λ 随 N_a 的变化关系；b）3D 仿真获得的 λ 随 t_{ox} 的变化关系，包括含 STI 隔离（空心圆形符号）和不含 STI 隔离（实心方形符号）

在参考文献 [70,39] 的总结中，RTN 缩放可以用以下 λ 的紧凑表达式来描述，该表达式包含了它对所有主要单元参数的依赖：

$$\lambda = \frac{K}{\alpha_G} \frac{t_{ox}^{\alpha} \sqrt{N_a}}{W \sqrt{L}} \tag{5.7}$$

该公式为研究 RTN 不稳定性的缩放趋势和推导针对 RTN 未来技术的优化设计的微缩准则提供了强有力的结果。

图 5.50 显示了不同特征尺寸下 NAND 和 NOR 技术的实验数据比较 [39]。可以看出，实验结果与 λ 的 TCAD 模拟值之间具有很好的一致性。此外，实线则表示了式（5.7）对常数值 K 的依赖性，K 通过拟合图 5.48 和图 5.49 中所有的仿真情况确定；并使用了 NAND 和 NOR 器件单元参数的真实值。在 NAND 和 NOR 技术上均获得了式（5.7）与 λ 实验趋势的良好一致性，验证了其在未来技术节点上进行 RTN 外推的有效性。

为了研究未来微缩 NAND 闪存单元中的 RTN 现象，有许多关于 RTN 的报道，例如随机离散掺杂 [71]，非平衡陷阱态 [68]，对特殊和高能位置陷阱的分析研究 [60]，循环对 RTN 的影响 [72]，RTN 对 ISPP 分布的影响 [73]，电子快速脱阱和随机离散掺杂 [74]，隧穿氧化层氮化效应 [75]，以及 25nm 技术代单元中源极/漏极注入条件效应引起的逆缩放现象 [76]。这些报道是相对较大的器件尺寸（>25nm 技术节点单元）的结果；未来将提供 20nm 技术节点以下单元的实际数据，以阐明超尺度微缩器件中的 RTN 机制。

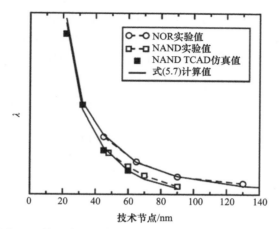

图 5.50　不同技术节点下 λ 的实验和仿真结果。式（5.7）的计算结果一并显示用于微缩预测

5.6　单元结构挑战

基于 5.2.1 节中表 5.1 的假设，SA-STI 单元的结构挑战也被研究了。SA-STI 单元的关键结构是"控制栅层间裕度"，即浮栅之间的控制栅的制备裕度[17]。图 5.51 显示了超过 2X-nm 技术

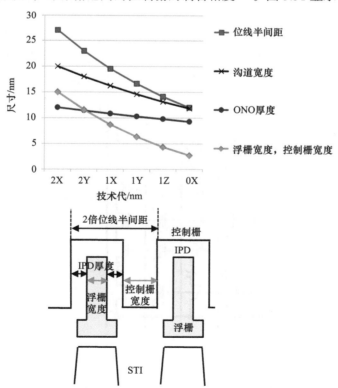

图 5.51　浮栅之间控制栅制备的裕度估计。在 1Z-nm 技术代中，必须控制非常窄的控制栅和浮栅宽度，大约为 5nm

代的浮栅紧凑结构中控制栅制备裕度的估计。在这个估计中，假设浮栅宽度和控制栅宽度相等。由此估计，随着 SA-STI 单元的缩小，1X-nm 技术代单元的浮栅宽度和控制栅宽度减小至小于 10nm 的宽度。在 1Y-nm 和 1Z-nm 技术代中，浮栅和控制栅的宽度必须控制在 5nm 左右，甚至 ONO 的厚度也要按每一技术代 0.95 倍的比例缩小。在编程和擦除过程中，浮栅和控制栅的耗尽效应也必须被抑制[38]。金属或硅化物材料将适用于未来 NAND 单元中的浮栅和控制栅[77]。

为了解决单元结构问题，提出了所谓的"平面浮栅单元"[28]。平面浮栅单元具有非常薄的浮栅厚度（约 10nm），具有高 k 的多晶硅层间介质，如 3.5 节所述。

5.7 高场限制

NAND 闪存的编程和擦除电压很高（约 22V），无法大幅降低，因为在编程和擦除过程中，隧穿氧化层中要形成高电场（约 10MV/cm）来满足 Fowler-Nordheim 隧道机制需要。

据报道，由于编程字线与相邻字线之间的高电场，产生了新的编程干扰现象[18]。这种新的编程干扰是在编程过程中相邻字线单元的 V_{th} 值会减小。随着存储单元的缩小，这种编程干扰变得更加严重，因为这种现象随着栅间距的减小而严重加剧。

图 5.52 显示了这种新的编程干扰现象的测量条件。当 WLn 被编程为高 V_{th} 状态时，在所选中和未被选中的单元串中，高编程电压（V_{pgm}）被施加到 WLn 控制栅上，通过电压（V_{pass}）被施加到编程抑制单元的其他控制栅上。通常情况下，NAND 闪存的编程从更接近公共源线（CSL）的较低位序字线开始，到更接近位线的较高位序字线。在相对较低的通过电压下，这种新的编程干扰现象在 30nm 技术节点以下的存储单元中被观察到。

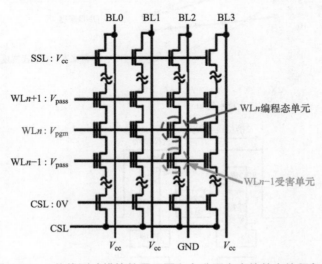

图 5.52 4 位线测试模块的原理图和自升压方案的基本编程条件

图 5.53 显示了处于 WLn 编程应力加速条件（V_{pgm} = 26V 和 V_{pass} = 4.5V）的受害单元（victim cell）的 V_{th}。在测量的 40 个单元中，可以清楚地观察到 V_{th} 的减少是随着应力时间的增加而变化很大。在多电平单元的操作中，当所有字线都被编程到高位状态时，这些新的编程干扰现象在单元阵列中以 V_{th} 分布的下尾位（under tail）出现，如图 5.54 所示。单元阵列的栅极设计规则为亚 30nm。当 WLn 被编程时，图 5.54 中的下尾位在 WLn-1 处生成。单元串中最后一个字线没有上位字线，故 V_{th} 分布没有下尾位。随着通过电压 V_{pass} 的增加，V_{th} 分布的尾位逐渐减少，如图 5.54 所示。

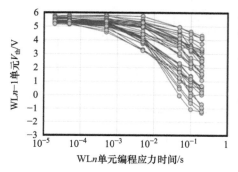

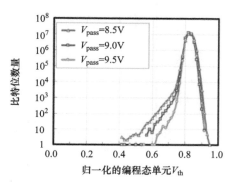

图 5.53　40 个单元条件下 WLn-1 中受害单元 V_{th} 随编程应力时间增加而减少。编程应力电压为 26V，通过电压为 4.5V

图 5.54　单元阵列编程后编程态单元 V_{th} 的分布，其中 V_{pass} 分别为 8.5V、9.0V 和 9.5V

　　图 5.55 显示了 30nm 技术节点存储单元字线的电场分布仿真结果。仿真在 3D 结构中进行，实际尺寸反映了硅沟道、多晶硅浮栅和控制栅上的掺杂。通过控制浮栅的电荷量，根据 I_d-V_g 曲线调整浮栅的目标 V_{th}。在 $V_{pgm} = 24$V 和 $V_{pass} = 8.5$V 条件下，浮栅顶部边缘和控制栅底部边缘之间的最大电场为 9.7MV/cm。结果表明，边缘电场足够大，可以在控制栅和相邻的浮栅之间产生 FN 隧穿电流。

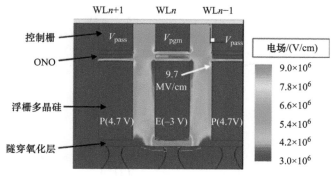

图 5.55　编程条件下在 $t = 0$ 时刻的电场分布仿真结果，其中 V_{pgm} 为 24V，V_{pass} 为 8.5V

　　对亚 30nm 到亚 50nm 不同栅极设计规则下的单元 V_{th} 减小进行了评估。图 5.56a 显示了这种现象的栅间距依赖性。相邻字线栅极之间的空间对这一现象非常重要。虽然根据栅极设计规则，在不同的编程电压下测量了 V_{th} 的电压降，但所有的测量结果都可以简单地用控制栅之间的电场进行推广。电场的归一化结果如图 5.56b 所示，其中 y 轴为编程应力持续 0.2s 后受害单元 V_{th} 的减小。如图 5.55 所示，字线边缘的电场易受其形状和轮廓的影响。如果浮栅单元的耦合比相似，则控制栅之间的电场是表示这一现象的一个简单而适当的参数。在图 5.56b 中，无论栅极设计规则如何，WLn-1 的 V_{th} 减少都在 6.0MV/cm 以上。这意味着 WLn-1 的 V_{th} 减少是与浮栅和相邻控制栅之间电场有关的普遍现象。

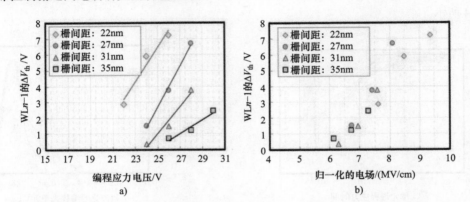

图 5.56　a）在 0.2s 的编程应力后，不同栅间距样品中 WLn-1 的 V_{th} 电压降。通过电压为 4.5V。b）不同栅间距样品中 WLn-1 的 V_{th} 电压降。x 轴为 WLn 和 WLn-1 控制栅之间的电场

　　在 NAND 闪存单元中，编程过程中最严重的高场问题发生在所选字线和相邻字线之间。在 2X-nm 技术节点单元中，所选字线处于 22V 编程电压下，相邻字线处于 7 ~ 10V 通过电压下，如图 5.57 所示。此时存在三个问题：①电荷（电子）的损失，相邻单元浮栅中的电荷被放电至所选中的字线中[18]，如图 5.52 ~ 图 5.56 所示；②字线泄漏或击穿，字线之间的高场（$V_{pgm} - V_{pass\_(n+1)/(n-1)} > 10V$）可能导致泄漏或击穿；③编程干扰，电荷（电子）衬底注入到浮栅中。为了缓解这些问题，优化 $V_{pass\_(n+1)/(n-1)}$ 对下一代技术很重要。

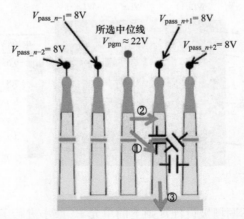

图 5.57　字线的高场问题。①相邻浮栅到所选中字线（控制栅）的电荷损失；②所选中字线和相邻字线之间的泄漏或击穿；③相邻单元的编程干扰。电荷（电子）已从衬底注入到浮栅

图 5.58 显示了估算的电场随编程电压 V_{pgm} 的变化规律。字线之间最大电场的判断标准，由浮栅和所选中字线之间的电荷损失决定[18]，通过使用字线空气隙，可以从 6MV/cm[18] 增加到 9.5MV/cm[10]。即使使用字线空气隙，可用范围（$V_{pgm} - V_{pass}$）从 2X-nm 技术节点单元的 15V 减少到 1Z-nm 技术节点单元的 10V（$V_{pgm} = 23V/V_{pass} = 8V$ 到 $V_{pgm} = 18V/V_{pass} = 8V$）。但是，如果 1Z-nm 技术代被使用（字线半间距 10.6nm，见表 5.1），则可以在相邻 $V_{pass\_(n+1)/(n-1)} = 8V$ 时使用 $V_{pgm} = 18V$ 进行编程。这意味着随着 $V_{pass\_(n+2)/(n-2)}$ 的减小，有足够高的编程电压 V_{pgm}（22V）和足够高的通过电压 $V_{pass\_(n+1)/(n-1)} = 12V$ 可用于编程，以防止编程干扰，从而管理高场问题。

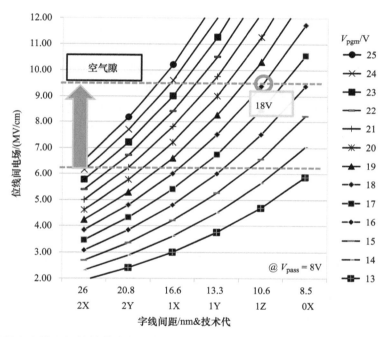

图 5.58　编程过程中字线之间的估算电场。在 1Z-nm 技术代（字线半间距 10.6nm）下，在字线间距中使用空气隙，可以施加电压高达 18V

5.8　少电子现象

当缩小存储单元尺寸，由于多晶硅层间介电层 ONO 电容的降低，存储在浮栅上的电子数量显著减少。图 5.27 表示了 NAND 和 NOR 闪存单元中每比特位（ΔV_{th} 为 3V）电子数量随单元技术节点的变化规律[19, 57]。预计在 1X-nm 的设计规则单元中存储约 100 个电子。随着进一步缩小存储单元尺寸，存储电子的数量将远远小于 100 个。这将足够小，可以观察到少电子现象。然后研究了这些单电子现象对浮栅存储单元性能的影响[19, 57]。微缩后的浮栅存储单元的充放电不再被认为是一个连续现象，而是一个离散随机事件的总和。这导致了保持时间和内存编程窗口的内在分散。

参考文献 [78] 在纳米级存储节点的情况下研究了少电子存储器中充电过程的随机特性。研究还表明，由于电子充电的泊松性质，编程后浮栅中的带电电子数存在不确定性。此外，还发现库仑阻塞改变了充电的动力学过程。

对于参考文献 [19，57] 中的仿真，假设在微缩的存储器件中，浮栅中一个电子的充电（放电）可以用在时间和寿命 τ_d 上呈指数定律的泊松过程来描述，这取决于浮栅中存储的电荷和隧穿氧化层透明度。其中电子捕获时间常数 τ_c，取决于氧化层厚度和编程电压。然而，没有考虑到库仑阻塞。实际上，在连续浮栅存储单元的情况下，由于存储节点的尺寸较大，充电能量可以忽略不计。

图 5.59a 为计算得到的每比特位不同电子数（N）的保持时间分布。通过减少每比特位的电子数，保持时间 T_R 的概率密度从一个类高斯分布（当 $N \sim 250$ 时）强烈演化为一个纯指数 / 类泊松分布（当 $N \sim 5$ 时）。还可以看到，平均值周围的色散随着 N 的减小而增大。

图 5.59b 显示了每比特位不同电子 N 值下保持时间 T_R 的累积概率。对于较大的 N 值，累积概率演化是非常紧密的分布。另一方面，我们可以看到，随着 N 的减少，分布尾部的保持时间要短得多，这意味着放电的存储单元的数量将变得至关重要。例如，以 1Mbit 存储阵列为例，其存储单元的平均保持时间为 10 年，每比特位包含 5 个电子，我们可以观察到一个单元仅在几百秒后就会放电。

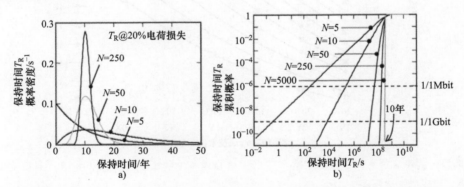

图 5.59　a）每比特位电子数 N 减少时，存储器保持时间 T_R 的概率密度。平均 T_R 值固定在 10 年。b）每比特位电子数 N 减少时，存储器保持时间 T_R（来自图 a）的累积概率

这些色散结果被外推到浮栅中存储电子数量更少的未来存储技术代中[19, 57]。

图 5.60a 显示了这个失效时间随每比特位电子数的变化。失效准则定义为在 1Gbit 阵列上的 1 个比特位的保持时间，保持准则对应于电荷损失的 20%。可以看到，当每比特位的电子数量减少时，失效时间的减少可以变得相关，并且在少电子存储器中变得非常重要。如果我们考虑 90nm 的 NAND 闪存技术节点，每比特位一个 3V 的阈值电压偏移相当于大约 1000 个电子。因此，在这种情况下，超过 1Gbit 的不稳定位的保持时间等于 6.5 年。然而，如果考虑 35nm 的 NAND 闪存技术节点，每比特位相当于约 200 个电子，一个不稳定位的保持时间大大减少到 3.3 年，这可能是非常关键的。

此外，在多电平单元中，保持时间的操作裕度将进一步减少，每比特位的电子数根据

$2^{bit/cell}-1$ 减少。图 5.60b 显示了作为 1 比特位 / 单元和 2 比特位 / 单元存储技术下 1 比特位 /
1Gbit 的保持时间随 NAND 闪存技术节点的变化规律。该图表明，在未来的技术节点中，多电
平存储器将大大减少高密度内存阵列的失效时间。因此，对于 35nm 的内存技术节点，引入 2
比特位 / 单元可以将失效时间从 3.3 年减少到 1 年。

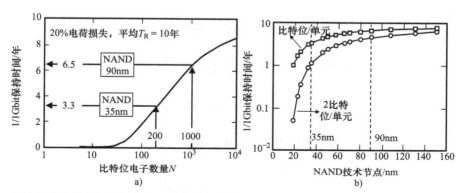

图 5.60　a）计算获得的由于浮栅单电子放电引起的失效时间（即 1Gbit 以上阵列中 1 比特位的失效时间）
随每比特位电子数的变化。每个单元阵列的平均保持时间为 10 年；b）1 比特位 / 单元和 2 比特位 / 单元
NAND 中，计算获得的由于浮栅单电子放电引起的失效时间（即 1Gbit 以上阵列中 1 比特位的失效时间）
随 NAND 技术节点的变化

　　如果存储的电子数量超过 50 个，那么在使用系统解决方案（如 ECC 等）的实际 NAND 闪
存中，这些尾位将不会是一个严重的问题。然而，在未来的器件中（例如，沟道直径非常小且
具有短沟道的 3D SONOS 单元）存储的电子数量将会大大减少。为了保持适当的可靠性，必须
将少电子现象考虑为微缩障碍之一。

5.9　光刻工艺限制

　　由于 SA-STI 单元出色的可扩展性 [4]，以及均一编程 / 擦除操作方案下极好的栅长可扩展性，
NAND 闪存单元可以轻松地按最小器件尺寸进行缩放，而不受任何电气、操作和可靠性限制。
因此，随着特征尺寸从 0.7μm 技术节点降低到目前的 1Y-nm 技术节点，存储单元尺寸可以直接
减小，如第 3 章中所述。

　　通过采用 SA-STI 单元技术，NAND 闪存的单元尺寸达到理想的 $4F^2$。特征尺寸（F）通
常由光刻设备的能力决定。目前，最先进的光刻设备是 ArF 浸没式（ArFi）步进扫描光刻
机，最小工艺特征尺寸能力为 38 ~ 40nm。于是特征尺寸的缩放量被限制在 38 ~ 40nm 之间。
为了加速 NAND 闪存单元尺寸的进一步缩小，从 3X-nm 技术代已经开始使用双重曝光工艺
（double patterning）[84, 85]。在常规的双重曝光工艺中，使用侧壁间隔层（spacer）作为图案化
的掩模，如图 5.61 中的 SPT 工艺过程所示 [10]。得益于双重曝光，特征尺寸可以从 38 ~ 40nm
缩小到 19 ~ 20nm。此外，低于 20nm 的特征尺寸使用了四重曝光，如图 5.61 中的 QSPT 工艺
所示 [10]。如果不考虑本章所描述的严重物理限制，使用 ArFi 光刻机可以将特征尺寸从 19 ~

20nm 缩小到 9.5 ~ 10nm。而对于微缩超过 9.5 ~ 10nm，制作精细的图案绝对是需要新的设计或技术来实现。其中一个候选是极紫外（extreme ultraviolet，EUV）光刻设备。然而，EUV 光刻机至少在 2014 年还不可使用。

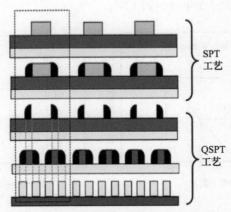

图 5.61　SPT（对应双重曝光）和 QSPT（对应四重曝光）关键制备步骤示意图。两次间隔层曝光（即 QSPT）用于中等 1X-nm 技术节点的曝光工艺。SPT：间隔层曝光技术，QSPT：四重间隔层曝光技术

　　线边缘粗糙度（line edge roughness，LER）是精细曝光的严重问题之一[86]。随器件微缩，LER 倾向于保持相对不变。在微缩较为激进的情况下，LER 已经在沟道宽度或长度中占据更大的分量。图 5.62 显示了 V_{th} 标准差的变化随 LER 参数方均根（RMS）的变化规律[86]。随着 RMS 波动的增加，V_{th} 的变化也在增加。这将导致 20nm 技术节点以下 NAND 闪存单元中 V_{th} 的巨大变化。

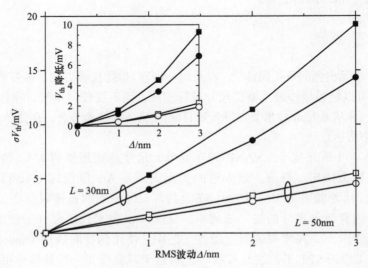

图 5.62　在漏极电压 V_D = 1.0V（正方形符号）和 V_D = 0.1V（圆形符号）下，30nm × 50nm 和 50nm × 50nm 的 MOSFET 中阈值电压标准差 σV_{th} 随 RMS 波动值 Δ 的变化规律

5.10　变化性效应

存储单元尺寸缩小的阻碍之一是变化性（variation）效应的作用越来越大[87]，变化性效应强烈影响 NAND 闪存单元的阈值电压（V_{th}）分布[88, 89]，进而影响其性能和可靠性。

为了研究变化性，提出了 NAND 闪存阵列的紧凑模型[90]。该模型包括 3 个具有 32 个单元的 NAND 串，并具有选择晶体管，同时一并考虑了浮栅电容耦合干扰效应。仅对中心位置的 NAND 串进行模拟，两个相邻 NAND 串设置了单元间静电耦合的边界条件。浮栅器件通过串联电容到 MOS 晶体管来进行描述，对于任意技术节点，其参数提取方法详见参考文献 [90]。

在蒙特卡洛框架下，利用紧凑的 SPICE 模型，从计算获得的读状态下的串电流中得到 V_{th} 分布。在仿真中，随机改变器件参数来考虑不同的变化效应。特别地，我们考虑了工艺引起的单元几何波动和更基础的（本征的）波动，例如由于电荷的离散性质引起的波动。前者包括 W、L、隧穿层和 IPD 厚度的波动（分别用 WF、LF、TOXF、IPDF 表示），以及对浮栅耦合系数控制的波动。后者则解释为随机掺杂波动（RDF）和氧化层陷阱波动（OTF）。根据高斯分布，其展宽由工艺数据提取，通过改变器件参数（W、L 等），将工艺引起的波动直接安插到紧凑模型中。基础（本征）波动贡献的实现过程如下：RDF 对 V_{th} 的影响采用参考文献 [87] 的解析式，而 OTF 引起的 V_{th} 变化实现为 $\sigma_{OTF} = K_{ox}Q_{ox}^{\alpha}/\sqrt{WL}$，其中 $\alpha \approx 0.5$，K_{ox} 和 Q_{ox} 由循环分布数据拟合获得。

图 5.63 显示了包含中性单元 V_{th} 展宽的仿真结果，以及与在 41nm 技术节点 NAND 闪存阵列页面上实验测量的 V_{th} 分布[88, 89]。实验结果与仿真结果吻合较好，证明了变化性模型的正确性。对分布展宽的轻微低估可能是由于编程 V_{th} 分布的软擦除操作造成的。

图 5.64 显示了仿真和实验的 V_{th} 分布标准差 σV_{th} 随 NAND 闪存技术节点从 100nm 到 25nm 的变化规律。结果表明，由于影响阵列功能的波动因素的退化，V_{th} 变化性随着存储单元的微缩而增加。图 5.65 显示了主要变化性因素的相对权重随技术节点的变化，由 RDF、OTF 与 WF 和 LF 的波动表示。结果表明，变化性是由多个因素主导的，而不是由单一决定因素主导的。

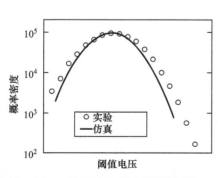

图 5.63　41nm 的 NAND 闪存阵列页面的 V_{th} 分布及相应的仿真结果

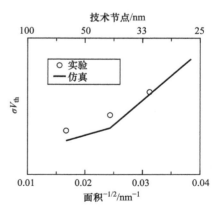

图 5.64　阈值电压标准差 σV_{th} 仿真结果与实验数据的比较，以及随技术节点的变化

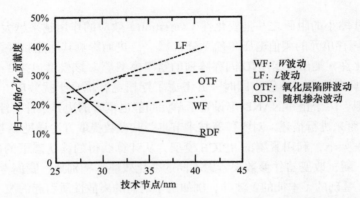

图 5.65　波动来源对中性单元 $\sigma^2 V_{th}$ 的贡献量（归一化）随不同技术节点的变化

该模型用于研究中性单元 V_{th} 的行为，被扩展到编程和擦除操作的仿真。在编程 / 擦除操作过程中，σV_{th} 中起基础性作用的最重要的参数之一是控制栅与浮栅的耦合系数（α_G）。该参数与浮栅定义所采用的结构有关，其波动取决于几何参数的分布，如图 5.66a 所示。这些参数对 α_G 分布展宽的归一化贡献如图 5.66b 所示。在这个仿真结果中，t_{FG} 和 t_R 的波动在所有技术节点中均起着主要作用。

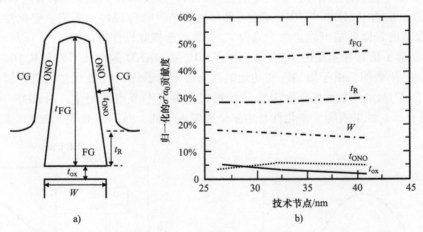

图 5.66　a）存储单元沿 W 方向的截面示意图，显示了浮栅的几何形状。b）不同技术节点下几何参数对耦合系数 α_G 的分布展宽的个体贡献。

在低于 25nm 技术节点的存储单元中，RDF 是导致中性单元 V_{th} 变化的主要因素，如图 5.65 所示。随着存储单元的缩小，每个单元的掺杂原子数量减少，导致阈值电压的标准偏差更大。图 5.67 显示了每个单元的硼原子数与技术节点的关系，以及每个单元在较小技术节点上剂量变化的增加 [23, 92]。衬底掺杂的原子性质已经清楚地表明会导致参考文献 [87] 给出的 MOS 场效应晶体管的基础性 V_{th} 扩展。

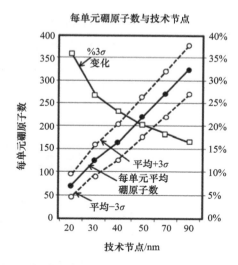

图 5.67　恒定 V_{th} 缩放下沟道掺杂原子数量和 3σ 随晶体管尺寸的变化

5.11　微缩对数据保持的影响

据报道，数据的保持特性对相邻单元数据模式（背景模式）具有依赖性[93]。编程态单元在相邻单元处于擦除态时，比相邻单元处于编程态具有更大的阈值电压损失。同一位线和同一字线上的单元对加速 V_{th} 损耗有类似的影响。这一现象可以解释为相邻单元中电荷的影响，即邻近单元中存储的电荷会对目标单元位于栅极边角和有源区的隧穿氧化层电场产生影响。

采用 60nm 技术节点下单元阵列来分析单个单元上数据保持的电学表征。这些阵列允许 NAND 单元矩阵中心部分的三个相邻的字线和位线施加任意偏置条件，如图 5.68a 所示。图中阴影圆圈显示了栅极应力实验所选择的单元，实验中施加偏置电压 V_{GS} 于所选中单元字线，施加通过电压 V_{pass} 于 NAND 串的其他所有字线。在施加栅极应力之前，通过对位于所选中单元左侧（L）、顶部（T）、右侧（R）和底部（B）的单元进行选择性编程来设置特定的阵列 V_{th} 数据模式。单元 V_{th} 的设置从几乎等于 $-3.5V$ 的低 V_{th} 擦除态电平（对应状态"1"）到几乎等于 3V 的高 V_{th} 电平（对应状态"0"）。

图 5.68b 显示出在全"1"（擦除）情况下，V_{th} 分布的负向偏移比全"0"（编程）情况下更大，在"0-1-0-1"和"1-0-1-0"模式（对应"L-T-R-B"）下得到的 V_{th} 分布则位于全"1"和全"0"情况之间。

为了研究相邻单元数据模式的依赖性，我们进行了 3D TCAD 仿真，如图 5.69 所示。用于 3D TCAD 仿真的典型 NAND 器件结构如图 5.69a 所示。图 5.69b 所示为 60 ~ 70nm 设计规则下，在 NAND 闪存单元中所选中单元的有源区上计算得到的隧穿电流密度，其邻近单元为全"0"（图左半部分）或全"1"（图右半部分）模式。在有源区域的角落以及源 / 漏结与单元浮栅重叠部分产生了具有四个峰值的较大电流。这些峰在全"1"情况下更高,因为当相邻单元的浮栅带正电荷时,有源区域边缘的静电分布很强。沿位线和字线方向单元有源区边缘的电流密度分布如图 5.70 所示。结果证实,在负的栅极应力条件下,流过源 / 漏结的隧穿电流较大。

上述结果用于分析 60 ~ 70nm 技术节点的 NAND 闪存单元。通过微缩存储单元,这种隧穿电流限制在浮栅边角和边缘的现象被夸大了。目前的 1X-nm 技术节点存储单元会对这一现象有很大的影响。在未来的存储单元微缩中,数据保持特性将会差得多。

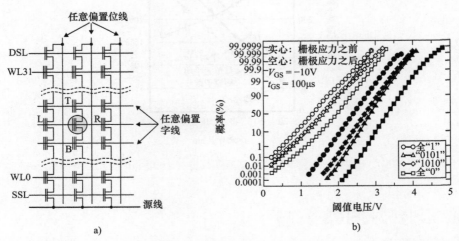

图 5.68 a)NAND 阵列中单元连接示意图,显示了在单元阵列分析中有 9 个单元的字线和位线可以任意偏置。阴影圆圈突出显示了所选中单元,其阈值电压在栅极应力实验中被监测。实验中位于所选中单元左侧、顶部、右侧和底部的相邻单元具有不同阈值电压。b)在偏置电压 V_{GS} = −10V 下进行 100μs 负栅应力实验前(实心符号)和实验后(空心符号),在 70nm 技术节点 NAND 测试芯片上测量的阈值电压累积分布。显示了不同背景模式下的测试结果

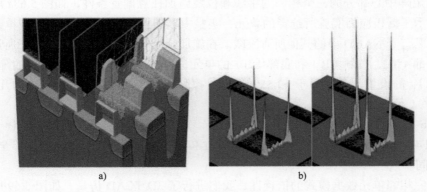

图 5.69 a)典型 NAND 器件结构的 3D TCAD(计算机辅助设计技术)仿真。b)在全"0"和全"1"背景模式下,沿字线方向在所选中单元有源区边缘计算获得的隧穿电流密度。所选中单元栅极使用了固定的负电压

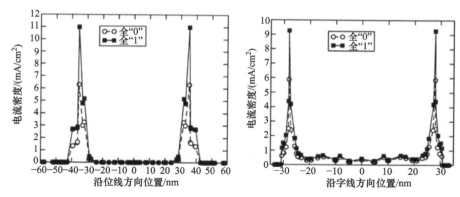

图 5.70 全 "0" 和全 "1" 背景模式下,沿位线方向(左图)和字线方向(右图)在所选中单元有源区边缘计算获得的电流密度

5.12 小结

本章讨论了 2D 浮栅 NAND 闪存从 90nm 到 0X-nm 技术代的微缩限制和挑战。微缩的挑战被分类为:① RWM 窄的问题,②浮栅电容耦合干扰(FG-FG 耦合干扰),③编程 EIS,④ RTN,⑤单元结构挑战,⑥高场(5 ~ 10MV/cm)限制,⑦少电子现象,⑧光刻工艺限制,⑨变化性,⑩微缩对数据保持的影响。

首先,通过推断浮栅电容耦合干扰、EIS、BPD 和 RTN 这些物理现象,讨论了 RWM 窄的问题。RWM 的退化不仅归因于编程态 V_{th} 分布宽度的增加,也归因于由于 FG-FG 耦合干扰较大而增大的擦除态 V_{th}。然而,RWM 在采用空气隙工艺使 FG-FG 耦合减少了 60% 的 1Z-nm(10nm)技术代中仍然是正的。

其次,讨论了浮栅电容耦合干扰,其是 RWM 减小的主要贡献者。字线之间和 STI 之间的空气隙是改善浮栅电容耦合干扰的解决方法。

接下来,描述了 RWM 减小的其他贡献者:编程 EIS 和 RTN。

然后,讨论了结构上的微缩挑战。在 1X-nm 技术代之后,浮栅之间的控制栅制造裕度变得越来越小。对于高场问题,编程过程中字线控制栅之间的高场是至关重要的。利用字线空气隙可以缓解高场问题,可以实现 1Y/1Z-nm 技术代。

之后,讨论了少电子现象、光刻工艺限制、变化性,以及微缩对数据保持的影响等一些微缩问题。这些问题是缩小 NAND 闪存单元不可避免的。

为了提高 RWM 和可靠性裕度,操作技术和系统解决方案可以有效地管理这些裕度空间。其中一个例子是"随机化"[94, 95]。通过使用代码数据将编程到存储单元的数据模式随机化。"0"和"1"的数据成为随机数据,而"0"和"1"的数据都接近 50%。因此,数据模式的最坏情况可以避免。随机化可以减轻浮栅电容耦合(5.2 节)、BPD(5.2 节),以及微缩对数据保持的影响(5.11 节),以此可改善 RWM。另一个例子是移动读算法,如 4.7 节所述。移动读操作可以大大改善数据保持下 V_{th} 偏移引起的读取失效率，以及由于浮栅电容耦合干扰、编程 EIS 等 V_{th} 分布扩大引起的读取失效率。

参 考 文 献

[1] Masuoka, F.; Momodomi, M.; Iwata, Y.; Shirota, R. New ultra high density EPROM and flash EEPROM with NAND structure cell, *Electron Devices Meeting, 1987 International*, vol. 33, pp. 552–555, 1987.

[2] Aritome, S. NAND Flash Innovations, *Solid-State Circuits Magazine, IEEE*, vol. 5, no. 4, pp. 21, 29, Fall 2013.

[3] Aritome, S.; Hatakeyama, I.; Endoh, T.; Yamaguchi, T.; Shuto, S.; Iizuka, H.; Maruyama, T.; Watanabe, H.; Hemink, G.; Sakui, K.; Tanaka, T.; Momodomi, M., and Shirota, R. An advanced NAND-structure cell technology for reliable 3.3 V 64 Mb electrically erasable and programmable read only memories (EEPROMs), *Japanese Journal of Applied Physics*, vol. 33, part 1, no. 1B, pp. 524–528, Jan. 1994.

[4] Aritome, S.; Satoh, S.; Maruyama, T.; Watanabe, H.; Shuto, S.; Hemink, G. J.; Shirota, R.; Watanabe, S.; Masuoka, F. A 0.67 μm^2 self-aligned shallow trench isolation cell (SA-STI cell) for 3 V-only 256 Mbit NAND EEPROMs, *Electron Devices Meeting, 1994. IEDM '94. Technical Digest., International*, pp. 61–64, 11–14 Dec. 1994.

[5] Shimizu, K.; Narita, K.; Watanabe, H.; Kamiya, E.; Takeuchi, Y.; Yaegashi, T.; Aritome, S.; Watanabe, T. A novel high-density 5F^2 NAND STI cell technology suitable for 256 Mbit and 1 Gbit flash memories, *Electron Devices Meeting, 1997. IEDM '97. Technical Digest., International*, pp. 271–274, 7–10 Dec. 1997.

[6] Takeuchi, Y.; Shimizu, K.; Narita, K.; Kamiya, E.; Yaegashi, T.; Amemiya, K.; Aritome, S. A self-aligned STI process integration for low cost and highly reliable 1 Gbit flash memories, *VLSI Technology, 1998. Digest of Technical Papers. 1998 Symposium on*, pp. 102–103, 9–11 June 1998.

[7] Aritome, S. Advanced flash memory technology and trends for file storage application, *Electron Devices Meeting, 2000. IEDM Technical Digest. International*, pp. 763–766, 2000.

[8] Imamiya, K.; Sugiura, Y.; Nakamura, H.; Himeno, T.; Takeuchi, K.; Ikehashi, T.; Kanda, K.; Hosono, K.; Shirota, R.; Aritome, S.; Shimizu, K.; Hatakeyama, K.; Sakui, K. A 130-mm^2, 256-Mbit NAND flash with shallow trench isolation technology, *Solid-State Circuits, IEEE Journal of*, vol. 34, no. 11, pp. 1536–1543, Nov. 1999.

[9] Ichige, M.; Takeuchi, Y.; Sugimae, K.; Sato, A.; Matsui, M.; Kamigaichi, T.; Kutsukake, H.; Ishibashi, Y.; Saito, M.; Mori, S.; Meguro, H.; Miyazaki, S.; Miwa, T.; Takahashi, S.; Iguchi, T.; Kawai, N.; Tamon, S.; Arai, N.; Kamata, H.; Minami, T.; Iizuka, H.; Higashitani, M.; Pham, T.; Hemink, G.; Momodomi, M.; Shirota, R. A novel self-aligned shallow trench isolation cell for 90 nm 4 Gbit NAND flash EEPROMs, *VLSI Technology, 2003. Digest of Technical Papers. 2003 Symposium on*, pp. 89,90, 10–12 June 2003.

[10] Hwang, J.; Seo, J.; Lee, Y.; Park, S.; Leem, J.; Kim, J.; Hong, T.; Jeong, S.; Lee, K.; Heo, H.; Lee, H.; Jang, P.; Park, K.; Lee, M.; Baik, S.; Kim, J.; Kkang, H.; Jang, M.; Lee, J.; Cho, G.; Lee, J.; Lee, B.; Jang, H.; Park, S.; Kim, J.; Lee, S.; Aritome, S.; Hong, S., and Park, S. A middle-1X nm NAND flash memory cell (M1X-NAND) with highly manufacturable integration technologies, *Electron Devices Meeting (IEDM), 2011 IEEE International*, pp. 199–202, Dec. 2011.

[11] Aritome, S.; Kikkawa, T. Scaling challenge of self-aligned STI cell (SA-STI cell) for NAND flash memories, *Solid-State Electronics*, vol. 82, 54–62, 2013.

[12] Lee, J.-D.; Hur, S.-H.; Choi, J.-D. Effects of floating-gate interference on NAND flash memory cell operation, *Electron Device Letters, IEEE*, vol. 23, no. 5, pp. 264–266, May 2002.

[13] Compagnoni, C. M.; Spinelli, A. S.; Gusmeroli, R.; Lacaita, A. L.; Beltrami, S.; Ghetti, A.; Visconti, A. First evidence for injection statistics accuracy limitations in NAND flash constant-current Fowler–Nordheim programming, *Electron Devices Meeting, 2007. IEDM 2007. IEEE International*, pp. 165–168, 10–12 Dec. 2007.

[14] Compagnoni, C. M.; Spinelli, A. S.; Gusmeroli, R.; Beltrami, S.; Ghetti, A., and Visconti, A. Ultimate accuracy for the NAND Flash program algorithm due to the electron injection statistics, *IEEE Trans. Electron Devices*, vol. 55, no. 10, pp. 2695–2702, Oct. 2008.

[15] Compagnoni, C. M.; Gusmeroli, R.; Spinelli, A. S.; Visconti, A. Analytical model for the electron-injection statistics during programming of nanoscale NAND flash memories, *Electron Devices, IEEE Transactions on*, vol. 55, no. 11, pp. 3192–3199, 2008.

[16] Kurata, H.; Otsuga, K.; Kotabe, A.; Kajiyama, S.; Osabe, T.; Sasago, Y.; Narumi, S.; Tokami, K.; Kamohara, S.; Tsuchiya, O. The impact of random telegraph signals on the scaling of multilevel flash memories, *VLSI Circuits, 2006. Digest of Technical Papers. 2006 Symposium on*, pp. 112–113.

[17] Govoreanu, B.; Brunco, D. P.; Van Houdt, J. Scaling down the interpoly dielectric for next generation flash memory: Challenges and opportunities, *Solid-State Electronics*, vol. 49, no. 11, pp. 1841–1848, Nov. 2005.

[18] Kim, Y. S.; Lee, D. J.; Lee, C. K.; Choi, H. K.; Kim, S. S.; Song, J. H.; Song, D. H.; Choi, J.-H.; Suh, K.-D.; Chung, C. New scaling limitation of the floating gate cell in NAND flash memory, *Reliability Physics Symposium (IRPS), 2010 IEEE International*, pp. 599–603, 2–6 May 2010.

[19] Molas, G.; Deleruyelle, D.; De Salvo, B.; Ghibaudo, G.; GelyGely, M.; Perniola, L.; Lafond, D.; Deleonibus, S. Degradation of floating-gate memory reliability by few electron phenomena, *Electron Devices, IEEE Transactions on*, vol. 53, no. 10, pp. 2610–2619, Oct. 2006.

[20] Kinam, K.; Jeong, G. Memory technologies in the nano-era: Challenges and opportunities, *Solid-State Circuits Conference, 2005. Digest of Technical Papers. ISSCC. 2005 IEEE International*, vol. 1, pp. 576, 618, 10–10 Feb. 2005.

[21] Kim, K. Technology for sub-50nm DRAM and NAND flash manufacturing, *Electron Devices Meeting, 2005. IEDM Technical Digest. IEEE International*, pp. 323, 326, 5–5 Dec. 2005.

[22] Kim, K.; Choi, J. Future outlook of NAND flash technology for 40 nm node and beyond, *Non-Volatile Semiconductor Memory Workshop, 2006. IEEE NVSMW 2006. 21st*, pp. 9, 11, 12–16 Feb. 2006.

[23] Prall, K. Scaling non-volatile memory below 30 nm, *Non-Volatile Semiconductor Memory Workshop, 2007 22nd IEEE*, pp. 5, 10, 26–30 Aug. 2007.

[24] Kim, K.; Jeong, G. Memory Technologies for sub-40nm Node, *Electron Devices Meeting, 2007. IEDM 2007. IEEE International*, pp. 27, 30, 10–12 Dec. 2007.

[25] Parat, K. Recent developments in NAND flash scaling, *VLSI Technology, Systems, and Applications, 2009. VLSI-TSA '09. International Symposium on*, pp. 101, 102, 27–29 April 2009.

[26] Kim, K. Technology challenges for deep-nano semiconductor, *Memory Workshop (IMW), 2010 IEEE International*, pp. 1, 2, 16–19 May 2010.

[27] Kim, K. From the future Si technology perspective: Challenges and opportunities, *Elec-*

tron Devices Meeting (IEDM), 2010 IEEE International, pp. 1.1.1, 1.1.9, 6–8 Dec. 2010.

[28] Goda, A.; Parat, K. Scaling directions for 2D and 3D NAND cells, *Electron Devices Meeting (IEDM), 2012 IEEE International*, pp. 2.1.1, 2.1.4, 10–13 Dec. 2012.

[29] Goda, A. Opportunities and challenges of 3D NAND scaling, *VLSI Technology, Systems, and Applications (VLSI-TSA), 2013 International Symposium on*, pp. 1, 2, 22–24 Apr. 2013.

[30] Goda, A. Recent progress and future directions in NAND Flash scaling, *Non-Volatile Memory Technology Symposium (NVMTS), 2013 13th*, pp. 1, 4, 12–14 Aug. 2013.

[31] Park, Y.; Lee, J. Device considerations of planar NAND flash memory for extending towards sub-20 nm regime, *Memory Workshop (IMW), 2013 5th IEEE International*, pp. 1, 4, 26–29 May 2013.

[32] Park, Y.; Lee, J.; Cho, S. S.; Jin, G.; Jung, E. S. Scaling and reliability of NAND flash devices, *Reliability Physics Symposium, 2014 IEEE International*, pp. 2E.1.1, 2E.1.4, 1–5 June 2014.

[33] Aritome, S. 3D flash memories, International Memory Workshop 2011 (IMW 2011), short course.

[34] Prall, K.; Parat, K. 25 nm 64 Gb MLC NAND technology and scaling challenges invited paper, *Electron Devices Meeting (IEDM), 2010 IEEE International*, pp. 5.2.1–5.2.4, 6–8 Dec. 2010.

[35] Seokkiu, L. Scaling challenges in NAND flash device toward 10 nm technology, *Memory Workshop (IMW), 2012 4th IEEE International*, pp. 1–4, 20–23 May 2012.

[36] Suh, K.-D.; Suh, B.-H.; Lim, Y.-H.; Kim, J.-K.; Choi, Y.-J.; Koh, Y.-N.; Lee, S.-S.; Kwon, S.-C.; Choi, B.-S.; Yum, J.-S.; Choi, J.-H.; Kim, J.-R.; Lim, H.-K. A 3.3 V 32 Mb NAND flash memory with incremental step pulse programming scheme, *Solid-State Circuits, IEEE Journal of*, vol. 30, no. 11, pp. 1149–1156, Nov. 1995.

[37] Hemink, G. J.; Tanaka, T.; Endoh, T.; Aritome, S.; Shirota, R. Fast and accurate programming method for multi-level NAND EEPROMs. *VLSI Technology, 1995. Digest of Technical Papers. 1995 Symposium on*, pp. 129–130, 6–8 June 1995.

[38] Shirota, R.; Sakamoto, Y.; Hsueh, H.-M.; Jaw, J.-M.; Chao, W.-C.; Chao, C.-M.; Yang, S.-F.; Arakawa, H. Analysis of the correlation between the programmed threshold-voltage distribution spread of NAND flash memory devices and floating-gate impurity concentration, *Electron Devices, IEEE Transactions on*, vol. 58, no. 11, pp. 3712–3719, Nov. 2011.

[39] Ghetti, A.; Compagnoni, C. M.; Spinelli, A. S.; Visconti, A. Comprehensive analysis of random telegraph noise instability and its scaling in deca–nanometer flash memories, *Electron Devices, IEEE Transactions on*, vol. 56, no. 8, pp. 1746–1752, Aug. 2009.

[40] Shibata, N.; Tanaka, T. US Patent 7,245,528. 7,370,009. 7,738,302.

[41] Park, K.-T.; Kang, M.; Kim, D.; Hwang, S.-W.; Choi, B. Y.; Lee, Y.-T.; Kim, C.; Kim, K. A zeroing cell-to-cell interference page architecture with temporary LSB storing and parallel MSB program scheme for MLC NAND flash memories, *Solid-State Circuits, IEEE Journal of*, vol. 43, no. 4, pp. 919–928, April 2008.

[42] Cernea, R.-A.; Pham, L.; Moogat, F.; Chan, S.; Le, B.; Li, Y.; Tsao, S.; Tseng, T.-Y.; Nguyen, K.; Li, J.; Hu, J.; Yuh, J. H.; Hsu, C.; Zang, F.; Kamei, T.; Nasu, H.; Kliza, P.; Htoo, K.; Lutze, J.; Dong, Y.; Higashitani, M.; Yang, J.; Lin, H.-S.; Sakhamuri, V.; Li, A.; Pan, F.; Yadala, S.; Taigor, S.; Pradhan, K.; Lan, J.; Chan, J.; Abe, T.; Fukuda, Y.; Mukai, H.; Kawakami, K.; Liang, C.; Ip, T.; Chang, S.-F.; Lakshmipathi, J.; Huynh, S.; Pantelakis, D.; Mofidi, M.; Quader, K. A 34 MB/s MLC write throughput 16 Gb NAND

with all bit line architecture on 56 nm technology, *Solid-State Circuits, IEEE Journal of*, vol. 44, no. 1, pp. 186–194, Jan. 2009.

[43] Tanaka, T.; Tanaka, Y.; Nakamura, H.; Oodaira, H.; Aritome, S.; Shirota, R.; Masuoka, F. A quick intelligent program architecture for 3 V-only NAND-EEPROMs, *VLSI Circuits, 1992. Digest of Technical Papers, 1992 Symposium on*, pp. 20–21, 4–6 June 1992.

[44] Kim, T.-Y.; Lee, S.-D.; Park, J.-S.; Cho, H.-Y.; You, B.-S.; Baek, K.-H.; Lee, J.-H.; Yang, C.-W.; Yun, M.; Kim, M.-S.; Kim, J.-W.; Jang, E.-S.; Chung, H.; Lim, S.-O.; Han, B.-S.; Koh, Y.-H. A 32 Gb MLC NAND flash memory with V_{th} margin-expanding schemes in 26 nm CMOS, *Solid-State Circuits Conference Digest of Technical Papers (ISSCC), 2011 IEEE International*, pp. 202–204, 20–24 Feb. 2011.

[45] Kanda, K.; Shibata, N.; Hisada, T.; Isobe, K.; Sato, M.; Shimizu, Y.; Shimizu, T.; Sugimoto, T.; Kobayashi, T.; Kanagawa, N.; Kajitani, Y.; Ogawa, T.; Iwasa, K.; Kojima, M.; Suzuki, T.; Suzuki, Y.; Sakai, S.; Fujimura, T.; Utsunomiya, Y.; Hashimoto, T.; Kobayashi, N.; Matsumoto, Y.; Inoue, S.; Suzuki, Y.; Honda, Y.; Kato, Y.; Zaitsu, S.; Chibvongodze, H.; Watanabe, M.; Ding, H.; Ookuma, N.; Yamashita, R. A 19 nm 112.8 mm^2 64 Gb multi-level flash memory with 400 Mbit/sec/pin 1.8 V toggle mode interface, *Solid-State Circuits, IEEE Journal of*, vol. 48, no. 1, pp. 159–167, Jan. 2013.

[46] Lee, D.; Chang, I. J.; Yoon, S.-Y.; Jang, J.; Jang, D.-S.; Hahn, W.-G.; Park, J.-Y.; Kim, D.-G.; Yoon, C.; Lim, B.-S.; Min, B.-J.; Yun, S.-W.; Lee, J.-S.; Park, I.-H.; Kim, K.-R.; Yun, J.-Y.; Kim, Y.; Cho, Y.-S.; Kang, K.-M.; Joo, S.-H.; Chun, J.-Y.; Im, J.-N.; Kwon, S.; Ham, S.; Ansoo, P.; Yu, J.-D.; Lee, N.-H.; Lee, T.-S.; Kim, M.; Kim, H.; Song, K.-W.; Jeon, B.-G.; Choi, K.; Han, J.-M.; Kyung, K. H.; Lim, Y.-H.; Jun, Y.-H. A 64 Gb 533 Mb/s DDR interface MLC NAND flash in sub-20 nm technology, *Solid-State Circuits Conference Digest of Technical Papers (ISSCC), 2012 IEEE International*, pp. 430–432, 19–23 Feb. 2012.

[47] Kang, D.; Jang, S.; Lee, K.; Kim, J.; Kwon, H.; Lee, W.; Park, B. G.; Lee, J. D.; Shin, H. Improving the cell characteristics using low-*k* gate spacer in 1 Gb NAND flash memory, *Electron Devices Meeting, 2006. IEDM '06. International*, pp. 1–4, 11–13 Dec. 2006.

[48] Kim, S.; Cho, W.; Kim, J.; Lee, B.; Park, S. Air-gap application and simulation results for low capacitance in 60 nm NAND flash memory, *Non-Volatile Semiconductor Memory Workshop, 2007 22nd IEEE*, pp. 54–55, 26–30 Aug. 2007.

[49] Seo, J.; Han, K.; Youn, T.; Heo, H.-E.; Jang, S.; Kim, J.; Yoo, H.; Hwang, J.; Yang, C.; Lee, H.; Kim, B.; Choi, E.; Noh, K.; Lee, B.; Lee, B.; Chang, H.; Park, S.; Ahn, K.; Lee, S.; Kim, J.; Lee, S. Highly reliable M1X MLC NAND flash memory cell with novel active air-gap and p+ poly process integration technologies, *Electron Devices Meeting (IEDM), 2013 IEEE International*, pp. 3.6.1, 3.6.4, 9–11 Dec. 2013.

[50] Park, M.; Kim, K.; Park, J.-H.; Choi, J.-H. Direct field effect of neighboring cell transistor on cell-to-cell interference of NAND flash cell arrays, *Electron Device Letters, IEEE*, vol. 30, no. 2, pp. 174–177, Feb. 2009.

[51] Park, M.; Suh, K.; Kim, K.; Hur, S.; Kim, K., and Lee, W.; The effect of trapped charge distributions on data retention characteristics of NAND flash memory cells, *IEEE Electron Device Letters*, vol. 28, no. 8, pp. 750–752, Aug. 2007.

[52] Aritome, S.; Seo, S.; Kim, H.-S.; Park, S.-K.; Lee, S.-K.; Hong, S. Novel negative V_t shift phenomenon of program–inhibit cell in 2X–3X-nm self-aligned STI NAND flash memory, *Electron Devices, IEEE Transactions on*, vol. 59, no. 11, pp. 2950, 2955, Nov. 2012.

[53] Cho, B.; Lee, C. H.; Seol, K.; Hur, S.; Choi, J.; Choi, J.; Chung, C. A new cell-to-cell interference induced by conduction band distortion near S/D region in scaled NAND flash memories, *Memory Workshop (IMW), 2011 3rd IEEE International*, pp. 1, 4, 22–25 May 2011.

[54] Park, M.; Choi, J.-D.; Hur, S.-H.; Park, J.-H.; Lee, J.-H.; Park, J.-T.; Sel, J.-S.; Kim, J.-W.; Song, S.-B.; Lee, J.-Y.; Lee, J.-H.; Son, S.-J.; Kim, Y.-S.; Chai, S.-J.; Kim, K.-T.; Kim, K. Effect of low-*k* dielectric material on 63 nm MLC (multi-level cell) NAND flash cell arrays, *VLSI Technology, 2005. (VLSI-TSA-Tech). 2005 IEEE VLSI-TSA International Symposium on*, pp. 37–38, 25–27 April 2005.

[55] Kang, D.; Shin, H.; Chang, S.; An, J.; Lee, K.; Kim, J.; Jeong, E.; Kwon, H.; Lee, E.; Seo, S.; Lee, W. The air spacer technology for improving the cell distribution in 1 giga bit NAND flash memory, *Non-Volatile Semiconductor Memory Workshop, 2006. IEEE NVSMW 2006. 21st*, pp. 36–37, 12–16 Feb. 2006.

[56] Lee, C.; Hwang, J.; Fayrushin, A.; Kim, H.; Son, B.; Park, Y.; Jin, G.; Jung, E. S. Channel coupling phenomenon as scaling barrier of NAND flash memory beyond 20 nm node, *Memory Workshop (IMW), 2013 5th IEEE International*, pp. 72, 75, 26–29 May 2013.

[57] Molas, G.; Deleruyelle, D.; De Salvo, B.; Ghibaudo, G.; Gely, M.; Jacob, S.; Lafond, D.; Deleonibus, S. Impact of few electron phenomena on floating-gate memory reliability, *Electron Devices Meeting, 2004. IEDM Technical Digest. IEEE International*, pp. 877–880, 13–15 Dec. 2004.

[58] Suh, K.-D.; Suh, B.-H.; Um, Y.-H.; Kim, J.-K.; Choi, Y.-J.; Koh, Y.-N.; Lee, S.-S.; Kwon, S.-C.; Choi, B.-S.; Yum, J.-S.; Choi, J.-H.; Kim, J.-R.; Lim, H.-K. A 3.3 V 32 Mb NAND flash memory with incremental step pulse programming scheme, *Solid-State Circuits Conference, 1995. Digest of Technical Papers. 42nd ISSCC, 1995 IEEE International*, pp. 128–129, 350, 15–17 Feb. 1995.

[59] Kolodny, A.; Nieh, S. T. K.; Eitan, B.; Shappir, J. Analysis and modeling of floating-gate EEPROM cells, *Electron Devices, IEEE Transactions on*, vol. 33, no. 6, pp. 835–844, June 1986.

[60] Compagnoni, C. M.; Gusmeroli, R.; Spinelli, A. S.; Visconti, A. RTN V_T instability from the stationary trap-filling condition: An analytical spectroscopic investigation, *Electron Devices, IEEE Transactions on*, vol. 55, no. 2, pp. 655–661, 2008.

[61] Kirton, M. J., et al., *Advances in Physics*, vol. 38, no. 4, pp. 367–468, 1989.

[62] Roux dit Buisson, O.; Ghibaudo, G., and Brini, J. Model for drain current RTS amplitude in small-area MOS transistors, *Solid-State Electronics*, vol. 35, no. 9, pp. 1273–1276, Sept. 1992.

[63] Tega, N.; Miki, H.; Osabe, T.; Kotabe, A.; Otsuga, K.; Kurata, H.; Kamohara, S.; Tokami, K.; Ikeda, Y.; Yamada, R. Anomalously large threshold voltage fluctuation by complex random telegraph signal in floating gate flash memory, *Electron Devices Meeting, 2006. IEDM '06. International*, pp. 491–494, 11–13 Dec. 2006.

[64] Tanaka, T.; Momodomi, M.; Iwata, Y.; Tanaka, Y.; Oodaira, H.; Itoh, Y.; Shirota, R.; Ohuchi, K.; Masuoka, F. A 4-Mbit NAND-EEPROM with tight programmed V_t distribution, *VLSI Circuits, 1990. Digest of Technical Papers, 1990 Symposium on*, pp. 105–106, 7–9 June 1990.

[65] Gusmeroli, R.; Compagnoni, C. M.; Riva, A.; Spinelli, A. S.; Lacaita, A. L.; Bonanomi, M.; Visconti, A.; Defects spectroscopy in SiO_2 by statistical random telegraph noise analysis, *Electron Devices Meeting, 2006. IEDM '06. International*, pp. 483–486, 2006.

[66] Compagnoni, M. C.; Gusmeroli, R.; Spinelli, A. S.; Lacaita, A. L.; Bonanomi, M.; Visconti, A. Statistical model for random telegraph noise in flash memories, *Electron Devices, IEEE Transactions on*, vol. 55, no. 1, pp. 388–395, Jan. 2008.

[67] Ralls, K. S.; Skocpol, W. J.; Jackel, L. D.; Howard, R. E.; Fetter, L. A.; Epworth, R. W.; Tennant, D. M. Discrete resistance switching in submicrometer silicon inversion layers: Individual interface traps and low-frequency (1f?) noise, *Physical Review Letters*, vol.

52, no. 3, pp. 228–231, 1984.

[68] Compagnoni, C. M.; Gusmeroli, R.; Spinelli, A. S.; Lacaita, A. L.; Bonanomi, M.; Visconti, A. Statistical investigation of random telegraph noise ID instabilities in flash cells at different initial trap-filling conditions, *Reliability physics symposium, 2007. proceedings. 45th annual. IEEE international, 2007*, pp. 161–166.

[69] Fukuda, K.; Shimizu, Y.; Amemiya, K.; Kamoshida, M.; Hu, C. Random telegraph noise in Flash memories—Model and technology scaling, *IEDM Technology Digest*, pp. 169–172, 2007.

[70] Ghetti, A.; Compagnoni, C. M.; Biancardi, F.; Lacaita, A. L.; Beltrami, S.; Chiavarone, L.; Spinelli, A. S.; Visconti, A. Scaling trends for random telegraph noise in deca-nanometer flash memories, *Electron Devices Meeting, 2008. IEDM 2008. IEEE International*, 2008, pp. 835–838.

[71] Ghetti, A.; Bonanomi, M.; Compagnoni, C. M.; Spinelli, A. S.; Lacaita, A. L.; Visconti, A. Physical modeling of single-trap RTS statistical distribution in flash memories, *Reliability Physics Symposium, 2008. IRPS 2008. IEEE International*, 2008, pp. 610–615.

[72] Compagnoni, C. M.; Spinelli, A. S.; Beltrami, S.; Bonanomi, M.; Visconti, A. Cycling effect on the random telegraph noise instabilities of NOR and NAND flash arrays, *Electron Device Letters, IEEE*, vol. 29, no. 8, pp. 941–943, 2008.

[73] Compagnoni, C. M.; Ghidotti, M.; Lacaita, A. L.; Spinelli, A. S.; Visconti, A. Random telegraph noise effect on the programmed threshold-voltage distribution of flash memories, *Electron Device Letters, IEEE*, vol. 30, no. 9, pp. 984–986, 2009.

[74] Kim, T.; He, D.; Porter, R.; Rivers, D.; Kessenich, J.; Goda, A. Comparative study of quick electron detrapping and random telegraph signal and their dependences on random discrete dopant in sub-40-nm NAND flash memory, *Electron Device Letters, IEEE*, vol. 31, no. 2, pp. 153–155, Feb. 2010.

[75] Kim, T.; He, D.; Morinville, K.; Sarpatwari, K.; Millemon, B.; Goda, A.; Kessenich, J. Tunnel oxide nitridation effect on the evolution of V_t instabilities (RTS/QED) and defect characterization for sub-40-nm flash memory, *Electron Device Letters, IEEE*, vol. 32, no. 8, pp. 999, 1001, Aug. 2011.

[76] Kim, T.; Franklin, N.; Srinivasan, C.; Kalavade, P.; Goda, A. Extreme Short-channel effect on RTS and inverse scaling behavior: Source–drain implantation effect in 25-nm NAND flash memory, *Electron Device Letters, IEEE*, vol. 32, no. 9, pp. 1185, 1187, Sept. 2011.

[77] Raghunathan, S.; Krishnamohan, T.; Parat, K.; Saraswat, K. Investigation of ballistic current in scaled floating-gate NAND FLASH and a solution, *Electron Devices Meeting (IEDM), 2009 IEEE International*, pp. 1–4, 7–9 Dec. 2009.

[78] Yano, K.; Ishii, T.; Sano, T.; Mine, T.; Murai, F.; Hashimoto, T.; Kobayashi, T.; Kure, T.; Seki, K. Single-electron memory for giga-to-tera bit storage, *Proceedings of the IEEE*, vol. 87, no. 4, pp. 633–651, April 1999.

[79] Aritome, S.; Kirisawa, R.; Endoh, T.; Nakayama, R.; Shirota, R.; Sakui, K.; Ohuchi, K.; Masuoka, F. Extended data retention characteristics after more than 10^4 write and erase cycles in EEPROMs, *International Reliability Physics Symposium, 1990. 28th Annual Proceedings*, 1990, pp. 259–264.

[80] Kirisawa, R.; Aritome, S.; Nakayama, R.; Endoh, T.; Shirota, R.; Masuoka, F. A NAND structured cell with a new programming technology for highly reliable 5 V-only flash EEPROM, *1990 Symposium on VLSI Technology, 1990. Digest of Technical Papers, 1990*, pp. 129–130.

[81] Aritome, S.; Shirota, R.; Kirisawa, R.; Endoh, T.; Nakayama, R.; Sakui, K.; Masuoka, F. A reliable bi-polarity write/erase technology in flash EEPROMs, *International Electron Devices Meeting, 1990. IEDM '90. Technical Digest., 1990*, pp. 111–114.

[82] Aritome, S.; Shirota, R.; Sakui, K.; Masuoka, F. Data retention characteristics of flash memory cells after write and erase cycling, *IEICE Transactions on Electronics*, vol. E77-C, no. 8, pp. 1287–1295, Aug. 1994.

[83] Aritome, S.; Shirota, R.; Hemink, G.; Endoh, T.; Masuoka, F. Reliability issues of flash memory cells, *Proceedings of the IEEE*, vol. 81, no. 5, pp. 776–788, May 1993.

[84] Shirota, R.; Nakayama, R.; Kirisawa, R.; Momodomi, M.; Sakui, K.; Itoh, Y.; Aritome, S.; Endoh, T.; Hatori, F.; Masuoka, F. A 2.3 μm² memory cell structure for 16 Mb NAND EEPROMs, *Electron Devices Meeting, 1990. IEDM '90. Technical Digest, International*, pp. 103–106, 9–12 Dec. 1990.

[85] Lee, C.-H.; Sung, S.-K.; Jang, D.; Lee, S.; Choi, S.; Kim, J.; Park, S.; Song, M.; Baek, H.-C.; Ahn, E.; Shin, J.; Shin, K.; Min, K.; Cho, S.-S.; Kang, C.-J.; Choi, J.; Kim, K.; Choi, J.-H.; Suh, K.-D.; Jung, T.-S. A highly manufacturable integration technology for 27 nm 2 and 3 bit/cell NAND flash memory, *Electron Devices Meeting (IEDM), 2010 IEEE International*, pp. 5.1.1, 5.1.4, 6–8 Dec. 2010.

[86] Asenov, A.; Kaya, S.; Brown, A. R. Intrinsic parameter fluctuations in decananometer MOSFETs introduced by gate line edge roughness, *Electron Devices, IEEE Transactions on*, vol. 50, no. 5, pp. 1254–1260, May 2003.

[87] Asenov, A.; Brown, A. R.; Davies, J. H.; Kaya, S.; Slavcheva, G. Simulation of intrinsic parameter fluctuations in decananometer and nanometer-scale MOSFETs, *Electron Devices, IEEE Transactions on*, vol. 50, no. 9, pp. 1837–1852, Sept. 2003.

[88] Spessot, A.; Calderoni, A.; Fantini, P.; Spinelli, A. S.; Compagnoni, C. M.; Farina, F.; Lacaita, A. L.; Marmiroli, A. Variability effects on the VT distribution of nanoscale NAND flash memories, *Reliability Physics Symposium (IRPS), 2010 IEEE International*, pp. 970–974, 2–6 May 2010.

[89] Spessot, A. M.; Compagnoni, C. M.; Farina, F.; Calderoni, A.; Spinelli, A. S.; Fantini, P. Compact modeling of variability effects in nanoscale NAND flash memories, *Electron Devices, IEEE Transactions on*, vol. 58, no. 8, pp. 2302, 2309, Aug. 2011.

[90] Larcher, L.; Padovani, A.; Pavan, P.; Fantini, P.; Calderoni, A.; Mauri, A.; Benvenuti, A. Modeling NAND Flash memories for IC design, *IEEE Electron Device Letters*, vol. 29, pp. 1152–1154, Oct. 2008.

[91] Miccoli, C.; Compagnoni, C. M.; Amoroso, S. M.; Spessot, A.; Fantini, P.; Visconti, A., and Spinelli, A. S. Impact of neutral threshold voltage spread and electron-emission statistics on data retention of nanoscale NAND flash, *IEEE Electron Device Letters*, vol. 31, no. 11, pp. 1202–1204, Nov. 2010.

[92] Mouli, C.; Prall, K.; Roberts, C. Trend in memory technlogy—reliability perspectives, challenges and opportunities, *Proceedings of 14th IPFA* 2007, pp. 130–134.

[93] Compagnoni, C. M.; Ghetti, A.; Ghidotti, M.; Spinelli, A. S.; Visconti, A. Data retention and program/erase sensitivity to the array background pattern in deca-nanometer NAND flash memories, *IEEE Transactions on Electron Devices*, vol. 57, no. 1, pp. 321–327, 2010.

[94] Park, B.; Cho, S.; Park, M.; Park, S.; Lee, Y.; Cho, M. K.; Ahn, K.-O.; Bae, G.; Park, S. Challenges and limitations of NAND flash memory devices based on floating gates, *Circuits and Systems (ISCAS), 2012 IEEE International Symposium on*, pp. 420, 423, 20–23 May 2012.

[95] Kim, C.; Ryu, J.; Lee, T.; Kim, H.; Lim, J.; Jeong, J.; Seo, S.; Jeon, H.; Kim, B.; Lee, I. Y.; Lee, D. S.; Kwak, P. S.; Cho, S.; Yim, Y.; Cho, C.; Jeong, W.; Park, K.; Han, J.-M.; Song, D.; Kyung, K.; Lim, Y.-H.; Jun, Y.-H. A 21 nm high performance 64 Gb MLC NAND flash memory with 400 MB/s asynchronous toggle DDR interface, *Solid-State Circuits, IEEE Journal of*, vol. 47, no. 4, pp. 981, 989, April 2012.

第 6 章

NAND 闪存的可靠性

6.1 引言

NAND 闪存[1]的可靠性比其他半导体器件更为有趣。这是因为在编程和擦除操作期间，隧穿氧化层被施加了非常高的电场（>10MV/cm），而在其他器件中则是低电场（<5MV/cm）。NAND 闪存的编程和擦除是通过电子注入浮栅和从浮栅发射电子来完成的。电子注入和发射有多种方法。对于电子注入，有两种方法。一种是沟道热电子（channel hot electron，CHE）注入。向漏极和控制栅施加电压（5～12V）形成漏极电流。沟道中漏极电流的一部分电子变热，并越过栅氧化层的势垒注入到浮栅中。CHE 可以通过相对较低的电压（约 12V）实现电子注入；然而，实现所需数量的热电子注入需要大的沟道电流。其编程效率（形成漏极电流至注入电子）相当低（约 10^{-6}）。并且并行编程（页编程）的实现比较困难，这需要同时对多个单元进行编程，以实现快速编程。另一种电子注入的实现方法是 Fowler-Nordheim 隧穿（FN tunneling, FN-t）注入。在控制栅上施加高电压（约为 23V）以将电子从沟道注入浮栅。施加的电压需要很高（约 23V）；然而，编程效率高（约为 1）。因此，可以同时对多个单元进行编程（并行编程或页编程）。

对于电子发射，主要有两种方法。一个是源极或漏极重叠区域的 FN-t 发射。在源极或漏极施加高电压（约为 20V），使电子从浮栅中射出。在源极或漏极的 FN-t 发射过程中，因带间隧穿（band to band tunneling, BB-t）机制产生了一个较大的源极（或漏极）漏电流。通过 BB-t，在衬底中产生了电子 - 空穴对。一部分空穴被源极（或漏极）的高场加速，并被注入隧穿氧化层中。然后，一些空穴被陷定（trapped）在隧穿氧化层中。这些空穴陷阱降低了编程 / 擦除循环和数据保持特性，如 6.2 节和 6.3 节所述。另一种电子发射方法是整个沟道区域（整个隧穿氧化层）的 FN-t 发射。由于源极（或漏极）和衬底之间没有电压差，因此不会发生 BB-t。

表 6.1 总结了闪存可能的编程和擦除方案，并在 6.2 节[6, 7]和 6.4 节[5]中比较了这些编程和擦除方案的可靠性。

据报道，在编程和擦除过程中，高场 FN-t 会导致隧穿氧化层的退化。图 6.1 显示了 FN-t 的一种退化机制[9]。从阴极（浮栅）到阳极（衬底）的热电子注入在阳极形成电子 - 空穴对。一部分热空穴被注入到隧穿氧化层中，并被陷定在隧穿氧化层内。在 FN-t 应力作用下，隧穿氧化层中也出现了电子陷阱。这些空穴和电子陷阱导致隧穿氧化层的退化，并直接影响编程 / 擦除的循环耐久性，例如编程 / 擦除窗口缩小，这些在 6.2 节和 6.3 节中描述。

表 6.1　NOR 和 NAND 闪存中的编程和擦除方案

闪存	电子注入方式	电子发射方式
NOR	CHE	FN-t@S
NOR[5]	CHE	均一 FN-t
NAND[1]	CHE	—
NAND[2, 3, 8]	均一 FN-t	FN-t@D
NAND[4-8]	均一 FN-t	均一 FN-t

注：CHE 为沟道热电子；FN-t@S 为源极处 FN 隧穿；FN-t@D 为漏极处 FN 隧穿；均一 FN-t 为整个沟道（隧穿氧化层）FN 隧穿。

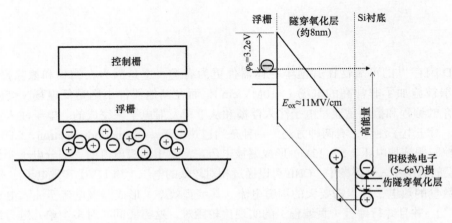

图 6.1　Fowler-Nordheim 隧穿应力使隧穿氧化层退化的机理

如图 6.2 所示，隧穿氧化层中的电子和空穴陷阱也降低了数据保持。在数据保持测试期间，隧穿氧化层中被困电荷的脱阱（detrapping）是 V_{th} 偏移的一个主要原因，这些也在 6.2 节和 6.3 节中描述。由于空穴陷阱会使隧穿氧化层的势垒局部降低，从而使隧穿氧化层产生应力诱导漏电流（stress induced leakage current，SILC）。SILC 则使 V_{th} 的分布产生了拖尾，如图 6.2 所示。

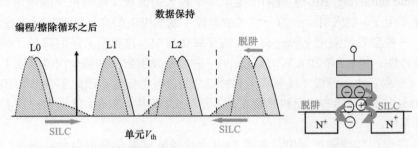

- 编程/擦除循环后产生数据保持衰退
- 两种模式：脱阱和SILC
　　脱阱：隧穿氧化层缺陷→V_{th}偏移
　　　　　界面→S因子（亚阈值斜率）恢复
　　SILC：由浮栅经缺陷诱导形成隧穿漏电流

图 6.2　数据保持现象

读干扰现象如图 6.3 所示。读干扰（引起的）失效主要发生在编程 / 擦除循环应力产生后的擦除态。由编程 / 擦除循环应力产生的 SILC 是根本原因，这在 6.4 节中描述。

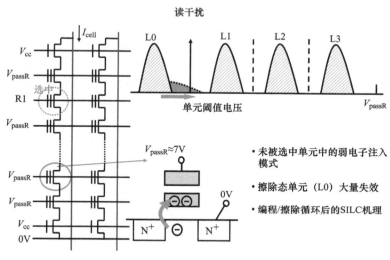

图 6.3　读干扰现象

随着存储单元的缩放，编程干扰问题正变得越来越严重。自升压电压较低是 90nm 以下技术节点存储单元产生编程干扰问题的主要原因。然而，在 70nm 以下技术节点，由于热载流子注入机制，出现了一些新的编程干扰现象，这些在 6.5 节中描述。

不稳定的过度编程（over-program）将在 6.6 节中介绍。不稳定的过度编程的机制被认为是隧穿氧化层空穴陷阱位点的过量电子注入。通过缩放存储单元，由不稳定的过度编程引起的失效位数将增加。除了放慢编程操作，没有好方法来缓解不稳定的过度编程。强化 ECC 实际上可以挽救不稳定的过度编程引起的失效位。

在 NAND 闪存的编程和擦除操作中，对控制栅或衬底施加高电压。这种编程和擦除的高电压不能通过缩放存储单元的特征尺寸来有效地降低。因此，在存储单元中产生了高场应力问题[10]。其中一个问题是编程过程中的 "V_{th} 负向偏移"，这将在 6.7 节描述[11]。

6.2　编程 / 擦除循环耐久和数据保持

6.2.1　编程 / 擦除方案

编程 / 擦除循环耐久和数据保持是浮栅型存储器的关键特征，如 EEPROM（电擦除可编程只读存储器）和闪存[1, 8, 12-17]。存储单元的一个基本要求是即使在经过大量的编程 / 擦除循环之后也有足够的数据保持。然而，在编程和擦除操作过程中，薄隧穿氧化层中的高场应力降低了数据保持。

为了提高闪存单元的可靠性，研究人员研究了闪存单元的退化机制[5-8, 18-21]。在编程和擦除过程中，这种退化行为与薄隧穿氧化层中的电荷捕获过程有关[5-8, 18-21]，这是由电子通过薄隧穿氧化层的 FN 隧穿来实现的。薄隧穿氧化层中陷阱的产生强烈依赖于编程和擦除条件[5-8, 14, 20, 21]。因此，一些研究工作研究了几种编程 / 擦除方案的编程 / 擦除循环耐久和数据保持特性[5-8]，以确定合适的编程 / 擦除方案。

参考文献 [6, 7, 20] 比较了两种不同编程和擦除方案编程下闪存单元的耐久和数据保持特性。一种是均一编程（写）和均一擦除的方案（见图 6.4），即编程和擦除操作期间，整个覆盖的沟道区域均采用均匀一致的 FN 隧穿。另一种是均一编程（写）和非均一擦除的方案（见图 6.5），即在编程操作中，在整个覆盖的沟道区域采用均匀隧穿（见图 6.5a）；在擦除操作期间，在漏极采用局部非均匀隧穿（见图 6.5b）。均一编程和非均一擦除方案也可以应用于 NOR 单元，如 Di-NOR 单元[16]。然而，均一编程和均一擦除的方案只能应用于 NAND 型单元，因为不可能在 NOR 单元中实现选择性编程（编程抑制）操作。

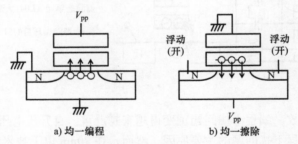

a) 均一编程   b) 均一擦除

图 6.4 均一编程（写）和均一擦除方案的操作示意图。a）均一编程（写）。在控制栅上加一个正高压，漏极和衬底接地。电子被注入到覆盖整个沟道区域的浮栅中；b）均一擦除。在控制栅接地的情况下，向衬底施加一个正高压。电子在浮栅覆盖的整个沟道区域内均匀发射。Copyright © 1994 IEICE

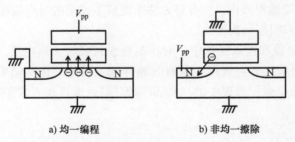

a) 均一编程   b) 非均一擦除

图 6.5 均一编程（写）和非均一擦除方案的操作示意图。a）均一编程（写）。在漏极和衬底接地的情况下，对控制栅上施加一个正高压；b）非均一擦除。在控制栅接地的情况下，向漏极施加一个正高压。Copyright © 1994 IEICE

在编程 / 擦除循环耐久实验中，对具有不同隧穿氧化层厚度的单元所施加的编程电压（V_{pp}）为编程操作 10 个周期后阈值电压达到 2.5V 时的 V_{pp}，以及擦除操作 10 个周期后阈值电压达到 −3.0V 时的 V_{pp}。编程时间固定为 1ms。这种确定 V_{pp} 的方法适用于两种方法的比较。因为在均一编程和非均一擦除的方案中，前 10 个编程 / 擦除周期中初始的操作窗口会被加宽。闪存单元的阈值电压则通过施加 1V 的漏极电压来测量。在器件上施加 10 次至 100 万次不等的编程 / 擦除循环后，在 150 ~ 300℃的温度下进行数据保持测试。

实验采用了一种常规的 N 沟道浮栅晶体管，在整个沟道区域上都有一层隧穿氧化层。栅极长度为 1.0μm。栅氧化层厚度为 5.6 ~ 12.1nm，为 800℃下热生长形成。氧化层 - 氮化层 - 氧化层（ONO）的层间电介质的有效氧化厚度为 25nm[22]。

6.2.2　编程 / 擦除循环耐久

两种不同方案的编程 / 擦除循环耐久特性如图 6.6 所示。即使经过 100 万次编程和擦除循环（见图 6.6a），均一编程和均一擦除的方案保证了高达 4V 的宽单元 V_{th} 窗口。然而，均一编程和非均一擦除的方案所获得的阈值窗口在大约 100 个编程和擦除循环后开始迅速减小，并在 10 万次编程和擦除循环后失效（见图 6.6b）。

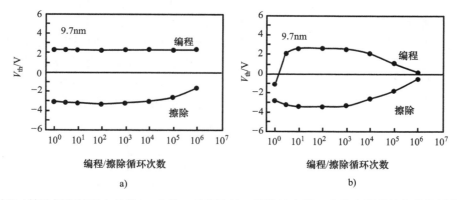

图 6.6　编程 / 擦除循环的耐久特性。a）均一编程和均一擦除的方案：在整个覆盖的沟道区域使用均匀注入和均匀发射；b）均一编程和非均一擦除的方案：分别在整个覆盖的沟道区域使用均匀注入，在漏极采用局部非均匀发射。Copyright © 1994 IEICE

在均一编程和非均一擦除的方案下（见图 6.6b），由于擦除过程中漏极结上存在高电压，在带间隧穿机制作用下存储单元漏极附近产生了空穴[23-25]。这些空穴的一部分在耗尽区被加速后注入到薄栅氧化层中。热空穴的注入导致在靠近漏极的栅氧化层中形成空穴陷阱。结果，发生电场增强，导致初始阈值电压窗口扩大，这在前 10 个编程 / 擦除循环中观察到。在第一次循环中，因为电场增强尚未发生，阈值电压窗口很小（约 1.5V）。经过几次循环后，空穴被局部困在漏极附近的栅氧化层中。同时，在非均一擦除和均一编程中的 FN 隧穿可能被限制在漏极附近的一个小区域。因此，在漏极区附近的栅氧化层中，电子捕获得到增强；随后，这些捕获的电子阻碍了电子在浮栅和衬底之间的隧穿。结果，阈值电压窗口迅速缩小。

另一方面，在均一编程和均一擦除的方案中，通过带间隧穿机制，在不产生热空穴的情况下进行编程和擦除操作；因此，不会出现初始阈值窗口加宽和窗口快速缩小的情况。

在均一编程和均一擦除的方案中，擦除态单元的 V_{th} 取决于编程 / 擦除循环的次数，即 V_{th} 在 1000 次循环内略有下降，在 1000 次循环后略有上升。然而，编程态单元的 V_{th} 并不依赖于编

程 / 擦除循环的次数。这可以解释如下：在均一编程 / 擦除操作中，电子的 FN 隧穿空间上是均匀进行的，因此氧化层和界面陷阱在覆盖的整个沟道区域均匀产生。在沟道区域上均匀捕获的氧化层电荷不仅影响穿过氧化层的电子隧穿电流，而且还影响平带（flat-band）电压。由于 FN 隧穿过程中氧化层产生了空穴陷阱，1000 次循环后擦除态单元的 V_{th} 略微降低（见图 6.6a）。空穴陷阱则使电子隧穿电流增大（V_{th} 值减小），同时使平带电压减小（V_{th} 值减小）。经过约 1000 次循环后，由于电子捕获，擦除态单元的 V_{th} 值增加。电子陷阱导致电子隧穿电流的减小（V_{th} 值增加）以及平带电压的增加（V_{th} 值增加）。

另一方面，尽管正负电荷被困在氧化层中，但编程态单元的 V_{th} 在 100 万次循环中几乎保持不变。对于编程态单元的 V_{th}，经过 1000 次循环，空穴阱导致电子隧穿电流的增加（V_{th} 值增加）以及平带电压的降低（V_{th} 值减小）。经过大约 1000 次的循环后，电子陷阱导致电子隧穿电流的降低（V_{th} 值减小）和平带电压的增加（V_{th} 值增加）[6, 7, 20]。因此，在均一编程 / 擦除方案中，编程态和擦除态单元中 V_{th} 值的移动可以用电子 FN 隧穿电流和平带电压的陷阱效应来解释。

通过测试器件在相同编程和擦除应力循环期间的平带电压偏移，证实了氧化层中陷阱电荷对平带电压的影响，如图 6.7 所示，其中测试器件的浮栅与控制栅相接。使用均一编程和均一擦除的方案，阈值电压偏移在开始时为负，但随着应力循环次数的增加而变为正，因为空穴捕获主要发生在前 1000 次循环中，而电子捕获在 1000 次循环后占主导地位。氧化层中陷阱电荷对平带电压的影响被证实，从而证实了平带电压和 FN 隧穿电流的阈值电压补偿机制 [6, 7, 20]。

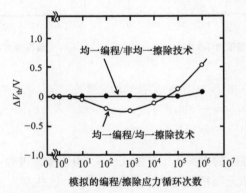

图 6.7 隧穿氧化层上具有相同编程和擦除应力时，浮栅与控制栅连接的测试器件中的阈值电压偏移。相同的编程 / 擦除应力条件：采用均一编程和均一擦除的方案时，对栅极和衬底分别施加 12.0V、0.1ms 和 13.5V、0.1ms 的高压脉冲；采用均一编程和非均一擦除的方案时，对栅极和漏极分别施加 10.4V、0.1ms 和 13.0V、0.1ms 的高压脉冲。在均一编程和均一擦除的方案中，氧化层中陷阱电荷直接影响阈值电压。然而，在均一编程和非均一擦除的方案中，氧化层中陷阱电荷并不直接影响阈值电压。Copyright © 1994 IEICE

图 6.8 显示了器件耐久特性与隧穿氧化层厚度的关系 [7]。在均一编程和均一擦除的方案下，与较薄的隧穿氧化层相比，较厚隧穿氧化层的窗口窄化程度更大，其在 1000 次循环时的窗口加宽程度也更大。由于在较厚的氧化层中空穴产生增加，导致空穴捕获增强。因此，由于空穴

参与了陷阱的产生，对于较厚的氧化层，电子捕获也会增强。在均一编程和非均一擦除方案的情况下，在 7.5～12.1nm 厚度范围内，窗口的加宽和缩小几乎与氧化层厚度无关。然而，对于 5.6nm 厚的隧穿氧化层，编程和擦除操作的窗口缩小都大大减少。不过，均一编程和非均一擦除方案的情况下，5.6nm 厚氧化层的击穿很早发生，在 100 万次循环之前。

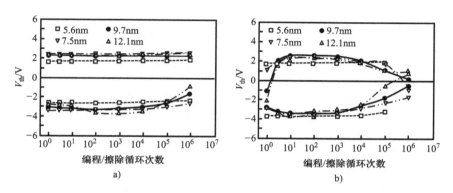

图 6.8　编程 / 擦除循环耐久特性与隧穿氧化层厚度的依赖关系。a）均一编程和均一擦除方案；b）均一编程和非均一擦除方案。Copyright © 1994 IEICE

6.2.3　数据保持特性

1. 编程和擦除方案依赖性

图 6.9 显示了擦除态单元的数据保持特性，这些单元在两种编程 / 擦除方案下经历了 10 次至 100 万次的编程 / 擦除循环 [6-8]。在均一编程和非均一擦除的方案下（见图 6.9b），随着烘烤时间的增加，存储的正电荷逐渐衰减，因此阈值电压窗口减小。然而，均一编程和均一擦除的方案下（见图 6.9a），至烘烤 100min，存储的正电荷有效地增加。这是由于在烘烤过程中电子从栅氧化层到衬底的脱阱，如图 6.10 所示。随着编程 / 擦除循环次数的增加，由于薄氧化层中捕获的负电荷数量增加，这种存储的正电荷的有效增加变得更大。电子脱阱的效果相当于在栅氧化层中捕获空穴的效果。结果，电子的脱阱抑制了带正电荷单元的数据丢失，因为存储的正电荷在烘烤开始时在有效地增加。这种效应延长了擦除态单元的数据保持时间，这是采用均一编程和均一擦除的方案所形成的。图 6.11 显示了数据保持时间作为编程 / 擦除循环次数的函数。采用均一编程和均一擦除的方案可以延长擦除态单元的数据保持时间，特别是 10 万次编程 / 擦除循环以后。

图 6.12 显示了两种编程和擦除方案在不同编程 / 擦除循环后，编程态和擦除态单元的数据保持特性 [7]。在均一编程和均一擦除的方案下，经过 100 万次编程 / 擦除循环的单元在烘烤 20min 后，可以观察到编程态单元中较大的阈值电压偏移。这也归因于隧穿氧化层中电子的脱阱。这种阈值电压偏移可以在 1.0μm 设计规则的单元中观察到，随着存储单元的缩小，电压偏移变得更糟。在低于 30nm 技术节点的单元中，即使经过几千次编程 / 擦除循环，也可以观察到相同的初始 V_{th} 偏移。下一节将进一步讨论这个问题。

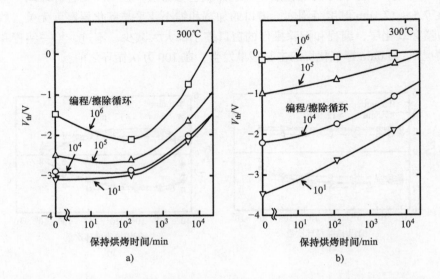

图 6.9　擦除态单元的数据保持特性分别经过 10、10^4、10^5 和 10^6 次编程 / 擦除循环后，在 300℃下随保持烘烤时间的变化，擦除态单元在浮栅存储正电荷。a）均一编程和均一擦除方案；b）均一编程和非均一擦除方案。Copyright © 1994 IEICE

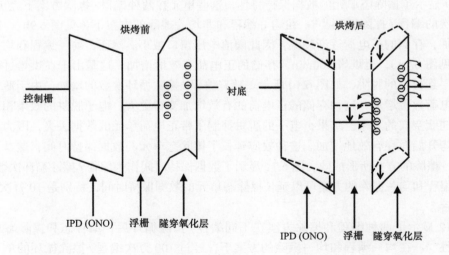

图 6.10　烘烤前后的带示意图。从栅氧化层到衬底的电子脱阱的效果相当于在栅氧化层中捕获空穴的效果。Copyright © 1994 IEICE

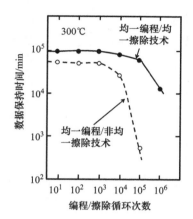

图 6.11 擦除态存储单元在编程和擦除循环后的数据保持时间。数据保持时间定义为在 300℃保持烘烤过程中阈值电压达到 –0.5V 的时间。Copyright © 1994 IEICE

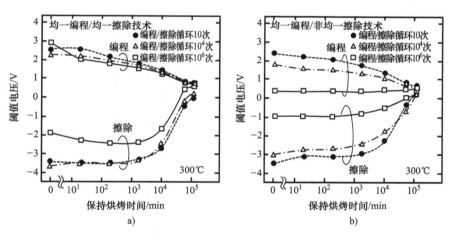

图 6.12 不同编程 / 擦除循环后的数据保持特性。a）均一编程和均一擦除方案；b）均一编程和非均一擦除方案。Copyright © 1994 IEICE

2. 温度依赖性

为了估计在均一编程和均一擦除方案下，操作温度（<85℃）下存储单元的数据保持寿命，测量了不同温度（150 ~ 300℃）下的数据保持特性，如图 6.13 所示。对 1.0μm 设计规则下 9.7nm 厚隧穿氧化层的存储单元进行 100 万次编程 / 擦除循环。对于编程态单元，随着烘烤时间的增加，V_{th} 单调地由负值向中性 V_{th}（0.7V）移动。烘烤 20min 后 V_{th} 的负向偏移随着编程 / 擦除循环的增加而增加，如图 6.14a 所示。这是因为在高温下，浮栅的电荷损失和从隧穿氧化层到衬底的电子脱阱均得到了增强。在 NAND 闪存的实际应用中，编程态单元在 100℃时的 V_{th} 负向偏移估计小于 0.2V。因此，闪存单元中编程态单元的阈值电压裕度应确保大于 0.2V。

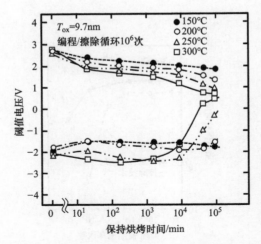

图 6.13 数据保持特性在均一编程和均一擦除方案中对烘烤温度的依赖性。Copyright © 1994 IEICE

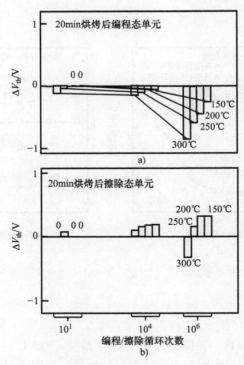

图 6.14 150~300℃烘烤 20min 后的阈值电压偏移。a）编程态单元；b）擦除态单元。Copyright © 1994 IEICE

对于擦除态单元，在 150～300℃的所有测试温度下，都可以观察到存储的正电荷有效增加的现象，如图 6.13 所示。然而，阈值电压偏移强烈地依赖于温度。当温度为 300℃时，V_{th} 呈现负向偏移，直至 20min；之后，V_{th} 向中性 V_{th}（0.7V）正向偏移。而在 150～250℃的烘烤条件下，烘烤 20min 后，初始 V_{th} 偏移为正（约 0.3V）；之后，V_{th} 为负向偏移，持续至 1000min 后变为向中性 V_{th} 的正向偏移。烘烤约 20min 后的第一个 V_{th} 正向偏移可以解释为由于隧穿氧化层中高场应力引起的漏电流导致浮栅的电荷损失 [5, 26, 27]。V_{th} 的负向偏移可以用从隧穿氧化层到衬底的电子脱阱效应来解释。

由于在较低温度下电子的脱阱速率较低，因此在较低温度下达到最小 V_{th} 值的时间较长，例如 250℃下为 1000min，200℃下为 10000min。因此，在低于 100℃ 的操作温度下，V_{th} 最大负向偏移将在超过 100 万 min 后出现。

图 6.15 显示了在不同的编程 / 擦除循环次数下，通过数据保持对温度的依赖性来估计存储单元的数据保持时间。由于编程 / 擦除循环，数据保持时间被缩短。但是，使用均一编程和均一擦除的方案情况下，即使经过 100 万次循环，在低于 100℃ 的操作温度下，可保证 10 年的数据保持时间。本实验的 1.0μm 设计规则单元中，数据保持时间的活化能（图 6.15 中的斜率）在 10 ~10⁶ 次编程 / 擦除循环范围内几乎相同。这是因为数据保持时间主要由浮栅电荷损失机制决定；但是，数据保持时间不由脱阱机制决定，如图 6.12 和图 6.13 所示。

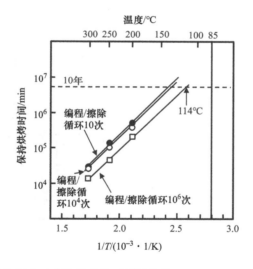

图 6.15　操作温度对应数据保持时间的估算。Copyright © 1994 IEICE

3. 隧穿氧化层厚度依赖性

为了明确隧穿氧化层厚度在数据保持方面的微缩极限，测量了不同隧穿氧化层厚度的单元的数据保持特性，如图 6.16 所示 [7]。经过 20min 烘烤后，编程态单元 V_{th} 的负向偏移随着氧化层厚度的减小而减小，如图 6.17a 所示。这是因为在较薄的隧穿氧化层中，电子脱阱程度较小。对于擦除态单元，在具有 7.5 ~ 12.1nm 厚隧穿氧化层的单元中可以观察到 V_{th} 负向偏移；但是，对于 5.6nm 厚隧穿氧化层的单元，无法观察到 V_{th} 的负向偏移。这些单元的 V_{th} 偏移是正向的。这是因为随着隧穿氧化层变薄，应力诱导漏电流增加，所以在 5.6nm 厚的隧穿氧化层情况下，浮栅的电荷损失的影响大于电子脱阱的影响。

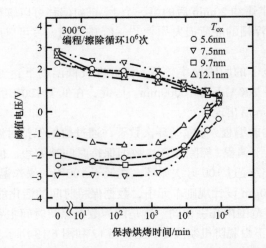

图 6.16　均一编程和均一擦除的方案下数据保持特性对隧穿氧化层厚度的依赖性。Copyright © 1994 IEICE

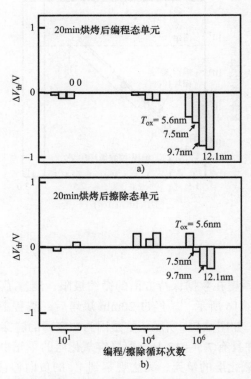

图 6.17　在 300℃烘烤 20min 后的阈值电压偏移。存储单元具有 5.6 ~ 12.1nm 厚的隧穿氧化层。a）编程态单元；b）擦除态单元。Copyright © 1994 IEICE

图 6.18 显示了数据保持时间与隧穿氧化层厚度和编程 / 擦除循环次数的关系[7]。对于较薄的隧穿氧化层，当编程 / 擦除循环为 10 ~ 10^4 次时，数据保持时间缩短；然而，在 100 万次循环的情况下，由于电子脱阱减少，窗口缩小，数据保持时间被延长。因此，隧穿氧化层的微缩不受由于隧穿氧化层减薄至 5.6nm 而导致的数据保持性能下降的限制。

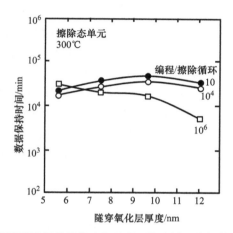

图 6.18　300℃下数据保持时间随隧穿氧化层厚度和编程 / 擦除循环次数的变化。Copyright © 1994 IEICE

本节描述了两种编程 / 擦除方案的循环耐久特性和数据保持特性。在均一编程和均一擦除方案中，即使经过 100 万次编程 / 擦除循环，也能保证宽的单元阈值电压窗口。通过均一编程和均一擦除的方案，在整个覆盖的沟道区域内使用均匀一致的 FN 隧穿，提高了数据保持特性。实验表明，电子从栅氧化层到衬底的脱阱导致了擦除态的保持时间延长。均一编程和均一擦除的方案形成了具有延长数据保持时间的高可靠性闪存。

6.3　编程 / 擦除循环耐久和数据保持的特性分析

6.3.1　编程 / 擦除循环退化

重复的编程和擦除循环会降低闪存单元的性能和可靠性。其性能的退化主要与编程和擦除操作过程中 FN 隧穿电子注入应力造成的隧穿氧化层退化有关。薄隧穿氧化层的许多退化现象已被报道。

首先，讨论了单元阈值电压偏移对编程和擦除脉冲的依赖关系[28]。在 NAND 单元的编程 / 擦除方案中，编程 / 擦除循环中单元的 V_{th} 偏移主要出现在擦除态的 V_{th} 上，因为擦除态的 V_{th} 对隧穿氧化层中的电荷捕获非常敏感，如 6.2.2 节所述。例如，如果电子被陷在隧穿氧化层中，则存储单元的 V_{th} 将向正向偏移。此外，由于隧道氧化物中的电场强度因被捕获的电子而降低，擦除过程中的 FN 隧穿电流将减少，也导致 V_{th} 的正向偏移。

为了研究编程和擦除脉冲效应，比较了编程和擦除脉冲形状中的擦除态 V_{th} 衰减[28]。这里使用了四种不同形状（A/B/C/D）的编程 / 擦除脉冲，如图 6.19 所示。对于脉冲 A 和 B，擦除过程中的应力非常低，但编程过程中的应力对脉冲 A 来说很高，对脉冲 B 来说相对较低。对于脉冲 C 和 D，编程应力较低，而脉冲 C 的擦除应力较高，脉冲 D 的擦除应力则相对较低。图 6.19a 和 b 显示了编程 / 擦除循环过程中擦除态的 V_{th} 偏移。在最初的几百次循环中，单元的 V_{th} 低于初始值，这是由于隧穿氧化层中的空穴捕获导致 V_{th} 值降低和 FN 隧穿电流密度增加。在大约 1000 次循环后，隧穿氧化层中的电子捕获使 V_{th} 增加。对于具有高应力的脉冲 A 和 C，由于产生的空穴更多 [29]，因此空穴捕获比低应力脉冲的 B 和 D 高约 10 倍。此外，从在 10 万次编程 / 擦除循环时 V_{th} 偏移曲线斜率的差异来看，相比之下，高应力脉冲 A 和 C 比低应力脉冲 B 和 D 产生电子陷阱的速率更高。高擦除应力脉冲 C 的空穴捕获似乎略大于高编程应力脉冲 A。这表明在高擦除应力脉冲 C 下，空穴注入量增加；然而，一个更可能的解释是，对于高应力擦除脉冲 C，空穴被困在更靠近 Si/SiO$_2$ 界面（1~2nm）的地方，因为在高应力擦除脉冲期间 Si/SiO$_2$ 界面与阳极对应。Si/SiO$_2$ 界面附近的空穴陷阱对读干扰（6.4 节和 6.5 节）、编程干扰（6.6 节）和不稳定的过度编程（6.7 节）都有很大影响，因为电子注入使浮栅的势垒降低了。因此，必须仔细控制擦除条件以提高可靠性。

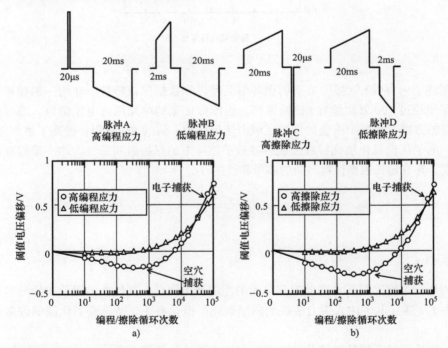

图 6.19　应用于存储单元的控制栅的编程 / 擦除脉冲。对于脉冲 A 和 B，为了获得低擦除应力，擦除脉冲是具有梯形形状的长脉冲（20ms）。对于脉冲 A，编程脉冲很短（20μs），导致很高的编程应力。对于脉冲 B，编程脉冲很长（2ms），并且具有梯形形状以减少编程应力；对于脉冲 C 和 D，编程脉冲较长，以获得较低的编程应力。对于脉冲 C，擦除脉冲非常短，导致高擦除应力，而对于脉冲 D，通过使用较长的梯形脉冲来减小擦除应力。a, b）编程 / 擦除循环期间，96 个存储单元相对于初始擦除阈值电压的平均擦除阈值电压偏移，其中 a）高、低编程应力脉冲 A 和 B，b）高、低擦除应力脉冲 C 和 D。对于高应力脉冲 A 和 C，空穴捕获明显大于低应力脉冲 B 和 D。在高、低应力脉冲中均发生电子捕获

接下来，我们讨论了存储单元的退化现象。如上所述，编程／擦除循环对隧穿氧化层和衬底界面的界面态和界面陷阱的产生均有影响[30-32]。图 6.20 显示了编程／擦除循环对单元电流和迁移率的影响。通过单元晶体管在 10 万次编程／擦除循环和 250℃、168h 烘烤过程中的 I_d-V_g 曲线研究了退化机理的起源。氧化物陷阱（N_{ot}）的产生和电荷损失可以通过中隙电压（V_{mg}）的偏移来监测，界面陷阱密度（N_{it}）可以通过晶体管的亚阈值斜率来监测。

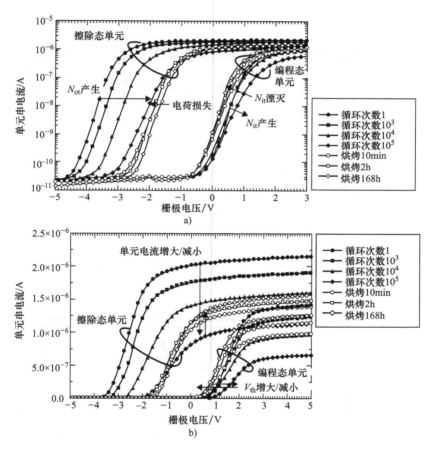

图 6.20　单元晶体管在耐久循环和数据保持测试期间的漏极电流 - 栅极电压（I_d - V_g）曲线，图 a 中 y 轴为对数尺度和图 b 中 y 轴为线性尺度。在循环模式下，编程脉冲为 17V、100μs，擦除脉冲为 17V、1ms。保持模式下，烘烤温度为 250℃。由于界面陷阱的产生，单元电流和迁移率在编程／擦除循环中降低，并在 250℃烘烤后恢复

在编程／擦除循环过程中，氧化物陷阱在隧穿氧化层中产生，电子在陷阱位点被捕获。因此，在擦除态单元中，从 10^3 次循环到 10^5 次循环，可以观察到中隙电压 V_{mg} 正向偏移，如图 6.21 所示。然而，在编程态单元中无法监测到这种现象，因为电子陷阱效应产生的 FN 隧穿电流降低抵消了 V_{th} 的正向偏移，如 6.2.2 节所述。循环和保持模式下的阈值电压偏移如图 6.21a 所示。阈值电压偏移可以通过中隙电压 V_{mg} 偏移和亚阈值斜率变化（N_{it} 导致的 V_{th} 偏移）进行

分类，如图 6.21b 所示。中隙电压 V_{mg} 的偏移表明在耐久循环模式下产生氧化层陷阱，而在保持模式下产生电荷损失。亚阈值斜率退化和饱和电流减小（见图 6.21b）表明在耐久模式下产生了界面陷阱。亚阈值斜率和饱和电流的恢复表明在 250℃ 的保持模式下界面陷阱由于脱阱而湮灭。在耐久模式下，产生氧化层陷阱和界面陷阱，而在保持模式下，发生电荷损失和界面陷阱湮灭。界面陷阱湮灭对阈值电压偏移的贡献略大于电荷损失（见图 6.21b）。因此，可以得出结论，NAND 闪存单元中界面陷阱对单元退化和数据保持特性的影响是非常重要的。

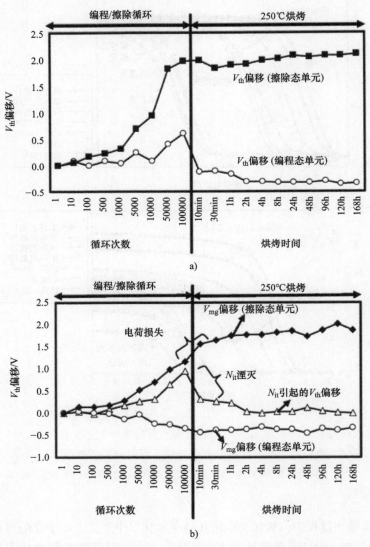

图 6.21 对图 6.20 的循环和保持实验中阈值电压偏移的分析。a）编程态和擦除态单元的阈值电压偏移；b）通过 V_{mg} 偏移和 N_{it} 产生 / 湮灭对阈值电压偏移的分类。编程态和擦除态单元中界面陷阱导致的阈值电压偏移是相同的

51 ~ 32nm 设计规则下的存储单元中也报道了编程 / 擦除循环退化机制。陷阱沿沟道长度方向和沟道宽度方向的分布不均匀可以解释这种退化。

将具有长浅沟槽隔离（STI）边缘结构（LSE）的 90nm 单元（结构见图 6.22a）与具有短浅沟槽隔离边缘结构（SSE）的 51nm 单元（结构见图 6.22c）进行循环退化比较，如图 6.22 所示。在 LSE 编程态下（见图 6.22a 和 b），循环后的阈值电压变化（ΔV_{th}）主要是由界面状态产生的亚阈值斜率衰减（ΔSS）[32]。在 LSE 中，编程态下 V_{mg} 在循环过程中几乎保持恒定。然而，在 SSE 情况下（见图 6.22c 和 d），编程态下 V_{mg} 在循环过程中随着 ΔSS 向更高的栅极电压偏移。这可以解释为 SSE 器件的窄浮栅宽度导致在擦除操作期间浮栅边缘附近形成高场聚集。因此，在浮栅边缘下，擦除操作的 FN 电流密度增加。浮栅边缘擦除电流密度的增加以及刻蚀损伤的影响，导致了浮栅边缘附近电荷浓度最大的沟道区域上氧化层陷阱电荷的产生不均匀（沟道宽度方向的陷阱分布不均匀）。被捕获的电荷主要影响擦除隧穿电流，但不影响编程隧穿电流，因为编程电流是在浮栅中心区域流动。因此，由于编程 FN 隧穿电流不会被氧化层捕获电荷降低，编程态的 V_{mg} 在 SSE 中向更高的栅极电压偏移。

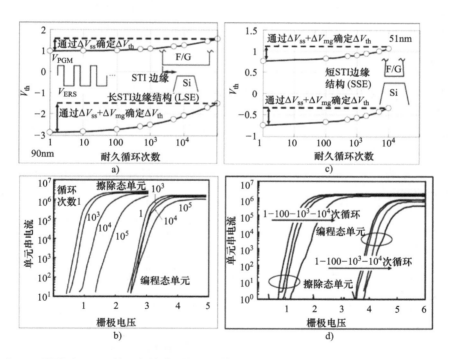

图 6.22　a）LSE 器件（90nm 单元）的典型编程 / 擦除循环特性。擦除态 V_{th} 的衰退是由 V_{mg} 和 SS 变化引起的。编程态 V_{th} 仅由 SS 的增加决定。插图显示了 LSE 结构的特征（位线截面方向）；b）不同循环次数下的 I_d-V_g 特性显示出了擦除态下 V_{mg} 和 SS 的联合衰减，以及编程态下 V_{mg} 不变的 SS 衰减；c）SSE 结构器件（51nm 单元）的典型编程 / 擦除循环特性。擦除态 V_{th} 的衰减是由 V_{mg} 和 SS 偏移引起的。与 LSE 相反，编程态下的 V_{th} 也是由 SS 和 V_{mg} 的变化决定的；d）不同循环次数下的 I_d-V_g 特性显示出了编程态和擦除态下 V_{mg} 和 SS 的联合衰减

将该非均匀电荷分布模型扩展到栅极长度方向。已知位于源／漏（S/D）结附近的氧化层电荷不仅影响 V_{mg}，而且影响亚阈值斜率（SS）[34]。通过在浮栅边缘下的隧穿氧化层中放置负电荷团簇来模拟由不均匀氧化物电荷引起的 ΔSS [33]。仿真结果表明，电荷团簇可以根据 S/D 的重叠程度提高或降低 SS。这种现象可以用存在负电荷的 S/D 区在低电流水平下的 3D 电流通量畸变来解释。如果 S/D 重叠较大，则浮栅边缘的氧化层电荷位于 S/D 区域。因此，氧化层电荷有效地阻碍了 S/D 电子电流，并将产生亚阈值电流的电子限制在沟道表面区域。这种效果促进了SS 的改善。另一方面，在 S/D 重叠相对较小的单元中，氧化层电荷阻碍沟道和 S/D 电子电流。因此，亚阈值电流产生于远离沟道表面的地方。这导致栅极可控性的退化和 SS 的恶化。

非均匀电荷捕获模型可以很好地解释用于证明 ΔSS 依赖于循环后的初始 SS 这一测量结果。初始 SS 较高（S/D 重叠较大），循环后 SS 降低（SS 提高）。但当初始 SS 较低（S/D 重叠较小）时，循环后 SS 增加（SS 衰减）[33]。

因此，位于浮栅边缘附近的负氧化层电荷的不均匀分布模型可以解释 50nm 设计规则以下的存储单元缩放中的编程／擦除退化机制。结果表明，非均匀分布的负电荷降低了擦除 FN 电流，但不改变编程 FN 电流，导致编程态下的 V_{mg} 正向偏移。栅极边缘附近的定域化氧化层电荷显著影响了 S/D 结电势，这导致观察到亚阈值摆幅下降。

6.3.2　应力诱导漏电流（SILC）

图 6.23 显示了室温下 NOR 闪存单元 SILC 特性的典型 V_{th} 分布 [35]。图 6.23a 的单元均循环了 10 次，即使在大约 7 年的保持时间后，处于分布尾位（SILC 位）的数量也很少。SILC 位的数量低于 0.1%。然而，在图 6.23b 所示的 10 万次循环后，20% 的单元显示出较大的 SILC V_{th} 偏移。有相当多的单元表现出非常大的 V_{th} 变化。在这个实验中，厚度约为 8nm 的薄隧穿氧化层增强了循环的影响。分布中出现的拖尾归因于这些单元穿过隧穿氧化层的电子漏电流远高于主分布中单元的漏电流。

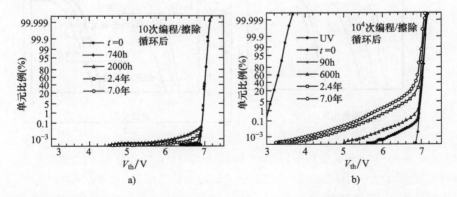

图 6.23　NOR 闪存单元中 SILC 的数据保持。a）10 次和 b）10^4 次循环后，8nm 厚的氧化层在不同室温存储时间下的 V_{th} 分布。单元 V_{th} 偏移相关的 SILC 比脱阱漏电流大得多，但一小部分单元具有 SILC。观察到单元 SILC 对循环次数有很强的依赖性。单元 SILC 在高温（250℃）烘烤中消失。陷阱辅助隧穿应该是 SILC 的根本原因

　　参考文献 [36] 还讨论了 16Mbit NAND 闪存中 SILC 单元的编程 / 擦除循环依赖性。图 6.24 显示了在 10^5 次和 10^6 次编程 / 擦除循环后，室温下 1000h 烘烤的闪存单元 V_{th} 分布。烘烤前的初始电压大于 3.9V。少数单元出现大量电荷损失，它们形成 "尾位" 分布。当编程 / 擦除循环大于 10^5 次时，尾位单元数量增加。而大电荷损耗单元（SILC 位）具有很强的 V_{th} 依赖性（电场依赖性）。较高的 V_{th}（较高的电场）会导致 SILC V_{th} 的偏移变差。图 6.25 显示了从 SILC 位的 V_{th} 偏移计算漏电流。图中纵坐标 J/S 为漏电流密度，J 可以表示为 $J = C_{cg\text{-}fg} \Delta V_{th} / \Delta t$，其中 $C_{cg\text{-}fg}$ 是控制栅和浮栅之间的电容。电场 E_{ox} 小于 1.2MV/cm 时，电荷损失很小，对应于 $V_{th}=2.0\text{V}$。但在 $E_{ox}=1.4\text{MV/cm}$ 附近急剧上升，并随着 E_{ox} 的增加呈指数增长。

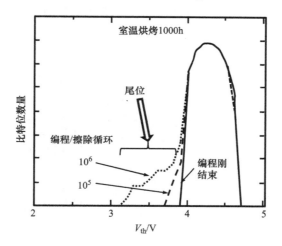

图 6.24　NAND 闪存中 SILC 单元的数据保持情况（V_{th} 分布）。实线为编程刚结束的 V_{th}。点线和虚线是 1000h 烘烤后的 V_{th}。编程过程中，V_{th} 控制在 4.0V 以上

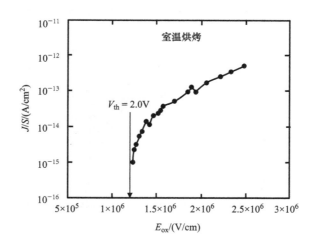

图 6.25　隧穿氧化层中典型尾位的电荷损失速率随电场 E_{ox} 的变化

参考文献 [36] 对 SILC 位的重复性也进行了研究，如图 6.26 所示。对同一单元进行了第一次和第二次 MEAS 的数据保持测试，记录位的地址。尾位行为可以分为两类。其中一类在重编程（reprogramming）过程中从尾位转化为正常单元，并以正常单元的形式出现（见图 6.26 中"不重新出现的尾位"）。另一类作为异常的尾位单元连续保持，在两次测量中显示出几乎相同的电荷损失特性（见图 6.26 中"重新出现的尾位"）。许多单元位（约 90%）在重新编程和再一次保持烘烤后又作为尾位出现。经过再一次编程 / 擦除操作后，大约 10% 的尾位转化为正常单元。这一事实表明，尾位很容易从尾位转换为正常位。在图 6.27 中，识别了一个名为"停止位"的异常单元。通过单独跟踪停止位，在室温保持烘烤过程中，停止位突然从尾位转变为正常位，如图 6.27 所示。停止位的存在有力地支持了尾位与正常位之间的轻松转换。

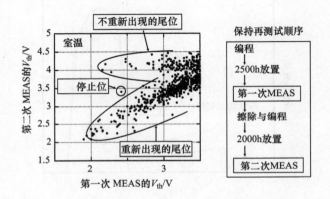

图 6.26　再次测量保持特性时，异常单元的重新出现。经过 100 万次编程 / 擦除循环后，存储单元在室温下烘烤了 2500h。之后，所有单元被擦除、编程，并再次烘烤 2000h

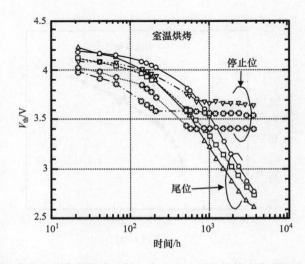

图 6.27　"停止位"异常单元的电荷损失特性。有三个比特位的快速电荷损失是突然和随机停止的

这一实验结果表明，SILC 是由电子电流通过陷阱辅助隧穿引起的。陷阱和脱阱会产生重现和不重现的现象。此外，这些事实表明，尾位的异常漏电流只流过一个或几个点。这种泄漏路径可以很容易地从失活转移到激活，或从激活转移到失活。一个泄漏路径模型是电子可以很容易地从浮栅通过泄漏路径流到衬底。泄漏路径按照编程 / 擦除循环的幂律以恒定概率产生，如图 6.28 所示。

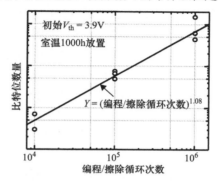

图 6.28　尾位对编程 / 擦除循环的依赖性。烘烤前初始 V_{th} 超过 3.9V。尾位定义为在烘烤过程中 V_{th} 小于 3.7V 的单元。SILC 位的数量强烈地依赖于编程 / 擦除循环次数。失效位几乎与编程 / 擦除循环次数成正比。隧穿氧化层的退化程度与编程 / 擦除循环次数成正比

6.3.3　NAND 闪存产品中的数据保持

参考文献 [37] 比较了不同供应商的几种 NAND 闪存产品的数据保持性能。图 6.29a 显示了 1 万次编程 / 擦除循环后室温烘烤期间的原始误码率（raw bit error rate，RBER）。零时刻的 RBER 是由编程 / 擦除循环引起的编程错误。由于数据保持错误，RBER 随着保持时间的增加而增加。

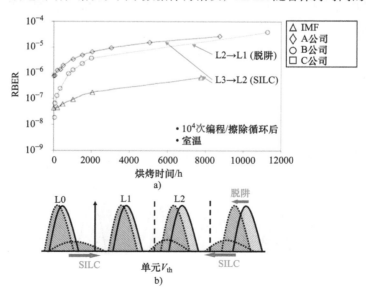

图 6.29　1 万次编程 / 擦除循环后 RBER 与室温保持时间的变化关系。RBER 随着保持时间的增加而增加

数据保持出现错误位（保持错误）主要是归因于电荷损失。一个单元失去电荷并因此从一个 V_{th} 级别移动到更低的级别。有两种主要的机制导致了这种保持错误。第一种是 SILC 穿过隧穿氧化层造成浮栅电荷损失 [5, 27]。第二种是在循环过程中捕获的隧穿氧化层中电荷的脱阱 [6-8, 38-40]。这种效应对 V_{th} 分布的影响如图 6.29b 所示。脱阱使分布本征变宽并向下偏移。SILC 使少量单元失去电荷，在分布中形成尾位（见 6.3.2 节），如图 6.29b 所示。由于 SILC 比脱阱对电场的依赖性更强 [36, 41, 42]，SILC 倾向于主导 L3 单元的 RBER，如图 6.29 所示；L3 单元在隧穿氧化层中具有最大的电场，因为它们存储的电子最多。在 B 公司的闪存产品中，脱阱倾向于主导 L1 和 L2 单元的 RBER。这似乎是由该产品的 L2 级电平和相应读电压之间的裕度不足造成的错误。有趣的是，产生保持错误的脱阱同样也会导致一些随着时间推移而恢复的编程错误（来自最终循环），因为一些高于预期读电平的尾位单元会由于电荷损失而低于该读电平。这些编程误码被认为是由"不稳定的过度编程"引起的，这在 6.7 节中描述。在图 6.29 所示的保持期内，大约有三分之一的编程错误恢复了。

两种保持机制的 RBER 在很大程度上取决于不同供应商的产品。有两家供应商产品的保持错误多为 L3 → L2 型，第三家供应商产品的保持错误多为 L2 → L1 型，其他供应商的产品都有这两种保持错误。仅绘制电荷损失引起的错误，不考虑编程错误，可以更清楚地看到保持错误的特征，如图 6.30 所示。图 6.30 右图的三角形符号曲线显示，RBER 在循环中呈幂律变化，这与已知的 SILC 一致。圆形符号曲线则对循环计数的依赖更陡峭，这正是通过脱阱机制这一本征特性所看到的。虽然菱形符号曲线以 L3 → L2 为主，但对循环斜率的增加表明物理机制可能是 SILC 和脱阱的混合机制。从几个供应商的数据来看，似乎每个供应商都有不同的 V_{th} 电平设置策略。B 公司（圆形符号曲线）小于 1000 次循环中的 RBER 远低于其他供应商。但在 10000 次循环时，L2 → L1 型错误以脱阱为主。L2 级电平和相应读电平之间的裕度不够宽。该产品的策略可能优先考虑在 1000 次循环内最小化 RBER，再考虑对 L2 单元的读电平裕度影响。而其他供应商则将优先考虑在 10000 次循环时最小化 RBER。

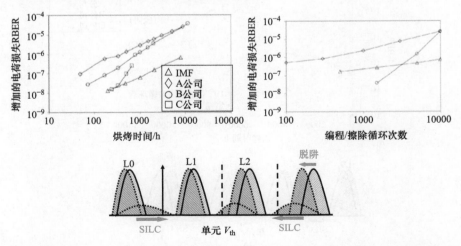

图 6.30 1 万次编程 / 擦除循环后电荷损失 RBER 随保持烘烤时间的变化（左）；不同编程 / 擦除循环次数后再烘烤 1 年的电荷损失 RBER（右）。烘烤是在室温下进行的。产品的数据保持时间很短（672h）

　　各机制的相对贡献还取决于循环和烘烤条件。这些器件在室温下编程／擦除循环操作数天，然后在室温下烘烤。如果编程／擦除循环是在高温下或在较长的时间内进行的，那么脱阱的贡献就会减少，因为一些陷阱会在循环之间的延迟中被退火消除。另一方面，如果保持烘烤是在高温下进行的，那么脱阱程度会更大，SILC 会更小。因为脱阱有强烈的温度加速特性 [41, 43]，如 6.3.2 节所述，而 SILC 在高温下因退火减小 [41, 44]。事实上，人们通常认为脱阱机制只有在高温下才显著，但这一讨论表明，在某些条件下，某些产品即使在室温下也可能以脱阱为主。以脱阱电荷损失为主的闪存产品可能在更现实的时间（如一年）内具有更好的保持。

　　为了最大限度地减少应用中的 RBER，定义 NAND 闪存的实际使用情况非常重要，例如温度范围、优势温度、循环次数、循环分布、读取次数等。基于这种使用条件，供应商必须优化工艺和操作设置，如 V_{th} 设置，以最小化 RBER。由于 NAND 闪存产品应用的范围分布广泛，产品线将被分开，以满足每个应用的标准。

6.3.4　分散式循环测试

　　当前已有对分散式循环（distributed cycling）测试结果的报道。Compagnoni 等人对 NAND 闪存单元的循环诱导阈值电压不稳定性进行了详细的实验研究，重点研究了其对循环时间和温度的依赖 [45]。其研究旨在为保证 NAND 闪存产品质量而寻求合理的、通用的测试条件，其中 SILC 和脱阱的机理已在 6.3.3 节中描述过。

　　当单元循环后处于编程态时，单元 V_{th} 不稳定性主要表现为其阈值电压累积分布的负向偏移，且随着时间的推移而增加。这是由前一个循环周期所造成单元损伤的部分恢复所致。阈值电压损失不仅与保持过程中的隧穿氧化层电场密切相关，还与循环条件密切相关。特别是，根据对数时间轴上较长循环时间间隔或较高温度条件，阈值电压到达稳定的时间被延迟。在 60nm 和 41nm 工艺节点下，研究了延迟因子与循环持续时间和温度的关系，提取 NAND 通用损伤恢复度量所需的参数值。

　　图 6.31 给出了在多电平 NAND 闪存器件上测试循环后 V_{th} 不稳定性最常用的实验流程示意图。具体流程为：①在时间 $t_{cyc} = Nt_{wait}$ 内执行数量 N 个编程／擦除循环（t_{wait} 为循环间一个恒定的延迟时间）；②对单元进行编程 - 验证（PV）操作，使其达到特定 V_{th} 水平的编程态；③在循环结束后延迟执行 V_{th} 读操作。从第一次读操作开始，以间隔时间 t_B 的对数为间隔对 V_{th} 进行监控（读取）。注意，V_{th} 监测阶段对应于温度 T_B 下的数据保持实验，该温度可能是室温，或者更普遍地说是选定的烘烤温度。在后一种情况下，烘烤定期中断，器件冷却至室温来读取 V_{th}。

　　图 6.31a 所示实验测试中，循环结束时的单元损伤量是编程／擦除循环产生的损伤和循环之间的时间延迟内损伤恢复的结果。假设编程／擦除循环产生的损伤既不取决于 t_{wait}，也不取决于温度 T_{cyc}，并且在温度 T_{cyc} 下损伤已经产生后，循环过程中的损伤恢复可以通过与 t_{cyc} 成比例的一段时间烘烤来复现 [41, 43]。图 6.31a 所示的测试流程与图 6.31b 所示的测试流程等效，即可以采用图 6.31b 所示测试流程作为较短时间的评估流程。在图 6.31b 所示的实验测试中，通过室温快速循环和随后的损伤恢复期 At_{cyc}^*，可以获得与图 6.31a 所示测试的 PV 操作之前相同的单元损伤，其中 A 是由实验确定的常数。为了处理单一温度下的损伤恢复，引入了时间参数 t_{cyc}^*，对应

在温度 T_B 下达到与在温度 T_{cyc} 及时间 t_{cyc} 条件下相同损伤恢复所需的时间：

$$t_{cyc}^* = t_{cyc} \cdot \exp\left(E_A \left(\frac{1}{kT_B} - \frac{1}{kT_{cyc}} \right) \right) \tag{6.1}$$

式中，使用活化能 E_A 的 Arrhenius 定律进行时间转换，k 为玻尔兹曼常数。假设现在从损伤产生周期结束以后，由于损伤恢复，V_{th} 呈对数递减，则从图 6.31b 所示实验测试到图 6.31a 所示测试，自第一次读操作到时间 t_B 的 V_{th} 变化（ΔV_{th}）适用以下公式 [43]：

$$|\Delta V_{th}| = \alpha \ln\left(1 + \frac{t_B}{t_0 + At_{cyc}^*}\right) = \alpha \ln\left(1 + \frac{t_B}{t_B^*}\right) \tag{6.2}$$

式中，α 为由于部分损伤恢复引起的 V_{th} 的对数递减幅度；$t_B^* = t_0 + At_{cyc}^*$。从 t_B^* 的定义来看，较长的 t_{cyc} 和较高的 T_{cyc} 会导致较低的电压损失恢复时间。

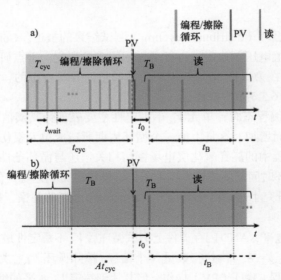

图 6.31　实验流程示意图。a）研究循环诱导的 V_{th} 不稳定性；b）分散式循环测试的等效模型

　　根据分布尾位单元的分布概率 $p = 5 \times 10^{-5}$，t_B^* 的测量和计算结果随 $1/kT_{cyc}$ 的变化如图 6.32 所示。该图被定义为循环的 Arrhenius 图，其显示了数据保持 ΔV_{th} 瞬态的特征时间，它是循环温度倒数的函数，而不是保持温度倒数的函数，保持温度总是等于室温。用图 6.32 中所给出的 t_B^* 的理论定义可以合理地再现实验数据，允许不依赖 PV 电平和 p 提取获得 $E_A = 0.52\text{eV}$，$t_0 = 0.8\text{h}$，以及 $A = 0.022$。需要注意的是，提取值 t_0 与 60nm NAND 测试芯片上循环结束到第一次读操作之间的实验延迟非常匹配。

　　实验数据和图 6.32 中所提取理论值的趋势表明，对于固定的 t_{cyc}，在大的 T_{cyc} 范围内，t_B^* 随着 T_{cyc} 增长，其中 t_B^* 曲线的斜率由 E_A 给出，在低 T_{cyc} 时达到等于 t_0 的常数值。从高 T_{cyc} 区到低 T_{cyc} 区的转变取决于 t_{cyc} 值，较长的循环时间允许在较低温度下达到 T_{cyc} 敏感区域。

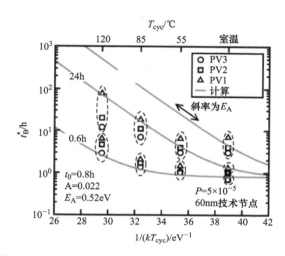

图 6.32　60nm 技术节点测试芯片循环的 Arrhenius 图

6.4　读干扰

6.4.1　编程 / 擦除方案的依赖性

参考文献 [27] 报道称，由编程和擦除循环应力引起的薄氧化物漏电流会降低存储单元的数据保持和读干扰特性。图 6.33 显示了栅极正极性下从衬底形成电子注入应力前后，氧化层电流密度与电场的关系，其中测量是基于 5.1 ~ 9.6nm 厚氧化层的电容 [27]。可以看出，低电场下的 SILC 是由电荷注入应力引起的，并且 SILC 随氧化层厚度的减小而增大。SILC 的起源并不明确；然而，它似乎很好地符合 Frenkel-Poole（PF）型传导。由于 SILC 的存在，很难缩小存储单元的隧穿氧化层厚度。参考文献 [5] 同时还研究了 SILC 对 NAND 闪存可靠性的影响。

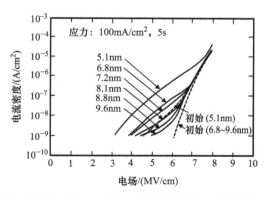

图 6.33　在电子注入前后基于 5.1 ~ 9.6nm 厚氧化层的电容测量的 J-E 特性（SILC）

对三种模拟的编程/擦除应力作用下的 SILC 进行了比较。图 6.34 显示了用于模拟编程/擦除应力的应力波形。表 6.2 显示了 NAND 闪存单元中与编程/擦除条件相对应的应力条件。在栅极或衬底和源/漏极上施加高电压。SILC 是由栅极和衬底之间的电子注入和发射引起的，如图 6.35 所示。结果表明，相比电子发射应力和电子注入应力诱导的 SILC，双极性动态应力诱导的 SILC 小一个数量级。这一结果表明，通过反向 FN 隧穿应力可以去除 SILC 的来源，其可能是隧穿氧化层中的定向缺陷，或应变，或捕获的空穴。这种通过双极性应力降低 SILC 的方法可以延长 NAND 闪存单元的读干扰和数据保持时间。

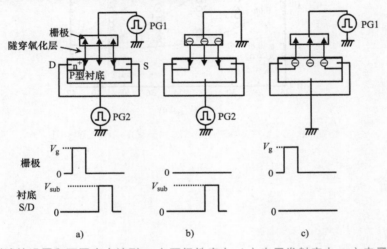

图 6.34　应力测试的设置和不同应力波形：a）双极性应力；b）电子发射应力；c）电子注入应力。应力条件见表 6.2

表 6.2　应力条件

T_{ox}	栅极	衬底、S/D
5.6nm	6.79V, 0.2ms	8.0V, 0.2ms
7.5nm	7.91V, 0.2ms	9.15V, 0.2ms

注：对栅极和衬底施加高压脉冲。应力电压 V_g 和 V_{sub} 是由与反向隧穿电流大致相同的电压决定。

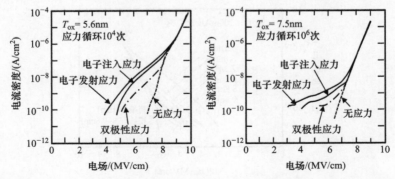

图 6.35　在双极性应力、电子发射应力和电子注入应力作用下，隧穿氧化层在 5.6nm 和 7.5nm 氧化层厚度下的 SILC。相比其他应力情况，在双极性应力情况下，氧化层漏电流较小

同时比较了两种编程 / 擦除方案下闪存单元的读干扰特性。一种是双极性 FN 隧穿编程 / 擦除技术，通过在闪存单元的整个沟道区域上均一注入和均一发射来实现（见图 6.36a）。另一种是用于 NOR 闪存的常规沟道热电子编程和 FN 隧穿擦除技术，该技术通过在漏极处 CHE 注入，并在整个沟道区域均一发射来实现（见图 6.36b）。在擦除中，为了防止由于带间隧穿应力引起薄栅氧化物的退化[21]，对衬底以及源 / 漏极施加高电压[6]。本实验中使用的闪存单元具有 5 ~ 10nm 厚的隧穿氧化层、25nm 厚的 ONO 多晶硅层间介质和 0.8μm 的栅长[22]。

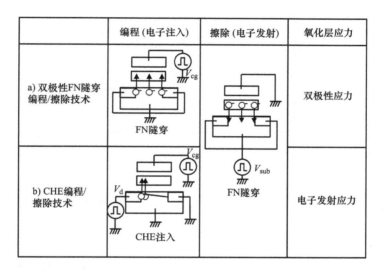

图 6.36　两种编程 / 擦除方案技术的比较：a）双极性 FN 隧穿编程 / 擦除技术，对应隧穿氧化层双极性应力；b）CHE 编程和 FN 隧穿擦除技术，对应隧穿氧化层电子发射应力，因为 CHE 注入没有产生漏电流

图 6.37 显示了两种编程 / 擦除方案下的编程 / 擦除耐久特性。在这两种方案中，10 万次编程 / 擦除循环内都没有发现单元阈值窗口的闭合趋势。

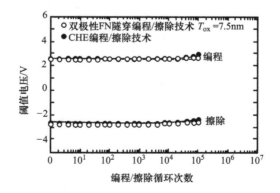

图 6.37　7.5nm 厚的隧穿氧化层闪存单元的耐久特性。在双极性 FN 隧穿编程 / 擦除方案中，编程：V_{cg} = 18V，1ms；擦除：V_{sub} =20V, 1ms。在常规方案中，编程：V_{cg} =7V, V_d =8.5V, 1ms；擦除：V_{sub} =20V, 1ms

在不同的栅极电压条件下，即加速电场试验中，测量了读干扰特性，如图 6.38 所示 [5]。在 CHE 写入和 FN 隧穿擦除方案的情况下，存储的正电荷随着应力时间（保持时间）的增加而迅速衰减，因此阈值窗口减小。然而，在双极性 FN 隧穿编程 / 擦除方案的情况下，所存储正电荷的数据丢失被大大改善。因此，双极性 FN 隧穿编程 / 擦除方案的数据保持时间是常规方案的 10 倍左右。这一现象可以用双极性 FN 隧穿应力降低了 SILC 来解释。

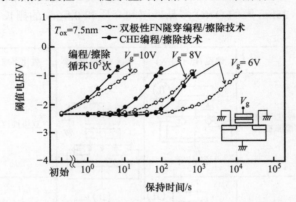

图 6.38　施加不同栅极电压应力时的读干扰特性。闪存单元有 7.5nm 厚的氧化层，经受了 10 万次编程 / 擦除循环。在双极性 FN 隧穿编程 / 擦除方案中，与常规方案相比，存储的正电荷的数据丢失有所改善；它对应于氧化层漏电流的结果

图 6.39 显示了编程和擦除循环后读干扰条件下的数据保持时间与隧穿氧化层厚度的关系。随着氧化层厚度的减小，数据保持的改善更为有效。因此，在双极性 FN 隧穿编程 / 擦除方案中，可以通过缩小闪存单元来减小隧穿氧化层厚度。于是，它提供了编程 / 擦除低压操作的优点。

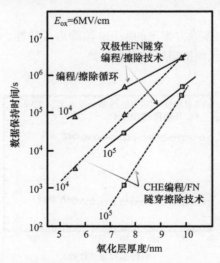

图 6.39　编程和擦除循环后闪存单元的数据保持时间与隧穿氧化层厚度的变化关系。数据保持时间定义为施加栅极电压应力（加速读干扰条件）时 V_{th} 达到 -1.0V 的时间。在双极性 FN 隧穿编程 / 擦除的方案中，隧穿氧化层厚度可以随着闪存单元的缩小而减小

在 300℃下测量了初始数据损失，如图 6.40 所示。结果表明，由于应力诱导氧化层漏电流的减小，双极性 FN 隧穿编程 / 擦除方案的初始数据损失小于 CHE 编程和 FN 隧穿擦除的方案。

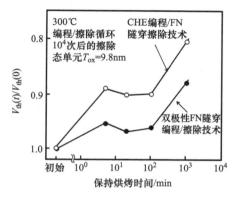

图 6.40　在双极性 FN 隧穿编程 / 擦除方案及 CHE 编程 /FN 隧穿擦除的方案中，经过 1 万次编程 / 擦除循环，擦除态单元（浮栅中存储正电荷）的初始数据丢失在 300℃随保持时间的变化

本小节描述了两种不同的闪存编程 / 擦除方案中的读干扰和数据保持特性。实验表明，采用双极性均一 FN 隧穿编程和擦除的闪存单元，其保持时间是常规闪存单元（即 CHE 注入编程、单极性 FN 隧穿擦除）的 10 倍。这两种编程 / 擦除方案之间的数据保持性差异是由于双极性 FN 隧穿应力降低了薄隧穿氧化层中的应力诱导漏电流。此外，数据保持的改善更为显著，与隧穿氧化层厚度减少的效果相一致。

6.4.2　脱阱和 SILC

在编程 / 擦除循环过程中，由于隧穿氧化层中会产生 SILC，编程 / 擦除循环后的读干扰特性变得更糟。已有几篇论文报道过 SILC 的机制 [44, 46-58]。同时 SILC 对 NAND 存储单元特性的影响也被报道了 [38-40]。

图 6.41 显示了在室温（30℃）下经过 100 万次编程 / 擦除循环后，有栅极电压加速时的典型读干扰特性。阈值电压 V_{th} 随读干扰应力时间的增加而增加。SILC 可以直接从读应力下闪存单元的阈值电压变化量（ΔV_{th}）计算出来。SILC 可表示为

$$I_{leak} = C_{ono}\Delta V_{th} / \Delta t \tag{6.3}$$

式中，I_{leak} 为 SILC，C_{ono} 为控制栅与浮栅之间的多晶硅层间介质 ONO 的电容，读干扰时间（t）为读应力时间。

存储单元的阈值电压由浮栅电荷（Q_{fg}）和氧化层中陷阱电荷（Q_{ot}）共同决定，氧化层陷阱电荷由隧穿氧化层中捕获的电子或空穴组成。在读干扰测量过程中，Q_{fg} 的变化是由电子从反转层和电子陷阱态注入到浮栅中引起的，从而产生 SILC。电荷 Q_{ot} 的变化是由隧穿氧化层中载流子的捕获或脱阱引起的。因此，通过读干扰特性计算的 SILC 有两项。一项是 Q_{fg} 的差分，它被描述为稳态漏电流。另一项是 Q_{ot} 的差分，它被描述为衰减区漏电流。因此，SILC 可以写为

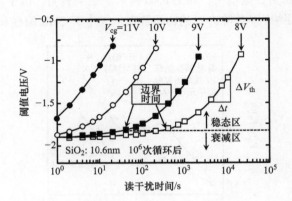

图 6.41　不同加速控制栅电压（V_{cg}）下的读干扰（时间）特性。由于 SILC 和电子脱阱使电子注入浮栅，阈值电压发生了正向偏移

$$I_{leak} = -dQ_{fg} / dt + ((C_{ono} + C_{ox}) / C_{ox})(dQ_{ot} / dt) \tag{6.4}$$

式中，C_{ox} 为隧穿氧化层的电容。在式（6.4）中假设 Q_{ot} 被定域化在 Si/SiO₂ 界面附近。隧穿氧化层上的电场（E_{ox}）是浮栅电压的函数，表示为

$$E_{ox} = (V_{fg} + \phi_f - \phi_s) / T_{ox} \tag{6.5}$$

式中，ϕ_f 为浮栅的费米电势，ϕ_s 为 p 阱的表面电势，T_{ox} 为隧穿氧化层厚度。浮栅电压可表示为

$$V_{fg} = (C_{ono} / (C_{ono} + C_{ox}))(V_{cg} - V_{th}) + V_{fgth} \tag{6.6}$$

式中，V_{cg} 为在读干扰条件下的控制栅电压，V_{fgth} 为在存储单元浮栅上测量的阈值电压。SILC 即可由式（6.3）、式（6.5）和式（6.6）计算得出。

图 6.42 显示了计算得到的 SILC（I_{leak}）与隧穿氧化层上电场（E_{ox}）的关系。该漏电流由读干扰条件下阈值电压的微分（dV_{th}/dt）得出，如式（6.3）所示。可以观察到，在读干扰应力（衰减区）开始处，漏电流迅速衰减。经过衰减区后，漏电流达到某一稳定值，其中 dV_{th}/dt 随读干扰时间（稳态区）逐渐减小。通过对数的读干扰时间图可以清楚地确定两个区域，如图 6.43 所示。在衰减区，dV_{th}/dt 的衰减被认为是由 SILC 的快速衰减和发生在编程 / 擦除循环过程中隧穿氧化层捕获载流子数量的衰减引起的。在稳态区，阈值电压的偏移主要由 SILC 引起，无论控制栅电压 V_{cg} 如何，都遵循相同的漏电流（隧穿氧化层中相同的电场依赖关系），如图 6.42 所示。衰减区与稳态区之间的边界被称为"边界时间"（见图 6.43）。

在这种由单元 V_{th} 偏移得出漏电流的方法中，可以评估到非常低的漏电流（约 10^{-20}A）。另一方面，在使用电容作为测试器件的常规方法中，评估极低应力引起的漏电流是不可能的。因此，当需要研究应力引起的漏电流时，使用存储单元比使用电容更为实用和可靠。

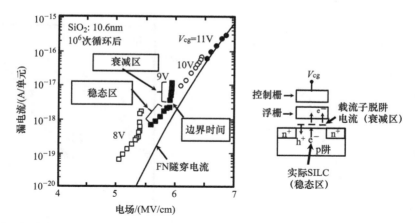

图 6.42　在读干扰条件下，由闪存单元的阈值电压偏移导出的 SILC 的计算。V_{th} 的快速偏移是由脱阱引起的，更长、更大的 V_{th} 偏移则是由 SILC 引起的

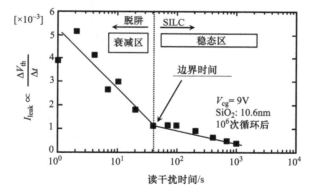

图 6.43　阈值电压微分（dV_{th}/dt）随读干扰时间的变化。读干扰机制由脱阱和 SILC 机制来解释。脱阱意味着被困在隧穿氧化层中的载流子在短时间内逃逸。SILC 在较长的读干扰时间中占主导地位

图 6.44 显示了经过一些编程 / 擦除循环（$10 \sim 10^6$ 次循环）后应力引起的漏电流。结果表明，SILC 随编程 / 擦除循环的增加而增加。此外，在衰减区域，漏电流（作为初始阈值电压偏移出现）随着编程 / 擦除循环次数的增加而增加。这个结果表明，隧穿氧化层中的电荷陷阱即引起 SILC 和衰减区初始阈值电压偏移的电荷陷阱，会随着编程 / 擦除循环次数的增加而增加。

图 6.45 显示了氧化层厚度为 $5.7 \sim 10.6$nm 时，经过 10^6 次编程 / 擦除循环后的 SILC。SILC 随隧穿氧化层厚度的减小而增大。10^6 次编程 / 擦除循环后，衰减区的阈值电压偏移与读干扰条件下的控制栅电压和隧穿氧化层厚度无关。由于 10^6 次编程 / 擦除循环后初始阈值电压偏移仅为 0.1V 左右，因此读干扰寿命（read-disturb lifetime）不是由衰减区决定的，而是主要由稳态区决定的。因此，对于读干扰寿命，重要的是减少饱和漏电流（稳态区），而不是减少随时间变化的漏电流（衰减区）。

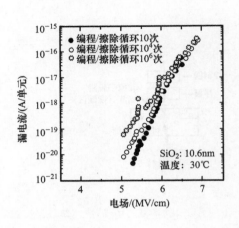

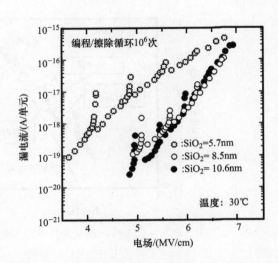

图 6.44　不同编程 / 擦除循环后的 SILC　　　　　图 6.45　厚度为 5.7 ~ 10.6nm 隧穿氧化层中的 SILC

　　与室温操作相比，高温（125℃）操作（编程 / 擦除操作时的温度等于读干扰操作时的温度）使读干扰特性下降，如图 6.46 所示。125℃下操作后的稳态漏电流比常温下的漏电流增大约 3 倍。因此，在进行读干扰加速试验的情况下，应采用闪存单元的高温操作。另一方面，高温工作时边界时间减小，而初始阈值电压偏移几乎恒定（0.1V）。这表明，在衰减区，较高的温度会加速氧化层中载流子的捕获或脱阱，而电荷量对操作温度的依赖性很小。

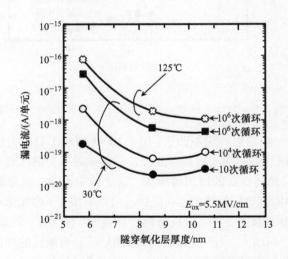

图 6.46　SILC 随隧穿氧化层厚度的变化规律

6.4.3　NAND 闪存产品中的读干扰

　　参考文献 [37] 报道了几家公司的 NAND 闪存产品的读干扰原始误码率（RBER）。

图 6.47a 显示了 RBER 随器件上执行的每页读次数的变化，这些设备的编程 / 擦除循环次数为 1 万次 [37]。当 NAND 单元处于读操作时，读通过电压 V_{passR} 被施加到块中所有未被选中的字线上。V_{passR} 必须高于编程态单元的最高 V_{th}，以便未被选中的单元不会阻塞正在被读取单元的电流。V_{passR} 偏置电压倾向于通过 SILC 使得电子能够到达浮栅，或者通过隧穿氧化层中陷阱的填充，来干扰高 V_{th} 值的比特位 [5, 8, 27, 38-40, 44]。

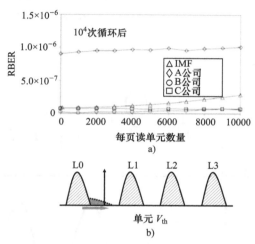

图 6.47　NAND 闪存产品的读干扰特性。a）1 万次编程 / 擦除循环后 RBER 随每页读次数的变化。失效主要是由 L0 失效引起的。误码率随着读循环次数的增加而增加。b）编程 / 擦除循环后的 SILC 机制

失效比特位主要由隧穿氧化层中电场增大导致的 L0（擦除态）引起，如图 6.47b 所示。这与 SILC 机制的预期一致，因为在读偏置 V_{passR} 下，最低的 V_{th} 态在隧穿氧化层中具有最高的电场。通过排除编程错误和仅绘制读干扰错误增量的方法，研究了读干扰失效的特征，如图 6.48 所示。RBER 在读次数（见图 6.48a）和编程 / 擦除循环次数（见图 6.48b）中呈幂律增加，再次与 SILC 一致 [38-40, 59]。随着编程 / 擦除循环从 1000 次增加到 1 万次，失效率降低了大约 2 个数量级。采用 ECC 可降低读干扰失效率。

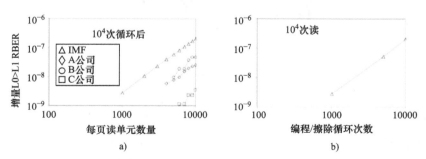

图 6.48　用 L0 位失效来测量读干扰中的增量 RBER。a）1 万次循环后增量 RBER 随每页读次数的变化规律；b）每页读 1 万次以前，增量 RBER 随编程 / 擦除循环次数的变化规律。误码率随着读次数的增加而增加，也随着前置编程 / 擦除循环次数的增加而增加

6.4.4 读干扰中的热载流子注入机制

参考文献 [60] 报道了另一种读干扰机制。它被称为"增强热载流子注入效应"。热载流子注入是由 NAND 串中未被选中单元的 V_{pass_read}（也表示为 V_{passR}）偏置下引起的意外升压而引发的。

为了研究"增强热载流子注入效应"的读干扰机制，在所选中的单元上施加了三种不同的读电压和四种不同的单元数据状态（S0、S1、S2 和 S3）。图 6.49a 和 b 分别给出了读干扰评估的操作条件和 SGS/SGD 上升时间偏移方案的波形 [61]。在评估中，所选中字线 WLn 被进行读操作 10 万次以上。

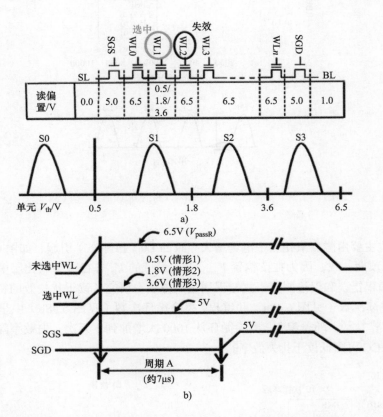

图 6.49　a）读状态示意图。WL1 上的读循环执行超过 10 万次。给 NAND 闪存的 MLC 操作分配四种不同的单元数据状态（S0、S1、S2 和 S3）；b）读操作的波形图。有三种不同的电压施加在所选中的字线上，分别表示为情形 1、情形 2 和情形 3。为了避免 SG-WL 耦合噪声，采用了 SGS/SGD 上升时间偏移方案

在读操作过程中，部分单元串（WL2～WL31 区域）的沟道电势被未选中字线中的电压 V_{pass_read}（V_{passR}）增强，如图 6.50 所示。该增强电势在所选中单元上产生热电子，所选中单元在源极和漏极之间具有较大电势差（见图 6.50a 和 b）。由于较大的电势差，一些热电子被注入到与所选中单元相邻的单元浮栅中，如图 6.51 所示。

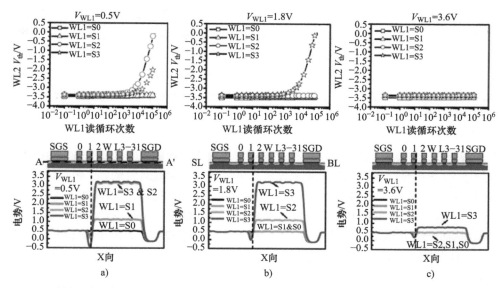

图 6.50　WL1 读循环中相邻字线 WL2 V_{th} 偏移的测量结果。a）WL1 电压 V_{WL1} =0.5V（情形 1）。数据显示，如果 WL1 单元处于编程态 S2 和 S3，则 WL2 单元的 V_{th} 偏移严重；b）WL1 电压 V_{WL1} =1.8V（情形 2）。数据显示，WL2 的 V_{th} 偏移仅在 S3 态下发生；c）WL1 电压 V_{WL1} =3.6V（情形 3）。在这种情况下，WL2 没有明显的 V_{th} 偏移

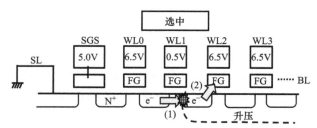

图 6.51　MLC NAND 闪存中读干扰的增强热载流子注入（HCI）机理示意图。先通过（1）高横向电场，然后通过（2）高垂直电场将电子注入浮栅，可以提高 HCI 发生的概率

　　图 6.50 上半部分显示了在不同的 WL1 电压（V_{WL1}）和不同单元数据状态下，所选中字线 WL1 读干扰循环中，相邻字线 WL2 的 V_{th} 偏移（即读干扰失效）的测量结果。从这些数据可以看出，1000 次读循环后，在 V_{WL1} =0.5V 和 V_{WL1} =1.8V 时，WL2 的 V_{th} 发生了严重的偏移。在图 6.50a 上半部分，WL1 处于 S2 态下的 V_{th} 偏移幅度大于 WL1 处于 S3 态下的 V_{th} 偏移幅度。然而，在图 6.50b 的上半部分中，只有当 WL1 处于 S3 态时，才能发现明显的 WL2 的 V_{th} 偏移。在图 6.50c 的上半部分中，当 V_{WL1} 设为 3.6 V 时，WL2 的 V_{th} 不变。

　　为了准确分析这一现象，进行了 TCAD 仿真分析来阐明读干扰失效的机理。从图 6.50 的仿真结果可以看出，所选中字线 WLn（如 WL1）与未选中字线 WLn+1（如 WL2）之间的沟道电势差，与单元数据状态（S0 ~ S3）及所选字线的读电压（V_{WL1}）有关。当所选中字线 WL1 单元

的数据状态为 S2 或 S3 时，WL1 的沟道被关闭，并且未被选中字线 WL2 ~ WL31 的沟道电势被提升到一个很高水平，如图 6.50a 的下半部分所示。因此，如果 WLn 和 WLn+1 之间有足够的电势差，就会产生很高的横向电场。当 V_{WL1} 增加到 1.8V 时，需要一个高编程态单元状态（如 S3）来支持未被选中字线 WL2 ~ WL31 的电势提升，如图 6.50b 的下半部分所示。此外，从图 6.50c 的下半部分和图 6.50b 的下半部分中 WL1 处于 S2 态的情况来看，由于 WL1 沟道被高电压导通，因此无法观察到较大的电势差。因此，电势差可以通过所选单元的导通效应来减小。这些仿真结果与图 6.50 上半部分的读干扰结果吻合较好。

电子电流密度是引起 WLn+1 阈值电压偏移的另一个因素。从图 6.49a 可以看出，由于 WL1 处于 S2 态的 V_{th} 较低，因此 WL1 在 S2 态下的电流密度应该高于处于 S3 态的字线。因此，在 WL1 处于 S2 态的情况下，由于电流密度大，可以增加碰撞电离的概率。根据该模型，可以清楚地解释 WL1 处于 S2 态而不是处于 S3 态情况下使 WL2 的 V_{th} 严重偏移这一现象。

图 6.51 显示了 MLC NAND 闪存中增强热载流子注入的机理示意图。沟道电势差可以增强横向电场，从而产生高概率的碰撞电离。由此产生电子 - 空穴对，而由于相邻单元（如 WL2）上 V_{WL2} 的垂直电场较高，电子被注入相邻单元。因此，通过重复注入热电子，相邻单元的 V_{th} 在 1000 次循环后发生变化。

6.5　编程干扰

6.5.1　自升压模型

编程自升压操作用于 NAND 闪存单元中编程抑制单元串，如 2.2.4 节所述。编程抑制串的沟道电势主要通过进行编程抑制的字线电压（即 V_{pass}）来提升。对所抑制 NAND 串的沟道产生编程抑制升压的偏置条件，如图 6.52a 所示。随着 SSL 晶体管（漏极侧选择晶体管）的开启和 GSL 晶体管（源极侧选择晶体管）的关闭，待编程的单元的位线电压被设置为 0V，而要抑制编程的单元的位线电压被设置为 V_{cc}。在编程抑制单元中，施加 V_{cc} 的位线最初对相关沟道进行预充电，通常为 $V_{cc} - V_{thssl}$（V_{thssl} 为 SSL 晶体管的阈值电压）。当给 NAND 串的字线上电时（所选中的字线上升到编程电压 V_{pgm}，未被选中的字线上升到通过电压 V_{pass}），穿过控制栅、浮栅、沟道和本体的电容串联形成耦合，沟道电势自动提升。假设单个升压通过单元，使用图 6.52b 所示的模型，增强的沟道电压 V_{ch} 可估计如下：

$$V_{ch} = V_{wl}C_{ins} / (C_{ins} + C_{channel}) \tag{6.7}$$

式中，C_{ins} 为控制栅和沟道之间的总电容（电容 C_{ono} 和电容 C_{tunnel} 串联），有 $C_{ins} = C_{ono}C_{tunnel} / (C_{ono} + C_{tunnel})$。

在编程抑制串中，当字线电压上电时，耦合的沟道电压从 $V_{cc} - V_{thssl}$ 上升到 V_{ch}。由于 SSL 晶体管的体效应，在漏极位线处于电压 V_{cc} 和源极处于电压 V_{ch} 的情况下，SSL 晶体管会关闭。GSL 晶体管也通过对栅极施加 0V 并对源线施加 V_{cc} 来关闭。然后该沟道变成一个浮动节点。通过式（6.7），可以确定浮动的沟道电压上升到约 80% 的栅极电压。因此，当编程电压（15.5 ～ 20V）和通过电压（约 10V）施加到控制栅时，编程抑制单元的沟道电压被提升到大约 8V。这种高升压的沟道电压可防止 FN 隧穿电流在编程抑制单元中被启动。

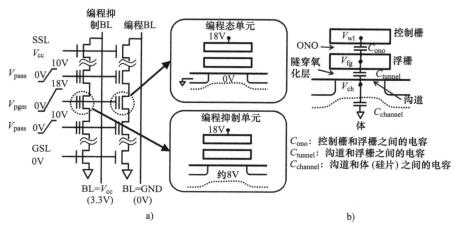

图 6.52 自升压的编程抑制电压产生。a）自升压的偏置电压条件；b）用于耦合比计算的电容模型

编程升压机制和其局限已经在 LOCOS 单元中详细研究了[63]。图 6.53 显示了沟道升压机制的等效电路。对于保持负阈值电压的编程数据 "1"（编程抑制），通过与通过电压 V_{pass} 和编程电压 V_{pgm} 的电容耦合来提高编程抑制的沟道电压 V_{ch}。沟道电压 V_{ch} 必须提高到足以降低隧穿氧化层电场，因为 V_{pgm} 和 V_{ch} 之间的差值是编程抑制单元的有效编程电压。

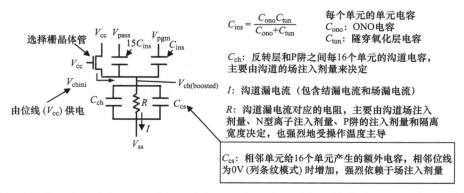

图 6.53 自升压模型的等效电路，包含了一个额外的电容 C_{cs}。在列条纹模式中，C_{cs} 变大并降低沟道电压 V_{ch}。因此，可编程循环数量（NOP）受到列条纹模式的限制

在测量数据中，编程抑制性能对相邻的 NAND 串数据有依赖性。在列条纹模式（在编程 "0" 数据过程中，相邻串的沟道为 0V）的情况下，允许的可编程循环数（NOP）减少到全 "1" 模式（编程 "1" 数据时，相邻串的沟道升压至 V_{ch}）的 2/3 左右。这意味着编程抑制性能在列条纹模式下会下降。因此，NOP 受到列条纹模式的限制。

在常规模型中，列条纹模式中的编程扰动可以用编程抑制沟道电压 V_{ch} 产生的场漏电流来解释。另一方面，在新模型中，编程干扰的扩大主要是由于有源区与相邻单元之间的附加电容（C_{cs}），如图 6.53 所示。随着 LOCOS 隔离下耗尽区域面积的扩大，列条纹模式中 C_{cs} 增大。如图 6.54 所示，增大 C_{cs}（增大 C_{tot}）会降低沟道升压比（C_r），进而降低列条纹模式中的 V_{ch}。图 6.55 显示了测量和仿真的编程干扰特性。C_{cs} 是一个拟合参数，仿真结果与实测结果吻合较好。

$$V_{ch}=V_{chini}+C_r(V_{pass}-V_{th}-V_{chini})+C'_r(V_{pgm}-V_{th}-V_{chini})-\frac{T_{pw}}{C_{tot}}I$$

（$V_{pgm}-V_{ch}$）为全 "1" 数据编程单元控制栅和沟道之间的电势差
V_{chini} 为初始电压，自位线（V_{cc}）经由 SGD 上电

$C_{tot}=16C_{ins}+C_{ch}+C_{cs}$：总沟道电容

$C_r=\dfrac{15C_{ins}}{C_{tot}}$：未被选中单元的沟道升压比

$C'_r=\dfrac{C_{ins}}{C_{tot}}$：所选中单元的沟道升压比

图 6.54　仿真中使用的沟道电压方程。这里 V_{th} 为未选中单元的阈值电压（如果是 D 型单元，则 V_{th} = 0V）。C_r 和 $C_{r'}$ 为沟道的升压比。T_{pw} 为电压 V_{pass} 和 V_{pgm} 的脉冲宽度

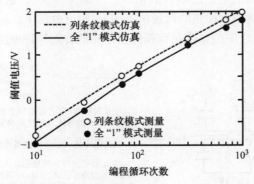

图 6.55　仿真和测量的 "1" 数据编程单元的编程抑制（自升压）特性。C_{cs} 为一个拟合参数。操作温度为 85℃。场氧化层离子注入剂量为 $10^{14}/cm^2$。V_{pass} =10V，V_{pgm} =17V，C_{cs} = 5×10^{-16} F/16 个单元

为了分析沟道漏电流，还研究了 V_{pass} 和 V_{pgm} 波形与编程干扰的关系，如图 6.56 所示。采用了不同的脉冲宽度 T_{pw}，如图 6.56a 所示。图 6.56b 显示了 "1" 数据编程单元（编程抑制单元）阈值电压随 T_{pw} 的变化规律。在常规模型中，T_{pw} = 30μs 时，全 "1" 模式和列条纹模式之间的 V_{th} 差值被认为是由场漏电流引起的。但随着脉冲宽度的增大，测量数据与仿真结果存在较大偏差。另一方面，在所提出的模型中，仿真结果可以很好地再现测量数据，其中 V_{th} 差值由增大的 C_{cs} 来计算的，C_{cs} = 5×10^{-16}F/16 个单元，来源于图 6.55。当 T_{pw} 大于 1ms 时，V_{th} 的增加是由升压沟道中的结漏电流引起的。

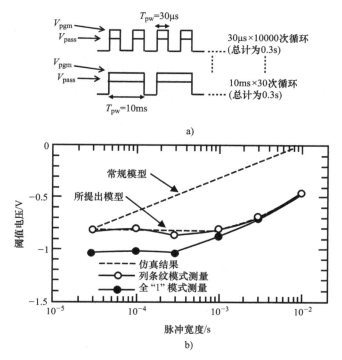

图 6.56　a）用于分析沟道漏电流的 V_{pgm} 和 V_{pass} 波形，全"1"模式；b）阈值电压随 V_{pass} 和 V_{pgm} 脉冲宽度的变化规律。该模型较好地再现了实测数据。另一方面，常规的场漏电流模型与实测数据存在较大偏差。长 T_{pw}（>1ms）时的阈值电压偏移是由结漏电流引起的

　　在亚 30nm 技术节点的 NAND 单元中研究了定量 NAND 串增强模型[64]，以阐明沟道电容、沟道漏电流和单元缩放对编程干扰的影响。该模型包括从 3D 技术计算机辅助设计（TCAD）模拟的电容网络获得的沟道升压比（CBR）、带有结漏（J/L）电流的瞬态沟道电势、带间隧穿（BTBT）电流和单元的 FN 隧穿电流。

　　图 6.57a 显示了 NAND 串在编程过程中的原理图，以及影响编程干扰的多种机制。典型的编程脉冲和抑制脉冲波形如图 6.57b 所示。其中，t_d 是抑制脉冲 V_{inh} 上升沿和编程脉冲 V_{pgm} 上升沿之间的延迟，pw 是编程脉冲宽度。

　　图 6.58a 和 b 显示了在 5μs、100μs 和 500μs 三种不同延迟时间下，受干扰单元的 V_{th} 随抑制电压（V_{inh}，即 V_{pass}）的变化。一系列抑制电压 V_{inh} 上仿真结果与实验数据吻合良好。该模型还显示了低和高沟道硼浓度情况下的总体趋势。在沟道低硼浓度 N_a 的情况下（见图 6.58a），单元编程干扰随着 V_{inh} 的升高而持续改善。这表明沟道电势主要由沟道升压比决定。另一方面，具有较高沟道硼浓度的单元表现出不同的行为。在硼剂量较高的情况下（见图 6.58b），受干扰单元的 V_{th} 在 V_{inh} 约为 7V 时开始饱和，这表明沟道升压受到沟道漏电流的限制。5μs 和 100μs 延时时间的差异与 100μs 和 500μs 延时时间的差异几乎相同，这表明在较高沟道升压下，沟道漏电流要大得多。图 6.58b 也显示了模型中不考虑 BTBT 电流的受扰动单元 V_{th}。在不考虑

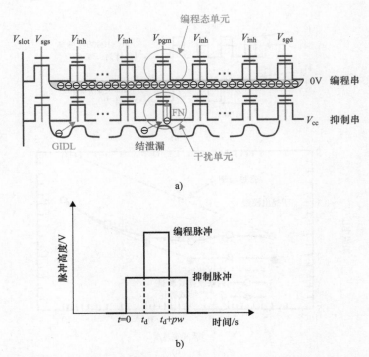

图 6.57　a）NAND 串在编程过程中的偏置条件，以及不同的编程干扰机制；b）编程脉冲和编程抑制脉冲的波形。其中 t_d 是抑制脉冲（V_{inh}）和编程脉冲（V_{pgm}）之间的上升沿延迟

BTBT 电流的情况下，仿真结果与实验数据不匹配。结果表明，当硼浓度较高时，编程干扰的主要泄漏机制是 BTBT 电流。

随着 NAND 单元的进一步缩小，需要更高的沟道硼浓度来减轻短沟道效应。增大了沟道升压节点漏电流。图 6.59 给出了不同技术节点下升压过程中硼浓度要求（实心圆圈）和由此产生的沟道漏电流（空心圆圈）[64]。硼浓度被确定为在跨技术节点上保持电中性的 V_{th}。BTBT 电流有望成为 20nm 技术节点以上单元的主要编程干扰机制。

6.5.2　热载流子注入机制

升压模式和 V_{pass} 模式两种编程干扰机制已在图 2.21 中描述（2.2.4 节）。除了这两种常规的编程干扰模式外，还报道了几种编程干扰机制。

图 6.60 显示了"源 / 漏热载流子注入干扰"，即所谓的"SGS GIDL（栅诱导漏极泄漏）干扰"[65]。测试前，将所有单元擦除至 $V_{th} = -3V$，然后伴随着 V_{th} 监测将所选中单元编程至 $V_{th} = +1V$。因此，从 $-3V$ 开始的监测到的 V_{th} 差值对应于干扰量。为了表征多种 NOP 操作，在同一字线中重复相同的编程操作循环，并重复 NOP 的次数。在图 6.60 中，在低 V_{pass} 电压下（$V_{pass} < 6V$）可以观察到常规的 V_{pgm} 干扰，且 V_{pgm} 干扰与 NOP 成对数比例。WL15 处的编程干扰特性（见图 6.60b）是典型的，它只发生在低 V_{pass} 电压下。然而，WL0 处的编程干扰特性（见图 6.60a）表明，在高 V_{pass} 电压下还可以观察到另一种干扰现象，并且在高 V_{pass} 电压下更为严

重。与典型的 V_{pass} 干扰相反，高 V_{pass} 电压下的干扰与 NOP 呈线性比例。如图 6.60 所示，这种新的编程干扰在 WL0 处最严重，在其他字线处可以忽略不计。

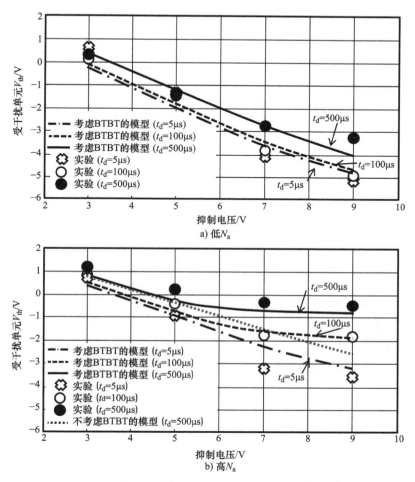

图 6.58　受干扰单元 V_{th} 随抑制电压的变化：a）沟道低硼浓度 N_a；b）沟道高硼浓度 N_a。V_{seed} =1V。初始擦除态 V_{th} 低于 −7V

通过 NAND 单元串的器件仿真验证了该模型的正确性。图 6.61 显示了编程操作期间 GSL/WL0 仿真结构中的电势分布图。沟道电势升高至 8V，GSL-WL0 之间的横向电场约为 1MV/cm。由于 GIDL 机制，在 GSL（SGS，源极侧选择栅）边缘产生了大的空穴电流。同时产生较大的电子电流，产生的一部分电子通过横向电场的加速注入到 WL0 的浮栅中。GIDL 情况也发生在 SSL（SGD，漏极侧选择栅）边缘；然而，与 GSL 偏置条件相比，SSL 晶体管的 V_{gs}（栅极与源极之间的电压差）与 SSL 栅极处施加的电压一样低。此外，SSL-WL31 之间的横向电场也因相同原因降低了相同的幅度。因此，虽然同样的现象也发生在 WL31 单元上，但情况甚至比 WL0 单元好。

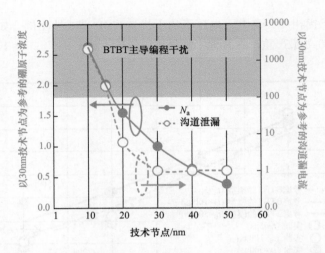

图 6.59 技术节点微缩趋势。沟道硼浓度被确定为在跨技术节点上保持电中性的 V_{th}。在亚 20nm 技术节点，BTBT 电流成为 NAND 单元主要编程干扰机制

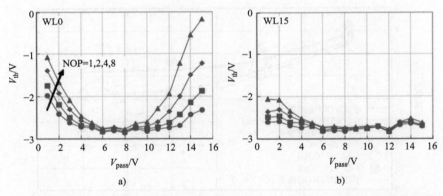

图 6.60 编程过程中在 WL0 和 WL15 处测量的 NAND 单元阵列的编程干扰特性

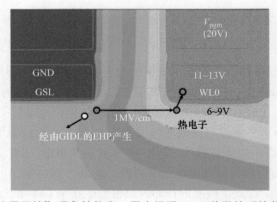

图 6.61 "热载流子干扰"现象的仿真，用来阐明 WL0 单元的"热载流子干扰"模型

利用仿真工具，得到了一种最小化干扰问题的方法。这种干扰现象与 WL0-SGS（GSL）之间空间长度密切相关，如图 6.62 所示。小于 110nm 的狭窄空间使该编程干扰更严重。这表明"SGS GIDL 干扰"随着存储单元的缩放（WL0-SGS（DSL）的空间缩放）而变得更糟。

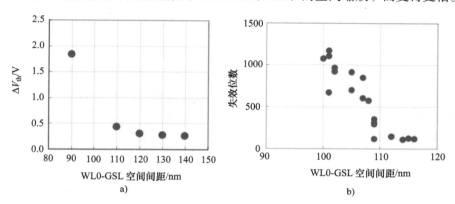

图 6.62　a）不同 WL0-GSL 空间下注入到 WL0 单元电子数的仿真结果。b）用 1Mbit 的块阵列在 V_{pass} = 10V 时测量的失效位数

同样的干扰现象的另一种机制也被报道了[66]。结果表明，这种编程干扰是由 SSL 氧化硅界面上的产生 - 复合中心（GR-center）所产生的热电子引起的，而不是由 GIDL 产生的。从 SSL 晶体管到单元（WL0）的空间高电场加速生成电子，然后将热电子注入到 WL0 的浮栅中。

另一种在 51nm 存储单元中的编程干扰机制被报道，为"DIBL 生成的热电子注入"机制[67, 68]，如图 6.63 ~ 图 6.65 所示。在编程自升压方案中，由于沟道升压电压引起的漏极诱导势垒降低（DIBL），在关断单元处发生了源极和漏极之间穿通。这种穿通产生热电子，且一部分热电子被注入到附近的浮栅，如图 6.65 所示。穿通对单元阈值电压 V_{th} 有很强的依赖性。较低的 V_{th} 使穿通和这种 DIBL 干扰更糟。

■ 擦除 (E)/编程 (P) 模式

模式	WL0~WL13	WL14	WL15	WL16~WL31
EP1	E	E	P1	E
EP3	E	E	P3	E
PP1	E	P1	P1	E
PP3	E	P3	P3	E

■ BV_{dss} 测量条件

模式	V_{csl}（源极）	SSL 晶体管 &WL0~13	WL14	WL15	WL16~WL31 & GSL 晶体管	V_{bl}（漏极）
EP1	0V	V_{pass}	V_{pass}	0V	V_{pass}	0~8V 扫描
EP3	0V	V_{pass}	V_{pass}	0V	V_{pass}	0~8V 扫描
PP1	0V	V_{pass}	0V	0V	V_{pass}	0~8V 扫描
PP3	0V	V_{pass}	0V	0V	V_{pass}	0~8V 扫描

BL
GSL
WL31
WL16
WL15
WL14
WL0
GND
GSL

图 6.63　擦除（E）/ 编程（P）模式和 BV_{dss} 测量条件。E：V_{th} = −3.0V；P1：V_{th} = +1.0V；P3：V_{th} = +3.0V

为了研究 DIBL 泄漏引起的新的编程干扰，采用扫描位线电压 V_{bl} 至 8V 测量了不同擦除 / 编程数据模式下所选单元的 BV_{dss} 曲线。在 BV_{dss} 测量之前，将所有单元擦除至 V_{th} = E（-3.0V），然后将每个阵列中所选中的一个（WL15）或两个（WL14、WL15）单元进行编程至 V_{th} = P1（+1.0V）或 P3（+3.0V）态，伴随着监测整个单元从初始擦除状态的 V_{th} 偏移。详细的测量条件如图 6.63 所示。

由图 6.64 可见，在扫描位线电压 V_{bl} 至 8V 的 BV_{dss} 测量后，在 EP 和 PP 模式下观察到 WL16 和 WL17 处的单元 V_{th} 偏移。按 EP1 → PP1 → EP3 → PP3 模式的顺序来看，WL16 和 WL17 处的单元 V_{th} 偏移较小。V_{th} 偏移对模式的这种依赖性可以解释如下。EP1 模式（WL15 V_{th} = +1.0V）→ EP3 模式（WL15 V_{th} = +3.0V）表明增大单元 V_{th} 会导致 WL15 处单元的电子势垒升高。同样，EP → PP 模式也意味着结合 WL14 后，WL15 处单元的有效沟道长度变长。于是，降低了 DIBL 漏电流，从而抑制了热载流子注入擦除态单元。

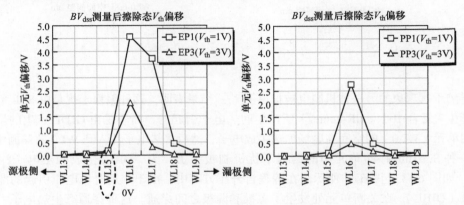

图 6.64　BV_{dss} 测量分别在 EP1、EP3、PP1、PP3 模式后，擦除态单元 V_{th} 从初始擦除态的偏移

此外，我们还发现，与 PP1 模式相比，PP3 模式下擦除态单元的 V_{th} 偏移更小。考虑到普通 NMOS 晶体管中的 GIDL 电流产生机制，在浮栅多晶硅中存储的电子数量越多（在 MLC 闪存操作中称为高编程状态），产生的 GIDL 电流就越大。根据这一假设，与 EP3 模式相比，PP1 模式对 GIDL 诱导的热载流子编程干扰具有良好的免疫力。但是，PP1 模式的单元 V_{th} 偏移大于 PP3 模式的单元 V_{th} 偏移，如图 6.64 所示。这表明 51nm 器件中热载流子编程干扰主要是由 DIBL 漏电流引起的，而不是由器件中的 GIDL 电流引起的。因此，对于超过 51nm 的 MLC NAND 闪存器件，应控制 DIBL 的短沟道效应。仿真结果也支持热载流子的泄漏源主要来源于 DIBL，如图 6.65 所示。

6.5.3　沟道耦合

沟道的增强电势随着单元尺寸的缩小而减小。增强的电势依赖于邻近串的电势布局。在 $V_{cc} - V_{cc} - V_{cc}$ 模式下（位线电压顺序条件，见图 6.66a），当中心激活线处于编程抑制状态时，相邻的两条激活线处于编程抑制状态。在 $0V - V_{cc} - 0V$ 模式下，两条相邻的激活线路处于编程操作状态。$0V - V_{cc} - V_{cc}$ 模式意味着只有一条相邻的激活线处于编程操作状态，而另一条处于编程抑制状态。

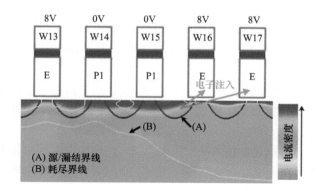

图 6.65　对 BV_{dss} 在 PP1 模式下的测量条件进行的器件仿真。电流密度显示出了 V_{bl} = 4V 时 WL15 处关断单元的穿通。DIBL 在未被选中单元中产生源极和漏极之间的穿通。通过穿通产生的电子被注入附近的单元（干扰发生）。较低的 V_{th} 单元显示出较大的 DIBL

　　图 6.66b 显示了相邻串电势布局依赖的编程干扰特性。采用增量步进脉冲编程对所选单元进行编程，同时测量了编程态单元和编程抑制单元在三种相邻数据模式下的阈值电压偏移。增强的沟道电势由编程态单元和编程抑制单元之间的编程电压差导出，以达到相同的编程阈值电压（见图 6.66b）。在 $0V - V_{cc} - 0V$ 模式下，沟道电势的增强似乎是最差的。从测量结果来看，在编程抑制条件下，相邻沟道的电势对提升沟道电势有很大的影响。

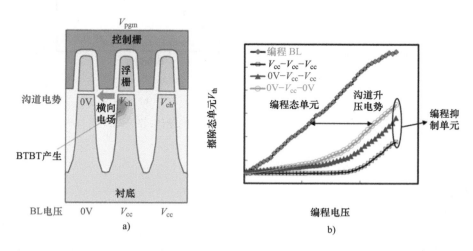

图 6.66　a）横向电场产生 BTBT 现象示意图。沟道升压电势因沟道侧壁产生的 BTBT 而下降；b）编程位线上所选中单元的编程特性，以及编程抑制位线上未被选中单元的编程干扰特性。对于 $V_{cc} - V_{cc} - V_{cc}$ 模式，所有相邻的激活线都处于编程抑制状态。对于 $0V - V_{cc} - V_{cc}$ 模式，相邻的一条激活线处于编程操作状态，另一条处于编程抑制状态。对于 $0V - V_{cc} - 0V$ 模式，所有相邻的激活线都处于编程操作状态

　　为了揭示邻近数据模式依赖的物理机制，进行了 TCAD 模拟[69]。在 $0V - V_{cc} - 0V$ 模式下，建立了虚拟侧壁传输晶体管。当相邻沟道处于编程操作条件下，对位线施加 0V，沟道电势设为 GND。沟道充当 0V 的虚拟栅极，沟槽隔离介质充当栅氧化层；因此，编程抑制的沟道电势由相邻沟道虚拟栅控制。靠近隧穿氧化层下硅表面附近，处于编程抑制条件下的升压沟道充当虚拟侧壁传输晶体管的漏极。在 $0V - V_{cc} - 0V$ 模式下，一个大的 GIDL 电流在电势增强的沟道中产生。GIDL 电流以带间隧穿泄漏的形式出现，而带间隧穿泄漏是升压沟道电势损失的来源。在临界电场下，BTBT 急剧增加，因此尽管通过电压 V_{pass} 增加，升压沟道的电势仍趋于饱和。

　　沟道侧壁 BTBT 的产生机理如图 6.66a 所示[69-71]。在升压沟道面对接地沟道的侧壁处，形成较大的横向电场，从而在侧壁处产生 BTBT 电子 - 空穴对。仅考虑电容耦合效应，产生的电子比预期更快地降低了升压沟道电势。

　　为了克服 1X-nm 技术节点单元的编程干扰，开发了有源气隙来减小有源沟道的耦合效应[69, 72]。图 6.67a 显示了有源气隙的示意图[72]。图 5.25（见 5.3.4 节）为有源气隙的 SEM 图像。有源气隙可以改善 $0V - V_{cc} - 0V$ 模式下（"0F" 抑制单元）的编程干扰，如图 6.67b 所示。

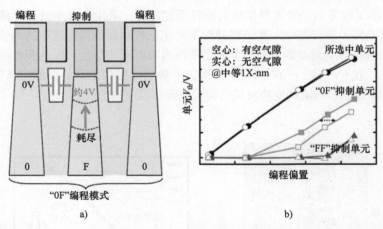

图 6.67　a）"0F" 干扰模式示意图。抑制位线的增强沟道电势受到相邻接地位线的严重影响。b）有源气隙对 "0F" 模式升压水平的提高

6.6　不稳定的过度编程

　　不稳定的过度编程是编程过程中出现的意外的大 V_{th} 偏移现象。不稳定的过度编程单元使得 V_{th} 分布的上侧（右侧）出现拖尾（尾位），如图 6.68 所示。若尾位 V_{th} 超过了 L0、L1、L2 三种编程态下的读电压，则产生单个位的失效。然而，在 L3 的情况下，如果尾位的 V_{th} 超过（或接近）V_{passR}，则 NAND 串中 L0/L1/L2 的所有单元都成为失效位，因为在读期间，由于高 V_{th}，过度编程的单元始终处于 OFF 状态。于是 L3 态的过度编程使得失效率比其他编程态更差。

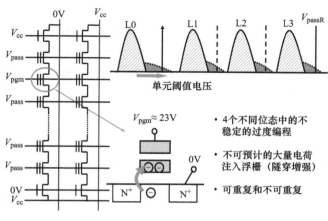

图 6.68　不稳定的过度编程

　　不稳定的过度编程的根本原因可以解释为隧穿氧化层中两个或多个空穴陷阱的近距离隧穿增强效应。图 6.69 所示为双空穴陷阱位点的强化隧穿图。空穴陷阱局部降低了隧穿氧化层的势垒高度。

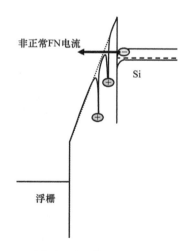

不稳定的能带示意图；FN电流

隧穿氧化层中空穴陷阱局部降低了势垒高度。FN电流异常增大

图 6.69　不稳定的过度编程的模型示意图。隧穿氧化层中的两个空穴陷阱诱导产生异常的 FN 电流

　　中性电子辅助的两步隧穿被考虑作为不稳定的过度编程的另一种模型。在低电场条件下，隧穿氧化层中观察到 SILC 的隧穿电流异常增大。图 6.70a 显示了 SILC 在栅极受应力过程中突然增加的例子。增大的 SILC 符合 FN 隧穿电流线，估计势垒高度为 0.57eV。在栅极受应力过程中，没有空穴产生，且由于电场较低，也不会发生空穴捕获到隧穿氧化层中。中性电子辅助

的两步隧穿作为典型单元 SILC 的模型，得到了许多文献的支持[55-58]。图 6.70b 给出了解释异常电流增大现象的示意图模型。在 SILC 增加之前，通过位于陷阱深度能级 Φ_{t1} 的中性电子陷阱发生了两步隧穿。在栅极应力作用下，由于隧穿氧化层中的空穴在电场作用下移动，另一个具有较浅势垒高度的电子陷阱位点（势垒高度为 Φ_{t2}）被降低到衬底导带中电子可以隧穿的位置，从而使电子的局部两步隧穿成为可能，并增大 SILC。

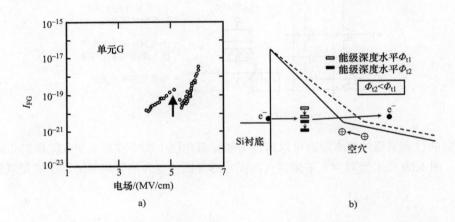

a)　　　　　　　　　　　　　　　b)

图 6.70　a）栅极受应力过程中 SILC 的增加；b）用于解释 SILC 在栅极受应力过程中增加的能带图

　　对来自不同供应商的几种 NAND 闪存产品进行了不稳定的过度编程的失效率研究，如图 6.71 所示[37]。位失效率随编程 / 擦除循环的增加而增加。每个电平级别的失效位百分比取决于不同供应商产品。这将取决于产品中具体编程条件设置，读条件设置，以及操作过程差异。

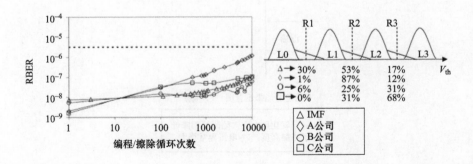

图 6.71　不稳定的过度编程。数据编程后的 RBER 与之前编程 / 擦除循环次数的关系。虚线为瞬时 UBER（不可校正误码率）达到 10^{-15} 时的 RBER。非单调曲线源于小样本量和不稳定的 RBER 行为。编程错误的主要类型的示意图以及每种产品的每种类型的百分比权重。RBER 以 V_{th} 高于预期的单元为主；在某种程度上存在例外，导致百分比有时加起来不到 100%。随着编程 / 擦除循环次数的增加，RBER 逐渐增加。每个电平级别的失效位百分比取决于产品。氧化层陷阱辅助隧穿是主要原因

6.7　阈值电压的负向偏移现象

6.7.1　背景和实验

　　自对准浅沟槽隔离单元（SA-STI 单元）[10, 73] 从 0.2μm 技术代 [74-76] 到现在的中等 1X-nm 技术代，已长期用于 NAND 闪存产品。SA-STI 单元沿字线方向的结构如图 6.72 所示。浮栅采用 STI 自对准工艺，以避免浮栅在 STI 边缘角上的重叠。在 SA-STI 单元中，浮栅的侧壁用于在浮栅和控制栅之间增加一个电容，以增加耦合比。然后，场氧化层高度（FH），即沟道衬底与 STI 场氧化层顶部之间的距离，必须尽可能小地减小以增加耦合比，如图 6.72a 所示。FH 的降低也可以沿字线方向获得较小的浮栅耦合干扰 [78]。然而，在小的 FH 中，在编程和擦除期间，衬底（沟道）和控制栅之间直接施加高电压（约 20V）。这种高电场是一个可对 NAND 闪存的可靠性和性能产生影响的问题。

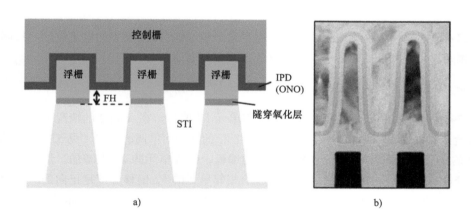

图 6.72　a）沿字线方向的 SA-STI 单元结构；b）26nm SA-STI 单元的截面 TEM 图像。FH 是沟道 / 衬底与 STI 场氧化层顶部之间的距离

　　6.7 节描述了 2X ~ 3X-nm 技术代 SA-STI NAND 闪存单元在编程抑制条件下 V_{th} 负向偏移现象。V_{th} 负向偏移发生在小 FH 的情况下，因此它是编程过程中的高场效应之一。V_{th} 负向偏移现象使 MLC/TLC 的 V_{th} 读窗口裕度（RWM）变差，因为 V_{th} 分布宽度被加宽。因此，负向偏移现象可能在规模化 2X-nm NAND 闪存中成为缩放 NAND 闪存单元的新的潜在障碍。

　　本实验采用 2X-nm 和 3X-nm 技术节点下不同 FH 的 SA-STI 单元。实验中 FH 小 / 中 / 大的范围为 10 ~ 20nm。IPD（ONO）的厚度约为 12nm。26nm SA-STI 单元的截面 TEM 图像如图 6.72b 所示 [80]。

　　图 6.73 显示了编程抑制测试的单元排列。入侵单元 ABL1&2 是沿字线方向的相邻单元，入侵单元 AWL1&2 是沿位线方向的相邻单元。在对入侵单元进行编程之前和之后，对受害抑制单元的 V_{th} 进行监测。

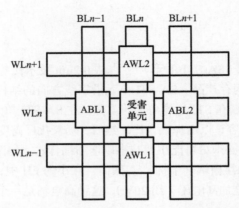

图 6.73 编程抑制测试的单元排列。入侵单元 ABL1&2 是沿字线方向的相邻单元，入侵单元 AWL1&2 是沿位线方向的相邻单元

在 6.7.4 节的编程条件下使用单元结构电容来分析 SA-STI 结构中的电流流动。控制栅、浮栅、源 / 漏结，以及衬底的这些端点均独立连接来监测电流。

6.7.2　阈值电压负向偏移

图 6.74 显示了入侵单元的编程过程中受害单元 V_{th} 偏移。在 AWL2 的情况下，由于常规的 FG-FG 耦合干扰，受害单元 V_{th} 随入侵单元 AWL2 V_{th} 的增加而单调增加[78]（见 5.3 节）。然而，在 ABL1&2 的情况下，随着入侵单元 ABL1&2 的编程，受害单元的 V_{th} 先增加，然后减少。如果是由常规 FG-FG 耦合干扰引起的，编程引起的相邻单元的 V_{th} 偏移应该是正向的。然而，随着入侵单元 V_{th} 增加至超过 7V，V_{th} 偏移呈现负向。这种现象被称为 "V_{th} 负向偏移"。

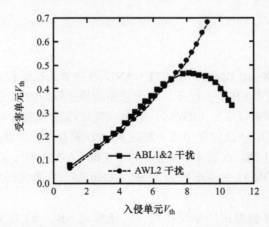

图 6.74　受害单元 V_{th} 偏移随入侵单元编程态 V_{th} 的变化。在入侵单元 ABL1 和 ABL2 中观察到 V_{th} 负向偏移现象。受害单元 V_{th} 对应于 MLC 的 L1 电平级别

图 6.75 显示了 V_{th} 负向偏移对 FH 的依赖关系。V_{th} 负向偏移具有很强的 FH 依赖性。FH 较低时 V_{th} 负向偏移较大。在入侵单元 V_{th} <6V 的区域，（受害单元 V_{th}）/（入侵单元 V_{th}）的斜率表现为常规 FG-FG 耦合干扰。在 FH 较低情况下该斜率值小于 FH 处于中等和较高的情况。这意味着在 FH 较低的情况下，由于多个浮栅之间的控制栅屏蔽效应，FG-FG 耦合干扰较小。

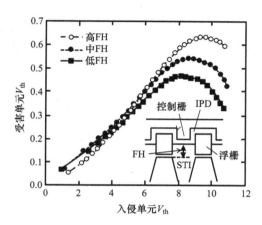

图 6.75　场氧化层高度 FH 与 V_{th} 负向偏移的关系。低 FH 情况下具有较大的"负向"偏移。受害单元 V_{th} 对应于 MLC 的 L1 电平级别

图 6.76 显示了受害单元 V_{th} 对不同情况下入侵单元的依赖：情况（a）编程；情况（b）编程抑制，如图 6.76 右侧所示。在入侵单元处于编程情况下，其 V_{th} 单调增加。随着入侵单元 V_{th} 的增加，受害单元 V_{th} 先增大后减小。这个 V_{th} 的偏移与图 6.74 和图 6.75 所示相同。然而，在入侵单元处于编程抑制情况下，入侵单元 V_{th} 先增大；当入侵单元 V_{th} 达到大约 4V 或 7V 时，入侵单元 V_{th} 在编程脉冲期间，通过改变沟道电压从 0V 至 $V_{boosting}$（抑制模式）而停止增大。该操作对应于闪存产品中的编程验证操作 [81]，这样，当 V_{th} 达到某一特定值时，在下一个编程脉冲中切换到抑制模式（沟道电压从 0V 变为 $V_{boosting}$）来停止编程。对于入侵单元处于编程抑制情况下的受害单元 V_{th}，其 V_{th} 负向偏移比入侵单元处于编程情况时要小得多。因为在（a）和（b）两种情况下施加了相同的高 V_{pgm} 脉冲，两种情况的偏置条件差异仅为入侵单元中的沟道电压，也就是沟道电压在编程下为 0V，在编程抑制下为 $V_{boosting}$，如图 6.76 右侧所示。因此，在入侵单元中沟道电压为 0V 时在受害单元中产生一个 V_{th} 负向偏移，特别是在小 FH 的情况下。

在自升压编程抑制方案中，$V_{boosting}$（约 8V）主要由未被选中字线的 V_{pass} 产生，未被选中字线与单元沟道之间存在电容耦合，其中单元沟道由 NAND 串中的选择晶体管隔离 [63, 82]（详见 6.5.1 节）。

6.7.3　编程速度和受害单元的阈值电压依赖性

采用增量步进脉冲编程（ISPP）[82] 和逐位验证操作 [81] 在 MLC NAND 产品的实际页编程序列中测量了入侵单元的编程速度依赖性。图 6.77 显示了一个 16Kbit（2KB）页面的受害单元 ΔV_{th} 随入侵单元编程速度的变化。横轴表示施加一个编程电压脉冲后页面的 V_{th} 分布，这意味着左侧单元

的编程速度较慢，而右侧单元的编程速度较快。在入侵单元 ABL1 = L1 且 ABL2 = L1 的情况下（编程至 L1（较低 V_{th}）；由擦除态至 L1），由于常规的 FG-FG 耦合干扰，受害单元 ΔV_{th} 在编程慢的入侵单元中较大，在编程快的入侵单元中较小。入侵单元编程慢促使了较大的受害单元 ΔV_{th}，因为编程（由擦除态至 L1）过程慢的入侵单元自身 V_{th} 变化较大，如图 6.77a 的上半部分所示。

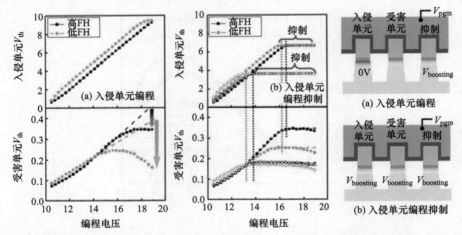

图 6.76 不同情况下的受害单元 V_{th} 偏移：（a）入侵单元编程；（b）入侵单元编程抑制。在入侵单元处于编程的情况下，观察到受害单元较大的 V_{th} 负向偏移，而在入侵单元处于编程抑制的情况下，观察到的受害单元 V_{th} 偏移要小得多。受害单元 V_{th} 对应于 MLC 的 L1 电平级别

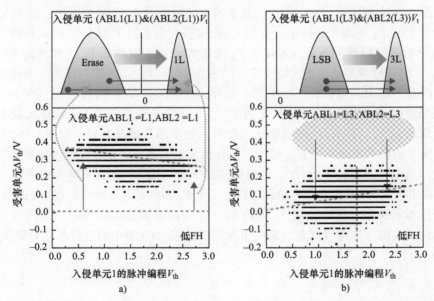

图 6.77 一个 16Kb 单元页中受害单元 ΔV_{th} 分布随入侵单元编程速度的变化（在施加一个编程电压脉冲后，页中入侵单元 V_{th} 的分布）。在入侵单元 ABL1 = L1 且 ABL2 = L1 时，受害单元 ΔV_{th} 显示出对 FG-FG 耦合干扰的依赖性。然而，在入侵单元 ABL1 = L1 且 ABL2 = L3 情况下，受害单元 ΔV_{th} 显示出编程慢的入侵单元具有较大的 V_{th} 负向偏移。受害单元 V_{th} 对应于 MLC 的 L3 电平级别

为了证实慢速入侵单元中有较大的 V_{th} 变化，对编程和擦除后的 V_{th} 逐位分布进行了测量。图 6.78 显示了一个编程脉冲和一个擦除脉冲后编程态和擦除态 V_{th} 分布的逐位对应关系。可以看到位于编程态 V_{th} 分布左侧的编程态单元也位于擦除态 V_{th} 分布的左侧，同样，处于编程态 V_{th} 分布右侧的编程态单元也位于擦除态 V_{th} 分布的右侧。因此，可以确认慢速编程态单元位于擦除态 V_{th} 分布的左侧，如图 6.77a 的上半部分所示。

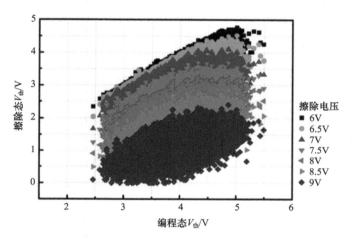

图 6.78　一个编程脉冲和一个擦除脉冲后编程态和擦除态 V_{th} 分布的逐位对应关系。使用了多种擦除电压（6 ~ 9V）。随着擦除电压的增加，擦除态 V_{th} 有平行偏移。然后假设在更负向的 V_{th} 中擦除态 V_{th} 分布具有相同的对应关系，从而确认慢编程态单元位于擦除态 V_{th} 分布的左侧

另一方面，在图 6.77b 所示入侵单元 ABL1 =L3 且 ABL2 =L3 的情况下（编程至 L3（高 V_{th}）；由 LSB 至 L3），受害单元 ΔV_{th} 在编程慢的入侵单元中较小，在编程快的入侵单元中较大，甚至由常规 FG-FG 耦合干扰导致的 V_{th} 偏移在快速和慢速单元之间应该是相同的，因为编程（由 LSB 至 L3）过程中入侵单元的 V_{th} 变化是相同的，如图 6.77b 的上半部分所示。这意味着与编程快的入侵单元相比，在入侵单元慢速编程情况下，V_{th} 的负向偏移要大得多（−0.2 ~ −0.4V）。

推测其原因，在慢速编程入侵单元中，具有较大数量和电压（V_{pgm}）的编程脉冲受到 0V 的沟道电压影响。于是，在慢速编程入侵单元中，V_{th} 负向偏移变得更大。相反，在快速编程入侵单元中，具有较大数量和电压的编程脉冲受到 0V 的沟道电压影响时间较短，因为快速编程入侵单元比慢速编程入侵单元更早变为编程抑制模式（沟道电压变为 $V_{boosting}$）。

此外，这种新的 V_{th} 负向偏移导致 V_{th} 分布更宽。在入侵单元 ABL1 = L1 且 ABL2 = L1 情况下，受害单元 ΔV_{th} 分布宽度为 0.36V；然而，入侵单元 ABL1 = L3 且 ABL2 = L3 情况下，受害单元 ΔV_{th} 分布宽度为 0.48V。这些 V_{th} 分布宽度对 MLC/TLC NAND 闪存产品的读窗口裕度有影响。

图 6.79 显示了受害单元对编程状态的依赖性：L1、L2 和 L3。L3 电平级别下受害单元的 ΔV_{th} 小于 L1 和 L2，特别是在入侵单元 ABL1 = L3 且 ABL2 = L3 的情况下。这意味着 L3 电平级别受害单元中的 V_{th} 负向偏移更大。这是考虑到如果处于 L3 的浮栅带负电荷，那么它可以在入侵单元编程过程中聚集更多的正电荷。

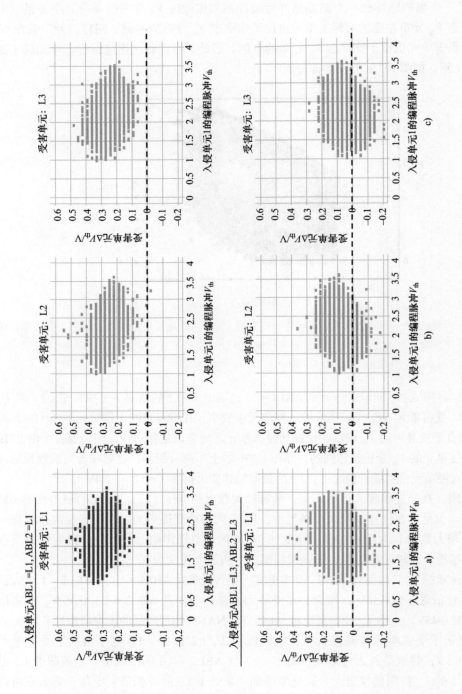

图 6.79 不同条件下受害单元 ΔV_{th} 对编程状态（L1，L2，L3）的依赖性：上半部分为入侵单元 ABL1 = L1；下半部分为入侵单元 ABL1 = L3 且 ABL2 = L3。L3 电平级别下受害单元的 ΔV_{th} 相比 L1 和 L2 具有更大的 V_{th} 负向偏移 元 ABL1 = L3 且 ABL2 = L3 且 ABL2 = L1 时 ABL1 = L1 且 ABL2 = L1；下半部分为入侵单

总结 V_{th} 负向偏移现象的研究结果（6.7.2 节和 6.7.3 节），负向偏移在以下情况被增大：①沿字线的相邻单元（ABL1，2）处于编程；②小的 FH；③较高编程电压 V_{pgm}；④入侵单元处于 L3 电平级别；⑤入侵单元慢速编程；⑥受害单元具有较高 V_{th}。

6.7.4　编程条件下的载流子分离

为了阐明 V_{th} 负向偏移的机理，利用载流子分离技术 [29, 83-86] 测量了一个由单元构建的测试电容，如图 6.80 所示 [11, 79]。一个由单元构建的测试电容具有条形有源区 /STI 和平面控制栅，具有源极和漏极。图 6.80 的测量条件是，控制栅电压（V_{CG}）扫描，同时保持恒定浮栅电压 V_{FG}（8V）和 $V_{well} = V_{junction} = 0V$。电子流动图如图 6.81 所示。图 6.80 中测量的电流 I_{CG}、I_{FG} 和 $I_{junction}$ 可以用图 6.81 所示的电子流动表示，且有

$$I_{CG} = -I_{CG\_Junction} - I_{CG\_FG} \tag{6.8}$$

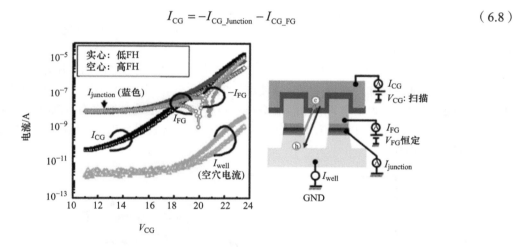

图 6.80　采用载流子分离技术对单元构建的测试电容进行的电流分析。观察到了空穴电流（I_{well}），并随着 V_{CG} 的增大而增大。FH 较低时，由于结电流 $I_{junction}$ 较大，会产生较大的空穴电流

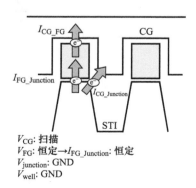

图 6.81　图 6.80 条件下的电子流动图。$I_{junction}$（见图 6.80）$= I_{CG\_Junction} + I_{FG\_Junction}$。空穴电流 I_{well} 在 V_{CG} 大于 18V 区域（见图 6.80）由 $I_{CG\_Junction}$ 产生

$$I_{\mathrm{FG}} = -I_{\mathrm{FG\_Junction}} + I_{\mathrm{CG\_FG}} \tag{6.9}$$

$$I_{\mathrm{junction}} = I_{\mathrm{CG\_Junction}} + I_{\mathrm{FG\_Junction}} \tag{6.10}$$

式中，$I_{\mathrm{FG\_Junction}}$ 为恒定值。

从图 6.80 中可以观察到，在高 V_{CG} 区域（>18V），随着 V_{CG} 的增加，空穴电流（I_{well}）也随之增加。在 V_{CG} 大于 18V 区域，$I_{\mathrm{CG\_Junction}}$ 和 $I_{\mathrm{CG\_FG}}$ 随着 V_{CG} 的增加而增加，而 $I_{\mathrm{FG\_Junction}}$ 由于 V_{CG} 不变而基本不变。图 6.80 中 V_{CG} >18V 区域，相较于中等 FH，小 FH 下电流 I_{junction} 和电流 I_{well} 均更大。从图 6.80 中 I_{junction} 和 I_{well} 的观察结果来看，I_{well} 被认为是由 $I_{\mathrm{CG\_Junction}}$ 产生的，而不是由 $I_{\mathrm{CG\_FG}}$ 产生的，如图 6.81 所示。$I_{\mathrm{CG\_Junction}}$ 是从沟道 / 结到控制栅的 FN 注入形成的电子流。根据阳极空穴注入模型，$I_{\mathrm{CG\_Junction}}$ 可能产生空穴电流 I_{well}[29, 83, 89]。

对于 I_{FG}，在 V_{CG} <20V 时 I_{FG} 几乎是恒定的，这是因为 $I_{\mathrm{FG\_Junction}}$ 为恒定值，而 $I_{\mathrm{CG\_FG}}$ 由于 $V_{\mathrm{CG}} - V_{\mathrm{FG}}$ 小，也很小。随着 V_{CG} 增加到 20V 以上，电流 I_{FG} 极性发生变化，因为 $I_{\mathrm{CG\_FG}}$ 随着 $V_{\mathrm{CG}} - V_{\mathrm{FG}}$ 的增加而增加，并成为 I_{FG} 的主导电流。

图 6.82 显示了恒定 V_{CG} 下的电流流动。即使沟道 / 结和控制栅之间的电压是恒定的，I_{CG} 也会随着 V_{FG} 的增加而增加。这意味着，即使施加恒定的 V_{CG}，主要由沟道 / 结到控制栅的直接电子注入形成的电流 I_{CG} 也会被 V_{FG} 强烈地增强。随着存储单元尺寸的缩小，FG-FG 之间的空间变得狭窄。于是 I_{CG} 会增加，因为 V_{FG} 能强烈地增强 I_{CG}。这表明，V_{th} 负向偏移现象可能因为存储单元的缩小而增强。

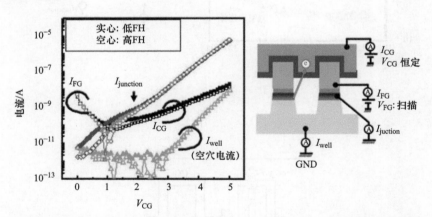

图 6.82　单元构建电容的电流分析。即使 V_{CG} 为恒定值，I_{CG}（由沟道 / 结到控制栅的直接电子注入）也随着 V_{FG} 的增加而增加。这意味着 I_{CG} 被浮栅电势增强

图 6.82 中衬底空穴电流与栅极电子电流的比值（$I_{\mathrm{well}}/I_{\mathrm{junction}}$）在 10^{-3} 范围内，$V_{\mathrm{FG}} = 3 \sim 5\mathrm{V}$。衬底空穴电流主要由穿过隧穿氧化层的 FN 电流产生。在相同的氧化层厚度和电场条件下，该值与之前的报道[29, 83, 84, 86, 89] 范围相同。而在图 6.80 中，衬底空穴电流与栅极电子电流的比值在 10^{-4} 范围内，其中衬底空穴电流主要由沟道到控制栅的 FN 隧穿电流产生。这比之前报道的 $10^{-3} \sim 10^{-2}$ 范围要小 1 ~ 2 个数量级[83]。衬底空穴电流较小的原因尚不清楚；但是，由于单元结

构的原因，产生的大量空穴不会流向衬底，这与之前报道的平板电容不同[83]。这表明所产生的空穴可以向任何方向流动，包括浮栅方向。

6.7.5　模型

从单元构建电容中的电流流动结果来看，V_{th} 负向偏移的机制可考虑如图 6.83 所示。在编程过程中，电子从沟道 / 结（0V）直接注入到控制栅（V_{pgm}）。电子注入通过碰撞电离产生热空穴，并且热空穴被注入到 STI 上的 IPD 层。部分热空穴穿过场氧化层或 IPD 层注入受害单元的浮栅。因此，受害单元的 V_{th} 向负向偏移。

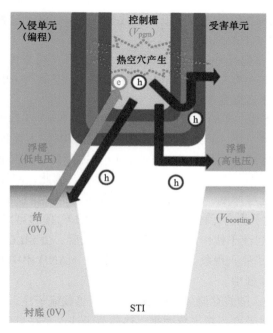

图 6.83　所提出的受害单元中 V_{th} 负向偏移机制。从沟道 / 结（0V）到控制栅（V_{pgm}）的电子注入在控制栅处产生热空穴，部分热空穴通过场介电质和 IPD 层注入到受害单元浮栅中。这种热空穴注入会导致一个"V_{th} 负向偏移"

由于较窄 FG-FG 空间的场效应导致 I_{CG} 增加，这种现象将随着存储单元的微缩而被加速。那么在未来的进一步微缩的存储单元中，V_{th} 负向偏移现象将会更加严重。V_{th} 负向偏移将成为新的缩放限制因素之一，来管理在 2X-nm 及以上技术代 NAND 闪存单元中 MLC 和 TLC 单元 V_{th} 读窗口裕度。

在 2X ~ 3X-nm 自对准 STI NAND 闪存单元中，编程抑制单元出现了一种新的 V_{th} "负向"偏移现象。当沿字线方向的相邻单元被编程时，编程抑制单元会产生 V_{th} 负向偏移。在编程电压（V_{pgm}）越高、场氧化层高度（FH）越低、相邻单元编程速度越慢、受害单元 V_{th} 越高这些情况下，V_{th} 负向偏移的幅度越大。实验结果表明，V_{th} 负向偏移的机制归因于从沟道 / 结注入到控制栅的 FN 电子所产生的热空穴。先前有许多报道描述了 MOS 电容中的衬底空穴电流（I_{well}）。然而，这种 V_{th} 负向偏移现象是非常罕见的，在闪存单元器件中可以直接观察到随着 V_{th} 偏移产生的空穴电流。

6.8 小结

第 6 章描述了 NAND 闪存的可靠性。

6.2 节描述了编程 / 擦除循环退化和数据保持特性。一个均一编程和擦除的方案，即在整个沟道区域上采用均匀一致的 FN 隧穿，即使在 100 万次编程 / 擦除循环后也保证有一个宽的阈值电压窗口。采用均一编程和擦除的方案可以保证数据的保持特性。这种均一编程 / 擦除的方案已在 NAND 闪存中作为事实上的标准使用。

6.3 节讨论了与编程 / 擦除循环耐久和数据保持相关的几个可靠性方面的问题。编程 / 擦除循环应力导致的退化主要是由电子 / 空穴陷阱、SILC 和界面态的产生引起的。并且随着存储单元的微缩，这些退化现象正变得更加严重。

6.4 节描述了读干扰特性。实验表明，采用 FN 隧穿（FN-t）编程 / 擦除的闪存单元的保持时间是采用常规操作闪存单元的 10 倍，常规操作是采用 CHE 注入编程、FN-t 擦除。这两种编程 / 擦除方案之间的数据保持差异是由于双极性 FN-t 应力降低了薄栅氧化层中的 SILC。此外，随着栅氧化层厚度的减小，数据保持方面的改善更加显著。因此，双极性 FN-t 编程 / 擦除方案能允许闪存单元缩小其氧化层厚度，有望成为实现可靠闪存的关键技术。

6.4 节也一并给出了读干扰的几种分析结果。读干扰的 V_{th} 偏移可以划分为两个区域。最初，隧穿氧化层的电子脱阱引起读干扰中的 V_{th} 偏移；在那之后，由 SILC 引起 V_{th} 偏移。此外，在 6.4.4 节中还介绍了热载流子注入现象。在读操作过程时，NAND 串中的局部升压节点产生热载流子，然后注入到单元的浮栅中。

6.5 节描述了编程干扰。随着存储单元的缩小，由于热载流子注入和沟道耦合引起的非预期退化机制，管理编程干扰失效变得越来越困难。热载流子注入是在自升压电压（约 8V）和其他电压（0V）之间的高场位置产生的，如 6.5.2 节所述。在 6.5.3 节中也描述了编程过程中的沟道耦合效应。相邻沟道电压为 0V 对自升压抑制沟道电压的影响不仅归因于电容耦合，还归因于升压节点的带间泄漏。

6.6 节描述了不稳定的过度编程。不稳定的过度编程是由编程过程中穿过隧穿氧化层注入过多电子引起的。强 ECC 可以管理不稳定的过度编程失效。

6.7 节展示了编程抑制单元的 V_{th} "负向"偏移现象。当沿字线方向的相邻单元被编程时，编程抑制单元会产生 V_{th} 负向偏移。受害单元中 V_{th} 负向偏移在诸多情况下变得更大，如较高的编程电压、较低的场氧化层高度、较慢的编程速度，以及单元自身较高的 V_{th}。实验结果表明，V_{th} 负向偏移的机制归因于从沟道 / 结到控制栅的 FN 电子注入所产生的热空穴。

闪存可靠性及物理现象如图 6.84 所示[90]。研究表明，隧穿氧化物中的载流子陷阱、脱阱现象、SILC 是导致闪存可靠性下降的主要原因。

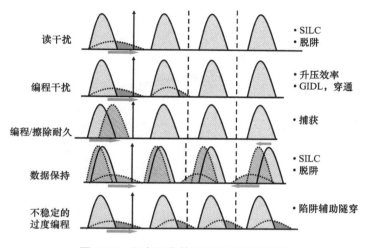

图 6.84　闪存可靠性和物理机制的概述

编程/擦除循环耐久性和数据保持作为可靠性的重要方面是一种权衡关系，如图 6.85 所示[90]。编程/擦除循环和数据保留的未来目标将妥协为编程/擦除循环小于 1000 次和数据保持低于 1 年，即使有系统解决方案。

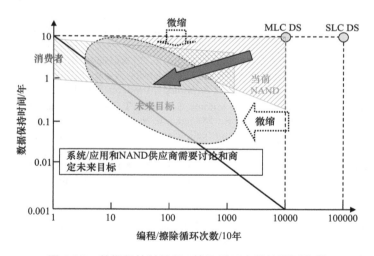

图 6.85　数据保持随编程/擦除循环次数的预测前景

闪存性能与可靠性也是一种权衡关系[90]，如图 6.86 所示。如果需要高速编程，则可靠性（如编程/擦除循环）将降低，因为在编程期间，存储单元中的隧穿氧化层被施加了较高的电场。另一方面，如果某些应用要求高可靠性，例如超过 1 万次的编程/擦除循环和大于 3 年的数据保持，则这种高速编程的性能应该会受到损害。因此，NAND 闪存可靠性的目标规范将被大大细分到每个应用，如存储卡、消费者应用（智能手机、平板电脑等）、高端应用（企业服务器 SSD）等。

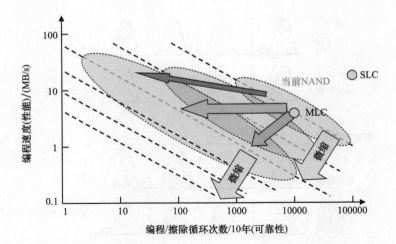

图 6.86　闪存性能与可靠性的预测前景。性能和可靠性是"权衡"的。随着器件的微缩，性能和可靠性都会自然地降低。通过增加 NAND 的页面大小，可以保持或提高性能

参 考 文 献

[1] Masuoka, F.; Momodomi, M.; Iwata, Y.; Shirota, R. New ultra high density EPROM and flash EEPROM with NAND structure cell, *Electron Devices Meeting, 1987 International*, vol. 33, pp. 552– 555, 1987.

[2] Shirota, R.; Itoh, Y.; Nakayama, R.; Momodomi, M.; Inoue, S.; Kirisawa, R.; Iwata, Y.; Chiba, M.; Masuoka, F. New NAND cell for ultra high density 5v-only EEPROMs, *Digest of Technical Papers—Symposium on VLSI Technology*, 1988, pp. 33–34.

[3] Momodomi, M.; Kirisawa, R.; Nakayama, R.; Aritome, S.; Endoh, T.; Itoh, Y.; Iwata, Y.; Oodaira, H.; Tanaka, T.; Chiba, M.; Shirota, R.; Masuoka, F. New device technologies for 5 V-only 4 Mb EEPROM with NAND structure cell, *Electron Devices Meeting, 1988. IEDM '88. Technical Digest, International*, pp. 412–415, 1988.

[4] Kirisawa, R.; Aritome, S.; Nakayama, R.; Endoh, T.; Shirota, R.; Masuoka, F. A NAND structured cell with a new programming technology for highly reliable 5 V-only flash EEPROM, *1990 Symposium on VLSI Technology. Digest of Technical Papers*, pp. 129–130, 1990.

[5] Aritome, S.; Shirota, R.; Kirisawa, R.; Endoh, T.; Nakayama, R.; Sakui, K.; Masuoka, F. A reliable bi-polarity write/erase technology in flash EEPROMs, *International Electron Devices Meeting, 1990. IEDM '90. Technical Digest*, pp. 111–114, 1990.

[6] Aritome, S.; Kirisawa, R.; Endoh, T.; Nakayama, R.; Shirota, R.; Sakui, K.; Ohuchi, K.; Masuoka, F. Extended data retention characteristics after more than 10^4 write and erase cycles in EEPROMs, *International Reliability Physics Symposium, 1990. 28th Annual Proceedings*, pp. 259–264, 1990.

[7] Aritome, S.; Shirota, R.; Sakui, K.; Masuoka, F. Data retention characteristics of flash memory cells after write and erase cycling, *IEICE Trans. Electron*, vol. E77-C, no. 8, pp. 1287–1295, Aug. 1994.

[8] Aritome, S.; Shirota, R.; Hemink, G.; Endoh, T.; Masuoka, F. Reliability issues of flash memory cells, *Proceedings of the IEEE*, vol. 81, no. 5, pp. 776–788, 1993.

[9] Hemink, G.; Endoh, T.; Shirota, R. Modeling of the hole current caused by fowler-nordheim tunneling through thin oxides, *Japanese Journal of Applied Physics*, vol. 33, pp. 546–549, 1994.

[10] Aritome, S.; Satoh, S.; Maruyama, T.; Watanabe, H.; Shuto, S.; Hemink, G. J.; Shirota, R.; Watanabe, S.; Masuoka, F. A 0.67 µm² self-aligned shallow trench isolation cell (SA-STI cell) for 3 V-only 256 Mbit NAND EEPROMs, *Electron Devices Meeting, 1994. IEDM '94. Technical Digest, International*, pp. 61–64, 11–14 Dec. 1994.

[11] Aritome, S.; Seo, S.; Kim, H.-S.; Park, S.-K.; Lee, S.-K.; Hong, S. Novel negative V_t shift phenomenon of program–inhibit cell in 2X–3X nm self-aligned STI NAND flash memory, *Electron Devices, IEEE Transactions on*, vol. 59, no. 11, pp. 2950–2955, Nov. 2012.

[12] Masuoka, F.; Asano, M.; Iwahashi, H.; Komuro, T.; Tanaka, S. A new flash E²PROM cell using triple polysilicon technology, *Electron Devices Meeting, 1984 International*, vol. 30, pp. 464–467, 1984.

[13] Tam, S.; Sachdev, S.; Chi, M.; Verma, G.; Ziller, J.; Tsau, G.; Lai, S.; Dham, V. *1988 Symposium on VLSI Technology, Technical Papers*, pp. 31–32, 1988.

[14] Kume, H.; Yamamoto, H.; Adachi, T.; Hagiwara, T.; Komori, K.; Nishimoto, T.; Koike, A.; Meguro, S.; Hayashida, T.; Tsukada, T. A flash-erase EEPROM cell with an asymmetric source and drain structure, *Electron Devices Meeting, 1987 International*, vol. 33, pp. 560–563, 1987.

[15] Ajika, N.; Ohi, M.; Arima, H.; Matsukawa, T.; Tsubouchi, N. A 5 volt only 16M bit flash EEPROM cell with a simple stacked gate structure, *Electron Devices Meeting, 1990. IEDM '90. Technical Digest, International*, pp. 115–118, 9–12 Dec. 1990.

[16] Onoda, H.; Kunori, Y.; Kobayashi, S.; Ohi, M.; Fukumoto, A.; Ajika, N.; Miyoshi, H. A novel cell structure suitable for a 3 volt operation, sector erase flash memory, *Electron Devices Meeting, 1992. IEDM '92. Technical Digest, International*, pp. 599–602, 13–16 Dec. 1992.

[17] Kodama, N.; Saitoh, K.; Shirai, H.; Okazawa, T.; Hokari, Y. A 5V only 16 Mbit flash EEPROM cell using highly reliable write/erase technologies, *VLSI Technology, 1991. Digest of Technical Papers, 1991 Symposium on*, pp. 75–76, 28–30 May 1991.

[18] Verma, G.; Mielke, N. Reliability performance of ETOX based flash memories, *Reliability Physics Symposium 1988. 26th Annual Proceedings, International*, pp. 158–166, 12–14 April 1988.

[19] Baglee, D. A.; Smayling, M. C. The effects of write/erase cycling on data loss in EEPROMs, *Electron Devices Meeting, 1985 International*, vol. 31, pp. 624–626, 1985.

[20] Witters, J. S.; Groeseneken, G.; Maes, H. E. Degradation of tunnel-oxide floating-gate EEPROM devices and the correlation with high field-current-induced degradation of thin gate oxides, *IEEE Transactions on Electron Devices*, vol. 36, no. 9, part 2, pp. 1663–1682, 1989.

[21] Haddad, S.; Chang, C.; Swaminathan, B.; Lien, J. Degradations due to hole trapping in flash memory cells, *Electron Device Letters, IEEE*, vol. 10, no. 3, pp. 117–119, March 1989.

[22] Mori, S.; Kaneko, Y.; Arai, N.; Ohshima, Y.; Araki, H.; Narita, K.; Sakagami, E.; Yoshikawa, K. Reliability study of thin inter-poly dielectrics for non-volatile memory application, *Reliability Physics Symposium, 1990. 28th Annual Proceedings, International*, pp. 132–144, 27–29 March 1990.

[23] Chen, J.; Chan, T.-Y.; Chen, I.-C.; Ko, P.-K.; Chenming, Hu. Subbreakdown drain leakage current in MOSFET, *Electron Device Letters, IEEE*, vol. 8, no. 11, pp. 515, 517, Nov. 1987.

[24] Chan, T.-Y.; Chen, J.; Ko, P.-K.; Hu, C. The impact of gate-induced drain leakage current on MOSFET scaling, *Electron Devices Meeting, 1987 International*, vol. 33, pp. 718, 721, 1987.

[25] Shirota, R.; Endoh, T.; Momodomi, M.; Nakayama, R.; Inoue, S.; Kirisawa, R.; Masuoka, F. An accurate model of subbreakdown due to band-to-band tunneling and its application, *Electron Devices Meeting, 1988. IEDM '88. Technical Digest, International*, pp. 26, 29, 11–14 Dec. 1988.

[26] Olivo, P.; Nguyen, T.N.; Ricco, B. High-field-induced degradation in ultra-thin SiO_2 films, *Electron Devices, IEEE Transactions on*, vol. 35, no. 12, pp. 2259–2267, Dec. 1988.

[27] Naruke, K.; Taguchi, S.; Wada, M. Stress induced leakage current limiting to scale down EEPROM tunnel oxide thickness, *IEDM Technical Digest*, pp. 424–427, Dec. 1988.

[28] Hemink, G. J.; Shimizu, K.; Aritome, S.; Shirota, R. Trapped hole enhanced stress induced leakage currents in NAND EEPROM tunnel oxides, *IEEE International Reliability Physics Symposium*, 1996. *34th Annual Proceedings*, pp. 117–121, 1996.

[29] Weinberg, Z. A.; Fischetti, M. V.; Nissan-Cohen, Y. SiO_2 induced substrate current and its relation to positive charge in field effect transistor, *Journal of Applied Physics*, vol. 59, no. 3, pp. 824–832, 1 Feb. 1986.

[30] Lee, J.-D.; Choi, J.-H.; Park, D.; Kim, K. Data retention characteristics of sub-100 nm NAND flash memory cells, *IEEE Electron Device Letters*, vol. 24, no. 12, pp. 748–750, 2003.

[31] Lee, J.-D.; Choi, J.-H.; Park, D.; Kim, K. Degradation of tunnel oxide by FN current stress and its effects on data retention characteristics of 90 nm NAND flash memory cells, *41st Annual. 2003 IEEE International Reliability Physics Symposium Proceedings*, pp. 497–501, 2003.

[32] Lee, J.-D.; Choi, J.-H.; Park, D.; Kim, K. Effects of interface trap generation and annihilation on the data retention characteristics of flash memory cells, *IEEE Transactions on Device and Materials Reliability*, vol. 4, no. 1, pp. 110–117, 2004.

[33] Fayrushin, A.; Seol, K.S.; Na, J.H.; Hur, S.H.; Choi, J.D.; Kim, K. The new program/erase cycling degradation mechanism of NAND flash memory devices, *2009 IEEE International Electron Devices Meeting (IEDM)*, pp. 822–826, 2009.

[34] Perniola, L.; Bernardini, S.; Iannaccone, G.; Masson, P.; De Salvo, B.; Ghibaudo, G.; Gerardi, C. Analytical model of the effects of a nonuniform distribution of stored charge on the electrical characteristics of discrete-trap nonvolatile memories, *Nanotechnology, IEEE Transactions on*, vol. 4, no. 3, pp. 360, 368, May 2005.

[35] Cappelletti, P.; Bez, R.; Modelli, A.; Visconti, A. What we have learned on flash memory reliability in the last ten years, IEEE International Electron Devices Meeting, 2004. IEDM Technical Digest. 2004, pp. 489–492.

[36] Arai, F.; Maruyama, T.; Shirota, R. Extended data retention process technology for highly reliable flash EEPROMs of 10^6 to 10^7 W/E cycles, *36th Annual 1998 IEEE International Reliability Physics Symposium Proceedings, 1998*. pp. 378–382, 1998.

[37] Mielke, N.; Marquart, T.; Ning, Wu; Kessenich, J.; Belgal, H.; Schares, E.; Trivedi, F.; Goodness, E.; Nevill, L.R. Bit error rate in NAND flash memories, *IEEE International Reliability Physics Symposium, 2008. IRPS 2008*. pp. 9–19, 2008.

[38] Satoh, S.; Hemink, G.; Hatakeyama, K.; Aritome, S. Stress-induced leakage current of tunnel oxide derived from flash memory read-disturb characteristics, *IEEE Transactions on Electron Devices*, vol. 45, no. 2, pp. 482–486, 1998.

[39] Satoh, S.; Hemink, G. J.; Hatakeyama, F.; Aritome, S. Stress induced leakage current of tunnel oxide derived from flash memory read-disturb characteristics, *Microelectronic Test Structures, 1995. ICMTS 1995. Proceedings of the 1995 International Conference on*, pp. 97–101, 22–25 March 1995.

[40] Kato, M.; Miyamoto, N.; Kume, H.; Satoh, A.; Adachi, T.; Ushiyama, M.; Kimura, K. Read-disturb degradation mechanism due to electron trapping in the tunnel oxide for low-voltage flash memories, *Technical Digest., International Electron Devices Meeting, 1994. IEDM '94.* pp. 45–48, 1994.

[41] Mielke, N.; Belgal, H.; Kalastirsky, I.; Kalavade, P.; Kurtz, A.; Meng, Q.; Righos, N.; Wu, J. Flash EEPROM threshold instabilities due to charge trapping during program/erase cycling, *IEEE Transactions on Device and Materials Reliability*, vol. 4, no. 3, pp. 335–344, 2004.

[42] Belgal, H. P.; Righos, N.; Kalastirsky, I.; Peterson, J. J.; Shiner, R.; Mielke, N. A new reliability model for post-cycling charge retention of flash memories, *Reliability Physics Symposium Proceedings, 2002. 40th Annual*, pp. 7–20, 2002.

[43] Mielke, N.; Belgal, H.P.; Fazio, A.; Meng, Q.; Righos, N. Recovery effects in the distributed cycling of flash memories, *IEEE International Reliability Physics Symposium Proceedings, 2006. 44th Annual*, pp. 29–35, 2006.

[44] Modelli, A.; Gilardoni, F.; Ielmini, D.; Spinelli, A. S. A new conduction mechanism for the anomalous cells in thin oxide flash EEPROMs, *Proceedings. 39th Annual. 2001 IEEE International Reliability Physics Symposium, 2001.* pp. 61–66, 2001.

[45] Compagnoni, C. M.; Miccoli, C.; Mottadelli, R.; Beltrami, S.; Ghidotti, M.; Lacaita, A. L.; Spinelli, A. S.; Visconti, A. Investigation of the threshold voltage instability after disturbuted cycling in nanoscale NAND flash memory array, *IEEE International Reliability Physics Symposium, 2010, IRPS 2010*, pp. 604–610, 2010.

[46] Ielmini, D.; Spinelli, A. S.; Lacaita, A. L.; Modelli, A. Equivalent cell approach for extraction of the SILC distribution in flash EEPROM cells, *IEEE Electron Device Letters*, vol. 23, no. 1, pp. 40–42, 2002.

[47] Ielmini, D.; Spinelli, A. S.; Lacaita, A. L.; Leone, R.; Visconti, A. Localization of SILC in flash memories after program/erase cycling, *40th Annual Reliability Physics Symposium Proceedings*, pp. 1–6, 2002.

[48] Ielmini, D.; Spinelli, A. S.; Lacaita, A. L.; van Duuren, M. J. Correlated defect generation in thin oxides and its impact on flash reliability, *Digest International Electron Devices Meeting, 2002. IEDM '02*, pp. 143–146, 2002.

[49] Ielmini, D.; Spinelli, A. S.; Lacaita, A. L.; Modelli, A. A statistical model for SILC in flash memories, *IEEE Transactions on Electron Devices*, vol. 49, no. 11, pp. 1955–1961, 2002.

[50] Ielmini, D.; Spinelli, A. S.; Lacaita, A. L.; Visconti, A. Statistical profiling of SILC spot in flash memories, *Electron Devices, IEEE Transactions* on, vol. 49, no. 10, pp. 1723–1728, 2002.

[51] Ghidini, G.; Sebastiani, A.; Brazzelli, D. Stress induced leakage current and bulk oxide trapping: Temperature evolution, *40th Annual Reliability Physics Symposium Proceedings*, pp. 415–416, 2002.

[52] Scott, R. S.; Dumin, N. A.; Hughes, T. W.; Dumin, D. J.; Moore, B. T. Properties of high-voltage stress generated traps in thin silicon oxide, *IEEE Transactions on Electron Devices*, vol. 43, no. 7, pp. 1133–1143, 1996.

[53] Kurata, H.; Otsuga, K.; Kotabe, A.; Kajiyama, S.; Osabe, T.; Sasago, Y.; Narumi, S.; Tokami, K.; Kamohara, S.; Tsuchiya, O. The impact of random telegraph signals on the scaling of multilevel flash memories, *VLSI Circuits, 2006. Digest of Technical Papers. 2006 Symposium on*, pp. 112–113.

[54] Yamada, S.; Amemiya, K.; Yamane, T.; Hazama, H.; Hashimoto, K. Non-uniform current flow through thin oxide after Fowler–Nordheim current stress, *Reliability Physics Symposium, 1996. 34th Annual Proceedings, IEEE International*, pp. 108–112, 30 Apr–2 May 1996.

[55] Kimura, M.; Koyama, H. Stress-induced low-level leakage mechanism in ultrathin silicon dioxide films caused by neutral oxide trap generation, *Reliability Physics Symposium, 1994. 32nd Annual Proceedings, IEEE International*, pp. 167–172, 11–14 April 1994.

[56] Dumin, D. J.; Maddux, J. R. Correlation of stress-induced leakage current in thin oxides with trap generation inside the oxides, *Electron Devices, IEEE Transactions on*, vol. 40, no. 5, pp. 986–993, May 1993.

[57] Rofan, R.; Hu, C. Stress-induced oxide leakage, *Electron Device Letters, IEEE*, vol. 12, no. 11, pp. 632–634, Nov. 1991.

[58] Takagi, S.; Yasuda, N.; Toriumi, A. A new I–V model for stress-induced leakage current including inelastic tunneling, *Electron Devices, IEEE Transactions on*, vol. 46, no. 2, pp. 348–354, Feb. 1999.

[59] Belgal, H.P.; Righos, N.; Kalastirsky, I.; Peterson, J.J.; Shiner, R.; Mielke, N. A new reliability model for post-cycling charge retention of flash memories, *Reliability Physics Symposium Proceedings, 2002. 40th Annual*, pp. 7–20, 2002.

[60] Wang, H.-H.; Shieh, P.-S.; Huang, C.-T.; Tokami, K.; Kuo, R.; Chen, Shin-Hsien.; Wei, Houng-Chi.; Pittikoun, S.; Aritome, S. A new read-disturb failure mechanism caused by boosting hot-carrier injection effect in MLC NAND flash memory, *Memory Workshop, 2009. IMW '09. IEEE International*, pp. 1–2, 10–14 May 2009.

[61] Takeuchi, K.; Kameda, Y.; Fujimura, S.; Otake, H.; Hosono, K.; Shiga, H.; Watanabe, Y.; Futatsuyama, T.; Shindo, Y.; Kojima, M.; Iwai, M.; Shirakawa, M.; Ichige, M.; Hatakeyama, K.; Tanaka, S.; Kamei, T.; Fu, J.Y.; Cernea, A.; Li, Y.; Higashitani, M.; Hemink, G.; Sato, S.; Oowada, K.; Shih-Chung Lee; Hayashida, N.; Wan, J.; Lutze, J.; Tsao, S.; Mofidi, M.; Sakurai, K.; Tokiwa, N.; Waki, H.; Nozawa, Y.; Kanazawa, K.; Ohshima, S. A 56 nm CMOS 99 mm^2 8 Gb Multi-level NAND flash memory with 10 MB/s Program Throughput, *Solid-State Circuits Conference, 2006. ISSCC 2006. Digest of Technical Papers. IEEE International*, pp. 507–516, 6–9 Feb. 2006.

[62] Suh, K.-D.; Suh, B.-H.; Lim, Y.-H.; Kim, J.-K.; Choi, Y.-J.; Koh, Y.-N.; Lee, S.-S.; Kwon, S.-C.; Choi, B.-S.; Yum, J.-S.; Choi, J.-H.; Kim, J.-R.; Lim, H.-K. A 3.3 V 32 Mb NAND flash memory with incremental step pulse programming scheme, *Solid-State Circuits, IEEE Journal of*, vol. 30, no. 11, pp. 1149–1156, Nov. 1995.

[63] Satoh, S.; Hagiwara, H.; Tanzawa, T.; Takeuchi, K.; Shirota, R. A novel isolation-scaling technology for NAND EEPROMs with the minimized program disturbance, *Electron Devices Meeting, 1997. IEDM '97. Technical Digest, International*, pp. 291–294, 7–10 Dec. 1997.

[64] Torsi, A.; Yijie Zhao; Haitao Liu; Tanzawa, T.; Goda, A.; Kalavade, P.; Parat, K. A program disturb model and channel leakage current study for sub-20 nm NAND flash cells, *Electron Devices, IEEE Transactions on*, vol. 58, no. 1, pp. 11,16, Jan. 2011.

[65] Lee, J. D.; Lee, C. K.; Lee, M. W.; Kim, H.S.; Park, K. C.; Lee, W. S. A new programming disturbance phenomenon in NAND flash memory by source/drain Hot-electrons generated by GIDL current, *NVSMW*, pp. 31–33, 2006.

[66] Joo, S. J.; Yang, H. J.; Noh, K. H.; Lee, H. G.; Woo, W. S.; Lee, J. Y.; Lee, M. K.; Choi, W. Y.; Hwang, K. P.; Kim, H. S.; Sim, S. Y.; Kim, S. K.; Chang, H. H.; Bae, G. H. Abnormal disturbance mechanism of Sub-100 nm NAND flash memory, *Japanese Journal of Applied Physics*, 45, pp. 6210–6215, 2006.

[67] Oh, D.; Lee, S.; Lee, C.; Song, J.; Lee, W.; Choi, J. Program disturb phenomenon by DIBL in MLC NAND Flash Device, *NVSMW*, pp. 5–7, 2008.

[68] Oh, D.; Lee, C.; Lee, S.; Kim, T. K.; Song, J.; Choi, J. New self-boosting phenomenon by source/drain depletion cut-off in NAND flash memory, *NVSMW*, pp. 39–41, 2007.

[69] Lee, C.; Hwang, J.; Fayrushin, A.; Kim, H.; Son, B.; Park, Y.; Jin, G.; Jung, E. S. Channel coupling phenomenon as scaling barrier of NAND flash memory beyond 20 nm node, *Memory Workshop (IMW), 2013 5th IEEE International*, pp. 72,75, 26–29 May 2013.

[70] Park, Y.; Lee, J. Device considerations of planar NAND flash memory for extending towards sub-20 nm regime, *Memory Workshop (IMW), 2013 5th IEEE International*, pp. 1,4, 26–29 May 2013.

[71] Park, Y.; Lee, J.; Cho, S. S.; Jin, G.; Jung, EunSeung. Scaling and reliability of NAND flash devices, *Reliability Physics Symposium, 2014 IEEE International*, pp. 2E.1.1, 2E.1.4, 1–5 June 2014.

[72] Seo, J.; Han, K.; Youn, T.; Heo, H.-E.; Jang, S.; Kim, J.; Yoo, H.; Hwang, J.; Yang, C.; Lee, H.; Kim, B.; Choi, E.; Noh, K.; Lee, B.; Lee, B.; Chang, H.; Park, S.; Ahn, K.; Lee, S.; Kim, J.; Lee, S. Highly reliable M1X MLC NAND flash memory cell with novel active air-gap and p+ poly process integration technologies, *Electron Devices Meeting (IEDM), 2013 IEEE International*, pp. 3.6.1, 3.6.4, 9–11 Dec. 2013.

[73] Aritome, S. Advanced flash memory technology and trends for file storage application, *Electron Devices Meeting, 2000. IEDM Technical Digest. International*, pp. 763–766, 2000.

[74] Shimizu, K.; Narita, K.; Watanabe, H.; Kamiya, E.; Takeuchi, Y.; Yaegashi, T.; Aritome, S.; Watanabe, T. A novel high-density 5F^2 NAND STI cell technology suitable for 256 Mbit and 1 Gbit flash memories, *Electron Devices Meeting, 1997. IEDM '97. Technical Digest, International*, pp. 271–274, 7–10 Dec. 1997.

[75] Takeuchi, Y.; Shimizu, K.; Narita, K.; Kamiya, E.; Yaegashi, T.; Amemiya, K.; Aritome, S. A self-aligned STI process integration for low cost and highly reliable 1 Gbit flash memories, *VLSI Technology, 1998. Digest of Technical Papers. 1998 Symposium on*, pp. 102–103, 9–11 June 1998.

[76] Imamiya, K.; Sugiura, Y.; Nakamura, H.; Himeno, T.; Takeuchi, K.; Ikehashi, T.; Kanda, K.; Hosono, K.; Shirota, R.; Aritome, S.; Shimizu, K.; Hatakeyama, K.; Sakui, K. A 130 mm^2 256 Mb NAND flash with shallow trench isolation technology, *Solid-State Circuits Conference, 1999. Digest of Technical Papers. ISSCC. 1999 IEEE International*, pp. 112–113, 1999.

[77] Hwang, J.; Seo, J.; Lee, Y.; Park, S.; Leem, J.; Kim, J.; Hong, T.; Jeong, S.; Lee, K.; Heo, H.; Lee, H.; Jang, P.; Park, K.; Lee, M.; Baik, S.; Kim, J.; Kkang, H.; Jang, M.; Lee, J.; Cho, G.; Lee, J.; Lee, B.; Jang, H.; Park, S.; Kim, J.; Lee, S.; Aritome, S.; Hong, S.; Park, S. A middle-1X nm NAND flash memory cell (M1X-NAND) with highly manufacturable integration technologies, *Electron Devices Meeting (IEDM), 2011 IEEE International*, pp. 199–202, Dec. 2011.

[78] Lee, J.-D.; Hur, S.-H.; Choi, J.-D. Effects of floating-gate interference on NAND flash memory cell operation, *Electron Device Letters, IEEE*, vol. 23, no. 5, pp. 264–266, May 2002.

[79] Seo, S.; Kim, H.; Park, S.; Lee, S.; Aritome, S.; Hong, S. Novel negative V_t shift program disturb phenomena in 2X–3X nm NAND flash memory cells, *Reliability Physics Symposium (IRPS), 2011 IEEE International*, pp. 6B.2.1–6B.2.4, 10–14 April 2011.

[80] Shim, H.; Lee, S.-S.; Kim, B.; Lee, N.; Kim, D.; Kim, H.; Ahn, B.; Hwang, Y.; Lee, H.; Kim, J.; Lee, Y.; Lee, H.; Lee, J.; Chang, S.; Yang, J.; Park, S.; Aritome, S.; Lee, S.; Ahn, K.-O.; Bae, G.; Yang, Y. Highly reliable 26 nm 64 Gb MLC E2NAND (embedded-ECC & enhanced-efficiency) flash memory with MSP (Memory Signal Processing) controller, *VLSI Technology (VLSIT), 2011 Symposium on*, pp. 216–217, 14–16 June 2011.

[81] Tanaka, T.; Tanaka, Y.; Nakamura, H.; Oodaira, H.; Aritome, S.; Shirota, R.; Masuoka, F. A quick intelligent program architecture for 3 V-only NAND-EEPROMs, *VLSI Circuits, 1992. Digest of Technical Papers, 1992 Symposium on*, pp. 20–21, 4–6 June 1992.

[82] Suh, K.-D.; Suh, B.-H.; Lim, Y.-H.; Kim, J.-K.; Choi, Y.-J.; Koh, Y.-N.; Lee, Sung-Soo; Kwon, Suk-Chon.; Choi, B.-S.; Yum, J.-S.; Choi, J.-H.; Kim, J.-R.; Lim, H.-K. A 3.3 V 32 Mb NAND flash memory with incremental step pulse programming scheme, *Solid-State Circuits, IEEE Journal of*, vol. 30, no. 11, pp. 1149–1156, Nov. 1995.

[83] Chen, I. C.; Holland, S.; Hu, C. Oxide breakdown dependence on thickness and hole current—enhanced reliability of ultra thin oxides, *Electron Devices Meeting, 1986 International*, vol. 32, pp. 660–663, 1986.

[84] Schuegraf, K. F.; Hu, C. Hole injection SiO breakdown model for very low voltage lifetime extrapolation, *IEEE Trans. Electron Devices*, pp. 761–767, April 1994.

[85] Esseni, D.; Bude, J. D.; Selmi, L. On interface and oxide degradation in VLSI MOSFETs. II. Fowler–Nordheim stress regime, *Electron Devices, IEEE Transactions on*, vol. 49, no. 2, pp. 254–263, Feb. 2002.

[86] Chang, C.; Hu, C.; Robert, W. Brodersen. Quantum yield of electron impact ionization in silicon, *Journal of Applied Physics*, vol. 57, p. 302, 1985.

[87] Fischetti, M. V.; Weinberg, Z. A.; Calise, J. A. The effect of gate metal and SiO_2 thickness on the generation of donor states at the Si–SiO$_2$ interface, *Journal of Applied Physics*, vol. 57, no. 2, pp. 418–425, 1985.

[88] DiMaria, D. J.; Cartier, E. Mechanism for stress-induced leakage currents in thin silicon dioxide films, *Journal of Applied Physics*, vol. 78, pp. 3883–3894, 1995.

[89] Hemink, G.; Endoh, T.; Shirota, R. Modeling of the hole current caused by Fowler–Nordheim tunneling through thin oxides, *Japanese Journal of Applied Physics*, 33 pp. 546–549, 1994.

[90] Aritome, S. NAND flash memory reliability, in *International Solid-State Circuits Conference 2009 (ISSCC 2009)*, at Forum "SSD Memory Subsystem Innovation."

第 7 章

3D NAND 闪存单元

7.1 背景

随着固态硬盘（SSD）等应用规模的扩大，NAND 闪存的需求大大增加 [1]，因为 2D NAND 闪存单元的大规模微缩大大降低了位成本，如第 3 章中图 3.1 所示 [2]。然而，超过 20nm 技术节点之后，2D NAND 闪存单元的微缩面临着一些严重的物理限制，如浮栅电容（FG-FG）耦合干扰、RTN 等，这在第 5 章中所述。

为了进一步缩小 NAND 闪存的存储单元尺寸，在 2006 年之前，已经提出了几种 3D NAND 闪存单元 [3-9]，如图 7.1 所示 [2]。一个是堆叠的 NAND 单元 [3-5]，如图 7.2 所示。NAND 串在垂直堆叠的每个（重复的）硅层上制备，并连接到公共的位线和源线。每个重复的层都必须制备沟道硅层和栅极。于是，由于工艺步骤的增加，制造成本也随之增加。另一个是堆叠的环栅晶体管单元（S-SGT 单元）[7-9]，如图 7.3 所示。将周围带有浮栅的栅极晶体管单元垂直串联以制造 NAND 单元串。然而，制作工艺非常复杂，而且由于每个单元的硅衬底的阶梯结构，单元尺寸也非常大，如图 7.3 所示。因此，在 2006 年之前，由于制造工艺复杂、工艺步骤增加、单元尺寸偏大，这些 3D 单元无法有效降低位成本。

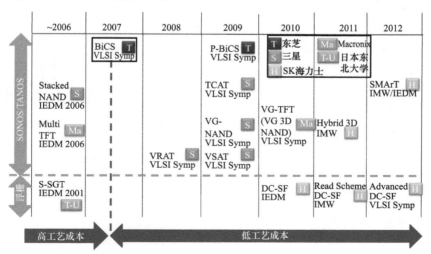

图 7.1　3D NAND 闪存的历史

- 用于NAND串的堆叠Si衬底
- TANOS电荷陷阱单元
- 每个重复层使工艺步骤增加，整个工艺成本增加

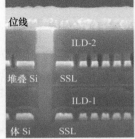
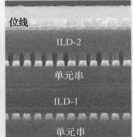
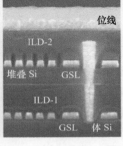

图 7.2　堆叠的 NAND 单元

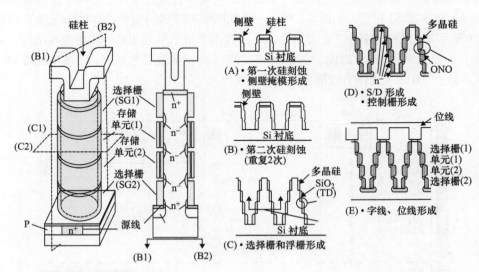

- 3D NAND结构概念
- 复杂的工艺流程→成本增加
- 台阶结构增加了单元尺寸→成本增加

图 7.3　堆叠的环栅晶体管单元（S-SGT 单元）

2007 年，BiCS 单元（位成本可微缩单元）技术被提出[10]，如图 7.1 所示。BiCS 单元具有堆叠控制栅层和垂直多晶硅沟道这种新结构，这在 7.2 节中将详细描述。新的工艺概念如图 7.4 所示[11, 12]。沉积栅极层和介电层组成的堆叠层，然后穿过多层堆叠层制备通孔。之后，通孔被存储层（ONO）和沟道多晶硅（柱状电极）填充。由于这种新的工艺概念，制造过程变得非常简单和低成本，并且有望实现非常小的有效单元尺寸。

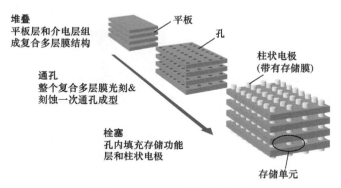

图 7.4　BiCS 技术的基本概念

在 2007 年引入 BiCS 单元后[10]，多种 3D NAND 单元被提出，如改进的 BiCS[13, 14]、P-BiCS[15-17]、VRAT[18]、TCAT[19]、VG-NAND[20]、VSAT[21]、VG-TFT[22, 23]、DC-SF[24-28]、SMArT[29] 等，如图 7.1 所示。

表 7.1 显示了主要 3D 单元之间的比较。3D 单元按沟道结构（垂直或水平）、栅极结构（环栅（GAA）或双栅）、电荷存储（SONOS/TANOS 或浮栅）和栅极工艺（栅极前置或栅极后置）进行分类。每个 3D 单元在结构、工艺、操作等方面都有优缺点。第 7 章对主要的 3D 单元进行了介绍和讨论。

表 7.1　主要的 3D NAND 单元的比较

	BiCS/P-BiCS	TCAT（V-NAND）	SMArT	VG-NAND	DC-SF
沟道结构	垂直	垂直	垂直	水平	垂直
栅极结构	环栅	环栅	环栅	双栅	环栅
电荷存储	SONOS	SONOS（TANOS）	SONOS（TANOS）	SONOS（TANOS）	浮栅
栅极工艺	栅极前置	栅极后置	栅极后置	栅极后置	栅极后置

7.2　BiCS/P-BiCS

7.2.1　BiCS 的概念

BiCS 的概念如图 7.5 ～ 图 7.7 所示。所有堆叠的电极板（控制栅）一次通孔并填入多晶硅沟道，形成一系列垂直场效应管，作为 SONOS 型存储器的 NAND 串，如图 7.5 所示。单个存储单元具有一个垂直多晶硅沟道，由 ONO 电介质（二氧化硅 / 电荷存储层的 SiN/ 二氧化硅）

和环栅电极包围。存储单元工作在耗尽模式下，其主体多晶硅未掺杂或均匀轻微 N 掺杂，在源 /
漏极没有 N 型扩散。除最低位置的电极板外，每个电极板作为控制栅，作为下选择栅（lower-
SG）。单个比特位于控制栅电极板和多晶硅栓塞的交叉处。控制栅和下选择栅通常在块中的每一
层连接，如图 7.7 所示。通过一个位线和一个上选择栅（upper-SG）来选中单元串，如图 7.7 所
示。如图 7.6 所示，控制栅和上 / 下选择栅以阶梯状栅极结构与金属层连接，该结构采用 7.2.2
节所述的光刻胶减薄工艺制作。单元串的底部与硅衬底上由扩散形成的公共源极相连。

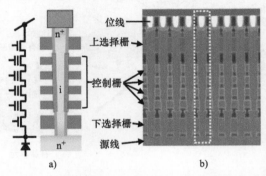

图 7.5　BiCS 闪存。a）存储串；b）BiCS 闪存存储阵列的截面 SEM 图像

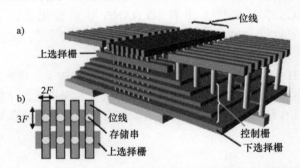

图 7.6　a）BiCS 闪存的鸟瞰图；b）BiCS 闪存存储阵列的俯视图

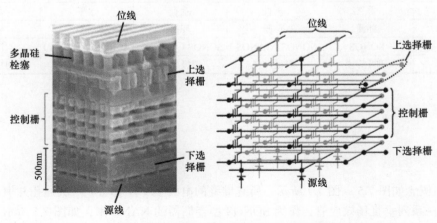

图 7.7　BiCS 单元截面 SEM 图像和等效电路

在 BiCS 中使用的环栅晶体管（SGT）由于具有优异的电流驱动力和体效应，在 1988 年的 IEDM 会议就被提出用于逻辑 CMOS[30]。垂直沟道 SGT EPROM 单元是在 1993 年被提出的[31-33]。此外，2001 年提出了用于 NAND 闪存的堆叠 SGT 单元[7]。因此，BiCS 技术的特点是低成本的工艺，可以在一个工艺序列中制备许多堆叠单元。

7.2.2　BiCS 制备工艺流程

图 7.8 显示了 BiCS 闪存单元的制备顺序[10]。依次制备下选择栅晶体管（图 7.8 中的（2）和（3））、串联的存储单元（图 7.8 中的（4）~（7））和上选择栅晶体管（图 7.8 中的（8）和（9））。堆叠的栅极层材料和介电层材料分别为 P+ 多晶硅和二氧化硅（SiO₂）。晶体管或栓塞通过反应离子刻蚀（RIE）工艺制备通孔。然后采用 LPCVD 沉积 TEOS（正硅酸乙酯）膜或 ONO 膜分别用于下/上选择栅和存储单元。介电层的底部用 RIE 工艺去除，并用无定型硅填充以连接硅衬底。注入砷元素并激活，作为顶部器件的源极和漏极。ONO 膜的沉积顺序与常规的 SONOS 器件相反，即通过 LPCVD 沉积 TEOS 膜顶部的块状氧化层（5nm），LPCVD 沉积 SiN 膜（11nm），以及 LPCVD 沉积 TEOS 膜作为隧穿氧化层（2.5nm）。

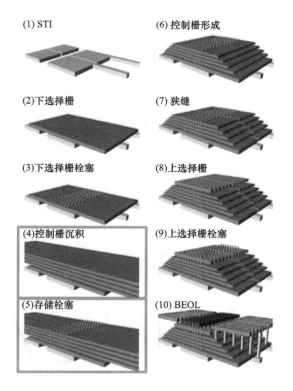

图 7.8　BiCS 闪存单元的制备顺序。获得低工艺成本的关键是多层堆叠控制栅、沟道开孔、多晶硅栓塞的一次性工艺

通过重复 RIE 工艺和光刻胶减薄，将控制栅边缘加工成阶梯状结构，如图 7.9a 所示。图 7.9b 为控制栅阶梯状结构及其边缘接入区域截面的 SEM 图像。控制栅和选择栅通过控制栅的阶梯状结构和触点区域连接到金属层。

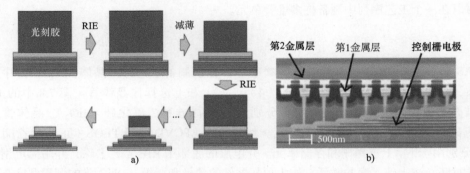

图 7.9　a）控制栅边缘（控制栅接入区域）阶梯状结构的制备顺序；b）控制栅边缘截面的 SEM 图像

为了最大限度地减少编程干扰和读干扰，所有堆叠的控制栅和下选择线必须用狭缝隔开，狭缝将存储栓塞按块彼此分开，如图 7.8 中（7）所示。只有上选择栅被切割成线形作为行地址选通管，如图 7.8 中（8）和图 7.7 所示。在阵列和外围电路上同时制备接触通孔和位线金属层，如图 7.8 中（10）所示。

7.2.3　电学特性

图 7.10a 和 b 分别显示了 BiCS 技术中 SONOS 存储单元 [10] 和选择栅垂直晶体管 [13] 的 I_d - V_g 特性曲线。SONOS 存储单元在擦除和编程状态下都获得了超过 6 个数量级的良好开关电流（I_{on}/I_{off}）比，如图 7.10a 所示。对于选择晶体管，栅极电介质为采用 LPCVD 沉积 7nm 厚 SiN。获得了约 190mV/dec 的良好亚阈值斜率。BiCS 技术闪存的编程 / 擦除特性如图 7.11a 所示 [13]。通过环栅晶体管证实了低压的编程和擦除操作。在圆柱形电容器的测试结构上测量编程和擦除窗口对沟道孔径的依赖性，如图 7.11b 所示 [15]。由于曲率效应增强了隧穿薄膜的电场强度，编程 / 擦除窗口可以通过较小的沟道孔径来扩大。

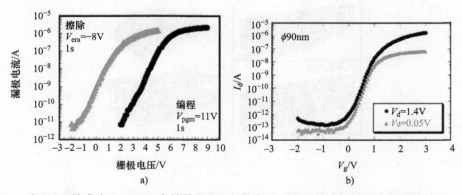

图 7.10　a）BiCS 技术中 SONOS 存储单元和 b）具有 SiN 栅极的选择栅垂直晶体管的 I_d - V_g 特性

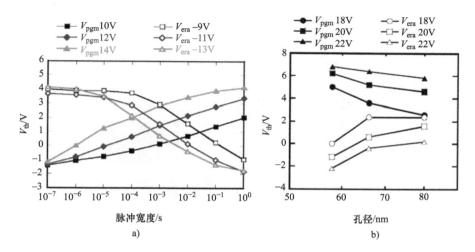

图 7.11　a）BiCS 技术中垂直 SONOS 存储器的编程 / 擦除特性；b）BiCS 技术中编程 / 擦除特性对沟道孔径的依赖性。较小的孔径增大了编程 / 擦除窗口

沟道孔曲率相关的电场增强效应在编程 / 擦除中起着重要的作用，因为 BiCS 单元是一个环栅器件。当沟道半径 R1 减小且与 ONO 厚度相当时，电场增强效应变得非常大，如图 7.12 所示 [22, 34]。隧穿氧化层（底部氧化层）中的电场随着沟道半径的减小而被增强。同时，ONO 阻挡氧化层（顶部氧化层）中的电场也随之减小。

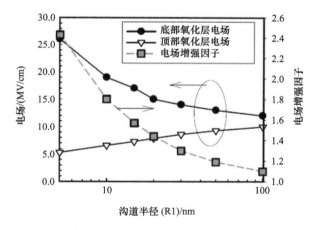

图 7.12　环栅（GAA）纳米线 SONOS 器件中计算的底部氧化层和顶部氧化层电场。ONO 层厚度为 5/8/7nm。半径 R1 为多晶硅沟道直径的一半。当前计算中施加的电压为 18V。图的右纵轴表示电场增强因子。电场增强（FE）因子定义为底部氧化层电场（半径为 R1）与电容（半径 R1 无限大）场的比值

由于擦除电压不能直接传递到沟道的栓塞多晶硅上，常规的 2D NAND 闪存单元不能采用对衬底（p 阱）施加擦除电压的擦除操作。于是，通过在选择栅的结边缘注入因 GIDL 产生的空穴，提高 NAND 串多晶硅柱状沟道的电势来执行擦除操作，如图 7.13 所示 [13, 14]。

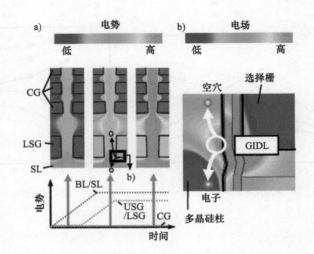

图 7.13　BiCS 的擦除操作

　　在 BiCS 单元中，沟道多晶硅的晶界存在许多缺陷，这将在 8.6 节中详细描述。于是，多晶硅沟道晶体管的亚阈值特性变化较大，难以控制以保证紧密的阈值分布。根据图 7.14 中所示的模型[13]，实现具有更好可控性 V_{th} 分布的方法是使多晶硅本体比耗尽宽度（W_d）薄得多，以减少多晶硅的体积和缺陷总数，降低阈值电压对缺陷密度波动的敏感性。基于"通心粉"本体的垂直晶体管概念如图 7.15 所示[13]。在栅极介质上沉积极薄的多晶硅层，形成"通心粉"形状的本体。"通心粉"的中心由介质薄膜填充，使工艺流程更容易集成。较薄的多晶硅本体厚度使得栅极能更好地控制沟道电势。

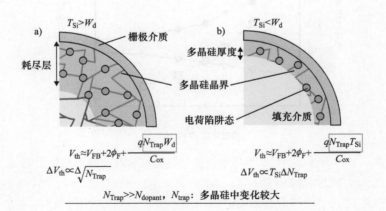

图 7.14　多晶硅晶界上陷阱密度的 V_{th} 依赖性示意图：a）$T_{Si} > W_d$，b）$T_{Si} < W_d$（T_{Si} 为多晶硅厚度；W_d 为耗尽层宽度）。如果多晶硅厚度（T_{Si}）小于耗尽层宽度（W_d），则 ΔV_{th} 依赖于陷阱的总数，并且 ΔV_{th} 因此随着多晶硅厚度的变薄而变小

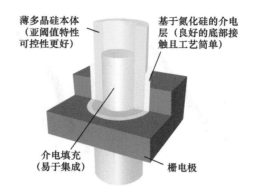

图 7.15　垂直晶体管的"通心粉"本体（沟道）概念

图 7.16a 显示了"通心粉"本体垂直晶体管的 I_d - V_g 特性[13]。与常规沟道的晶体管相比，"通心粉"本体的垂直晶体管具有更好的亚阈值特性和更好的驱动电流。采用"通心粉"本体的垂直晶体管可以很好地减小 V_{th} 变化，如图 7.16b 所示[13]。

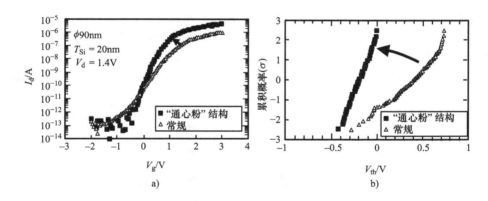

图 7.16　a）常规垂直晶体管和"通心粉"本体垂直晶体管的典型 I_d - V_g 特性；b）常规垂直晶体管和"通心粉"本体垂直晶体管的 V_{th} 分布

参考文献 [35] 对"通心粉"沟道晶体管与全沟道晶体管进行了详细的比较。图 7.17 比较了全沟道和"通心粉"沟道器件的阈值电压 V_{th}（见图 7.17a）和亚阈值摆幅（STS）（见图 7.17b）的统计分布，其中"通心粉"器件的多晶硅沟道厚度 d_{Si} 分别为 7nm、10nm 和 13nm。从图 7.17a、b 中可以看出，在"通心粉"器件情况下，V_{th} 和 STS 的分布都更紧密。这是因为"通心粉"沟道可以通过减小多晶硅沟道的体积来实现更好的传导控制。较薄的多晶硅沟道可以更容易地通过栅极在较薄的沟道主体上进行静电控制，同时可以获得更小的多晶硅晶粒，从而减少较小晶粒尺寸布局的统计变化对沟道电流的影响[36]。此外，在当前厚度范围内，不同沟道厚度的器件之间没有观察到相关差异。

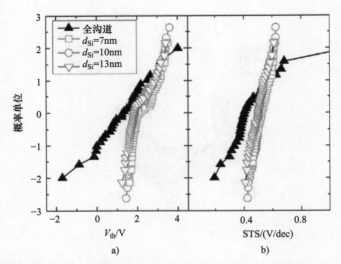

图 7.17 不同沟道厚度的"通心粉"器件和全沟道器件的 a）阈值电压分布和 b）STS 分布的对比；存储单元中垂直孔直径为 ϕ =80nm

图 7.18a 比较了具有不同多晶硅沟道厚度的"通心粉"沟道器件和全沟道器件的漏极电流（I_D）的统计分布。漏极电流的测量条件是将栅极偏压设置在 5V，漏极电压 V_D 设置在 1V。可以观察到，全沟道器件比"通心粉"沟道器件具有更高的平均 I_D；然而，全沟道器件的平均 I_D 有较大变化。特别是在较低 I_D 的尾部分布中，可以观察到 I_D 非常小的一个器件，与"通心粉"沟道器件中没有尾部 I_D 形成对比。"通心粉"沟道的漏极电流随多晶硅沟道厚度的增加而增加。

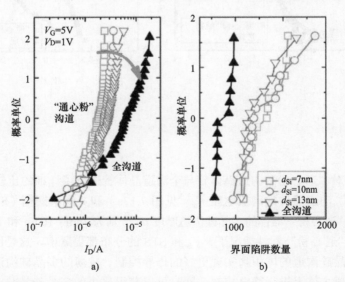

图 7.18 不同多晶硅沟道厚度的"通心粉"沟道器件和全沟道器件的 a）漏极电流（读状态）统计分布和 b）界面缺陷数量分布的对比

图 7.18b 显示了电荷泵法测量的界面缺陷数量。"通心粉"沟道的界面缺陷数量是全沟道器件的两倍，并且它与多晶硅沟道厚度无关。这表明，"通心粉"沟道器件在栅氧化层侧和介质填充侧的界面上都存在界面缺陷，从而导致缺陷的数量要高得多。结合图 7.18a 的 I_D 趋势，这些结果清楚地表明传导不仅局限于隧穿氧化层 / 沟道界面，而且涉及"通心粉"沟道的整个沟道厚度。在介质填充侧界面处的界面缺陷也是图 7.17a 中观察到较高 V_{th} 的原因。

图 7.19a 和 b 分别显示了 P-BiCS 单元的数据保持特性和编程 / 擦除循环的耐久特性[17]。它们表现出了足够好的特性来实现 NAND 闪存产品。图 7.20 显示了 MLC 中存储数据的三个编程态的 V_{th} 分布[17]。MLC 单元显示出紧密的 V_{th} 分布。

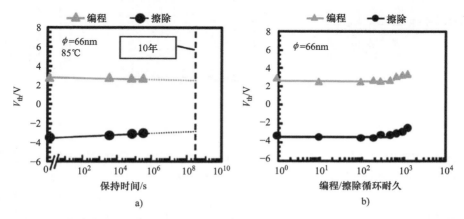

图 7.19　a）P-BiCS 单元的数据保持特性。10 年的数据保持没有明显的退化；b）编程 / 擦除循环耐久特性

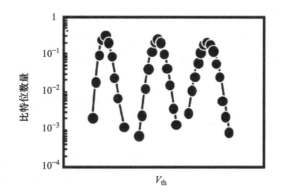

图 7.20　所制备的 P-BiCS 单元测试芯片的 V_{th} 分布

7.2.4　管形 BiCS

BiCS 技术发展到管形 BiCS（P-BiCS）。P-BiCS 闪存的原理图如图 7.21 所示[15-17]。两个相邻的 NAND 串在底部通过管道连接（PC）相连，由底部电极作为栅极进行控制（管栅）。U 形管的一端

连接到位线，另一端连接到源线。源线由第三金属层（图中未显示）的网状布线组成，并由第一和第二金属层访问，就像常规的平面（2D）NAND 闪存单元技术一样。因此源线的电阻足够低。两个选择栅晶体管都放置在堆叠的控制栅之上。控制栅由狭缝隔离，并像一对梳子图案那样面对面。

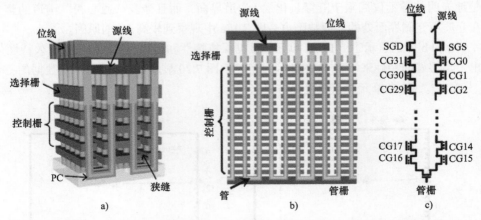

图 7.21　a）P-BiCS 闪存原理图；b）P-BiCS 的截面示意图；c）P-BiCS 的等效电路

P-BiCS NAND 串的制备工艺流程如图 7.22 所示[15]。其中，管道连接由牺牲膜层填充，并在形成存储孔后连接到堆叠控制栅中的牺牲膜层。选择栅孔形成后去除牺牲膜层。然后，可以依次沉积栅极介质 ONO 层（存储膜层）和沟道多晶硅层（多晶硅本体），因为在沉积沟道多晶硅之前不需要栅极介质刻蚀工艺，而常规的直形 BiCS 工艺在沉积沟道多晶硅之前需要进行栅极介质刻蚀工艺，来使沟道多晶硅与衬底连接。因此，P-BiCS 闪存可以改善 BiCS 闪存中的一些关键问题，如源线电阻高、下选择栅的截止特性弱和存储单元的可靠性差。与直形 BiCS 相比，P-BiCS 有三个优势，如图 7.23 所示。①P-BiCS 通过引入金属布线实现了源线的低电阻；②P-BiCS 实现严格控制的选择栅截止特性，使存储阵列具有良好的功能；③由于隧穿氧化层在制造过程中受到的工艺损伤较小，可以实现良好的数据保持性和宽 V_{th} 窗口。通过在直形 BiCS 上增加管道连接工艺，使得 P-BiCS 易于制造。

采用 P-BiCS 闪存单元，基于 60nm 技术开发了 16Gbit 闪存测试芯片[16]。16 个 3D 堆叠控制栅可以实现的单个有效位的单元尺寸低至 $0.00082\mu m^2$。

在原始的 BiCS 闪存中，控制栅由几个相邻的 NAND 单元串共享，以最小化单元尺寸。在 P-BiCS 闪存单元中，采用分支控制栅结构。控制栅由带有四个分支的叉形平板共用和连接，如图 7.24 所示。每个分支控制两个页面的单元。P-BiCS 中的块由垂直堆叠的 16 对控制栅组成。每对控制栅平板交错布置。（以图 7.24 中的控制栅 CG0 和 CG31 为例。）得益于单元具有高升压效率，编程干扰在 BiCS[14] 和 P-BiCS 中不是一个严重的问题。

与控制栅不同，选择栅单独分开是为了使单元串具备可选择性。图 7.25 显示了行解码器的原理图。两个行解码器放置在单元阵列的两侧，一侧用于 CG0～CG15，另一侧用于 CG16～CG31。行解码器只解码块地址。一个块中 8 个选择栅的选择性由 8 个选择栅的总线和驱动器来保证。由于管道连接形成一个晶体管，因此也需要管栅驱动器。

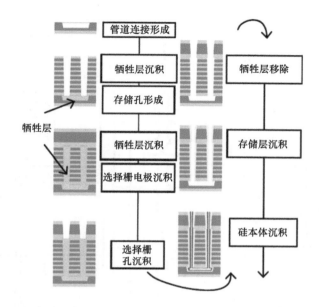

图 7.22　P-BiCS NAND 串的制备工艺流程。在第一级栅极导体上形成管道连接，也用于器件支撑

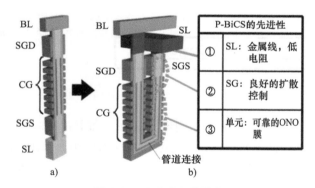

图 7.23　P-BiCS 的优点

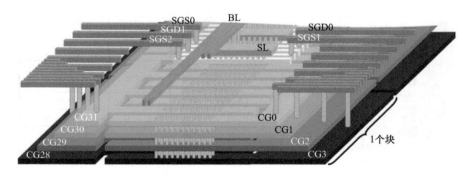

图 7.24　16Gbit P-BiCS 测试芯片的分支控制栅结构（仅显示了顶部的四个栅极层）

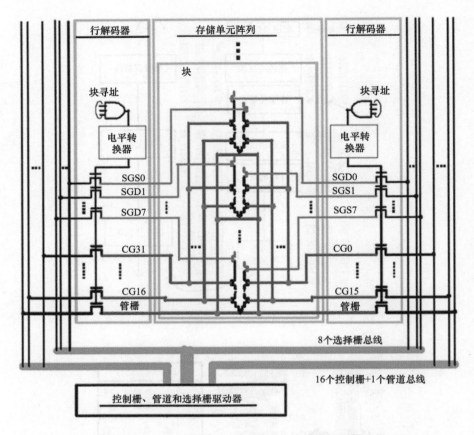

图 7.25　P-BiCS 单元 16Gbit 测试芯片的行解码器配置

　　图 7.26 显示了 16Gbit 测试芯片的显微图像。在 16 个堆叠的控制栅层中，一个串的单元数为 32。每层有 1G 大小的存储单元。该芯片包含 1000 个页大小为 8KB 的块。采用相同的配置，预计商用 64Gbit P-BiCS MLC NAND 闪存芯片尺寸为 10.5mm × 12.3mm。

存储密度	1G 单元/层
单元尺寸	$0.00082\mu m^2$
层数	16层
块尺寸	2MB(SLC) 4MB(MLC)
页尺寸	8KB
管芯尺寸	$10.11 \times 15.52mm^2$

图 7.26　16Gbit P-BiCS 测试芯片显微图像

7.3　TCAT/V-NAND

7.3.1　TCAT 结构和制备工艺流程

兆兆位单元阵列晶体管（terabit cell array transistor，TCAT）的结构示意图如图 7.27 所示[19]。TCAT 具有类似 BiCS 的结构，具有垂直多晶硅沟道、堆叠的字线和氮化硅（SiN）作为电荷存储层的环栅 SONOS 单元。

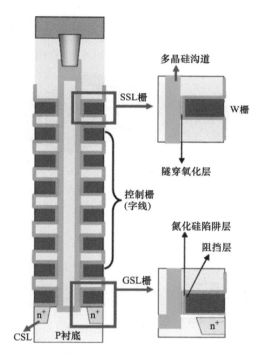

图 7.27　TCAT 闪存单元串结构示意图。图中显示了选择晶体管的细节

图 7.28 显示了一个 TCAT 闪存单元的工艺顺序。与 BiCS 闪存工艺和结构的不同之处在于：①氧化物（SiO$_2$）/氮化物（SiN）的交替多堆叠层用于存储单元和选择栅，②线形"字线切口"刻蚀穿过多晶硅沟道栓塞每个阵列行之间的整个堆叠层（见图 7.28d），③线形 CSL 通过填充"字线切口"形成，④将金属栅线由 SiN 替换为金属钨（W），⑤ GSL/SSL 选择管与存储单元同时制备。最独特的工艺是"栅极置换"，实现了金属栅极的 SONOS 结构和低阻字线。图 7.29 显示了从 SiN 到 W 栅极置换的详细过程[19]。经"字线切口"干法刻蚀和湿法去除氮化硅牺牲层后（见图 7.29b），栅极介电层（包括隧穿氧化层、电荷陷阱层 SiN 和阻挡介电层）和栅极金属层按常规顺序沉积（见图 7.29c）。这是栅极后置工艺，而不是像 BiCS 闪存那样的"栅极前置"工艺[13]。常规的栅极后置工艺是 TCAT 闪存单元的优点之一。然后，对每个栅极节点进行分离，再进行刻蚀工艺（见图 7.29d）。

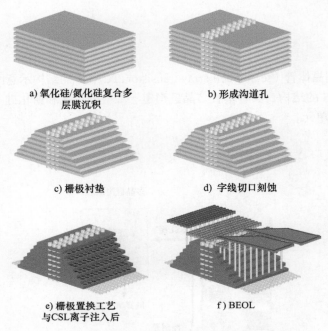

a) 氧化硅/氮化硅复合多
层膜沉积

b) 形成沟道孔

c) 栅极衬垫

d) 字线切口刻蚀

e) 栅极置换工艺
与CSL离子注入后

f) BEOL

图 7.28   TCAT 闪存单元的工艺顺序

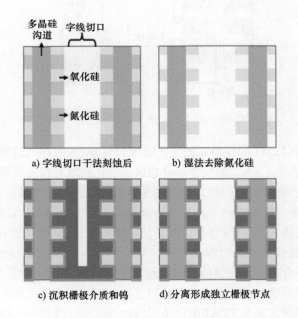

a) 字线切口干法刻蚀后

b) 湿法去除氮化硅

c) 沉积栅极介质和钨

d) 分离形成独立栅极节点

图 7.29   "栅极置换" 工艺流程的概念

图 7.30a 中存储单元的截面 SEM 图像显示了垂直 NAND 闪存单元串中一个受损的钨金属栅 SONOS 结构。在高温存储（HTS）试验中，具有不同编程状态的相邻单元间产生的电场通过电荷扩散机制加速了电荷损失 [37]。然而，如图 7.30b 和 c 所示 [38]，栅极后置工艺的 TCAT 结构为双凹（biconcave）结构，有助于防止横向的电荷损失。

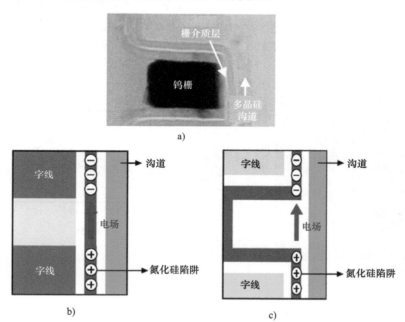

图 7.30　a）TCAT 闪存的垂直 NAND 串中单元的截面 SEM 图像；b）BiCS 和 c）TCAT 的陷阱层结构

TCAT 单元的等效电路和截面 SEM 图像如图 7.31 所示 [19, 39, 40]。该配置有 24 个堆叠的字线层，两个虚拟字线（DWL）为 Dummy0 和 Dummy1，两个串选择栅层分别为 SSL 和 GSL。单元串通过位线和上选择栅（即 SSL）来选中。控制栅（字线）和 SSL/GSL 在阶梯状栅极结构处连接到金属层（见图 7.28f）。存储串的底部连接到在硅衬底上注入扩散形成的公共源线（CSL）。

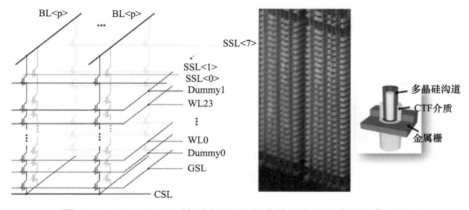

图 7.31　3D V-NAND 阵列（TCAT 闪存阵列）的示意图和截面图

7.3.2 电学特性

TCAT NAND 闪存的一个重要特性是块擦除操作。如图 7.27 所示，TCAT 闪存结构中的沟道栓塞直接与 Si 衬底（p 衬底）相连，而不是像 BiCS 闪存单元那样与 n⁺ 共源扩散层相连。因此，常规的块擦除操作可以如图 7.32a 的模拟轮廓所示。得益于块擦除操作，从常规的 2D NAND 闪存更改为实现 TCAT NAND 闪存产品，主要的外围电路不需要改变 [39, 40]。图 7.32b 显示了存储单元晶体管的编程/擦除特性 [38]。得到了一个 6V 的宽 V_{th} 窗口。

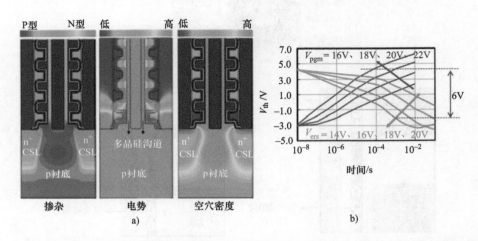

图 7.32 a）TCAT 闪存单元在块擦除操作期间掺杂、电势和空穴密度的仿真分布图；b）编程和擦除特性

图 7.33a 和 b 分别显示了 TCAT 单元的编程/擦除循环耐久特性和数据保持特性。编程/擦除循环 1000 次和 10000 次的 V_{th} 偏移分别保持在 0.5V 和 1.5V 以下，这对于量产 NAND 单元来说足够小。此外，数据保持特性显示，即使在 10 年的使用寿命后，仍有宽的 V_{th} 窗口。从这些结果来看，TCAT 单元的性能和可靠性证明其适合多电平单元（MLC）操作。

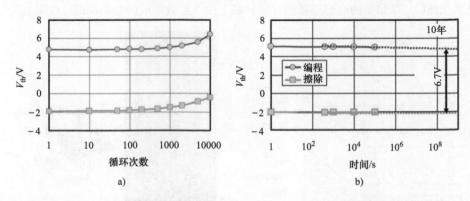

图 7.33 a）TCAT 单元的编程/擦除循环耐久特性；b）TCAT 单元的长期数据保持特性

图 7.34 显示了 35000 次编程 / 擦除循环后的 3D V-NAND（与 TCAT 相同）与 3000 次循环后的平面（2D）1X-nm NAND 在 2 比特位 / 单元（MLC）上的 V_{th} 分布 [39, 40]。与 1X-nm NAND 相比，3D V-NAND 具有非常优秀的 MLC V_{th} 分布，即使编程 / 擦除循环次数增加了 10 倍。

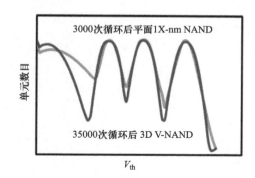

图 7.34　平面 1X-nm 技术节点 NAND 经过 3000 次循环和 3D V-NAND 经过 35000 次循环后所测量 V_{th} 分布的比较

7.3.3　128Gbit MLC NAND 闪存

基于 TCAT 单元 [19, 38, 41]，实现了第一个具有 V-NAND 单元的 3D NAND 闪存产品 [39, 40]。图 7.35 为第一代 V-NAND 单元阵列技术的 128Gbit MLC（2 比特位 / 单元）3D V-NAND 闪存器件的芯片显微图。该存储器芯片有 24 层堆叠的字线层，由两个平面区域组成，每个平面区域包含 64Gbit 大小的阵列（2732 个 3MB 大小的块，块中单页大小 8KB）。与平面 2D NAND 器件一样，行电路采用共享字线块方案，列电路采用单面页缓冲区以减小电路面积。这种结构有助于获得 133mm² 的小芯片尺寸，具有 80% 的单元阵列效率和 0.96Gbit/mm² 的存储密度，这是迄今为止报道的最高密度。

NAND 单元串有 24 个字线层、两个虚拟字线（DWL）层和两个串选择栅层，并且 8 个 V-NAND 串共用一个位线，如图 7.31 所示。因为有 64000 条字线，故一个块的大小是 3MB（$8KB \times 8 \times 2 \times 24$）。

图 7.36 显示了带有解码器的单元架构图。这种架构类似于平面 2D NAND 闪存，不同之处是 SSL 解码器选择一个目标 SSL 进行操作。这是因为 3D V-NAND 具有与 2D NAND 闪存相同的编程和擦除操作，操作均基于 FN 隧穿机制。特别是，与其他基于 GIDL 机制生成空穴的 3D NAND 单元相比，块擦除功能可以提供更好的性能特性，如更高的擦除速度、更低的功耗和更高的可靠性。因此，在平面 2D NAND 中使用的常规操作也可以通过简单的修改应用于 3D V-NAND。

该芯片有超过 25 亿个沟道孔。该结构如图 7.31 所示，图 7.31 显示了简化的原理图、所制备 V-NAND 阵列的 SEM 图像和基本单元的截面图。为了保证高性能，采用了大马士革工艺（镶嵌工艺）的金属栅结构。并且，将环栅（栅极全包围结构）电荷陷阱闪存（CTF）单元（SONOS 型单元）与大马士革工艺金属栅结构中先进的栅隔离材料结合在一起，作为基本的单元结构。

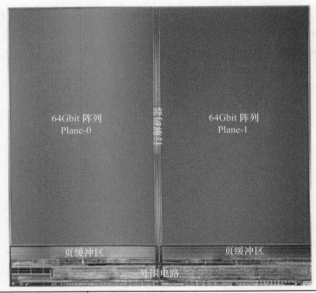

比特位/单元	2
容量	128Gbit
技术代	3D垂直 NADN，三金属层
组织方式	8KB×384 页×5464块×8串
编程性能	50MB/s(嵌入式应用) 36MB/s(企业级SSD应用)
数据传输速度	667Mbit/s@Mono, 533Mbit/s@8-stack
供电	$V_{cc}=3.3V/V_{ccq}=1.8V$

图 7.35　128Gbit MLC 3D V-NAND 闪存器件的芯片显微图像及主要特性。管芯（die）的面积为 133mm²

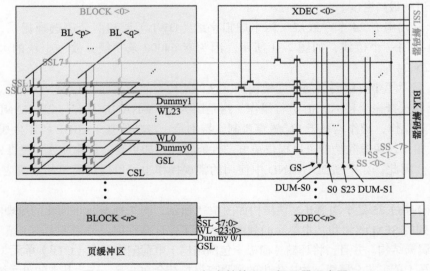

图 7.36　3D V-NAND 闪存的块和 X 解码器示意图

该芯片为典型的嵌入式应用实现了 50MB/s 的写入吞吐量和 3000 次的耐久。此外，为数据中心和企业级 SSD 应用实现了 36MB/s 写入吞吐量和 35000 次的耐久。

7.3.4　128Gbit TLC V-NAND 闪存

具有 32 层堆叠单元的第二代 3D V-NAND 闪存产品在 2015 年的 ISSCC 会议上被提出 [42]。图 7.37a 和 b 分别显示了 128Gbit TLC（3 比特位 / 单元）3D V-NAND 闪存器件芯片的显微图像和位密度。管芯（die）尺寸从之前 24 层堆叠 128Gbit MLC 芯片的 133mm$^{2[39, 40]}$ 惊人地减少到 32 层堆叠 128Gbit TLC 芯片的 68.9mm$^{2[42]}$。该芯片尺寸小于在同一会议 [43] 上报道的采用 15nm 技术节点的 64Gbit MLC 2D NAND 闪存芯片的 75mm^2，甚至是存储密度更高的 128Gbit 芯片。

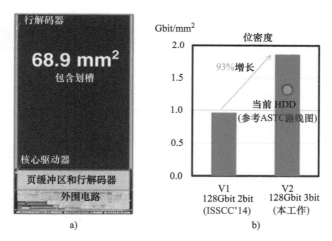

图 7.37　128Gbit 3 比特位 / 单元 3D V-NAND 闪存器件芯片显微图像和位密度。通过使用 32 层单元堆叠的 V-NAND 工艺、TLC（3 比特位 / 单元）和单平面架构，可以实现 68.9mm^2 的小芯片尺寸。位密度比以前的 128Gbit 2 比特位 / 单元的 3D V-NAND 闪存增加了 93%

为了减小芯片尺寸，提出了一种新的位线架构。在新的位线架构中，为一个沟道孔放置了两条位线，如图 7.38b 所示。得益于新的位线架构，双单元平面区域可以变成单单元平面区域。而且，采用了单边页面缓冲区、共享块解码方案和 MIM 电容。位密度被提高到 93%，超过了磁性硬盘（硬盘驱动器），如图 7.37b 所示。一个平面区域包含了 2732 个主块和额外的 64 个备用块。每个块的大小为 6MB，包含 384 个 16KB 的页。器件的概要如图 7.39 所示。

为 TLC V-NAND 提出了一种新的高速编程（HSP）算法。在 2D 浮栅单元中，一种三步重编程方案（见 4.3 节和 4.4 节）已被广泛用于 TLC 编程，以减少浮栅电容耦合干扰的影响（见 5.3 节）。然而，在 3D V-NAND 单元中，由于电荷陷阱单元的存在，浮栅电容耦合干扰可以忽略不计。因此，页编程算法可以简化为高速编程的单个步骤，如图 7.40 所示。页缓冲区在 3 比特位 / 单元编程操作之前接收三页数据，并以单个序列完成编程。

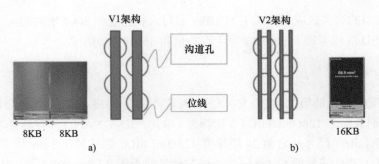

图 7.38 位线架构。一个沟道孔的间距内有 2 条位线

存储容量	128Gbit
比特位 / 单元	3
芯片尺寸	68.9mm²
技术代	第二代 V-NAND 带有 32 个堆叠的字线层
组织方式	16KB/ 页，384 页 / 块，2732 块
I/O 带宽	最大 1GB/s
t_{BERS}	3.5ms（典型值）
t_{PROG}	700µs
t_{R_4K}	45µs

图 7.39 128Gbit TLC 3D V-NAND 闪存的器件概要

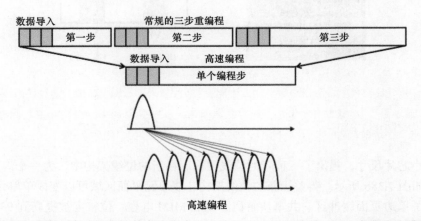

图 7.40 高速编程方案。高速编程的单个编程步可以用于 V-NAND 单元，因为在电荷陷阱单元中，单元间的干扰很小

　　使用高速编程可以提高编程性能，降低编程功耗，如图 7.41 所示。采用常规重编程算法，页编程时间 t_{PROG} 比典型的平面 1X-nm 技术代 2D TLC NAND 闪存快 200%，如图 7.41a 所示。而且编程过程中的功耗可降低 40%，如图 7.41b 所示。

　　即使在快速的页编程速度下，存储单元 V_{th} 分布也足以保证产品的可靠性，如图 7.42 所示，显示了初始条件和 5000 次编程 / 擦除循环后的 V_{th} 分布。编程 / 擦除循环是在 55℃的环境温度下进行的。经过 5000 次的编程 / 擦除循环后，单元 V_{th} 分布仍然很好。700μs 的快速 t_{PROG} 和超过 5000 次编程 / 擦除循环的良好耐久使其适合客户端和数据中心的 SSD 应用。

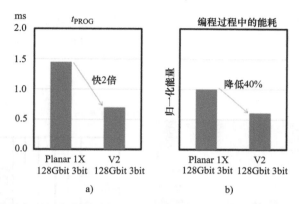

图 7.41　编程过程中的编程时间和能量消耗。编程时间可提高 200%（2 倍），能量消耗可减少 40%

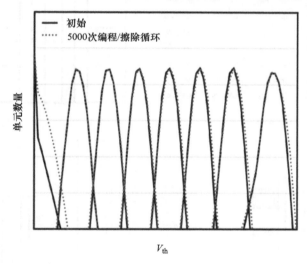

图 7.42　128Gbit TLC 3D V-NAND 闪存的阈值电压分布

7.4　SMArT

7.4.1　SMArT 结构的先进性

堆叠存储阵列晶体管（stacked memory array transistor，SMArT）单元如图 7.43 所示[29]。SMArT 单元与 BiCS 和 TCAT 单元具有相似的结构和工艺流程。电荷存储 ONO 层和金属栅极的制造工艺不同于 BiCS 和 TCAT。图 7.44 显示了 BiCS、TCAT 和 SMArT 之间的结构比较[44]。BiCS 单元采用所制备 SiO_2/ 多晶硅复合堆叠层的多晶硅层作为字线，而不采用字线置换工艺，其使用金属钨（W）作为低电阻字线。因此，BiCS 的字线电阻高于 TCAT 和 SMArT 单元的金属钨字线。然而，由于钨置换过程中没有 ONO 沉积，SiO$_2$/ 多晶硅复合堆叠层的堆积高度可能低于包含钨置换工艺过程的情况。在 TCAT 单元中，字线的电阻远低于 BiCS 单元中的多晶硅字线电阻。然而，在钨置换过程中，由于 ONO 的沉积，堆叠高度变高。SMArT 单元可以实现低堆叠高度和低字线电阻，因为其在钨置换过程中没有 ONO 沉积，如图 7.44 所示。ONO 膜在钨置换工艺过程之前沉积。

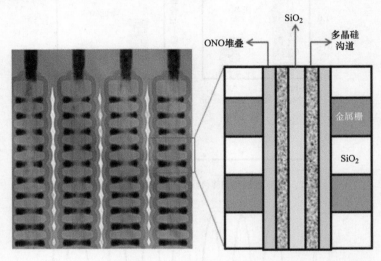

图 7.43　SMArT 单元串的 TEM 截面图像和 SMArT 基本单元的原理图

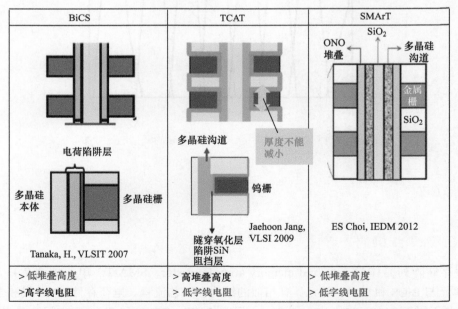

图 7.44　BiCS、TCAT（V-NAND）和 SMArT 的 SONOS 3D 单元比较。首次出现在"半导体存储 2014"，日经（Nikkei）商业出版公司，2013/07/31

低堆叠高度对于 3D NAND 闪存是非常重要的，因为可以降低复合堆叠层刻蚀工艺过程的长宽比。低长宽比和低堆叠高度是 3D NAND 闪存制造的关键挑战，在堆叠层数不断增加的情况下，这一问题将变得更加严重，如 8.7 节所述。通过使用低电阻钨（W）的 SMArT 单元工艺（在栓塞中插入 ONO 层），可以最小化堆叠高度。采用栅极置换工艺制备了低电阻字线。此外，SMArT 单元具有"栅极后置"工艺过程，可提供更好的可靠性。

7.4.2　电学特性

图 7.45 为 3D 电荷陷阱（CT）SMArT 单元与 2D 浮栅单元的编程 / 擦除速度对比[29]。3D 电荷陷阱单元的编程速度比 2D 浮栅单元快得多，但擦除速度要慢得多，尽管 3D 电荷陷阱单元有环栅结构（栅全包围结构）的电场增强作用。尽管编程 / 擦除窗口较小，但 NAND 单元操作窗口对于 MLC 和 TLC 来说是足够的，因为 3D 电荷陷阱单元的编程饱和 V_{th} 比 2D 浮栅单元大得多，如图 7.45 所示。

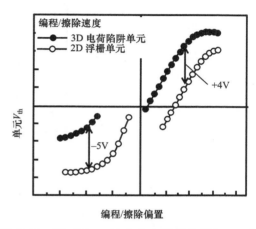

图 7.45　2D 2Y-nm 技术节点浮栅单元与 3D 电荷陷阱 SMArT 单元的编程 / 擦除特性比较

图 7.46 显示了 2D 浮栅单元和 3D SMArT 单元的单元间干扰（浮栅电容耦合干扰）[29]。正如在基本单元为电荷陷阱型（SONOS 型）的 3D SMArT 单元所期望的那样，与 2D 浮栅单元相比，单元间的干扰小到可以忽略不计。这意味着，第 5 章中所描述的 2D 单元中单元间干扰的主要限制因素不是 3D 电荷陷阱单元中的问题。

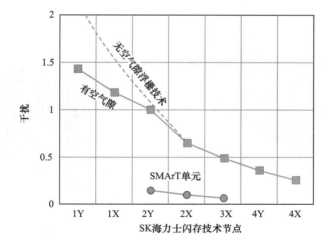

图 7.46　2D 浮栅单元和 3D SMArT 单元之间总体干扰的比较

与 2D 2Y-nm 技术代浮栅单元相比，3D SMArT 单元在编程 / 擦除循环耐久前后的 V_{th} 分布如图 7.47 所示。在 2D 2Y-nm 技术代单元中，经过 3000 或 5000 次编程 / 擦除循环后，V_{th} 的分布宽度变得更宽。然而，在 3D SMArT 单元中，单元的 V_{th} 分布宽度直到 5000 次循环都没有变宽。这种差异被认为是起源于电荷陷阱单元的薄隧穿氧化层，其与浮栅单元较厚的隧穿氧化层相比，产生的界面陷阱较少。

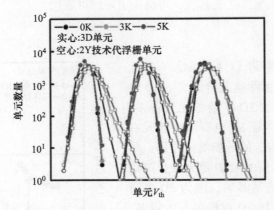

图 7.47　编程 / 擦除循环过程中 V_{th} 变宽的比较

7.5　VG-NAND

7.5.1　VG-NAND 的结构和制备工艺流程

参考文献 [20] 提出了一种具有水平复合有源层的垂直栅 NAND（VG-NAND）闪存阵列。图 7.48 显示了 VG-NAND 阵列的结构和示意图。

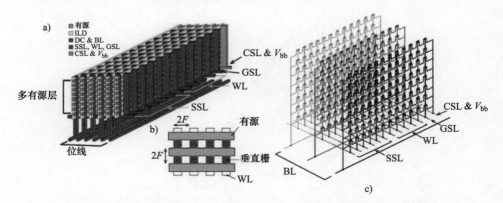

图 7.48　a）VG-NAND 阵列的结构；b）VG-NAND 阵列的俯视图，显示了 $4F^2$ 的单元尺寸；c）VG-NAND 阵列的原理图，源极和有源体连接到 CSL（公共源线）。每个位线（BL）包含多个有源层、公共垂直栅极和多有源层之间的垂直栓塞

　　VG-NAND 闪存具有水平复合有源层组成的串和用于 SSL、WL 和 GSL 的垂直栅（VG）。电荷陷阱层位于有源层和垂直栅极之间，形成双栅极结构。有源层连接到 NAND 串末端的位线和公共源线（CSL）。在参考文献 [20] 提出的阵列中，字线和位线在单元阵列之前的制造之初形成，使字线、位线和解码器之间的互连更容易。然而，字线和位线也可以像常规的 2D NAND 闪存单元一样，在制作存储单元阵列后形成。源极和有源体（V_{bb}）电连接到 CSL，以进行有源体的擦除操作。在擦除过程中对 CSL 施加正偏置。各层阵列原理图与平面 2D NAND 闪存相同，除了 SSL，如图 7.48c 所示。VG-NAND 的 8 个有源层需要 6 个 SSL，16 个有源层需要 8 个 SSL。所需的 SSL 数目表示为（SLL 数目）= $2\log_2$（有源层的数目）。使用多 SSL 的原因之一是从多层中的一个选定层选择数据，因为 VG-NAND 单元在多有源层之间使用公共位线和公共字线。图 7.49 给出了 8 个有源层的 VG-NAND 的 SSL 原理图，以及在读取和编程过程中选择特定层的操作表。带屏蔽的晶体管无论施加在 SSL 上的电压如何，总是导通的，而没有屏蔽的晶体管只有在施加适当的电压下才能导通。

　　图 7.50 描述了 VG-NAND 单元的工艺序列。工艺序列是基于简单的曝光工艺和栓塞工艺。首先制备 n+ 多晶硅位线，然后在其上制备 n+ 多晶硅字线（图 7.50 中（1））。用 n 型离子注入形成带有 p 型多晶硅的复合有源层来用于 SSL 层的选择，并在有源层之间交替插入介电层。然后在复合有源层上进行曝光工艺（图 7.50 中（2）），并在曝光后的有源层上沉积电荷陷阱层（ONO）（图 7.50 中（3））。紧接着，采用高深宽比、高选择性 RIE 工艺形成垂直栅，并与字线相连（图 7.50 中（4））。最后一步，在接触位点进行离子注入后，将直流和源极 V_{bb} 的垂直栓塞连接到位线和 CSL 上（图 7.50 中（5））。N+ 掺杂源极和 p 型有源层与 CSL 电连接。

　　考虑量产，VG-NAND 面临几个挑战。一个挑战是高深宽比和高选择性 RIE 刻蚀前的垂直栅曝光工艺。如图 7.50 中（4）所示，垂直栅曝光必须去除字线和有源层之间空间底部的多晶硅。这个曝光图案下的刻蚀有非常高的深宽比（> 30@16 层），对垂直栅曝光的掩模层材料（SiO₂/SiN 或光刻胶）具有高选择性。

　　另一个挑战是形成 SSL 工艺成本的增加。如上所述，制造 VG-NAND 单元需要占用大量的 SSL 面积和许多 SSL 形成的工艺步骤。SSL 占用的面积随着堆叠的有源层数量的增加而增加。而由于 SSL 占用面积较大，包括 SSL 区域在内的有效单元面积越来越大。并且，对于每个有源层，需要光刻和离子注入步骤来制备 n 型沟道。这些工艺步骤也随着堆叠的有源层数量的增加而增加。

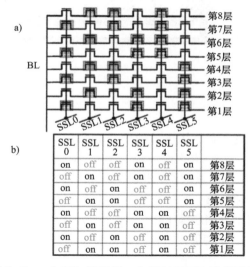

SSL 0	SSL 1	SSL 2	SSL 3	SSL 4	SSL 5	
on	off	off	on	off	on	第8层
off	on	off	on	off	on	第7层
off	on	off	on	off	on	第6层
off	on	off	on	off	on	第5层
on	off	off	on	on	off	第4层
off	off	on	off	on	off	第3层
off	on	off	off	on	off	第2层
off	on	off	off	off	off	第1层

图 7.49　a）SSL 原理图，包括耗尽型和增强型晶体管；b）在读取和编程过程中进行层选择的 SSL 操作表

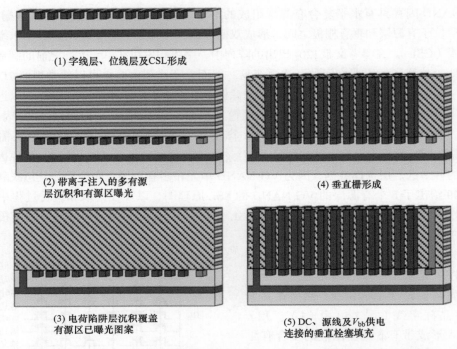

(1) 字线层、位线层及CSL形成

(2) 带离子注入的多有源
层沉积和有源区曝光

(4) 垂直栅形成

(3) 电荷陷阱层沉积覆盖
有源区已曝光图案

(5) DC、源线及 V_{bb} 供电
连接的垂直栓塞填充

图 7.50　基于简单曝光工艺和栓塞工艺的 VG-NAND 闪存阵列集成工艺流程

　　为了最大限度地减少 SSL 面积，提出了几种新的方案，如环栅晶体管 SSL 方案[45]、具有多态 SSLV_{th} 和多偏置 SSL 的 LSM（多电平的层选择方案）方案[46]、岛栅 SSL 方案[47-51] 等。

　　例如，图 7.51a 显示了一个 VG-NAND 的岛栅 SSL 方案。每个沟道层都由一个岛栅 SSL 器件单独解码。在一个基本单元中（包含 $2N$ 个沟道层，其中 N 为堆叠的存储层数），所有沟道层为每个存储层编组在一起，并经由位线衬垫区形成的"阶梯状"位线触点连接到作为全局位线的第三金属层。所有的岛栅 SSL 通过 CONT/ML1/VIA1/ML2（接触层 / 第一金属层 / 垂直通孔连接层 / 第二金属层）的互连与 SSL 解码器连接。所有存储层的源极由一个公共源线（CSL）连接。图 7.51b 显示了 $N = 4$ 情况下的详细布局。所有 $2N$（$= 8$）个沟道位线被组合成一个基本单元，共享同一个位线衬垫。在位线衬垫中，制作了"阶梯状"触点，其中每个触点对应一个存储层，如图 7.51b 中插图所示。"阶梯状"连接层随后经由第三金属层位线连接到页缓冲区，用于存储感知。每个沟道位线都有自己的岛栅 SSL 用于选择或解码，其中 SSL 器件都通过第二金属层线（与字线平行）连接到 SSL 解码器。

7.5.2　电学特性

　　VG-NAND 单元的 I_d-V_g 特性如图 7.52 所示[20]。执行的是常规的编程和体擦除方案。获得了约 3.7V 的 V_{th} 窗口。在 VG-NAND 单元结构中，双栅极位于有源层的两侧。栅极对沟道的可控性比具有环栅的存储单元差，如 BiCS、TCAT 和 SMArT 单元。由于使用了更薄的沟道多晶硅来缩放，因此在单元缩放时，亚阈值斜率不会被增强。

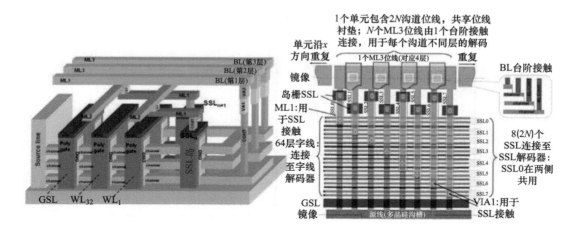

图 7.51　a）3D VG-NAND 的原理图。垂直层的字线是共享连接在一起的。每个沟道位线分别由一个岛栅 SSL 器件解码。在一个基本单元中（包含 2N 个位线），每一层的所有沟道位线都被编组在一起，并通过在位线衬垫区域形成的阶梯状位线触点与第三金属层位线连接。所有的岛栅 SSL 器件经由 CONT/ML1/VIA1/ML2 的互连连接到 SLL 解码器。一个公共源线用来共享所有存储层的源极平板层；b）堆叠层数 N = 4 时的布局示意图。所有 2N（=8）个沟道位线被编组为一个基本单元，共享同一个位线衬垫。在位线衬垫区，制作了一个阶梯状触点，其中每个触点对应一个存储层，如图所示。阶梯状的接触层由第三金属层位线连接到页缓冲区，用于存储感知。每个沟道位线都有自己的岛栅 SSL 用来被选中。SSL 通过 CONT/ML1/VIA1/ML2 连接到 SSL 解码器。一个公共源线被制备用来连接所有存储层的源线

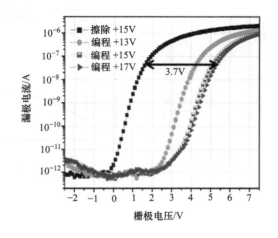

图 7.52　VG-NAND 单元的编程和体擦除窗口

图 7.53a 显示了 VG-NAND 单元的编程 / 擦除循环耐久特性 [20]。在 1000 次编程 / 擦除循环中可以观察到窗口变窄。室温下的数据保持特性显示出 10 年的数据保持能力特征，如图 7.53b 所示。

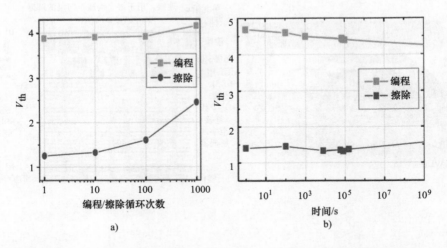

a)　　　　　　　　　　　b)

图 7.53　a）编程和擦除循环耐久特性；b）VG-NAND 单元的数据保持特性

在 VG-NAND 中，已经报道了一种新的干扰模式 [22, 47]。它来自 Z 方向附近的沟道电势干扰（垂直方向；在堆叠的有源沟道层之间的隐埋氧化层的厚度），即 "Z 干扰"。从图 7.54 可以看出，当隐埋氧化层厚度缩小到 20nm 以下时，对垂直相邻单元（单元 A）进行编程后，单元 C 的干扰可能会超过 450mV。于是，"Z 干扰"限制了 Z 方向上的缩放。隐埋氧化物的厚度应大于 30nm，以避免严重的 "Z 干扰"。

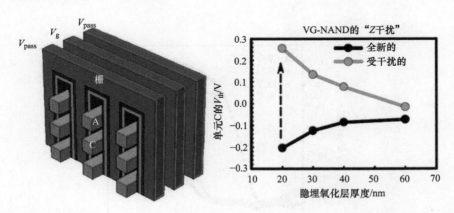

图 7.54　当隐埋氧化层厚度（F_Z）被缩放时，VG-NAND 的 "Z 干扰"。在本计算中，使用的 F = 60nm，V_{pass} = 7V。单元 A 被编程到 e^- = $2 \times 10^{19} cm^{-3}$，而单元 C 用来测量 "Z 干扰"。当隐埋氧化层厚度仅 20nm 时，"Z 干扰"可能超过 450mV

7.6　DC-SF 单元

7.6.1　电荷陷阱型 3D 单元的问题

3D NAND 闪存已经引起了极大的关注 [10, 13-23]。大多数 3D NAND 单元使用 SONOS 或 TANOS 器件结构，以电荷陷阱氮化硅层作为存储层。然而，众所周知，这些具有电荷陷阱氮化硅层的结构存在固有的问题，例如擦除速度低，保持特性差，以及沿着电荷陷阱氮化硅层的单元之间的电荷扩散问题 [37]。3D 电荷陷阱单元中的电荷扩散问题如图 7.55a 所示。由于电荷陷阱氮化硅层在 3D SONOS/TANOS NAND 闪存中从上到下的控制栅是物理连接的，因此氮化硅中存储的电荷通过连接的氮化硅层向相邻的单元移动。这将导致 3D SONOS 单元中数据保持特性的退化和较差的单元编程态 V_{th} 分布。由于这些问题都与电荷陷阱氮化硅层有关，因此需要使用浮栅型 3D NAND 闪存来代替电荷陷阱氮化硅层。然而，采用常规的 2D 浮栅结构而不改变原理图并不适合 3D NAND 闪存，因为浮栅的横向空间占用很大，导致了更大的单元尺寸。

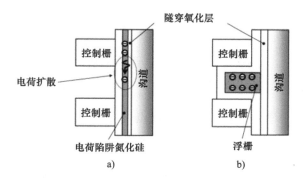

图 7.55　3D NAND 闪存单元结构的比较。a）SONOS 单元（BiCS 等）；b）DC-SF 单元。在 SONOS 单元中，电荷扩散问题是由连接的电荷陷阱氮化硅层引起的

这里，参考文献 [24-26] 提出了一种用于 3D NAND 闪存的带有环绕浮栅的双控制栅（dual control gate with a surrounding floating-gate，DC-SF）单元。这种结构使我们能够将浮栅应用于具有最小单元尺寸和高耦合比的 3D 堆叠单元结构。将 DC-SF 单元和 3D SONOS 单元 [10, 13-17] 在垂直示意图中进行比较，如图 7.55 所示。如图 7.55b 所示，DC-SF 单元中周围的浮栅被 IPD 和隧穿氧化层完全隔离。这意味着，由于没有物理泄漏路径，预计 DC-SF 单元的数据保持能力将得到显著改善。

7.6.2　DC-SF NAND 闪存单元

1. 概念

图 7.56a 显示了 DC-SF NAND 闪存单元的截面示意图。在两个控制栅之间放置一个环绕浮栅，这是 3D NAND 闪存的一种新方法。单元结构的详细示意图如图 7.56b 所示。环绕浮栅被多晶硅层间介质（IPD）和隧穿氧化层所覆盖。因此，两个控制栅与浮栅是垂直电容耦合的。

隧穿氧化层仅在沟道多晶硅和浮栅之间形成，而 IPD 添加在控制栅的侧壁上，导致沟道多晶硅和控制栅之间形成更厚的介电层。这意味着在编程和擦除过程中，电荷只能通过沟道多晶硅和浮栅之间的隧穿氧化层隧穿，而不会在沟道多晶硅和控制栅之间隧穿。

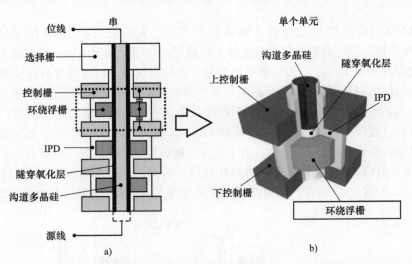

图 7.56　a）DC-SF NAND 闪存单元的截面示意图。两个控制栅与一个浮栅垂直电容性耦合。b）DF-SF NAND 闪存单元的鸟瞰图。环绕浮栅是电容性的，与上下两个控制栅耦合

DC-SF 结构有几个显著的优点。第一个优点：浮栅是 2D NAND 闪存中一种已被验证的、可预测的技术，可以用作电荷存储节点，因此可以消除与电荷陷阱（SONOS 和 TANOS）单元相关的许多问题。第二个优点：耦合比的显著提高。因为在 3D 结构中实现了一种新的功能概念，即一个环绕浮栅由两个相邻的控制栅控制。结果是，可以实现浮栅和两个控制栅之间表面积的扩大。因此，它可以为单元的编程和擦除提供低偏置操作。第三个优点：基本单元尺寸可在水平方向上缩小，因为浮栅不再位于控制栅和多晶硅沟道之间的水平方向上，而是位于两个控制栅之间的垂直方向上，这意味着它适合 3D NAND 闪存结构的制造。第四个优点是非常小的浮栅电容耦合干扰，因为位于两个浮栅中的控制栅起到了电屏蔽的作用。因此，浮栅之间的电容性耦合电容可以忽略不计。结果，用于 3D NAND 闪存器件的 DC-SF 单元允许宽编程/擦除窗口和低偏置的单元操作。DC-SF NAND 单元串的等效电路

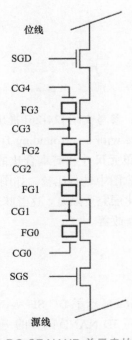

图 7.57　DC-SF NAND 单元串的等效电路

如图 7.57 所示。单个单元由一个浮栅和两个控制栅组成。

2. 耦合比

图 7.58 显示了 DC-SF 单元的俯视图和截面图。在 DC-SF 结构中，用两种不同的公式估算了浮栅的电容性耦合电容。在浮栅垂直方向上，浮栅和两个控制栅之间的耦合电容（C_{IPD}）由平行板电容决定，如式（7.1）所示。

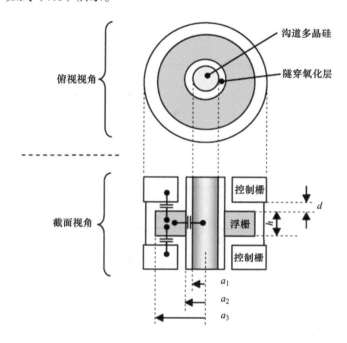

a_1:沟道多晶硅半径
a_2:沟道多晶硅半径+隧穿氧化层厚度
a_3:沟道多晶硅半径+隧穿氧化层厚度+浮栅厚度
d:IPD厚度
h:浮栅高度（沿沟道方向）

图 7.58　DC-SF 单元的浮栅电容

$$C_{IPD} = \frac{2\varepsilon_r\varepsilon_0\pi(a_3^2 - a_2^2)}{d} \tag{7.1}$$

另一方面，由于浮栅被覆盖在圆柱形沟道多晶硅上，因此带有隧穿氧化层的浮栅在水平方向上的耦合性电容（C_{Tox}）由同轴电缆电容提取，如式（7.2）所示。

$$C_{Tox} = \frac{2\pi\varepsilon_r\varepsilon_0 h}{\ln(a_2 / a_1)} \tag{7.2}$$

在 T_{ox} = 8nm、T_{IPD} = 12nm 的情况下，耦合比的计算结果绘制为浮栅宽度、浮栅高度和沟道多晶硅半径的函数图，如图 7.59 所示。例如，在 a_1 = 20nm、a_2 = 28nm、a_3 = 68nm、h = 40nm、d = 12nm 的结构中，可以获得 0.68 的高耦合比，即浮栅宽度 = $a_3 - a_2$ = 40nm，浮栅高度 = h =

40nm，沟道半径 = a_1 = 20nm。

随着浮栅宽度（$a_3 - a_2$）的减小，耦合比减小，如图 7.59a 所示，这是由于浮栅和控制栅的耦合电容面积减小。相反，耦合比随着浮栅高度（图 7.59b）和多晶硅沟道半径（图 7.59c）的减小而增大，说明在该结构中，通过增加耦合比可以减小水平方向上的单元尺寸。该结果表明，由于浮栅的耦合电容在两个方向上都得到了补偿，即使单元尺寸减小，也能保持约 0.7 的高耦合比。常规平面 2D NAND 闪存随着单元尺寸的减小耦合比较低，而 DC-SF 单元结构具有即使在较小的单元尺寸下也能保持高耦合比的优点。采用这种结构，可以实现约 0.7 的耦合比。

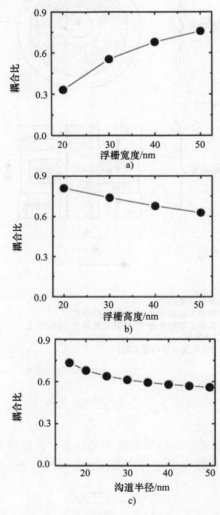

图 7.59　T_{ox} =8nm 和 T_{IPD} = 12nm 情况下，DC-SF 单元的耦合比。a）DC-SF 单元耦合比随浮栅宽度的变化规律（浮栅高度为 40nm，沟道多晶硅半径为 20nm）；b）DC-SF 单元耦合比随浮栅高度（h）的变化规律（浮栅宽度为 40nm，沟道多晶硅半径为 20nm）；c）DC-SF 单元耦合比随沟道多晶硅半径（a_1）的变化规律（浮栅宽度和高度均为 40nm）

3. 器件制备

DC-SF NAND 闪存单元的工艺顺序如图 7.60 所示。首先，原位热 CVD 法将 SiO_2 和多晶硅依次交替沉积，形成复合堆叠层。因此，深孔是垂直刻蚀整个氧化硅 / 多晶硅复合堆叠层形成的（图 7.60a）。为了给 IPD 和浮栅留出空间，在水平方向上形成氧化物凹槽（图 7.60b）。接着进行 IPD 沉积（图 7.60c），并在孔内整体填充浮栅多晶硅沉积（图 7.60d）。为了在孔内形成完整的浮栅，对浮栅多晶硅材料进行了各向同性刻蚀工艺。多晶硅浮栅被分离到每个凹槽位置。继续沉积隧穿氧化层（图 7.60e），然后沉积第一层沟道多晶硅覆盖隧穿氧化层，再用 RIE 工艺除去位于孔底的第一层沟道多晶硅和隧穿氧化层。然后再沉积第二层沟道多晶硅填充满深孔，如图 7.60f 所示。第二层沟道多晶硅与衬底形成电连接。DC-SF NAND 单元串的截面 TEM 图像如图 7.61a 所示。可以清楚地看到，环绕浮栅和控制栅沿着沟道制备良好，如图 7.61b 所示。

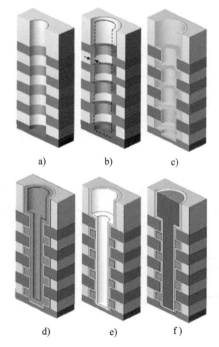

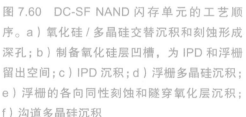

图 7.60　DC-SF NAND 闪存单元的工艺顺序。a）氧化硅 / 多晶硅交替沉积和刻蚀形成深孔；b）制备氧化硅层凹槽，为 IPD 和浮栅留出空间；c）IPD 沉积；d）浮栅多晶硅沉积；e）浮栅的各向同性刻蚀和隧穿氧化层沉积；f）沟道多晶硅沉积

图 7.61　a）DF-SF NAND 单元串的 TEM 图像。浮栅和控制栅是堆叠的。b）单个单元的 TEM 图像细节，显示出了浮栅和 2 个控制栅，伴有沟道上的隧穿氧化层和 IPD

7.6.3 结果和讨论

　　DC-SF NAND 闪存单元的操作条件见表 7.2。对于擦除操作，对所有的控制栅均施加 −11V 的擦除偏置电压。单元 V_{th} 下降到负值。在编程和读取条件下，控制栅 CG2 和 CG3 之间的浮栅 FG2 被选中。编程偏置电压（V_{pgm}：15V）同时施加于控制栅 CG2 和 CG3。采用两种不同的 V_{pass} 偏置来防止编程干扰。在控制栅 CG1 和 CG4 的相邻字线上，施加 2V 的低 V_{pass} 偏置，并在编程过程中对其他控制栅施加正常 4V 的 V_{pass} 偏置。浮栅 FG1 和 FG3 的电势通过较低的 2V 偏置来补偿，以防止编程干扰。对于读操作，对控制栅 CG2 和 CG3 都施加零偏置，对其他控制栅施加 4V 的读通过偏置（V_{read}）。从表 7.2 中可以看出，所有的操作偏置电压都明显低于那些基于电荷陷阱氮化层的常规 3D NAND 闪存。这归因于 DC-SF 设计良好的单元结构和高耦合比。

表 7.2　DC-SF NAND 闪存单元的操作条件[①]

偏置	擦除 /V	编程 /V	读 /V
位线	0	$0/V_{cc}$	1
SGD	4.5	4.5	4.5
CG4	V_{erase} : −11	V_{pass2} : 2	V_{read} : 4
CG3	V_{erase} : −11	V_{pgm} : 15	0
CG2	V_{erase} : −11	V_{pgm} : 15	0
CG1	V_{erase} : −11	V_{pass2} : 2	V_{read} : 4
CG0	V_{erase} : −11	V_{pass1} : 4	V_{read} : 4
SGS	4.5	0	4.5
源线	0	V_{cc}	0

① 位于控制栅 CG2 和 CG3 之间的浮栅 FG2 被选中用于编程和读。

　　图 7.62 绘制了不同擦除时间下 DC-SF NAND 闪存单元的 I_d-V_g 特性。从图中可以看出，单元 V_{th} 随着擦除时间的增加而减小，表明擦除态单元在有效地工作。结果，获得了一个约 9.2V 的宽编程／擦除窗口。

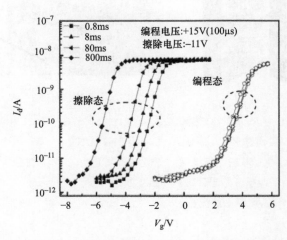

图 7.62　DC-SF NAND 闪存单元的 I_d-V_g 特性。V_g 为控制栅 CG2 的偏置电压（与控制栅 CG3 相同）。未选中的控制栅（CG0，CG1，CG4）施加相同的 4V 读通过电压 V_{read}。位线电压 V_d = 1V

图 7.63a 显示了 DC-SF 单元的编程特性。结果表明，即使在 15V 的低编程偏置条件下，DC-SF 单元也能很好地编程。这个单元的耦合比估算为 0.71。图 7.63b 显示了单元的擦除特性。在 −11V 的低擦除偏置下工作 1ms，DC-SF 单元可以很好地被擦除。这些操作电压明显低于常规的 3D SONOS NAND 闪存结构和平面 2D NAND 闪存单元。这意味着由于高耦合比，DC-SF 结构中的单元操作相当有效。

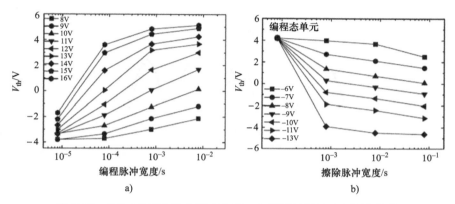

图 7.63　DC-SF NAND 闪存单元的 a）编程特性和 b）擦除特性

研究了编程态单元与相邻单元之间的浮栅电容耦合干扰（FG-FG 耦合干扰），如图 7.64 所示。测量了编程态单元 V_{th} 由 2.0V 至 3.6V 过程中，相邻单元的阈值电压变化量 ΔV_{th}。由于浮栅之间的控制栅电屏蔽效应，可以观察到非常小的电容耦合干扰，约 12mV/V。基于图 7.67c 所示缩放的单元尺寸，x 方向（沿字线）和 y 方向单侧（沿位线）的 FG-FG 耦合分别估算为总浮栅电容的 1.1% 和 0.7%。那么 x 和 y 方向的总 FG-FG 耦合率为 3.6%。与常规的 2D 浮栅单元相比，这个值要小得多。有了这个较小的 FG-FG 干扰结果，可以预期 V_{th} 的分布设置对于多电平单元（MLC）或三电平单元（TLC）是可以接受的，如图 7.65 所示。

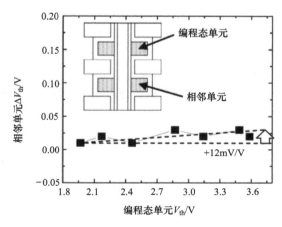

图 7.64　浮栅和浮栅之间的干扰特性（相邻单元 V_{th} 随编程态单元 V_{th} 变化的变化量）。得到了非常小的 FG-FG 耦合干扰值，为 12mV/V

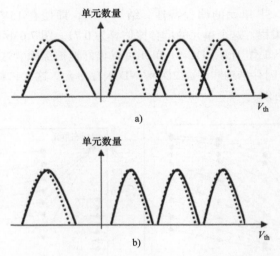

图 7.65　单元阈值电压设置比较：a）具有大 FG-FG 耦合干扰的常规平面浮栅单元；b）具有较小 FG-FG 耦合干扰的 DC-SF 单元。由于可以忽略 FG-FG 耦合干扰，DC-SF 单元具有更宽的 V_{th} 设置裕度

图 7.66 显示了两种不同温度（90℃和 150℃）下的数据保持特性。在高温条件下，126h 后编程和擦除的电荷损失分别为 0.9V 和 0.2V。

7.6.4　微缩能力

为了评价 DC-SF 单元的微缩能力，我们比较了 DC-SF 结构与常规 3D SONOS 结构的有效单元尺寸，如图 7.67 所示。BiCS[10, 13-17]/TCAT[19] 单元的物理基本单元尺寸假设是 x 方向间距 100nm，y 方向间距 160nm。另一

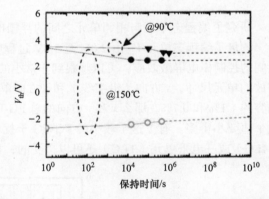

图 7.66　DC-SF NAND 闪存单元的数据保持特性

方面，DC-SF 单元的 x 和 y 方向间距分别为 130nm 和 190nm。DC-SF 单元的物理单元尺寸大于 BiCS/TCAT 的物理单元尺寸，因为需要在浮栅和狭缝边缘（栅极边缘）之间留出空间。这里假设 DC-SF 单元和 BiCS/TCAT 单元的特征尺寸均为 40nm。并且，该设计规则中，在 a_1 = 15nm、a_2 = 23nm、a_3 = 50nm、h = 30nm、d = 12nm 的结构条件下，仍然可以获得 0.60 的高耦合比，即浮栅宽度 = $a_3 - a_2$ = 27nm，浮栅高度 = h = 30nm，沟道半径 = a_1 = 15nm。即使 DC-SF 单元的物理单元尺寸大于常规的 BiCS/TCAT 单元，DC-SF 的有效单元尺寸也可以与 BiCS/TCAT 相当，因为单元 V_{th} 窗口较宽且可忽略 FG-FG 耦合干扰，多电平单元（2 比特位 / 单元、3 比特位 / 单元和 4 比特位 / 单元）是可用的。

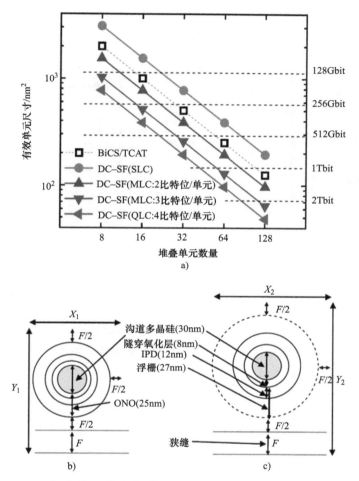

图 7.67　a）DC-SF NAND 闪存单元的有效单元尺寸。DC-SF 单元可实现 64 层堆叠（3 比特位 / 单元）下 1Tbit 存储容量，128 层堆叠（3 比特位 / 单元）下 2Tbit 存储容量；b）BiCS 的单元尺寸假设（F = 40nm，单元间距为 $F/2$，狭缝距离为 F，X_1Y_1 = 100×160nm²）；c）DC-SF 的有效单元尺寸假设（F =40nm，单元间距为 $F/2$，狭缝距离为 F，X_1Y_1 =130×190nm²）

7.7　先进 DC-SF 单元

7.7.1　DC-SF 单元上的改进

　　为了克服电荷陷阱型 3D NAND 单元的内在缺点，参考文献 [24,26] 提出了浮栅型 DC-SF 3D NAND 闪存单元，如图 7.56 所示。然而，在 DC-SF 单元的工艺过程中 [24, 26]，仍然存在几个关键问题，如图 7.68b 所示，即①多晶硅栅极的字线电阻过高，②浮栅分离过程对 IPD-ONO 层的破坏，以及③由于浮栅的角形状，编程过程浮栅边缘存在场限制。同时，DC-SF 单元的读取和编程操作尚未得到优化，导致了一些干扰问题。

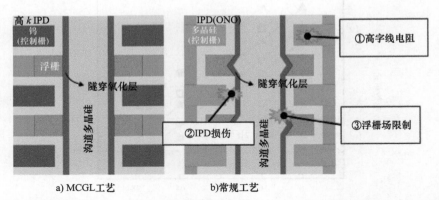

图 7.68　DC-SF 单元形貌比较。a）MCGL（金属控制栅后置）工艺；b）常规工艺。在常规工艺过程中，存在一些问题，如①字线电阻偏高，②浮栅分离过程中对 IPD 的损伤，以及③由于角形浮栅造成的浮栅场限制。新的 MCGL 工艺过程可以解决所有这些问题

在 7.7 节中，介绍了一种新的针对 DC-SF 单元的金属控制栅后置工艺（MCGL 工艺）[27, 28]、新的读方案 [25, 28] 和新的编程方案 [28]，可使 DC-SF 单元实现优异的性能和可靠性。

7.7.2　MCGL 工艺

DC-SF 单元的新的 MCGL（金属控制栅后置）工艺顺序如图 7.69 所示 [27]。首先，在 N[+]/p Si 衬底上沉积堆叠的复合氧化硅 / 氮化硅层。接下来，刻蚀形成垂直沟道孔，并在各向同性刻蚀出的氧化层凹部形成浮栅（图 7.69a）。沉积隧穿氧化层，并向下刻蚀穿过 N[+] 层形成沟道接触孔，用于沟道多晶硅与衬底直连（图 7.69b）。在沟道多晶硅沉积后，栅极结构形成（图 7.69c）。然后去除堆叠的氮化硅，形成凹槽（图 7.69d），并在浮栅上沉积一层高 k 的 IPD 膜。然后，沉积钨（W）膜并分离到每一个堆叠层，如图 7.69e 所示。图 7.70a 显示了由 MCGL 工艺制备的 DC-SF 单元阵列的截面 TEM 图像。

在这个 MCGL 工艺过程中，通过栅极置换工艺（SiN 置换为 W）可以获得较低的字线电阻。与浮栅分离 [24, 26] 前的 ONO-IPD 常规工艺过程相比，浮栅 / 沟道多晶硅形成后沉积 IPD，可以避免浮栅分离过程中的 IPD 损伤。并且，在浮栅形成前没有 IPD 沉积，因此浮栅形状更好，可以抑制浮栅边缘的浮栅场限制效应，如图 7.70b 所示。

7.7.3　新的读方案

DC-SF NAND 闪存串的常规读操作是对所选浮栅的两个相邻控制栅施加读电压 V_R，而对未选中控制栅施加读电压 V_{pass_read}[24, 26]。为了研究常规读取中的读操作问题，通过 TCAD 仿真研究了几种读取条件下浮栅 FG1 存储电荷的依赖关系 [25]，如图 7.71 所示。

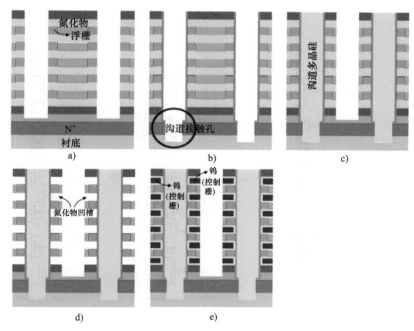

图 7.69　DC-SF NAND 闪存单元的 MCGL 工艺顺序。a）浮栅形成；b）沟道接触孔形成；c）栅极形成；d）氮化层凹槽；e）高 k IPD 沉积和金属钨控制栅形成

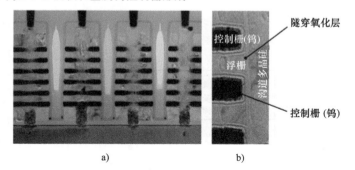

图 7.70　a）MCGL 工艺制备的 DC-SF 单元阵列 TEM 图像；b）显示浮栅 / 控制栅形状的 TEM 图像。单元结构呈现出较好的垂直浮栅形状

　　观察到两个意外的特征，如图 7.72 所示。一个是当相邻的浮栅 FG1 电荷负向增加时，所选中单元的 V_{th}（即读取浮栅 FG0 和 FG2）正向偏移。这是因为在 FG1 作用下，沟道电阻增加，沟道电阻存储了负电荷，导致跨导降低，如图 7.73 所示。

　　当浮栅 FG1 带负电荷（$> -5 \times 10^{-15}$C/μm）时，所选中单元 V_{th}（浮栅 FG0 或 FG2）不能正确读取。

　　另一个特征是当浮栅 FG1 电荷正向增加时，所选中单元 V_{th}（即读取浮栅 FG1）饱和（擦除饱和现象）。这是因为控制栅 V_{th} 限制了所选单元的 V_{th}，如图 7.74 所示。两个相邻的控制栅 CG1 和 CG2 直接使沟道"关闭"，即使浮栅 FG1 带正电荷。

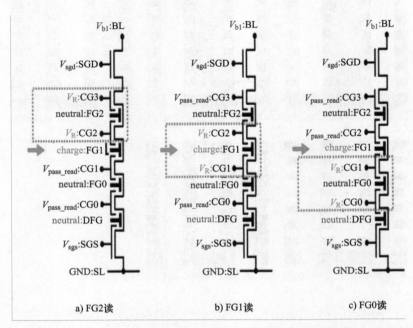

图 7.71　常规的读操作。a）浮栅 FG2 读操作（控制栅 CG2 和 CG3 施加电压 V_R），b）浮栅 FG1 读操作（控制栅 CG1 和 CG2 施加电压 V_R），c）浮栅 FG0 读操作（控制栅 CG0 和 CG1 施加电压 V_R）。浮栅 FG1 中的电荷被设置为不同的量，以推导浮栅电荷依赖性

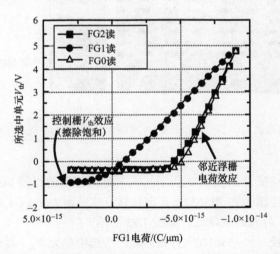

图 7.72　模拟的不同 FG1 电荷下所读取单元 FG0、FG1 和 FG2（见图 7.71）的 V_{th}

　　为了得到一个正确的读操作，我们使用了一个简单的电容器网络模型，如图 7.75 所示[25]。

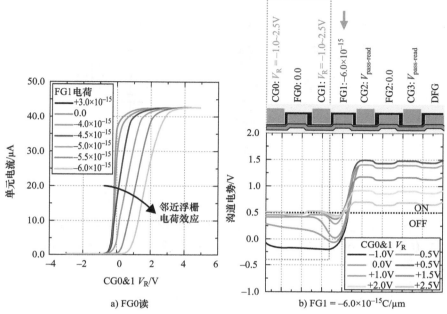

a) FG0读

b) FG1 = −6.0×10⁻¹⁵C/μm

图 7.73　a）不同 FG1 电荷下读单元 FG0 的 I_d-V_g 曲线。b）FG1 电荷为 -6.0×10^{-15}C/μm 时的沟道电势。当 FG1 带负电荷时，由于 FG1 下的沟道电阻增加，跨导降低

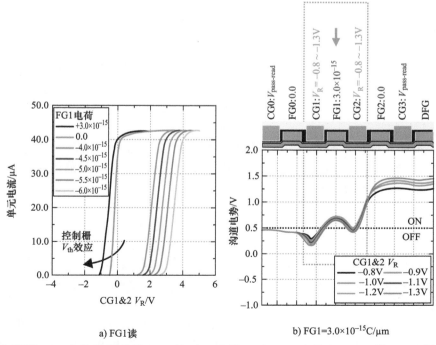

a) FG1读

b) FG1=3.0×10⁻¹⁵C/μm

图 7.74　a）不同 FG1 电荷下读单元 FG1 的 I_d-V_g 曲线。b）FG1 电荷为 3×10^{-15}C/μm 时的沟道电势。擦除态 V_{th} 饱和是由控制栅 CG1 和 CG2 下的沟道关断状态引起的

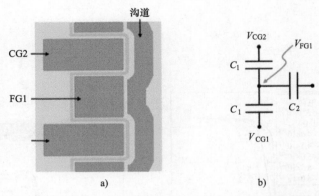

图 7.75　a）DC-SF NAND 基本单元的截面视图。b）单元对应的等效电容器网络

　　FG1 电势的解析表达式如式（7.3）所示。FG1 由相邻两个控制栅的平均偏置（V_{CG1} 和 V_{CG2}）、FG1 的存储电荷（σ_{FG1}）和耦合比 α 决定，如式（7.4）所示。FG1 的阈值电压为 $V_{th,FG1}$，如式（7.5）所示。

$$V_{FG1} = \alpha\left(\frac{V_{CG1} + V_{CG2}}{2} - V_{th,FG1}\right) \tag{7.3}$$

$$\alpha = \frac{2C_1}{2C_1 + C_2} \tag{7.4}$$

$$V_{th,FG1} = -\frac{\sigma_{FG1}}{2C_1} \tag{7.5}$$

　　用 V_R 和 V_{pass_read} 分别代替 V_{CG1} 和 V_{CG2}，FG0 读操作时的 FG1 电位 V_{FG1} 可表示为式（7.6）。

$$V_{FG1} = \alpha\left(\frac{V_R + V_{pass\_read}}{2} - V_{th,FG1}\right) \tag{7.6}$$

　　由于 V_R 是单元读操作的预定值，存储的负电荷（$\Delta V_{th,FG1} = -\sigma_{FG1}/2C_1$）导致的 FG1 电势降低必须通过增加 V_{pass_read} 来补偿，以保持 FG1 单元"打开"作为通过晶体管。因此，V_{pass_read} 的增加量 ΔV_{pass_read} 是确定的，如式（7.7）所示。

$$\Delta V_{pass\_read} = 2\Delta V_{th,FG1} = -\frac{\sigma_{FG1\_max}}{C_1} \tag{7.7}$$

　　σ_{FG1_max} 为允许的最大负电荷（允许的最高 V_{th}）。式（7.7）证实了 V_{pass_read} 对不同 FG1 电荷（不同 $V_{th,FG1}$）的依赖关系，如图 7.76 所示。V_{pass_read2} 必须增加至 4V 以补偿相邻 FG1 单元 2V 的 V_{th} 增加。这与式（7.7）强烈对应。

　　目前大多数 NAND 器件都采用多电平单元（MLC）操作，即采用三个读电压（V_R）来识别每个编程电平，如图 7.77 所示。对于编程态 PV1、PV2 和 PV3 的每个 V_R，V_{pass_read2} 和 V_{pass_read1}（见图 7.76a）应该是不同的电压，以补偿相邻的 FG1 电势。

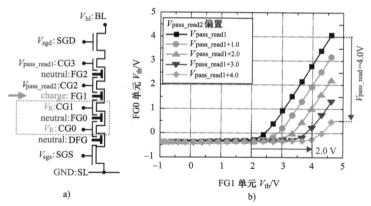

图 7.76　a）FG0 的读操作。b）不同 V_{pass_read2} 条件下的 FG0 单元的 V_{th}。$V_{pass\_read1} = 5.0V$

V_{pass_read2} 补偿 V_R 变化和 σ_{FG1_max}，如式（7.8）所示，其推导方法与式（7.7）相同。而且，为了保持所有未被选中的浮栅单元处于 "ON" 状态，即使单元处于高 V_{th}（编程态 PV3）作为最坏情况，V_{pass_read1} 必须等于 V_R（式（7.9））。这是因为 FG1 的 $V_R + V_{pass\_read2}$ 应该等于 FG2 的 $V_{pass\_read2} + V_{pass\_read1}$（见图 7.76a）。

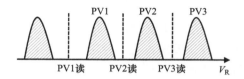

图 7.77　多电平单元的读操作

$$\Delta V_{pass\_read2} = -\Delta V_R - \frac{\sigma_{FG\_max}}{C_1} \tag{7.8}$$

$$V_{pass\_read1} = V_R \tag{7.9}$$

图 7.78 显示了 MLC DC-SF NAND 单元的新的读条件，来自式（7.8）和式（7.9）。随着 V_R 的增加，V_{pass_read2} 必须减小；反之，V_{pass_read1} 必须随着 V_R 的增加而增加。在 $V_R = 0 \sim 1V$ 区域，V_{pass_read1} 使用的是 1.0V 的固定电压，因为控制栅电压必须将沟道 "打开"，如图 7.74 所示。新的多电平读操作条件见表 7.3。

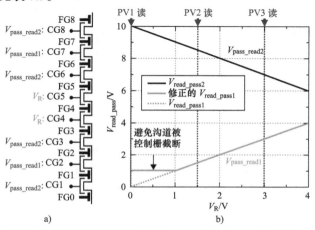

图 7.78　a）MLC DC-SF NAND 单元的新的读操作；b）V_{pass_read1} 和 V_{pass_read2} 依赖于 V_R，如式（7.8）和式（7.9）所示

表 7.3 DC-SF NAND 单元串的新的读方案

电极		编程态 PV1 读 $V_R = 0.0V$	编程态 PV2 读 $V_R = 1.5V$	编程态 PV3 读 $V_R = 3.0V$
CG8	$V_{\text{pass\_read2}}$	10.0V	8.5V	7.0V
CG7	$V_{\text{pass\_read1}}$	1.0V	1.5V	3.0V
CG6	$V_{\text{pass\_read2}}$	10.0V	8.5V	7.0V
CG5	V_R	0.0V	1.5V	3.0V
CG4	V_R	0.0V	1.5V	3.0V
CG3	$V_{\text{pass\_read2}}$	10.0V	8.5V	7.0V
CG2	$V_{\text{pass\_read1}}$	1.0V	1.5V	3.0V
CG1	$V_{\text{pass\_read2}}$	10.0V	8.5V	7.0V

7.7.4 新的编程方案

为了避免编程干扰问题，必须对 DC-SF 单元的编程方案进行优化。图 7.79 描述了 DC-SF 单元的编程干扰模式（抑制模式）。有两种抑制模式：模式 A，电子注入模式；模式 B，电荷损失模式。模式 A 是一种常规的编程抑制模式，它具有弱的电子注入应力，这是由浮栅与两个控制栅（例如，对应通过电压为 $V_{\text{pass\_}n+2}$ 和 $V_{\text{pgm\_}n+1}$ 的控制栅）耦合在隧穿氧化层中形成的高场引起的。在较低 V_{th}（例如擦除态）的情况下，由于隧穿氧化层的高场，模式 A 变得严重。另一方面，模式 B 是一种 DC-SF 单元中独有的新的电荷损失模式。浮栅中的电子被 IPD 中的高场发射到控制栅中。模式 B 在单元高 V_{th}（例如，编程态 PV3，$V_{\text{th}} = 4V$）和低 $V_{\text{pass\_}n-2}$ 的情况下变得严重。为了尽量减少编程干扰，$V_{\text{pass\_}n-2}$ 和 $V_{\text{pass\_}n+2}$ 必须优化。

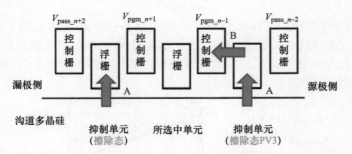

图 7.79 DC-SF 单元的两种编程抑制模式。模式 A，电子注入模式；隧穿氧化层上的高场导致了衬底向浮栅的弱电子注入。模式 B，电荷损失模式；IPD 上的高场导致了从浮栅到控制栅的电子发射

图 7.80 显示了模式 B 的测量结果，结果显示它被薄的 IPD（等效 12nm 厚氧化层）加速。随着编程电压 $V_{\text{pgm\_}n-1}$ 的增大、$V_{\text{pass\_}n-2}$ 的减小，V_{th} 减小。根据该数据，在 $V_{\text{pgm\_}n-1} = 15V$、$V_{\text{pass\_}n-2} = 5V$、$V_{\text{th}} = 4V$ 的条件下，估算 IPD 的最大允许电场为 8.3MV/cm。

图 7.81 显示了在编程（$V_{\text{pgm}} = 15V$）过程中浮栅和控制栅、衬底之间的电势差，其中图 7.81a 为 $V_{\text{th}} = -1V$ 条件，图 7.81b 为 $V_{\text{th}} = 4V$ 条件。随着 $V_{\text{pass\_}n-2}$、$V_{\text{pass\_}n+2}$ 的增加，浮栅与衬底之间的电势差（$V_{\text{fg\_sub}}$）变大。在 $V_{\text{th}} = -1V$ 条件下（图 7.81a），$V_{\text{fg\_sub}}$ 在 $V_{\text{pass\_}n-2}$、$V_{\text{pass\_}n+2} = 1V$ 时达到模式 A 的 7V 极限（临界）。那么，在 $V_{\text{th}} = -1V$ 时，$V_{\text{pass\_}n-2}$ 和 $V_{\text{pass\_}n+2}$ 必须小于 1V，以

保持 $V_{fg\_sub} < 7V$。在 $V_{th} = 4V$ 条件（图 7.81b），在 $V_{pass\_n-2} = -2V$ 处，控制栅与浮栅的电势差（V_{cg1_fg}）达到模式 B 极限 12.5V。该限制由 IPD 厚度为 15nm 情况下模式 B 的最大允许电场为 8.3MV/cm 所决定。于是，在 $V_{th} = 4V$ 条件下，V_{pass_n-2} 必须大于 $-2V$ 才能保持 $V_{cg1\_fg} < 12V$。模式 B 仅位于源极侧的抑制单元（图 7.79 中的右侧抑制单元）。因此，V_{pass_n-2} 必须在 $-2 \sim 1V$ 的范围内，并且 V_{pass_n+2} 必须小于 1V，因为漏极侧抑制单元（图 7.79 中的左侧抑制单元）仅在低 V_{th}（擦除态）的情况下才存在。

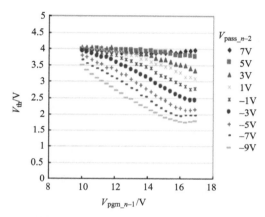

图 7.80　DC-SF 单元编程过程中测量的模式 B 的电荷损失。随着 V_{pgm_n-1} 的增大和 V_{pass_n-2} 的减小，浮栅到控制栅的电荷损失（电子发射）增大

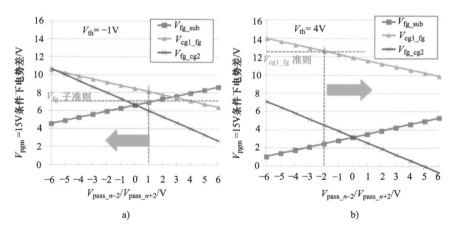

图 7.81　编程过程中浮栅和控制栅、衬底之间的电势差。a）$V_{th} = -1V$；b）$V_{th} = 4V$。$V_{th} = -1V$ 时，根据模式 A 的判据确定 $V_{pass\_n-2}/V_{pass\_n+2}$ 最大值为 1V。$V_{th} = 4V$ 时，根据模式 B 的判据确定 $V_{pass\_n-2}/V_{pass\_n+2}$ 最小值为 $-2V$

图 7.82 显示了用于 DC-SF 单元的新 ISPP 编程方案的一个示例。采用步长 0.4V 的 ISPP 方案，编程电压 V_{pgm_n-1} 和 V_{pgm_n+1} 被逐步提高到 15V。如果需要施加更多的编程脉冲，V_{pgm_n-1} 采用 0.8V

步长升压，V_{pgm_n-2} 采用 0.8V 步长降压，这是为了防止图 7.79 中位于右侧的编程抑制单元出现模式 A。V_{pgm_n+1} 保持 15 V，然后 V_{pass_n+2} 保持 0.5 ~ 1.0V 的正电压，为编程态单元传输 0V 的位线电压。

DC-SF 单元的耦合比对沟道直径较为敏感[26]，通常顶部单元耦合比较大，底部单元较小。因此，需要匹配每个单元层的耦合比来优化编程电压和编程抑制电压。

图 7.83 显示了相邻单元的编程干扰。几乎没有在相邻单元中观察到 V_{th} 偏移，因为在编程过程中对相邻单元使用了优化后的 V_{pass}。

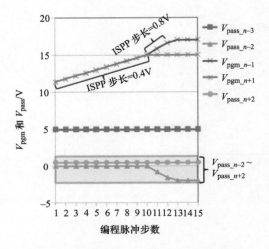

图 7.82　所提出的 DC-SF 单元编程方案

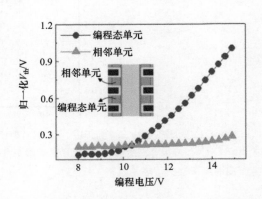

图 7.83　相邻单元的编程干扰。V_{pass_n-2} 使用了 1V 的低通过电压

7.7.5　可靠性

编程 / 擦除循环耐久特性如图 7.84 所示。循环后的 V_{th} 偏移很小，即使在 1000 次循环后也小于 1.3V。对数据保持特性也进行了评估。250℃下经过 120min 后编程态 PV3 产生 60mV 的小 V_{th} 偏移，与常规 2D 平面浮栅 NAND 闪存的保持特性相当。因此，在 MCGL 工艺优化过程中，没有观察到 DC-SF 单元的隧穿氧化层和 IPD 有任何严重的工艺损伤。

介绍了先进的 DC-SF（具有环绕浮栅的双控制栅）单元工艺和操作方案。为了提高 DC-SF 单元的性能和可靠性，开发了一种新的 MCGL 工艺。MCGL 工艺可以实现低电阻钨（W）金属字线，对隧穿氧化层 /IPD（多晶硅层间介质）的低损伤，以及较好的

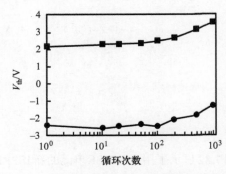

图 7.84　DC-SF 单元的编程 / 擦除循环耐久特性

浮栅形状。同时，还开发了新的读取和编程操作方案。在新的读操作中，较高和较低的读通过电压 V_{pass_read} 交替施加于未被选中的控制栅，以补偿降低的浮栅电势成为导通晶体管。而在新的编程方案中，优化后的通过电压 V_{pass} 施加于所选字线相邻的字线，以防止编程干扰和穿过 IPD 的电荷损失。因此，通过采用 MCGL 工艺和新的读取 / 编程方案，可以实现用于 3D NAND 闪存的高性能和高可靠性 DC-SF 单元。

参 考 文 献

[1] Masuoka, F.; Momodomi, M.; Iwata, Y.; Shirota, R. New ultra high density EPROM and flash EEPROM with NAND structure cell, *Electron Devices Meeting, 1987 International*, vol. 33, pp. 552–555, 1987.

[2] S. Aritome, 3D Flash Memories, International Memory Workshop 2011 (IMW 2011), short course.

[3] Jung, S.-M.; Jang, J.; Cho, W.; Cho, H.; Jeong, J.; Chang, Y.; Kim, J.; Rah, Y.; Son, Y.; Park, J.; Song, M.-S.; Kim, K.-H.; Lim, J.-S.; Kim, K. Three dimensionally stacked NAND flash memory technology using stacking single crystal Si layers on ILD and TANOS structure for beyond 30 nm node, *Electron Devices Meeting, 2006. IEDM '06. International*, pp. 1–4, 11–13 Dec. 2006.

[4] Park, K.-T.; Kim, D.; Hwang, S.; Kang, M.; Cho, H.; Jeong, Y.; Seo, Y.-l.; Jang, J.; Kim, H.-S.; Jung, S.-M.; Lee, Y.-T.; Kim, C.; Lee, W.-S., A 45 nm 4 Gb 3-dimensional double-stacked multi-level NAND flash memory with shared bitline structure, *Solid-State Circuits Conference, 2008. ISSCC 2008. Digest of Technical Papers. IEEE International*, pp. 510, 632, 3–7 Feb. 2008.

[5] Park, K.-T.; Kang, M.; Hwang, S.; Kim, D.; Cho, H.; Jeong, Y.; Seo, Y.-l.; Jang, J.; Kim, H.-S.; Lee, Y.-T.; Jung, S.-M.; Kim, C. A fully performance compatible 45 nm 4-gigabit three dimensional double-stacked multi-level NAND flash memory with shared bit-line structure, *Solid-State Circuits, IEEE Journal of*, vol. 44, no. 1, pp. 208, 216, Jan. 2009.

[6] Lai, E.-K.; Lue, H.-T.; Hsiao, Y.-H.; Hsieh, J.-Y.; Lu, C.-P.; Wang, S.-Y.; Yang, L.-W.; Yang, T.; Chen, K.-C.; Gong, J.; Hsieh, K.-Y.; Liu, R.; Lu, C.-Y. A multi-layer stackable thin-film transistor (TFT) NAND-type flash memory, *Electron Devices Meeting, 2006. IEDM '06. International*, pp. 1–4, 11–13 Dec. 2006.

[7] Endoh, T.; Kinoshita, K.; Tanigami, T.; Wada, Y.; Sato, K.; Yamada, K.; Yokoyama, T.; Takeuchi, N.; Tanaka, K.; Awaya, N.; Sakiyama, K.; Masuoka, F. Novel ultra high density flash memory with a stacked-surrounding gate transistor (S-SGT) structured cell, *Electron Devices Meeting, 2001. IEDM '01. Technical Digest International*, pp. 2.3.1–2.3.4, 2001.

[8] Endoh, T.; Kinoshita, K.; Tanigami, T.; Wada, Y.; Sato, K.; Yamada, K.; Yokoyama, T.; Takeuchi, N.; Tanaka, K.; Awaya, N.; Sakiyama, K.; Masuoka, F. Novel ultrahigh-density flash memory with a stacked-surrounding gate transistor (S-SGT) structured cell, *Electron Devices, IEEE Transactions on*, vol. 50, no. 4, pp. 945, 951, April 2003.

[9] F. Masuoka, Forbes Global, *Forbes Magazine*, New York, 24 June 2002, 26 pp.

[10] Tanaka, H.; Kido, M.; Yahashi, K.; Oomura, M.; Katsumata, R.; Kito, M.; Fukuzumi, Y.; Sato, M.; Nagata, Y.; Matsuoka, Y.; Iwata, Y.; Aochi, H.; Nitayama, A. Bit cost scalable technology with punch and plug process for ultra high density flash memory, *VLSI Symposium Technical Digest, 2007*, pp. 14–15.

[11] Nitayama, A.; Aochi, H., Bit cost scalable (BiCS) technology for future ultra high density memories, *VLSI Technology, Systems, and Applications (VLSI-TSA), 2013 International*

Symposium on, pp. 1, 2, 22–24 April 2013.

[12] Nitayama, A.; Aochi, H. Bit cost scalable (BiCS) technology for future ultra high density storage memories, *VLSI Technology (VLSIT), 2013 Symposium on*, pp. T60, T61, 11–13 June 2013.

[13] Fukuzumi, Y.; Katsumata, R.; Kito, M.; Kido, M.; Sato, M.; Tanaka, H.; Nagata, Y.; Matsuoka, Y.; Iwata, Y.; Aochi, H.; Nitayama, A. Optimal integration and characteristics of vertical array devices for ultra-high density, bit-cost scalable flash memory, *IEEE IEDM Technical Digest*, pp. 449–452, 2007.

[14] Komori, Y.; Kido, M.; Katsumata, R.; Fukuzumi, Y.; Tanaka, H.; Nagata, Y.; Ishiduki, M.; Aochi, H., Nitayama, A., Disturbless flash memory due to high boost efficiency on BiCS structure and optimal memory film stack for ultra high density storage device, *IEEE IEDM Technical Digest*, pp. 851–854, 2008.

[15] Katsumata, R.; Kito, M.; Fukuzumi, Y.; Kido, M.; Tanaka, H.; Komori, Y.; Ishiduki, M.; Matsunami, J.; Fujiwara, T.; Nagata, Y.; Zhang, L.; Iwata, Y.; Kirisawa, R.; Aochi, H., Nitayama, A. Pipe-shaped BiCS flash memory with 16 stacked layers and multi-level-cell operation for ultra high density storage devices, *VLSI Symposium Technical Digest, 2009*, pp. 136–137.

[16] Maeda, T.; Itagaki, K.; Hishida, T.; Katsumata, R.; Kito, M.; Fukuzumi, Y.; Kido, M.; Tanaka, H.; Komori, Y.; Ishiduki, M.; Matsunami, J.; Fujiwara, T.; Aochi, H.; Iwata, Y., Watanabe, Y., Multi-stacked 1G cell/layer pipe-shaped BiCS flash memory, *VLSI Symposium Technical Digest, 2009*, pp. 22–23.

[17] Ishiduki, M.; Fukuzumi, Y.; Katsumata, R.; Kito, M.; Kido, M.; Tanaka, H.; Komori, Y.; Nagata, Y.; Fujiwara, T.; Maeda, T.; Mikajiri, Y.; Oota, S.; Honda, M.; Iwata, Y.; Kirisawa, R.; Aochi, H., Nitayama, A., Optimal device structure for pipe-shaped BiCS flash memory for ultra high density storage device with excellent performance and reliability, *IEEE IEDM Technical Digest*, pp. 625–628, 2009.

[18] Kim, J.; Hong, A. J.; Ogawa, M.; Ma, S.; Song, E. B.; Lin, Y.-S.; Han, J.; Chung, U.-I.; Wang, K. L. Novel 3-D structure for ultra high density flash memory with VRAT (vertical-recess-array-transistor) and PIPE (planarized integration on the same plane), *VLSI Symposium Technical Digest, 2008*, pp. 122–123.

[19] Jang, J. H.; Kim, H.-S.; Cho, W.; Cho, H.; Kim, J.; Shim, S. I.; Jang, Y.; Jeong, J.-H.; Son, B.-K.; Kim, D. W.; Kim, K.; Shim, J.-J.; Lim, J. S.; Kim, K.-H.; Yi, S. Y.; Lim, J.-Y.; Chung, D.; Moon, H.-C.; Hwang, S.; Lee, J.-W.; Son, Y.-H.; Chung, U.-I., Lee, W.-S. Vertical cell array using TCAT (terabit cell array transistor) technology for ultra high density NAND flash memory, *VLSI Symposium Technical Digest, 2009*, pp. 192–193.

[20] Kim, W. J.; Choi, S.; Sung, J.; Lee, T.; Park, C.; Ko, H.; Jung, J.; Yoo, I., and Park, Y., Multi-layered vertical gate NAND flash overcoming stacking limit for terabit density storage, *VLSI Symposium Technical Digest, 2009*, pp. 188–189.

[21] Kim, J.; Hong, A. J.; Sung, M. K.; Song, E. B.; Park, J. H.; Han, J.; Choi, S.; Jang, D.; Moon, J.-T.; Wang, K. L. Novel vertical-stacked-array-transistor (VSAT) for ultra-high-density and cost-effective NAND flash memory devices and SSD (solid state drive), *VLSI Technology, 2009 Symposium on*, pp. 186, 187, 16–18 June 2009.

[22] Hsiao, Y.-H.; Lue, H.-T.; Hsu, T.-H.; Hsieh, K.-Y.; Lu, C.-Y., A critical examination of 3D stackable NAND flash memory architectures by simulation study of the scaling capability, *IMW, 2010*, pp. 142–145, 2010.

[23] Hsu, T.-H.; Lue, H.-T.; Hsieh, C.-C.; Lai, E.-K.; Lu, C.-P.; Hong, S.-P.; Wu, M.-T.; Hsu, F. H.; Lien, N. Z.; Hsieh, J.-Y.; Yang, L.-W.; Yang, T.; Chen, K.-C.; Hsieh, K.-Y.; Liu, R.; Lu, C.-Y. Study of sub-30 nm thin film transistor (TFT) charge-trapping (CT) devices for 3D NAND flash application, *IEEE IEDM Technical Digest*, pp. 629–632, 2009.

[24] Whang, S. J.; Lee, K. H.; Shin, D. G.; Kim, B. Y.; Kim, M. S.; Bin, J. H.; Han, J. H.; Kim, S. J.; Lee, B. M.; Jung, Y. K.; Cho, S. Y.; Shin, C. H.; Yoo, H. S.; Choi, S. M.; Hong, K.; Aritome, S.; Park, S. K., Hong, S. J. Novel 3-dimensional dual control-gate with surrounding floating-gate (DC-SF) NAND flash cell for 1tb file storage application, *IEEE IEDM Technical Digest*, pp. 668–671, 2010.

[25] Yoo, H. S. ; Choi, E. S.; Joo, H. S.; Cho, G. S.; Park, S. K.; Aritome, S.; Lee, S. K.; Hong, S. J. New read scheme of variable $V_{pass-read}$ for dual control gate with surrounding floating gate (DC-SF) NAND flash cell, *Memory Workshop (IMW), 2011 3rd IEEE International*, pp. 1–4, 22–25 May 2011.

[26] Aritome, S.; Whang, S. J.; Lee, KiH.; Shin, D. G.; Kim, B. Y.; Kim, M. S.; Bin, J. H.; Han, J. H.; Kim, S. J.; Lee, B. M.; Jung, Y. K.; Cho, S. Y.; Shin, C. H.; Yoo, H. S.; Choi, S. M.; Hong, K.; Park S. K.; Hong, S. J. A novel three-dimensional dual control-gate with surrounding floating-gate (DC-SF) NAND flash cell original research article, *Solid-State Electronics*, vol. 79, pp. 166–171, Jan. 2013.

[27] Noh, Y.; Ahn, Y.; Yoo, H.; Han, B.; Chung, S.; Shim, K.; Lee, K.; Kwak, S.; Shin, S.; Choi, I.; Nam, S.; Cho, G.; Sheen, D.; Pyi, S.; Choi, J.; Park, S.; Kim, J.; Lee, S.; Aritome, S.; Hong, S.; Park, S. A new metal control gate last process (MCGL process) for high performance DC-SF (dual control gate with surrounding floating gate) 3D NAND flash memory, *VLSI Technology (VLSIT), 2012 Symposium on*, pp. 19–20, 12–14 June 2012.

[28] Aritome, S.; Noh, Y.; Yoo, H.; Choi, E. S.; Joo, H. S.; Ahn, Y.; Han, B.; Chung, S.; Shim, K.; Lee, K.; Kwak, S.; Shin, S.; Choi, I.; Nam, S.; Cho, G.; Sheen, D.; Pyi, S.; Choi, J.; Park, S.; Kim, J.; Lee, S.; Hong, S.; Park, S.; Kikkawa, T. Advanced DC-SF cell technology for 3-D NAND flash, *Electron Devices, IEEE Transactions on*, vol. 60, no. 4, pp. 1327–1333, April 2013.

[29] Choi, E.-S.; Park, S.-K., Device considerations for high density and highly reliable 3D NAND flash cell in near future, *Electron Devices Meeting (IEDM), 2012 IEEE International*, pp. 9.4.1–9.4.4, 10–13 Dec. 2012.

[30] Takato, H.; Sunouchi, K.; Okabe, N.; Nitayama, A.; Hieda, K.; Horiguchi, F.; Masuoka, F. High performance CMOS surrounding gate transistor (SGT) for ultra high density LSIs, *Electron Devices Meeting, 1988. IEDM '88. Technical Digest, International*, pp. 222, 225, 11–14 Dec. 1988.

[31] Pein, H.; Plummer, J. D. "A 3-D sidewall flash EPROM cell and memory array," *Electron Device Letters, IEEE*, vol. 14, no. 8, pp. 415, 417, Aug. 1993.

[32] Pein, H. B.; Plummer, J. D., Performance of the 3-D sidewall flash EPROM cell, *Electron Devices Meeting, 1993. IEDM '93. Technical Digest, International*, pp. 11, 14, 5–8 Dec. 1993.

[33] Pein, H.; Plummer, James D. Performance of the 3-D PENCIL flash EPROM cell and memory array, *Electron Devices, IEEE Transactions on*, vol. 42, no. 11, pp. 1982, 1991, Nov. 1995.

[34] Hsu, T.-H.; Lue, H.-T.; King, Y.-C.; Hsiao, Y.-H.; Lai, S.-C.; Hsieh, K.-Y.; Liu, R.; Lu, C.-Y. Physical model of field enhancement and edge effects of FinFET charge-trapping NAND flash devices, *Electron Devices, IEEE Transactions on*, vol. 56, no. 6, pp. 1235, 1242, June 2009.

[35] Congedo, G.; Arreghini, A.; Liu, L.; Capogreco, E.; Lisoni, J. G.; Huet, K.; Toque-Tresonne, I.; Van Aerde, S.; Toledano-Luque, M.; Tan, C.-L.; Van denbosch, G.; Van Houdt, J. Analysis of performance/variability trade-off in Macaroni-type 3-D NAND memory, *Memory Workshop (IMW), 2014 IEEE 6th International*, pp. 1, 4, 18–21 May 2014.

[36] Toledano-Luque, M.; Degraeve, R.; Roussel, P. J.; Luong, V.; Tang, B.; Lisoni, J. G.; Tan, C.-L.; Arreghini, A.; Van denbosch, G.; Groeseneken, G.; Van Houdt, J. Statistical spectroscopy of switching traps in deeply scaled vertical poly-Si channel for 3D memories, *Electron Devices Meeting (IEDM), 2013 IEEE International*, pp. 21.3.1, 21.3.4, 9–11 Dec. 2013.

[37] Kang, C. S.; Choi, J.; Sim, J.; Lee, C.; Shin, Y.; Park, J.; Sel, J.; Jeon, S.; Park, Y.; Kim, K. Effects of lateral charge spreading on the reliability of TANOS(TaN/AlO/SiN/Oxide/Si) NAND flash memory, *IRPS*, pp. 167–169, 2007.

[38] Cho, W.-s.; Shim, S. I.; Jang, J.; Cho, H.-s.; You, B.-K.; Son, B.-K.; Kim, K.-h.; Shim, J.-J.; Park, C.-m.; Lim, J.-s.; Kim, K.-H.; Chung, D.-w.; Lim, J.-Y.; Moon, H.-C.; Hwang, S.-m.; Lim, H.-s.; Kim, H.-S.; Choi, J.; Chung, C. Highly reliable vertical NAND technology with biconcave shaped storage layer and leakage controllable offset structure, *VLSI Technology (VLSIT), 2010 Symposium on*, pp. 173, 174, 15–17 June 2010.

[39] Park, K.-T.; Han, J.-m.; Kim, D.; Nam, S.; Choi, K.; Kim, M.-S.; Kwak, P.; Lee, D.; Choi, Y.-H.; Kang, K.-M.; Choi, M.-H.; Kwak, D.-H.; Park, H.-w.; Shim, S.-w.; Yoon, H.-J.; Kim, D.; Park, S.-w.; Lee, K.; Ko, K.; Shim, D.-K.; Ahn, Y.-L.; Park, J.; Ryu, J.; Kim, D.; Yun, K.; Kwon, J.; Shin, S.; Youn, D.; Kim, W.-T.; Kim, T.; Kim, S.-J.; Seo, S.; Kim, H.-G.; Byeon, D.-S.; Yang, H.-J.; Kim, M.; Kim, M.-S.; Yeon, J.; Jang, J.; Kim, H.-S.; Lee, W.; Song, D.; Lee, S.; Kyung, K.-H.; Choi, J.-H., 19.5 Three-dimensional 128 Gb MLC vertical NAND flash-memory with 24-WL stacked layers and 50 MB/s high-speed programming, *Solid-State Circuits Conference Digest of Technical Papers (ISSCC), 2014 IEEE International*, pp. 334, 335, 9–13 Feb. 2014.

[40] Park, K.-T.; Nam, S.; Kim, D.; Kwak, P.; Lee, D.; Choi, Y.-H.; Choi, M.-H.; Kwak, D.-H.; Kim, D.-H.; Kim, M.-S.; Park, H.-W.; Shim, S.-W.; Kang, K.-M.; Park, S.-W.; Lee, K.; Yoon, H.-J.; Ko, K.; Shim, D.-K.; Ahn, Y.-L.; Ryu, J.; Kim, D.; Yun, K.; Kwon, J.; Shin, S.; Byeon, D.-S.; Choi, K.; Han, J.-M.; Kyung, K.-H.; Choi, J.-H.; Kim, K. Three-dimensional 128 Gb MLC vertical nand flash memory with 24-WL stacked layers and 50 MB/s high-speed programming, *Solid-State Circuits, IEEE Journal of*, vol. 50, no. 1, pp. 204, 213, Jan. 2015.

[41] Choi, J.; Seol, K. S., 3D approaches for non-volatile memory, *VLSI Technology (VLSIT), 2011 Symposium on*, pp. 178, 179, 14–16 June 2011.

[42] Im, J.-w., Jeong, W.-P.; Kim, D.-H.; Nam, S.-W.; Shim, D.-K.; Choi, M.-H.; Yoon, H.-J.; Kim, D.-H.; Kim, Y.-S.; Park, H.-W.; Kwak, D.-H.; Park, S.-W.; Yoon, S.-M.; Hahn, W.-G.; Ryu, J.-H.; Shim, S.-W.; Kang, K.-T.; Choi, S.-H.; Ihm, J.-D.; Min, Y.-S.; Kim, I.-M.; Lee, D.-S.; Cho, J.-H.; Kwon, O.-S.; Lee, J.-S.; Kim, M.-S.; Joo, S.-H.; Jang, J.-H.; Hwang, S.-W.; Byeon, D.-S.; Yang, H.-J.; Park, K.-T.; Kyung, K.-H.; Choi, J.-H. A 128 Gb 3b/cell V-NAND flash memory with 1Gb/s I/O rate, *Solid-State Circuits Conference Digest of Technical Papers (ISSCC), 2015 IEEE International*, pp. 23–25 Feb. 2015.

[43] Sako, M.; Watanabe, Y.; Nakajima, T.; Sato, J.; Muraoka, K.; Fujiu, M.; Kono, F.; Nakagawa, M.; Masuda, M.; Kato, K.; Terada, Y.; Shimizu, Y.; Honma, M.; Imamoto, A.; Araya, T.; Konno, H.; Okanaga, T.; Fujimura, T.; Wang, X.; Muramoto, M.; Kamoshida, M.; Kohno, M.; Suzuki, Y.; Hashiguchi, T.; Kobayashi, T.; Yamaoka, M.; Yamashita, R. A low-power 64 Gb MLC NAND-flash memory in 15 nm CMOS technology, *Solid-State Circuits Conference Digest of Technical Papers (ISSCC), 2015 IEEE International*, pp. 23–25, Feb. 2015.

[44] Aritome, S. 3D NAND flash memory—full-scale production from 2015, *Semiconductor Storage 2014*, Nikkei Business Publications (in Japanese), pp. 34–45.

[45] Choi, E.-S.; Yoo, N. S.; Joo, H.-S.; Cho, G.-S.; Park, S.-K.; Lee, S.-K. A novel 3D cell

array architecture for terra-bit NAND flash memory, *Memory Workshop (IMW), 2011 3rd IEEE International*, pp. 1, 4, 22–25 May 2011.

[46] Kim, W.; Seo, J. Y.; Kim, Y.; Park, S. H.; Lee, S. H.; Baek, M. H.; Lee, J.-H.; Park, B.-G. Channel-stacked NAND flash memory with layer selection by multi-level operation (LSM), *Electron Devices Meeting (IEDM), 2013 IEEE International*, pp. 3.8.1, 3.8.4, 9–11 Dec. 2013.

[47] Lue, H. T.; Hsu, T.-H.; Hsiao, Y.-H.; Hong, S. P.; Wu, M. T.; Hsu, F. H.; Lien, N. Z.; Wang, S.-Y.; Hsieh, J.-Y.; Yang, L.-W.; Yang, T.; Chen, K.-C.; Hsieh, K.-Y.; Lu, C.-Y. A highly scalable 8-layer 3D vertical-gate (VG) TFT NAND flash using junction-free buried channel BE-SONOS device, *VLSI Technology (VLSIT), 2010 Symposium on*, pp. 131, 132, 15–17 June 2010.

[48] Chang, K.-P.; Lue, H.-T.; Chen, C.-P.; Chen, C.-F.; Chen, Y.-R.; Hsiao, Y.-H.; Hsieh, C.-C.; Shih, Y.-H.; Yang, T.; Chen, K.-C.; Hung, C.-H.; Lu, C.-Y. Memory architecture of 3D vertical gate (3DVG) NAND flash using plural island-gate SSL decoding method and study of it's program inhibit characteristics, *Memory Workshop (IMW), 2012 4th IEEE International*, pp. 1, 4, 20–23 May 2012.

[49] Chen, C.-P.; Lue, H.-T.; Chang, K.-P.; Hsiao, Y.-H.; Hsieh, C.-C.; Chen, S.-H.; Shih, Y.-H.; Hsieh, K.-Y.; Yang, T.; Chen, K.-C.; Lu, C.-Y. A highly pitch scalable 3D vertical gate (VG) NAND flash decoded by a novel self-aligned independently controlled double gate (IDG) string select transistor (SSL), *VLSI Technology (VLSIT), 2012 Symposium on*, pp. 91, 92, 12–14 June 2012.

[50] Hung, C.-H.; Lue, H.-T.; Hung, S.-N.; Hsieh, C.-C.; Chang, K.-P.; Chen, T.-W.; Huang, S.-L.; Chen, T. S.; Chang, C.-S.; Yeh, W.-W.; Hsiao, Y.-H.; Chen, C.-F.; Huang, S.-C.; Chen, Y.-R.; Lee, G.-R.; Hu, C.-W.; Chen, S.-H.; Chiu, C.-J.; Shih, Y.-H.; Lu, C.-Y., Design innovations to optimize the 3D stackable vertical gate (VG) NAND flash, *Electron Devices Meeting (IEDM), 2012 IEEE International*, pp. 10.1.1, 10.1.4, 10–13 Dec. 2012.

[51] Chen, S.-H.; Lue, H.-T.; Shih, Y.-H.; Chen, C.-F.; Hsu, T.-H.; Chen, Y.-R.; Hsiao, Y.-H.; Huang, S.-C.; Chang, K.-P.; Hsieh, C.-C.; Lee, G.-R.; Chuang, A.; Hu, C.-W.; Chiu, C.-J.; Lin, L. Y.; Lee, H.-J.; Tsai, F.-N.; Yang, C.-C.; Yang, T.; Lu, C.-Y. A highly scalable 8-layer vertical gate 3D NAND with split-page bit line layout and efficient binary-sum MiLC (minimal incremental layer cost) staircase contacts, *Electron Devices Meeting (IEDM), 2012 IEEE International*, pp. 2.3.1, 2.3.4, 10–13 Dec. 2012.

第 8 章

3D NAND 闪存面临的挑战

8.1 引言

第 7 章介绍了几种类型的 3D NAND 闪存单元。本章讨论了 3D NAND 闪存所面临的挑战。

首先，8.2 节比较了几种类型的 3D NAND 单元在单元结构、工艺和存储单元操作方面的优缺点。

8.3 ~ 8.9 节将讨论 3D NAND 单元的常见挑战项目，以阐明实现更低成本、更好性能和较好可靠性的关键问题。

许多 3D NAND 单元使用 SONOS（硅（栅）- 氧化硅 - 氮化硅 - 氧化硅 - 硅（衬底））的电荷存储结构。由于电荷穿过较薄的隧穿氧化层形成电荷脱阱，SONOS 单元在保持烘烤中的数据保持特性存在电荷损失快、电压偏移大等问题。8.3 节讨论了数据保持问题。

3D NAND 单元的编程干扰机制与 2D NAND 单元有很大的不同，因为 3D NAND 单元的结构和阵列架构完全改变了。对 3D NAND 单元中编程干扰的分析结果见 8.4 节。

在 BiCS、TCAT（V-NAND）和 SMArT 的 3D NAND 单元中，堆叠字线结构中的字线电容大大增加，因为字线的平面结构具有较大的寄生电容。然而，由于字线宽度较宽，字线电阻降低。3D NAND 单元中的字线的 RC（电阻 - 电容）延迟见 8.5 节。

由于沟道材料从单晶硅（衬底硅）转变为多晶硅，3D NAND 单元中的单元电流大大降低。在 8.6 节中，从沟道传导机制、栅极电压 V_G 依赖性、RTN、"通心粉"沟道的背端陷阱效应和激光退火工艺等方面讨论了 3D NAND 单元中的单元电流问题。

为了降低 3D NAND 单元的位成本，增加堆叠单元的数量非常重要。8.7 节讨论了在堆叠单元数不断增加的情况下，高深宽比工艺和单元电流小等关键问题，并提出一些可能的解决方案。

8.8 节描述了单元阵列下外围电路的新结构。然后，8.9 节介绍了功耗问题。

最后，8.10 节讨论了 3D NAND 单元的未来发展趋势。较低的位成本可以通过积极增加堆叠单元的数量来实现。这将对大容量存储市场产生重大影响，比如面向消费者的 SSD（固态硬盘）和面向未来的企业服务器。

8.2　3D NAND 单元的比较

本章比较了几种类型的 3D NAND 闪存单元。图 8.1 显示了主要的 3D NAND 闪存单元在单元结构、制造工艺和操作方面的比较。对于这些单元，沟道结构可以分为"垂直"和"水平"。大多数 3D NAND 单元都有一个"垂直"沟道，该沟道是由穿过多层栅极层的沟道栓塞制造的。而"垂直"沟道有"环绕（GAA）"栅极结构。由于栅极电极对沟道电势的可控性更好，"环绕"栅极结构比"双"栅极结构具有更好的单元电流和电流截断性能。此外，由于块体氧化物中的场弛豫抑制了电子从控制栅的反向隧穿，环栅 SONOS 单元具有更好的擦除性能。

		BiCS/P-BiCS	TCAT (V-NAND)	SMArT	VG-NAND	DC-SF
单元结构	沟道	垂直	垂直	垂直	水平	垂直
	栅极结构	环绕（GAA）	环绕（GAA）	环绕（GAA）	双端	环绕（GAA）
	电荷存储	SONOS	SONOS（TANOS）	SONOS（TANOS）	SONOS（TANOS）	浮栅
工艺	堆叠层	SiO_2/多晶硅	SiO_2/SiN	SiO_2/SiN	SiO_2/多晶硅	SiO_2/SiN
	栅极工艺	前置	后置	后置	后置	后置
	关键工艺	沟道孔刻蚀	字线分区	字线分区	垂直栅曝光	字线分区 浮栅工艺
操作	编程	FN	FN	FN	FN	FN
	擦除	FN	FN	FN	FN	FN
	编程干扰	选择栅/虚拟字线控制	选择栅/虚拟字线控制	选择栅/虚拟字线控制	Z 干扰	V_{pass} 窗口
	擦除速度	慢	慢	慢	慢	中
	编程/擦除循环	好	好	好	中	中
	数据保持	脱阱/电荷扩展	脱阱/电荷扩展	脱阱/电荷扩展	脱阱/电荷扩展	脱阱/SILC
	关键技术	字线 RC 延迟			层选择方案	

图 8.1　主要 3D NAND 单元的单元结构、工艺和操作比较表

对于工艺而言，从堆叠层的刻蚀（RIE）角度来看，因为介质 SiO_2 和 SiN 的刻蚀条件相似，因此在 RIE 条件下 SiO_2/SiN 的堆叠层比 SiO_2/多晶硅的堆叠层更容易形成。然而，在 SiO_2/SiN 的情况下，需要从 SiN 到金属钨（W）的栅极置换工艺，如 7.3 节中所述。钨（W）字线必须与每个字线分开（"字线分隔"）。这是 TCAT（V-NAND）、SMArT 和 DC-SF 单元中的一个关键工艺过程。对于栅极工艺，"栅极后置"工艺的一个优点是可以使用与 2D 单元的制备顺序相同的栅极介质膜的制备顺序。这意味着栅极电介质是按照隧穿氧化层、电荷存储 SiN 层、阻挡介电层和栅极钨层的顺序制备的。在"栅极前置"的情况下，制备顺序变为相反的，即按照阻挡介电层、电荷存储 SiN 层、隧穿氧化层和最后沟道多晶硅。2D 单元的遗留工艺不能在"栅极前置"工艺情况下使用。

在操作方面，所有 3D NAND 单元的编程和擦除操作机制基本相同，但电荷陷阱单元（SONOS（TANOS））和浮栅单元的擦除性能是不同的。SONOS（TANOS）单元的擦除速度比浮栅单元慢，甚至在擦除过程中，隧穿氧化层会发生电场增强。3D NAND 单元的编程干扰的条件

和特性与 2D 单元相比有了很大的改变，这在 8.4 节中详细描述。SONOS 单元的编程 / 擦除循环性能本质上优于浮栅单元；然而，由于初始数据丢失，SONOS 单元的数据保持比浮栅单元差，如 8.3 节所述。

参考文献 [1] 基于图 8.2 和图 8.3 的假设，计算并比较了几种 3D NAND 闪存单元的有效存储单元尺寸。在 SONOS 或 TANOS 的 3D 单元中，假设栅极电介质 ONO 的厚度（t_{ono}）为 20nm 定值。在 BiCS/TCAT/SMArT/DC-SF 中，无论堆叠单元的数量如何，沟道孔顶部和底部的尺寸差 D 为 10nm 定值。VG-NAND 的沟道多晶硅的顶部与底部的尺寸差 D 也固定为 10nm。BiCS/TCAT/SMArT/DC-SF 底部的孔最小宽度（最小 W）或沟道多晶硅底部的最小间距为 20nm 定值。在 DC-SF 单元中，加入 27nm 的浮栅宽度（W_{fg}），以获得足够的耦合比。

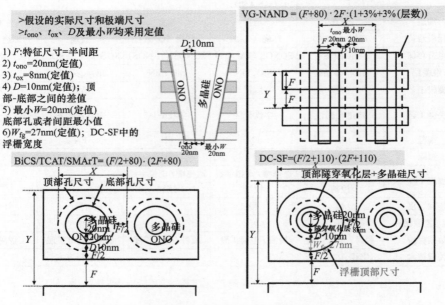

图 8.2　3D NAND 闪存单元尺寸计算的假设（1）

基于这些假设，计算了每种单元类型的有效单元尺寸。单元尺寸、X 和 Y 方向的尺寸、物理单元尺寸和有效单元尺寸如图 8.3 所示。在 VG-NAND 单元中，源极侧选择栅的面积考虑为单元尺寸的 3%，并将每一个堆叠层选择到沟道层的漏极侧选择栅的面积考虑为单元尺寸的 3%（见 7.5 节）。

图 8.4 显示了 16 个堆叠的 3D NAND 存储单元与 2D 平面浮栅（P-FG）单元相比，有效存储单元尺寸的缩放趋势。可以看出，与平面浮栅 MLC 单元相比，3D NAND 存储单元不能随着特征尺寸的缩小而有效地缩小。这意味着增加堆叠单元的数量是减小 3D 单元中有效存储单元尺寸的唯一合理方法。

图 8.5 显示了从 2D 平面浮栅 NAND 单元向 3D NAND 单元的过渡场景。一个 1Y-nm 技术代的 2D 单元的有效单元尺寸几乎等于 BiCS 或 TCAT 或 DC-SF 单元的 16 层 3D NAND 堆叠。

这意味着，如果使用超过 16 层堆叠的 3D NAND 单元，则可以从 1Y-nm 技术代的 2D NAND 单元过渡到 3D NAND 单元。事实上，3D NAND 闪存的生产始于 2013 年，使用了 24 层堆叠单元，并于 2014 年扩展到 32 层堆叠单元，2015 年扩展到 48 层堆叠单元。

	平面浮栅	P-BiCS/TCAT/SMArT	VG-NAND	DC-SF
单元尺寸	$1.25XY$ $(= 5F^2)$	XY	$XY(1+3\%+3\%$ (堆叠层数))	XY
X（位线间距）	$2F$	$F/2+2t_{ono}+2D+$ 最小W	$F+2t_{ono}+2D+$ 最小W	$F/2+2t_{ox}+2D+$最小$W+$ $2W_{fg}$
Y（字线间距）	$2F$	$2F+2t_{ono}+2D+$ 最小W	$2F$	$2F+2t_{on}+2D+$最小$W+$ $2W_{fg}$
物理单元尺寸/nm² @F=40nm	8000	16000	9600	24700
有效单元尺寸@F= 40nm，16层堆叠	—	1000	906	1544 (SLC)，772(MLC)

- 3D 存储单元尺寸强烈地受限于 t_{ono}、D 及最小 W，这些值都依赖于特征尺寸 F

1) F:特征尺寸=半间距
2) t_{ono}=20nm(定值)
3) t_{ox} = 8nm(定值)
4) D=10nm(定值)；顶部-底部之间的差值
5) 最小W=20nm(定值)；底部孔或者间距最小值
6) W_{fg}=27nm(定值)；DC-SF中的浮栅宽度

图 8.3　3D NAND 闪存单元尺寸计算的假设（2）

- BiCS/TCAT/SMArT/DC-SF均无法随特征尺寸减小而有效缩小
- 微缩性；平面浮栅 >>VG-NAND >BiCS/TCAT/SMArT = DC-SF
- 40nm特征尺寸（ArFi光刻设备限制）适合用于3D单元，不会增加工艺成本

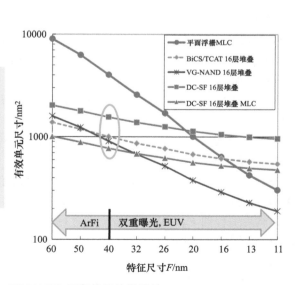

图 8.4　3D NAND 闪存单元的微缩性

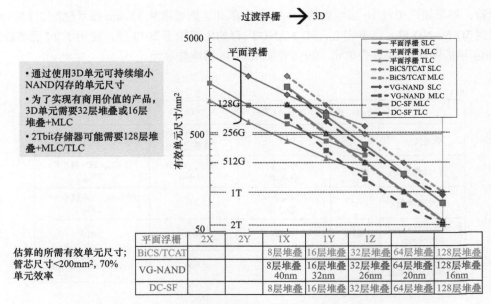

图 8.5　平面浮栅单元到 3D 单元的过渡场景

8.3　数据保持

8.3.1　快速初始电荷损失

　　3D SONOS 单元的数据保持特性与常规的 2D 浮栅单元有很大的不同。在 2D 单元的一般认知中，2D SONOS 单元在保持烘烤中比 2D 浮栅单元显示出更大的 V_{th} 偏移，因为电荷穿过更薄隧穿氧化层的脱阱更快速。图 8.6a 和 b 分别显示了 3D SONOS SMArT 单元和 2D 2Y-nm 技术代浮栅单元在 3000 次编程 / 擦除循环后的数据保持特性[2]。与 2D 浮栅单元相比，3D SONOS 单元在 3000 次循环后的 V_{th} 分布宽度非常紧密。然而，在高温（HT）的数据保持烘烤后，V_{th} 分布宽度越大，并观察到较大的 V_{th} 向下偏移。这些数据保持特性与众所周知的 2D SONOS 单元（电荷陷阱（CT）单元）中的数据保持特性相似。在 3D SONOS 单元中，数据保持特性是必须改进或管控的关键挑战之一。

　　参考文献 [3] 中报道了 2D SONOS 单元中的快速初始电荷损失。图 8.7a 和 b 分别显示了 2D SONOS 单元有切割 ONO 和未切割 ONO 的典型数据保持测试结果[3]。所有单元首先被擦除到 V_{th} < 0V，然后编程到 V_{th} > 3V，接着立即进行数据保持测量。在 V_{th} > 4V 的单元中，可以观察到快速初始电荷损失，并在 1s 内迅速饱和至 200 ~ 300mV 的 V_{th} 偏移。甚至在 V_{th} = 3.4V 的单元中，也能在 1s 内观察到 100 ~ 200mV 的快速电荷损失。在切割 ONO 和未切割 ONO 的两种刻蚀工艺中，单元表现出相似的行为。这表明快速初始电荷损失与 SiN 中的电荷横向迁移无关，而与垂直路径的电荷损失有关。

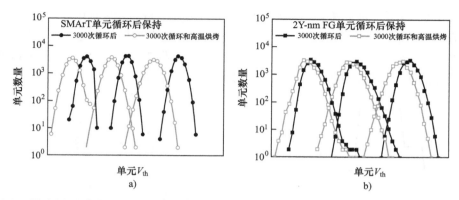

图 8.6　编程 / 擦除循环后的高温保持烘烤的单元 V_{th} 分布。a）3D SONOS SMArT 单元；b）2D 2Y-nm 技术节点浮栅单元

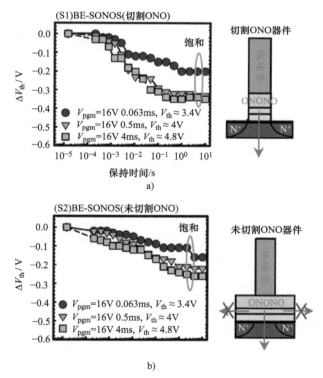

图 8.7　a）在不同编程 V_{th} 条件下（$V_{th, pgm}$ = 3.4V，4V，4.8V），切割 ONO 的 2D SONOS 单元的快速初始电荷损失。较高的编程态 V_{th} 显示出较大的电荷损失，在低于 1s 到几秒内饱和。b）无 ONO 切割的 2D SONOS 在不同编程 V_{th} 条件下的快速电荷损失。由于两种器件具有相似的特性，因此快速电荷损失不是由电荷横向扩散引起的，而是通过一个垂直的电荷损失机制引起的

　　这种快速电荷损失现象增加了编程态的 V_{th} 分布宽度，从而破坏了编程数据的可靠性。为了最小化快速电荷损失问题，在 3D V-NAND 器件中引入了负计数脉冲方案[4, 5]，如图 8.8 所示。

在编程脉冲（V_{pgm}）后，将负栅极电压加到所选中的字线上，同时对未选中的字线施加 V_{read}，使沟道电势自升压，如图 8.8a 所示。负栅极电压与升压沟道电势之间的场加速了电子从电荷存储 SiN 层向沟道的脱阱。因此，在编程序列中，可以改善编程态的 V_{th} 分布，如图 8.8b 所示。由于该操作是在验证 - 读操作中执行的，因此应用该方案的时间损失很小。

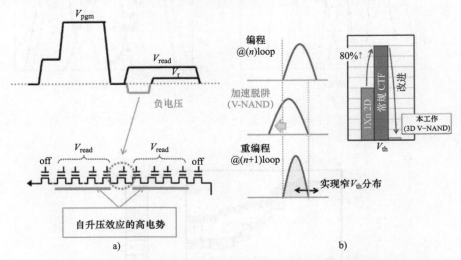

图 8.8　a）负计数脉冲方案；b）相关机理示意图及测量得到的 V_{th} 变化

8.3.2　温度依赖性

　　3D SONOS 单元中另一个重要的数据保持问题是，在常规加速试验中，电荷损失机制在温度范围内发生了变化，与常规浮栅单元中同样的机制在测试温度范围内的变化相反，如图 8.9 所示 [2]。在 2D 浮栅单元中，V_{th} 偏移与烘烤温度呈线性关系。这意味着数据损失机制在烘烤温度范围内是相同的。然而，在 3D SONOS 单元（SMArT 单元）中，V_{th} 偏移与烘烤温度呈非线性关系。这说明了低温和高温之间的数据损失机制是不同的。数据损失机制在低温下被认为是带间隧穿效应，在高温下被认为是热电子发射机制 [2]。因此，数据保持的寿命不能通过简单的温度加速测试来估计，而这种测试是 2D 浮栅单元中最常用的。一般认为，90℃以下的低温寿命必须通过在相对较低温度下进行至少 3 周 V_{th} 偏移的长时间测试的外推来评估。

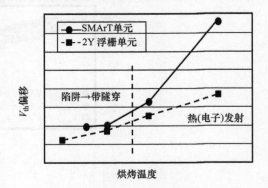

图 8.9　与 2D 2Y-nm 技术代浮栅单元相比，SMArT 单元高温保持烘烤的温度依赖性

　　电荷陷阱单元的数据保持特性与擦除速度之间存在权衡关系。擦除速度与高温下电荷损失之间的典型权衡关系如图 8.10 所示 [2]。在不进行缓慢擦除的情况下减少高温电荷损失的方法是抑制电子从栅极到氮化硅层的传导（反向隧穿）。反向隧穿的抑制通常可以通过使用功函数较大

的金属栅（例如，TaN/W）和较厚的高 k 阻挡介电膜（例如，氧化铝或氧化铪）来实现。

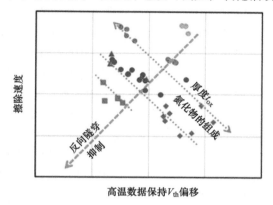

图 8.10　SMArT 单元中擦除速度与高温数据保持下 V_{th} 偏移的权衡关系

8.4　编程干扰

8.4.1　新的编程干扰模式

3D NAND 单元的编程干扰的现象和机制与 2D NAND 单元有很大的不同。

图 8.11a 显示了 BiCS、TCAT/V-NAND 和 SMArT 单元中的 3D NAND 单元的单元阵列结构示意图[6, 7]。NAND 串（STR）位于漏极选择晶体管（DSL）和位线的交叉点。每个串的字线在块中的公共点相连，即图 8.11a 所示为一个物理块。与 2D NAND 单元的不同之处在于一个块中的 N 个串通过编号 DSL_1 ~ DSL_N 的不同选择晶体管连接到同一条位线上。在 2D NAND 单元情况下，块中的一个串连接到一条位线。这种 3D NAND 阵列架构形成了一种新的编程干扰模式，如图 8.11b 所示。

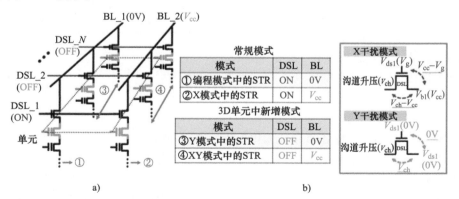

图 8.11　a）3D NAND 闪存单元阵列的编程干扰模式。N 个串连接到同一块中的同一位线；b）3D NAND 闪存单元阵列中的编程干扰模式的比较。在 3D NAND 单元中，增加了两种新的干扰模式：Y 模式和 XY 模式

当选择晶体管 DSL_1 处于开启状态（ON；选中）时，沿 DSL_1 的串处于编程（PGM）或编程干扰 X 模式，这取决于位线偏置，其中"X 模式"的位线处于高 V_{cc} 偏置。干扰的 X 模式与 2D NAND 单元中的常规编程干扰模式相同。然而，在 3D NAND 单元中，其余的选择晶体管 DSL_2 ~ DSL_N 处于关闭状态（OFF；未选中），因此沿 DSL_2 ~ DSL_N 的串处于编程干扰 Y 模式或编程干扰 XY 模式，其中"Y 模式"的位线处于 0V 且选择晶体管处于关闭状态，"XY 模式"的位线处于高 V_{cc} 偏置且选择晶体管处于关闭状态。

XY 模式并不比常规的 X 模式更严重，因为由于位线处于 V_{cc} 偏置且选择晶体管处于关闭状态，串中的升压不会通过漏极选择晶体管产生漏电流。然而，编程干扰 Y 模式比常规 X 模式严重得多，因为串中的升压可能由于位线处于 0V 而穿过漏极选择晶体管产生漏电流。此外，3D NAND 单元中的漏极选择晶体管比 2D NAND 单元中的具有更大的亚阈值斜率。这意味着 3D NAND 单元中的漏极选择晶体管具有较大的漏电流 [2, 6]。而且，在 2D NAND 单元中，通过漏极选择晶体管的漏电流在编程干扰 X 模式下不会发生，因为由于较强的体效应（较强的背栅效应或源极偏置效应），漏极选择晶体管的 V_{th} 在编程干扰模式下变得很高。然而，在 3D NAND 单元中，漏极选择晶体管的漏电流不容易被抑制，因为在编程干扰条件下，作为漏极选择晶体管的环栅晶体管的 V_{th} 不会由于弱的体效应而变高。

为了抑制 3D NAND 单元中的编程干扰，提出了几种减少穿过漏极选择晶体管漏电流的方法 [6]。主要有：①提高漏极选择晶体管的 V_{th}；②对漏极选择晶体管施加负偏置；③在漏极选择晶体管和边缘字线之间插入虚拟字线。①和②都可以减少 3D 单元中较大的漏极选择晶体管漏电流。而③可以控制从升压电压到漏极选择晶体管电压的压降，并且③还可以通过限制高的横向电场来控制边缘字线区域的热载流子的产生。因此，必须精心设计虚拟字线条件（偏置、V_{th} 设置、虚拟字线的数量等）。图 8.12 显示了在应用①、②、③方法条件下，X 和 Y 模式的编程干扰特性的改进结果 [2]。

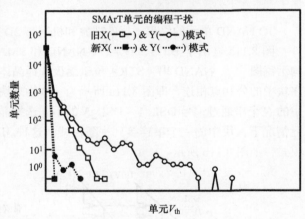

图 8.12 应用优化的编程抑制条件下编程干扰失效位的抑制

8.4.2 编程干扰的分析

参考文献 [7] 分析了 3D NAND 单元编程干扰的详细机制。

通过 TCAD 仿真计算了每个编程干扰模式的沟道电势分布，如图 8.13a 所示。根据位线和漏极选择晶体管的偏置条件，各编程干扰模式的沟道升压水平由不同的漏极选择晶体管泄漏水平决定。通常情况下，Y 模式的沟道升压水平是三种模式中最低的，XY 模式的沟道升压水平与 X 模式相同或更低。图 8.13b 显示了编程（PGM）模式和三种编程干扰模式下测量的增量步进脉冲编程（ISPP）特性。通过三种编程干扰模式的 ISPP 曲线与编程模式的 ISPP 曲线之间的

V_G 差，可以推导出沟道的升压水平 V_{ch}。这证实了 Y 模式的 V_{ch} 小于其他编程干扰模式，这与图 8.13a 中 TCAD 的仿真结果一致。

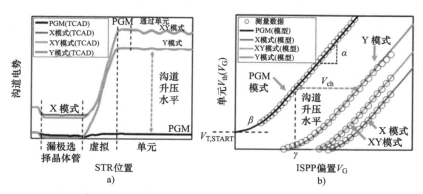

图 8.13　a）通过 TCAD 模拟 X、XY 和 Y 模式下编程升压操作期间的沟道电势水平；b）编程模式和 X、XY、Y 三种编程干扰模式下 ISPP 编程操作中单元的 V_{th} 偏移

在实际阵列操作中，这三种编程干扰模式是同时发生的，因此干扰失效位是由相邻单元复杂情况的统计产生的。图 8.14 给出了对一个块内所有页进行初始化和编程后的擦除（ERS）单元 V_{th} 分布的仿真（模型）和测量（芯片）结果。建模参数包括图 8.13b 所示的 ISPP 特征、沟道升压变化、RTN 和初始擦除态单元 V_{th} 分布，并对建模参数进行了校正，使编程后的擦除态单元 V_{th} 分布与单元阵列的实测数据一致。这看起来一些擦除态单元的 V_{th} 超过了读电压（V_r），然后成为失效位。

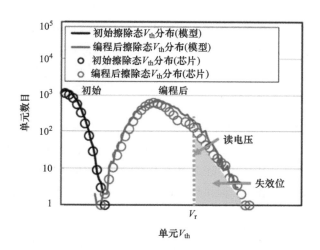

图 8.14　编程操作后擦除态 V_{th} 分布的改变

利用该模型分析了三种编程干扰模式的影响。

一般来说，编程干扰失效位是由 ISPP 终点偏置引起的，因为单元 V_{th} 因最高的 V_{pgm} 而变得最高，如图 8.13b 所示。因此，计算了特定单元在特定的 ISPP 偏置下处于每个编程干扰模式的概率，如图 8.15 所示。在常规的 2D 单元中，失效位仅在 X 模式下产生。然而，在 3D 单元的情况下，失效位不仅在 X 模式下产生，而且在 Y 和 XY 两种模式下产生。随着 ISPP 终点偏置的增加，单元处于 Y 模式（沟道升压水平最低）的概率不断降低，从而在 ISPP 的终点偏置中处于 Y 模式的单元很少。然而，单元处于 XY 模式（沟道升压水平低于 X 模式）的比例不断增加，因此在 ISPP 达到终点偏置时，XY 模式下的单元比 X 模式下的单元多三倍。

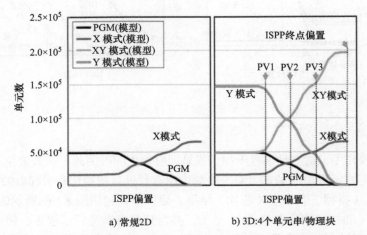

图 8.15　各编程干扰模式的概率（单元数）随 ISPP 偏置增加的变化

　　图 8.16 显示了在对一个块中的所有页进行编程后，Y 模式对擦除态单元 V_{th} 分布的影响。Y 模式的沟道升压水平被有意地从参考水平降低，而其他两种模式的沟道升压水平则固定在参考水平上。研究发现，当 Y 模式与其他两种模式的沟道升压差大于 2.0V 时，编程后的擦除态单元 V_{th} 分布的右侧尾部开始向正方向上移。这意味着失效位（右侧尾位）来源于 ISPP 结束时处于高应力下的 Y 模式干扰单元，即使这些 Y 模式单元在实际阵列操作中在 ISPP 结束时发生的概率非常低。

　　图 8.17 显示了在对一个块中的所有页进行编程后，XY 模式对擦除态单元 V_{th} 分布的影响。XY 模式的沟道升压水平被有意地从参考水平上降低，而其他两种模式的沟道升压水平被固定在参考水平上。结果发现，编程后擦除态单元 V_{th} 分布的峰值与 XY 模式和其他两种模式之间沟道升压水平的差异成正比地增加。这意味着在 ISPP 结束时，失效位有很大的概率来自 XY 模式干扰单元。

　　为了减小有效单元尺寸，通过减少块边界中宽栅极间距的数量来增加每个物理块（BLK）的串数量。因此，估算编程后擦除态单元 V_{th} 分布随物理块中单元串数量的变化是很重要的。图 8.18 显示了编程后每个物理块的单元串数量对擦除态单元 V_{th} 分布的影响。物理块中单元串的数量被有意地从 1 个单元串 / 物理块（常规的 2D 单元情况）增加到 16 个单元串 / 物理块。结果表明，编程后擦除态单元 V_{th} 分布的峰值随着单元串数量的增加呈对数增长。这是因为处于 XY 模式应力单元的数量随物理块中单元串的数量按比例增加。因此，所产生的失效位来自于

ISPP 终点偏置的重复应用。

图 8.19 显示了一种编程干扰模式下单元串的沟道电势形貌曲线。有两个主要的漏电流路径。一个是从位线穿过漏极选择晶体管的扩散电流。另一个是在虚拟字线区域产生电子 - 空穴对，在那里产生电势下降。电子 - 空穴对产生的机制来源于多晶硅沟道中的陷阱辅助产生或带间隧穿（BTBT）[2, 6]。因此，为了保持每个编程干扰模式的高沟道升压水平，最小化这些电流是很重要的。

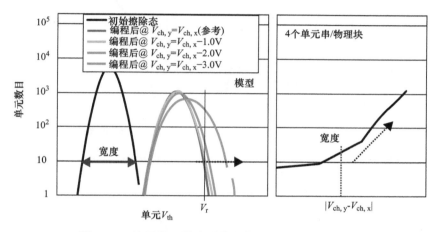

图 8.16　编程后 Y 模式对擦除态单元 V_{th} 分布的影响

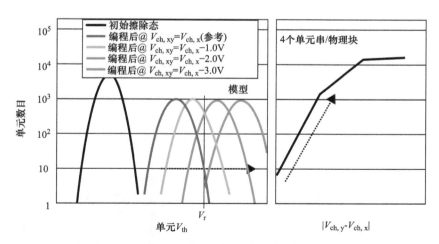

图 8.17　编程后 XY 模式对擦除态单元 V_{th} 分布的影响

当单元串处于其中一种编程干扰模式下时，在相对狭窄的虚拟字线区域内会有相当大的沟道电势下降，从而产生电子和空穴电流。因此，通过对虚拟字线施加适当的偏置并瞄准其 V_{th} 来最小化虚拟字线区域的电场是非常重要的。图 8.20b 显示了常规情况和应用了适当的虚拟字线方案（电位的和带间遂穿控制的）情况下测量的沟道升压水平。由于虚拟字线区域中电子 - 空穴对产生的最小化，X、XY 和 Y 模式的沟道升压水平提高了 20%。图 8.20a 显示了在适当的虚拟字线方案下测量的编程后擦除态单元的 V_{th} 分布。由于 Y 模式的高沟道升压水平，右侧尾部的失效位被很好地抑制。此外，模拟结果与阵列实测数据吻合较好。

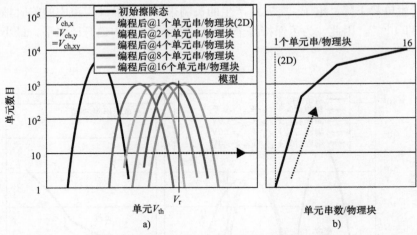

图 8.18　单元结构（块中 NAND 串的数量）对编程后擦除态 V_{th} 分布的影响

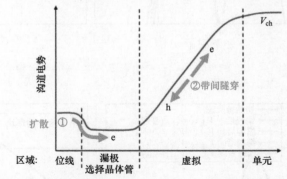

图 8.19　两条漏电流路径决定了沟道升压水平。一个是从位线穿过漏极选择晶体管的扩散电流。另一个是在虚拟字线区域产生电子 - 空穴对，在那里产生电势下降

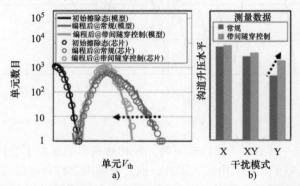

图 8.20　带间隧穿控制下编程操作的影响。带间隧穿控制下的编程操作（采用适当的虚拟字线方案）可以提高沟道升压水平，从而改善编程干扰特性

8.5　字线 *RC* 延迟

为了实现高速的读取和编程，必须尽量减小字线的 *RC*（电阻 - 电容）延迟。一般来说，*RC* 值的指导值在 1μs 左右。这说明字线电平的上升和下降时间约为 3μs（= 3*RC*），对读取和编程性能的影响较小。因为字线电容结构固定，电容值不易降低，因此为了使 2D 单元中 *RC* 值最小化，在字线上采用了低阻材料（如 CoSi、TiSi、W 等）。

在 BiCS、TCAT（V-NAND）和 SMArT 等 3D NAND 单元的堆叠字线结构中，字线电容相比 2D 单元大大增加。这是因为字线在 3D 单元中的平面结构具有较大的寄生电容，而 2D 单元中的线结构具有相对较小的寄生电容。图 8.21a 显示了 3D NAND 单元的堆叠字线结构，以及

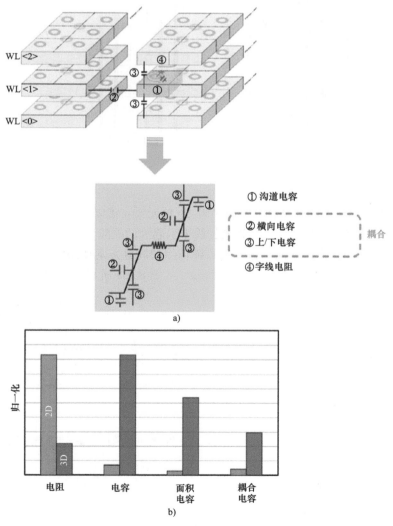

图 8.21　字线的电阻和电容。a）3D NAND 单元（V-NAND 阵列）模型。b）与 2D 平面单元的比较

相应的电阻和电容模型[4, 5]。图 8.21b 显示了 3D 单元与平面 2D NAND 单元中字线电阻和电容的对比[4, 5]。从图 8.21b 中 2D 和 3D 单元的比较可以看出，3D 单元的 RC 延迟估计比 2D 单元大两倍左右（电阻，1/4；电容，8 倍）。为了减少未来 3D 单元中的字线 RC 延迟，字线之间采用低 k 介电层或空气隙将是有效的，如图 8.22 所示。

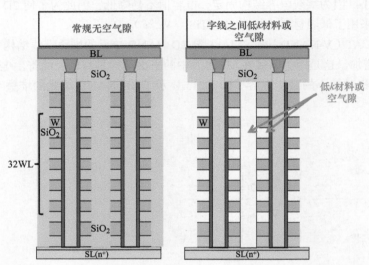

图 8.22 常规无空气隙和字线间设有低 k 材料或空气隙的 3D 单元结构示意图。字线的 RC 延迟可通过字线间的低 k 材料或空气隙来改善

在 3D 单元中，字线之间的耦合电容比平面 2D 单元大 4 倍以上，如图 8.21b 所示。由于这种耦合，在编程和读操作过程中会在相邻的位线中引起大的故障，从而导致意想不到的干扰问题。为了解决这一问题，提出了两种方案：故障消除的放电方案和预偏移控制方案[4, 5]。在第一个方案中，耦合信号故障被字线放电电路消除，如图 8.23a 所示。由于核心电路信号以非常

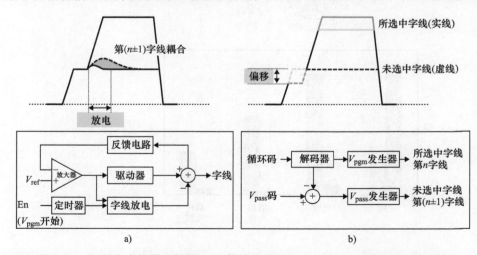

图 8.23 不同方案偏置和框图：a）故障消除的放电方案；b）预偏移控制方案

可预测和确定的方式工作，因此可以通过精确的定时和放电量控制来实现故障消除的放电方案。在预偏移控制方案中，根据入侵字线的目标电压来预测耦合故障的数量。然后，根据预测结果调整相邻受害字线的目标电压水平，如图 8.23b 所示。图 8.24 给出了两种方案最坏情况的仿真结果 [4, 5]。入侵字线是所选中的字线，而受害字线是相邻的未被选中字线。如图 8.24 所示，采用所提出的方案显著减少了耦合故障，从而消除了字线之间串扰引起的干扰。

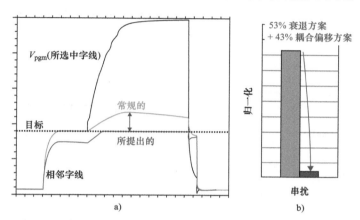

图 8.24　采用故障消除的放电方案和预偏移控制方案的 3D V-NAND 阵列中字线信号的仿真波形

8.6　单元电路波动

8.6.1　传导机理

　　3D NAND 闪存单元具有不同的工艺和结构，如沉积工艺制备的多晶硅沟道、电荷陷阱单元（更薄的隧穿氧化层）和隧穿氧化层，因此单元电流的波动比 2D NAND 闪存单元大。在开发 3D NAND 闪存之前，已有许多报道，如参考文献 [8]，研究了平面薄膜晶体管（TFT）中多晶硅沟道的传导机制和建模。为了了解 3D NAND 单元的特性，参考文献 [9] 研究了多晶硅沟道非常薄的（7.7 ~ 18.5nm）薄膜晶体管。结果表明，即使多晶硅厚度极薄，多晶硅沟道中的大晶粒也能增强导通电流和迁移率等输运相关特性。此外，参考文献 [10-18] 还研究了具有垂直和圆柱形多晶硅沟道的 3D 单元，并报道了传导性质的变化和波动。

　　参考文献 [10] 对圆柱型（通心粉型）和垂直型多晶硅沟道晶体管的电流 - 电压特性进行了统计评价，研究了多晶硅的传导特性和缺陷。

　　一种特别的方法可以从简单的 I_{SD}-V_G 特性中提取控制多晶硅沟道传导的所有成分。图 8.25a 显示了在 25℃下用 1mV V_G 分辨率测量直至 V_G = 6V 的 I_{SD}-V_G 特性。I_{SD}-V_G 曲线显示在 V_G > V_{th} 到更高 V_G 的区域有几次电流下降或偏移。这种现象不会出现在单晶硅衬底的晶体管中。该曲线由几条定义良好的曲线组成，每条曲线对应于图 8.25a 插图中所示的特定电流路径配置。靠近电流路径的一个陷阱捕获一个电子，路径被部分阻断，然后 I_{SD} 向上偏移。在增加 V_G 时，I_{SD}-

V_G 曲线多次向更高的电压偏移，表明电子进入多晶硅沟道充入了负电荷。如图 8.25b 所示，定义（i）$\Delta V_{th,1e}$ 为单个电子充电的 V_{th} 跳变（I_{SD} 向上偏移），这可以在多个器件上测量到。$\Delta V_{th,1e}$ 具有指数分布，可以完全表征为一个高 $\Delta V_{th,1e}$ 的尾巴。由于在增大 V_G 时充电，I_{SD}-V_G 曲线被拉长。电流路径中的实际跨导（dI/dV）$_{act}$，被定义为与固定电荷配置相对应的 I-V 曲线的线性部分斜率，定义（ii）如图 8.25b 所示。充电分量的定义（iii）如图 8.25b 所示，通过使用 $\Delta V_{1.5}$ 确定在 $V_{th,init}$ 和 $V_{th,init} + 1.5V$ 之间施加 V_G 下的总 V_{th} 偏移。偏移 $\Delta V_{1.5}$ 可高达 0.8V，并且很大程度上取决于材料和温度。

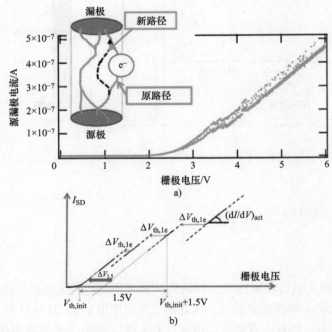

图 8.25　a）V_D = 0.1V 和 1mV 分辨率下测量的 I_{SD}-V_G 特性的一个选定示例（6000 个点符号为单独测量点）。这个例子清楚地显示了曲线是如何由一定数量定义良好的曲线组成的，每个曲线对应于从源极到漏极的不同渗透路径配置。个别电子的捕获（部分地）阻断了如插图所示的传导路径。随着 V_G 的增加，观察到净增加的负电荷。b）图 a 中 I_{SD}-V_G 特性相关定义的图解。（i）$\Delta V_{th,1e}$ 为捕获单个电子引起的 V_{th} 偏移。显示了 3 个不同的偏移。（ii）（dI/dV）$_{act}$ 为曲线线性部分的跨导。（iii）$\Delta V_{1.5}$ 为 V_G 处于 $V_{th,init}$ 和 $V_{th,init} + 1.5V$ 之间的总 V_{th} 偏移。它是 I_{SD}-V_G 曲线中充电分量的度量

采用微晶硅（μc-Si）、多晶硅（p-Si）和大晶粒多晶硅（lgp-Si）三种沟道材料制作单个垂直多晶硅沟道晶体管。图 8.26 给出了三种沟道材料在四种温度（25℃、60℃、100℃、130℃）下的 $\Delta V_{th,1e}$、$\Delta V_{1.5}$ 和（dI/dV）$_{act}$ 的分布[10]。传导机理可以用表征充电分量贡献的 $\Delta V_{1.5}$ 和表征电流路径传导的（dI/dV）$_{act}$ 来解释。

在图 8.26（1a）～（4a）所示的 μc-Si 情况中，在 25℃观察到一个较大的充电分量（$\Delta V_{1.5}$），

如图 8.26（2a）所示。充电分量（$\Delta V_{1.5}$）在较高的温度下会大幅降低。这表明，传导主要依赖于浅能级缺陷，这种缺陷在有限的热能下很容易地放电。图 8.26（3a）所示（dI/dV）$_{act}$ 的温度依赖性显示了温度激活下电子越过缺陷诱导势垒形成的热电子发射，如图 8.26（4a）所示。含氢陷阱的还原或钝化将是 μc-Si 沟道面临的主要挑战。

在图 8.26（1b）~（4b）所示的 p-Si 情况中，充电分量（$\Delta V_{1.5}$）不仅比 μc-Si 的小，而且对温度的依赖性也降低了，如图 8.26（2b）所示。25 ~ 60℃ 之间没有显著性差异。此外，在 25 ~ 60℃ 之间，$\Delta V_{th,1e}$ 的分布显著减少和变窄，如图 8.26（1b）所示。这表明了渗透电流路径的重新分配。在 25℃ 时，电流被限制在少量的路径上，这些路径对浅层单电子捕获非常敏感，但在 60℃ 以上，电流流动变得更加均匀。p-Si 情况下（dI/dV）$_{act}$ 的温度依赖性与 μc-Si 相同，电流路径由越过缺陷诱导势垒的热电子发射控制，如图 8.26（4b）所示。温度对 $\Delta V_{1.5}$ 在 60 ~ 130℃ 范围内的影响非常小，如图 8.26（2b）所示。这表明能级较深的陷阱热放电较为困难。

在图 8.26（1c）~（4c）所示的 lgp-Si 情况中，充电分量（$\Delta V_{1.5}$）的温度依赖性较小，这表面其深能级陷阱密度较高，如图 8.26（2c）所示。在 lgp-Si 情况下（dI/dV）$_{act}$ 的值远大于 μc-Si 和 p-Si 的情况，如图 8.26（3c）所示。这对于 3D NAND 闪存获得大单元电流是非常重要的。然而，与 μc-Si 和 p-Si 情况相比，（dI/dV）$_{act}$ 的展宽非常大，如图 8.26（3c）所示。而且对温度的依赖性也很弱。这可以用 lgp-Si 中有更宽的电流路径来解释，如图 8.26（4c）所示。晶界不会作为电流的屏障，而只是作为具有深能级陷阱的捕获中心。lgp-Si 晶粒尺寸导致器件之间较大的可变性，从而导致（dI/dV）$_{act}$ 和 $\Delta V_{1.5}$ 均有较为广泛的分布。改善可变性是在垂直堆叠器件中实施 lpg-Si 的主要挑战。

综上所述，沟道材料分析表明，lgp-Si 比 μc-Si 和 p-Si 具有更高的迁移率和跨导；然而，lgp-Si 的器件可变性比 μc-Si 和 p-Si 更大（更差），因为 lgp-Si 的电流路径更宽。

参考文献 [11] 使用相同的方法和相同的沟道材料进行了更详细的分析。p-Si 中单电子捕获引起的 $\Delta V_{th,single}$（$= \Delta V_{th,1e}$）的值（见图 8.25b）明显大于由电荷片状近似的预计值（$\eta_0 \sim q/C_{OX} = 1.2\text{mV}$）。$\Delta V_{th,single}$ 测试值能达到 η_0 值的几百倍。这意味着源极和漏极之间的传导集中在有限数量的渗透路径上，这些路径可能被捕获的电子阻挡[19]，如图 8.25a 所示。正如在深度缩放的平面场效应晶体管和鳍式场效应晶体管上观察到的，$\Delta V_{th,single}$ 的分布近似遵循指数分布，与从渗透路径的临界点在给定距离上找到陷阱的概率有关。平均值 $\eta = \Delta V_{th,single}$，随着晶粒尺寸的增加而增加，如图 8.27a 所示。随着沟道直径的增加，由于渗透路径数量的增加，单个陷阱的影响相对减少，$\Delta V_{th,single}$ 分布的尾部逐渐减小，如图 8.27b 所示。

如图 8.28a 所示，lgp-Si 情况下 I_{READ}（$= I_{SD}$）的分布延伸到更大值，但 I_{READ} 的下尾与 p-Si 或 μc-Si 情况下的下尾均在极低的百分位收敛[11]。因此，即使沟道采用较大的平均晶粒尺寸，μc-Si 结构仍然保持在较低的百分比，小于几个百分点，导致 I_{READ} 分布下尾与 μc-Si 和 p-Si 情况下相似。由于平均跨导的增加，长时间的 N_2 气氛退火使读电流在较高值处略有偏移，如图 8.28b 所示。lgp-Si 情况下 I_{READ} 分布下尾看起来似乎有足够的比例对 3D NAND 器件的实际读操作产生影响。这在 3D NAND 单元中可能是一个潜在的问题。

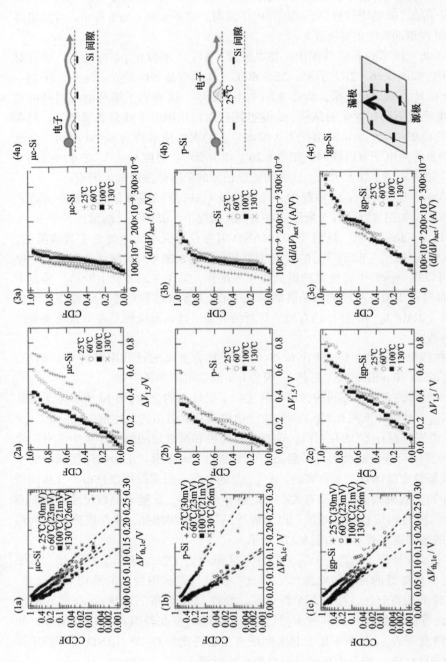

图 8.26 微晶硅（μc-Si）、多晶硅（p-Si）和大晶粒多晶硅（lgp-Si）三种沟道材料条件下的 $\Delta V_{th,1e}$、$\Delta V_{1.5}$ 和（dI/dV）$_{act}$。（1）不同温度和材料下的 $\Delta V_{th,1e}$ 分布。p-Si 情况下（1b），25℃与其他温度值之间的较大差异表明电流路径的彻底重新分布。（2）由 $\Delta V_{1.5}$ 量化的充电分量分布。p-Si 情况下的充电分量最低。温度依赖性最强的是 μc-Si 情况，表明了存在浅能级。（3）实际跨导（dI/dV）$_{act}$ 的分布。lpg-Si 情况下分布较大，表明其晶界较少。μc-Si 情况下分布非常表明其电流流动最均匀。（4）每种所研究多晶硅材料对应的传导模型示意图。（4a）和（4b）为能带图。（4c）为圆柱形晶体管表面电流的 2D 简化图

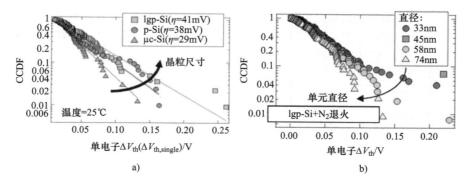

图 8.27　a）不同多晶硅沟道材料下由单电子捕获引起的阈值电压偏移 $\Delta V_{th,single}$ 的互补累积分布（CCDF = 1 − CDF）。互补累积分布函数呈指数分布，偏移的平均值 η 如插图所示。b）通过增加单元直径，可以观察到每个陷阱对 $\Delta V_{th,single}$ 的影响微弱降低

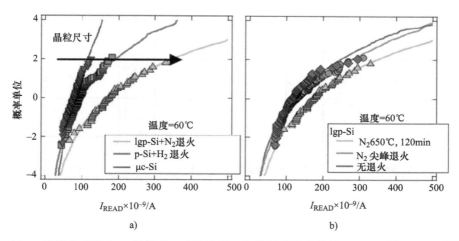

图 8.28　a）lgp-Si 情况下的 I_{READ} 值最高。有趣的是，在较低的百分位数下，不同情况下预测的电流会收敛。b）长时间 N_2 气氛退火使读电流在较高值处略有偏移

8.6.2　V_G 依赖性

对开关陷阱的开关转换特性进行了表征来观察其物理性质。对比单晶平面 N 沟道场效应晶体管对不同多晶硅沟道进行了统计分析。研究证实，很大一部分开关陷阱位于多晶硅沟道中[12]。

图 8.29 给出了两个例子，一个是 V_G 处于低于 V_{th} 的较低值时典型 RTN 信号下的陷阱转换，另一个是 V_G 处于高于 V_{th} 的较高值时（在本例中大于 3.5V），具有明确开关电压 $V_{G,switching}$ 的陷阱转换[12]。如图 8.30a 所示，在所有多晶硅工艺情况中，在 V_{th}（带 #1）附近观察到大密度的开关陷阱，并在较高的 V_G 下观察到一个曲线突起（带 #2）。图 8.30b 显示了用同样的方法获得的单晶平面 N 沟道场效应晶体管的陷阱密度谱。根据图 8.31 所示的模型，带 #1 是由于当栅极电压 V_G 扫至 V_{th} 时，界面陷阱和多晶硅沟道陷阱的充电而移至费米能级 E_F 以下。对于单晶平面 N

沟道场效应晶体管，陷阱密度谱随温度升高而增加（见图 8.30b），并且与强烈热激活的界面陷阱有关。另一方面，多晶硅沟道随温度的变化则表现出相反的行为。开关陷阱在温度较高时减少。因此，可以认为陷阱的重要来源是在多晶硅本体中。

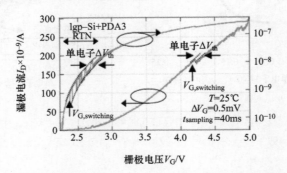

图 8.29　当使用高 V_G 分辨率和短采样时间时，在 $I_D\text{-}V_G$ 测试采样过程中可以清楚地观察到 RTN 和电流的突然下降。漏极电压固定为 100mV

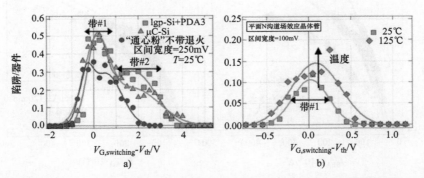

图 8.30　a）独立的多晶硅沟道条件，两个特征带出现在开关陷阱密度谱（由测试器件数量归一化的陷阱数量）。b）作为参照的单晶平面晶体管，只有一个特征带可见，表明较高 V_G 处的陷阱转换与多晶硅相关

另一方面，当 $V_G > V_{th}$ 时，如图 8.31b 所示，沟道内的费米能级 E_F 保持在固定水平，只有距离 E_F 几个 eV 单位以内的缺陷才会引起 I_D 波动（带 #2）。考虑到在参照的单晶平面 N 沟道场效应晶体管中没有检测到该特征带，如图 8.30b 所示，可以得出结论，带 #2 的陷阱只在多晶硅沟道内。

对于"通心粉"结构的沟道，尽管其界面陷阱密度最高，但其开关陷阱密度最低，如图 8.30a 所示。这是沟道中渗透传导路径水平的直接结果，如图 8.32 所示。单个电子捕获 / 脱阱事件对 V_{th} 的影响随着晶粒尺寸的增大而增大（见图 8.27a），增加了检测到大电流波动的概率。在理想的单晶沟道 N 沟道场效应晶体管情况下，将恢复均匀的传导，并且单电子捕获 / 脱阱事件的影响将大大减少。

在上述分析中，电流下降或偏移发生在多晶硅沟道的开态（ON）电流区（$V_G > V_{th}$），如图 8.25～图 8.30 所示。这种现象在单晶平面 N 沟道场效应晶体管和 2D 浮栅 NAND 闪存单元中无法观察到。在 3D NAND 闪存中，开态电流区域（$V_G > V_{th}$）的电流下降或偏移会对单元电流的波动产生强烈的影响。这是因为未被选中的单元（与所选中的单元串联）是在开态电流区域（$V_G > V_{th}$）下工作的。如果未被选中单元有电流下降或偏移，则可能导致 NAND 单元电流波动。

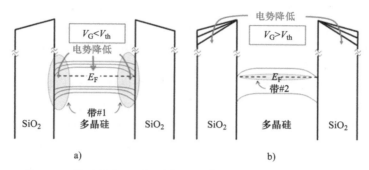

图 8.31　a）$V_G < V_{th}$ 情况下，费米能级 E_F 扫过多晶硅带隙，逐渐对界面和多晶硅本体中的缺陷进行充电。b）之后，沟道中的 E_F 被钉扎固定，只有与 E_F 对齐的陷阱才会引起 RTN 事件

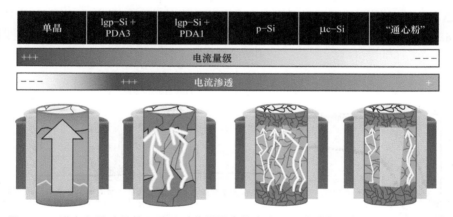

图 8.32　增大多晶硅晶粒尺寸可以获得更高的电流，但代价是增加单个陷阱的影响

然而，上述分析是在一个单一的垂直多晶硅沟道晶体管中进行的。目前尚不清楚电流偏移（V_{th} 偏移，如 $\Delta V_{th,1e}$）是由大电流引起的，还是由施加了大于 V_{th} 的 V_G 偏置条件引起的。如果电流偏移是由大电流引起的，这种现象不会是一个严重的问题，因为由于 NAND 串中的电阻是串联的，实际读操作中流过 NAND 串的电流较小。但是，如果电流偏移是由偏置条件（$V_G > V_{th}$）引起的，这种现象将对单元电流波动产生非常严重的影响。这是因为未被选中单元的电流波动对 3D NAND 单元的读电流有直接影响。这在 2D 单元中不会发生。因此，这一现象将成为 3D NAND 单元中一个新的潜在问题。

8.6.3　RTN

参考文献 [14] 中报道称，由于多晶硅沟道内的陷阱，3D NAND 的单元电流波动很大。沟道多晶硅是由具有不同晶体取向的硅晶粒构成的。晶界处的陷阱可诱导单元的阈值电压的波动，这取决于它们的位置变化[8, 21]。具有多晶硅沟道的平面薄膜晶体管（TFT）的电荷输运特性（ON 电流）不是由多晶硅厚度决定的，而是由多晶硅的晶粒尺寸决定的[9]。在多晶硅沟道厚度相同的情况下，更薄的多晶硅沟道具有更好的亚阈值特性，且不会降低 ON 电流和可靠性。参考文献[9]中报告的平均晶粒尺寸大于 100nm，然而，SEM 图像显示出了多种类型的缺陷，如微小亚晶、层错或晶粒内的多孪晶，这些缺陷会诱发陷阱位点。

据参考文献[14]报道，多晶硅中陷阱引起的单元阈值电压变化是由随机陷阱波动（RTF）和 RTN 两种内在机制引起的。

多晶硅沟道被建模为均匀分布在沟道内具有高陷阱密度的硅材料。通过微调温度范围为 $-20 \sim 85$℃的 3D 单元的 I_{BL}-V_{WL} 曲线来评估陷阱分布，如图 8.33a 所示[14]。如参考文献[8,21]所报道，电流与温度的正相关关系证实了在带边缘存在较大的陷阱尾分布。位于带隙中间处的陷阱密度，范围为（$1 \sim 5$）$\times 10^{18} cm^{-3}$，由 V_{th} 和亚阈值斜率与温度的依赖关系导出。使用的硅迁移率的温度依赖性与有效迁移率相同，有效迁移率按 $130 cm^2/$（V·s）标定[8]。单元的 V_{th} 波动通过在空间和能量的某个位置定义一个陷阱来模拟，从而将能量分布分离为单个能级，如图 8.33b 所示[14]；对于每个能级，在每个位置，电荷分布遵循泊松分布，其系数对应于连续的陷阱数。这种方法的优点是不需要用于校准参数。陷阱的分布已经从 I_{BL}-V_{WL} 曲线中进行了校准。如图 8.33a 所示，该模型与上文所述具有 RTF 的 3D NAND 单元阵列的 V_{th} 分布测量结果非常吻合[14]。

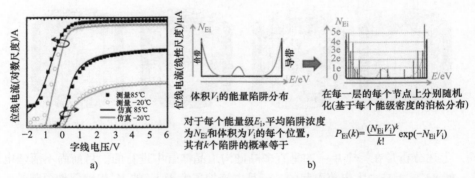

图 8.33　a）在 -20℃和 85℃下测量和仿真的单元电流（线性和对数尺度）。被测单元位于阵列分布的中间位置。b）RTF 建模策略。该模型假设用于校准图 a 的陷阱密度浓度服从泊松分布。不需要假设其他参数

图 8.34a 显示了实测的 RTN 分布[14]。对于每个单元，RTN 通过测量 V_{th} 200 次来评估，并与单元平均值比较[22]。即使 3D NAND 单元的沟道是未掺杂的多晶硅，RTN 分布也呈现出指数尾，类似于 2D NAND 单元[22, 23]。由于多晶硅沟道内存在陷阱，指数尾已被证实。在 3D NAND 结构中对 RTN 进行建模时必须考虑 RTF，如图 8.34a 所示。

由于 RTN 陷阱的占据遵循费米统计，占据概率取决于陷阱的能级。因此，费米能级以上的 RTN 陷阱将主要是空位，费米能级以下的陷阱主要是满带，从而产生一个正的或负的拖尾。在 ΔE_T 处的陷阱概率分布可以根据单个电荷的指数尾系数来评估。总 RTN 分布是从每个单独 RTN

陷阱的 V_{th} 偏移的总和中提取的。因此，考虑到对于每个能级，一个单元内的陷阱数量遵循泊松分布，总的陷阱分布是在所有可能能级上概率分布的卷积[24]。

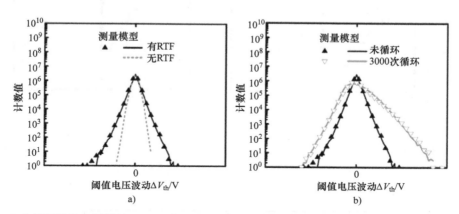

图 8.34 a）未循环操作前测量的 RTN，有无 RTF 情况下仿真的 RTN。b）未循环和 3000 次循环后测量和仿真的 RTN

采用这种方法对测量结果进行建模，如图 8.34b 所示[14]。从未循环和 3000 次循环的 RTN 数据中提取了生成的陷阱能级。未循环的大多数开关陷阱都接近费米能级。然而，经过 3000 次循环后，RTN 陷阱在高于费米能级的 0.2eV 以上产生。循环操作诱导了开关陷阱的产生，增强了 RTN 的正尾。这可以用编程步骤引起的退化来解释[23, 25]。

还有其他几篇关于 3D NAND 单元 RTN 的报道[15-18, 26]。图 8.35a 和 b 分别显示了 2D 32nm 技术节点浮栅单元和 3D 堆叠 NAND 单元的归一化噪声功率密度（S_{id} / I_{BL}^2）[15]。由于多晶硅沟道中的陷阱较多，与 2D 32nm 技术节点的浮栅 NAND 器件相比，3D 堆叠器件显示出更高的归一化噪声功率密度。与 2D 浮栅 NAND 单元不同，3D 堆叠器件在 SS（亚阈值斜率）区显示出比擦除状态更高的 S_{id} / I_{BL}^2，这是由于沟道的 V_{th} 比栅极间隔区（源 / 漏区）的 V_{th} 高，导致编程态下的有效沟道长度减小。当单元被擦除时，沟道中的 V_{th} 与栅极间隔区的 V_{th} 相当。

8.6.4 "通心粉"沟道的背端陷阱

垂直"通心粉"型多晶硅沟道的单元电流受到位于背端绝缘层与多晶硅沟道交界面的背端陷阱影响而波动，如图 8.36 所示[27]。

在擦除态单元（V_{th} = -2V）和编程态单元（V_{th} = 1V，4.5V）中模拟的电流路径，如图 8.37 所示。结果发现，编程态单元的电流路径形成于多晶硅沟道的背端（见图 8.37b 和 c）。相反，擦除态单元的电流路径形成于多晶硅沟道的前端（见图 8.37a）。根据这些结果，认识到必须对背端陷阱进行表征。一般来说，背端陷阱可以在背栅结构中进行分析[28]。然而，垂直的"通心粉"结构并没有背栅。在此基础上，提出了一种新的表征方法[32]。它使我们能够通过使用依赖于单元 V_{th} 状态的 RTN 测量方法来研究垂直"通心粉"多晶硅沟道的背端陷阱。

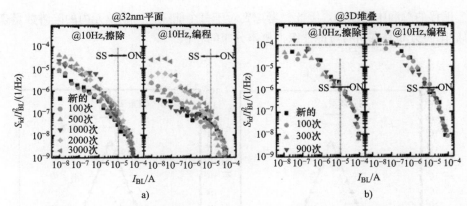

图 8.35 a）在 10Hz 的编程 / 擦除循环应力下，32nm 技术节点浮栅 NAND 闪存器件的归一化噪声功率谱密度（S_{id}/I_{BL}^2）。"SS" 表示亚阈值区域。b）在 10Hz 的编程 / 擦除循环应力下，3D 堆叠 NAND 闪存器件的归一化噪声功率谱密度

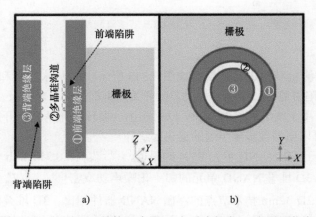

图 8.36　V-NAND 结构示意图：a）垂直视角；b）平面视角

在图 8.38 中，-2V、1V 和 4V 三种单元 V_{th} 状态的 RTN 显示了不同的总电流波动 $\Delta I_d/I_d$ 分布。如图 8.37 的仿真结果所示，总电流波动 $\Delta I_d/I_d$ 随着单元 V_{th} 的增大而减小。这可以解释为，当单元 V_{th} 越高，电流路径向背端移动时，前端陷阱的影响越小。随着单元 V_{th} 的增大，总电流波动减小，如图 8.38 所示。

通过测量栅极偏置增加时 RTN 的捕获 / 发射时间，可以清楚地确定单元 V_{th} 状态对应的电流路径位置。对于擦除态，捕获时间（τ_1）随着字线电压（栅极电压）的增加而减小。相反，对于编程态，捕获时间随着字线电压的增加而增加，如图 8.39 所示。这是因为随着字线电压的增加，陷阱在绝缘层前端和绝缘层背端的捕获概率相反，如图 8.40 所示。

图 8.41a 和 b 分别显示了 10000 次编程 / 擦除循环前后擦除态单元 V_{th} = -2V 和编程态单元 V_{th} = 4.5V 条件下的 RTN 分布。编程态单元的 RTN 不随编程 / 擦除循环变化。而擦除态单元 V_{th} = -2V 时，编程 / 擦除循环后 RTN 增加，即编程 / 擦除循环后产生的陷阱只影响到前端交界面，如图 8.41c 所示。

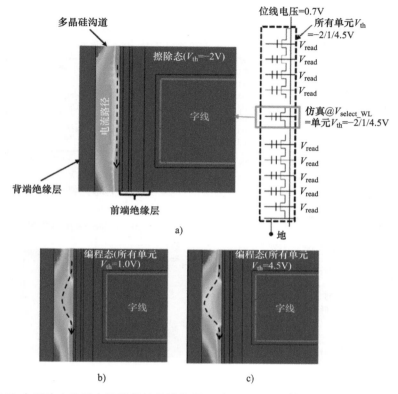

图 8.37 V-NAND 中所选中字线电流路径的仿真结果：a）V_{select_WL} = 单元 V_{th} = −2V；b）V_{select_WL} = 单元 V_{th} = 1V；c）V_{select_WL} = 单元 V_{th} = 4.5V

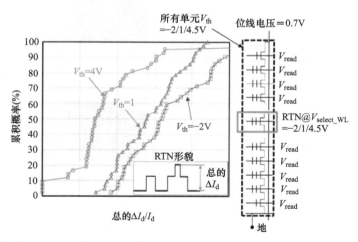

图 8.38 在相同电流（I_d = 100nA）下，40 个单元中电流波动的累积曲线（总 $\Delta I_d/I_d$）。插图是 RTN 形貌的示意图

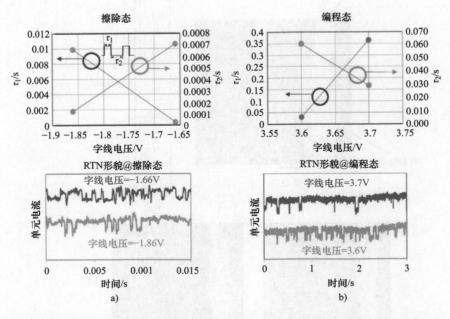

图 8.39　RTN 形貌及捕获时间（τ_1）和发射时间（τ_2）随栅极电压增加的变化：a）擦除态；b）编程态

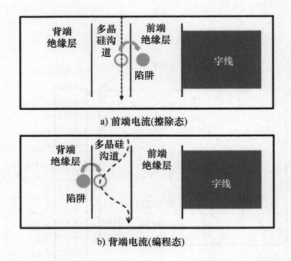

图 8.40　随着栅极偏置增加过程的捕获 / 发射示意图。a）电子的捕获降低了绝缘层前端电流；b）电子的发射增加了绝缘层背端电流

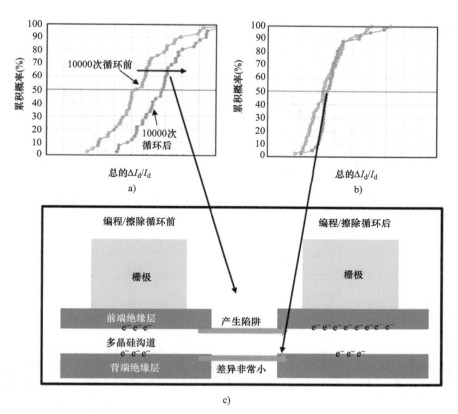

图 8.41　10000 次编程 / 擦除循环前后的 RTN 分布：a) V_{th} = −2V；b) V_{th} = 4.5V。c) 10000 次编程 / 擦除循环前后陷阱的位置变化。经过编程 / 擦除循环，陷阱在多晶硅和前端绝缘层界面产生

8.6.5　激光热退火

有报道称，激光退火可以提高多晶硅沟道的质量[29, 30]。

图 8.42a 显示了退火前后的等效晶粒直径（D_{EQ}）[30]。与退火前的相比，炉管退火（FA）得到的晶粒较大，而激光退火（LTA）得到的晶粒最大。图 8.42b 显示了通过电荷泵测量提取的界面陷阱密度。很明显，LTA 大大减少了 FA 情况下的界面缺陷。这表明，LTA 不仅可以获得较大的粒径，而且还可以获得更好的沟道 - 氧化层界面和较少的晶界缺陷。

纯栅氧（纯氧化硅层）器件中 I_D 和亚阈值斜率（STS）的统计分布如图 8.43 所示[30]。这种电学评估是通过将栅极扫至 5V，同时在漏极保持 1V 来完成的。在 LTA 器件中观察到 I_D 和 STS 的明显改善，导致比多晶硅器件的 I_D 高 10 倍、STS 高 3 倍和更紧密的分布。图 8.43 也证实了 LTA 剂量与 STS 和 I_D 的明显相关性。LTA 辐照强度为 2.1J/cm²，代表了最大适用 LTA 剂量，也提供了最佳的电学结果。

在上述几篇报道中，我们可以清楚地看到，3D 单元存在单元电流波动的几个问题，如温度依赖性大（见图 8.33a）、RTN 大、RTN 的循环退化、背端陷阱效应等。这些问题必须通过工艺

改进和操作优化来解决，以在未来实现更高密度和更高可靠性的 3D NAND 闪存。

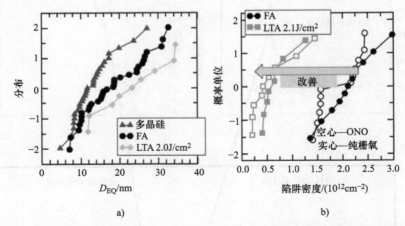

a)

b)

图 8.42　a）FA 和 LTA 后等效晶粒直径（D_{EQ}）增大。b）电荷泵法测量的陷阱密度。LTA 明显减少了纯栅氧（纯氧化硅层）和 ONO 中的界面陷阱

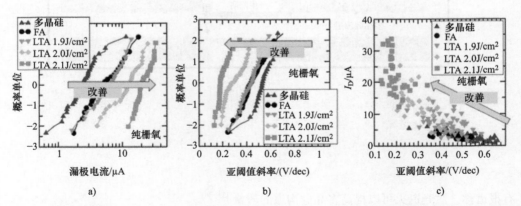

a)

b)

c)

图 8.43　纯栅氧（纯氧化硅层）器件的 I_D-V_G 曲线分析。a）I_D 分布；b）亚阈值斜率（STS）分布；c）I_D-STS 权衡图。可以观察到绝对值和分布的明显改善。I_D 和 STS 之间也有明显的相关性

8.7　堆叠单元数量

为了减小有效单元尺寸，必须增加 3D NAND 单元中堆叠单元的数量，如 8.2 节所述。但是，如果增加堆叠单元的数量，就会引起几个严重的问题，如图 8.44 所示。

第一个问题是堆叠层中栓塞孔和栅极图案的刻蚀困难。在超过 32 层堆叠单元中，刻蚀的深宽比将超过 30。为了避免高深宽比（多层堆叠工艺），将堆叠工艺分成若干组是解决这一问题的现实方法。例如，128 层堆叠单元被分成 4 次（×4）的 32 层堆叠单元，如图 8.44 所示。必须考虑到密度增加到 4 倍但堆叠工艺成本也增加到 4 倍的平衡问题。

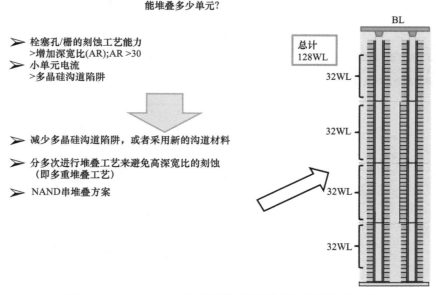

图 8.44   3D NAND 闪存中堆叠层数增加的问题和解决方案

第二个问题是多晶硅沟道中的单元电流偏小问题（见 8.6 节），如图 8.44 和图 8.45 所示 [2]。在常规的 NAND 闪存感知方案中，在单元晶体管的亚阈值区域内，感应电流（跳闸电流）约为 60 ~ 80nA/ 单元。在最坏的情况下，需要超过 200nA/ 单元的饱和电流才能有足够的感知裕度。然而，如图 8.45 所示，即使在 24 个字线层（单元）堆叠时，单元电流也大大降低到仅为浮栅单元的约 20%。单元电流随着堆叠单元数量的增加而不断减小。必须考虑低电流感知方案和开发提高多晶硅沟道的单元电流 / 迁移率的材料。

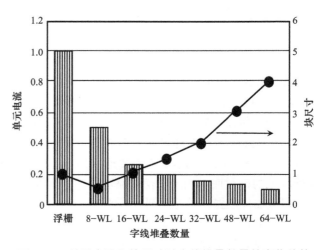

图 8.45   单元电流和块尺寸随字线堆叠数量的变化趋势

为了解决与堆叠单元数量增加有关的问题，新的阵列架构将是未来 3D NAND 单元的解决方案。以堆叠 NAND 串方案为例，如图 8.46 所示 [31]。垂直沟道 3D 单元（BiCS、TCAT、SMArT）的 NAND 串是垂直堆叠的。位线或源线是在 NAND 串之间制备的。该结构可以同时解决高深宽比刻蚀和单元电流偏小问题。

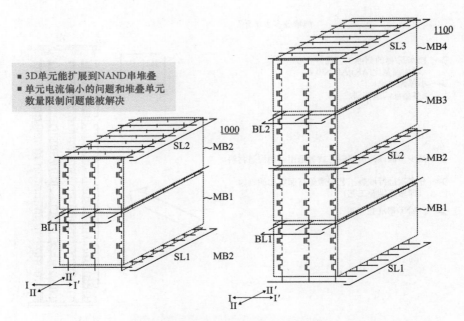

图 8.46　NAND 串堆叠结构示意图

8.8　阵列下外围电路

　　在图 7.35 和图 7.37 所示的第一代和第二代 3D NAND 闪存产品中，外围电路和核心电路（页缓冲区和行解码器 / 字线驱动器）位于单元阵列区域之外，遵循如图 8.47a 所示的常规 2D 芯片布局。然而，3D NAND 闪存的存储单元具有垂直堆叠的单元结构。存储单元晶体管的沟道和源极 / 漏极不是在硅衬底上形成的，而是在沉积的多晶硅衬底上形成的。存储单元的多晶硅沟道和源极 / 漏极基本上不需要连接到硅衬底上。如果多晶硅沟道没有连接到衬底，则单元阵列区域的硅衬底不用于任何电路和器件。因此，在未来的 3D NAND 产品中，将有可能将一些电路或器件放置在单元阵列区域的硅衬底上，以减小芯片尺寸（即降低位成本）。

　　图 8.47b 显示了在单元阵列下方硅衬底上形成的外围电路和核心电路的图像。常规芯片版图布局的单元效率通常在 70% ~ 85% 之间。如果外围电路和核心电路可以在单元阵列下方的硅衬底上形成，单元效率则有望提高到 95% 左右。存储芯片的尺寸可以大幅缩小 10% ~ 25%，因此位成本可以降低 10% ~ 25%。

　　图 8.48a 和 b 分别显示了常规芯片布局和单元阵列下外围电路布局的截面视图。在常规芯片布局中，核心电路和外围电路的页缓冲区位于单元阵列区域之外。然而，在单元阵列下外围电路布局中，核心电路（包括页缓冲区和字线驱动器）和外围电路位于单元阵列区域下方。金属层在单元阵列的边缘将存储单元与核心电路和外围电路连接，如图 8.48b 所示。

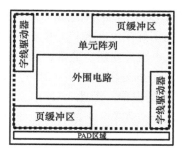

a) 常规芯片版图　　　　　　b) 外围电路在单元阵列下

图 8.47　存储芯片布局图：a）常规 3D NAND 闪存；b）外围电路位于单元阵列下方的 3D NAND 闪存

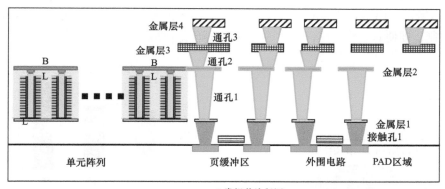

a) 常规芯片版图

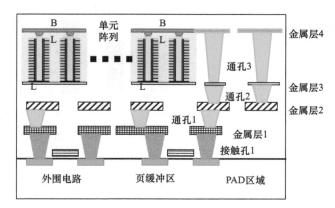

b) 外围电路在单元阵列下

图 8.48　3D NAND 闪存的截面示意图：a）常规 3D NAND 闪存的单元阵列、核心电路和外围电路；b）外围电路置于单元阵列下的 3D NAND 闪存

为了实现单元阵列下的外围电路布局，必须解决几个问题。最重要的是在单元下方需要低电阻的金属层。为了外围电路和核心电路的稳定运行，需要在电源线（V_{cc}）、地线（V_{ss}）、关键信号线等处使用低电阻金属层。通常，在常规的 2D NAND 闪存芯片中，铜金属层用于此目的。然而，在单元阵列下的外围电路中，3D 存储单元制造的高温工艺（>800℃）对低电阻金属层（如 Cu 层）有严重的损伤。因此，3D 单元制造的工艺温度必须大大降低，或者需要低电阻金属层能耐高温工艺来实现单元下的外围电路。

8.9 功耗

低功耗是 NAND 闪存存储产品应用的重要要求之一，如 SSD（固态硬盘）。特别是数据中心、企业级 SSD 等高端应用，对高速运行时的低功耗有着强烈的要求。

图 8.49a 显示了典型 SSD 系统在四路交错编程运行时的电源故障情况[4, 5]。NAND 功耗约占整个 SSD 功耗的 47%，并且随着交错方式的增加，这一比例增加，如图 8.49b 所示。从图 8.49c 可以看出，归一化的 NAND 温度随编程中线路交错次数的增加而增加。然后，为了不超过温度限制，即使有 8 路交错，SSD 通常有意按降低其性能和操作温度来配置。

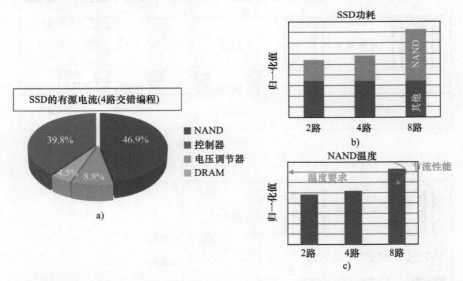

图 8.49 a）4 路程序操作下 NAND 系统功率配置的示意图。b）SSD 中 NAND 的功率份额。c）8 路操作中的温度和节流限制

作为第一个 3D V-NAND 闪存产品的 128Gbit MLC 3D V-NAND 闪存器件使用了 SSD 板上提供的 12V 的外部高压，而不是由片上泵送产生的内部高压，以降低功耗而不牺牲任何性能，如图 8.50a 所示[4, 5]。当使用外部高压时，应用了电平检测器，以便当高压电平降低到阈值以下时，内部节点完全安全地放电。这种操作可以保护电路，即使在不稳定的高压源或突然断电的情况下也不会发生故障。图 8.50b 显示了电平检测器的仿真结果。

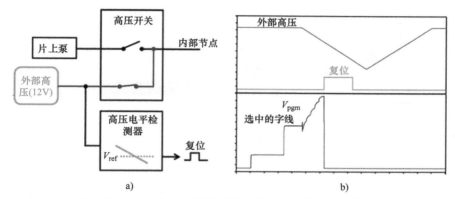

图 8.50　a）12V 外部高压供电方案；b）相应的模拟波形

图 8.51 显示了 3D V-NAND 在每次读取、编程和擦除操作时测量的有功功耗。与未采用外部高压方案相比，功耗降低约 50%。因此，可以在没有节流的情况下使用 8 路全交错操作，从而提高 SSD 的整体性能。

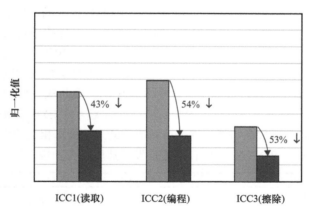

图 8.51　采用外部高压供电方案测量有功功耗

8.10　3D NAND 闪存未来的发展趋势

本节对 3D NAND 闪存的未来发展趋势进行展望。

3D NAND 闪存于 2013 年 8 月开始生产。3D 单元的架构为 24 层堆叠单元的 MLC V-NAND，为第一代 3D NAND，如图 8.52 所示 [4, 5]。选择垂直沟道电荷陷阱（CT）单元进行生产是因为垂直沟道电荷陷阱单元的制造工艺比其他 3D 单元简单。第二代 32 层堆叠单元的 TLC V-NAND 于 2014 年发布 [32]。在接下来的技术代中，堆叠单元的数量将密集增加，以在未来几年中减少有效的存储单元大小，如图 8.52 和图 3.1 所示 [1, 33]。位成本将大大降低。缩放趋势显示，到 2018 年，使用 64 层以上堆叠单元将实现 1Tbit NAND 闪存。

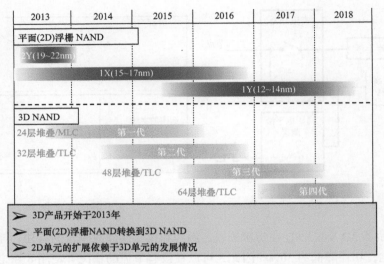

图 8.52　从平面 2D NAND 单元向 3D NAND 单元的转变

　　每一代 3D NAND 闪存的开发项目与 2D NAND 闪存有很大的不同。在 2D NAND 闪存的发展中，存储单元的设计规则每一代都以 0.8 的比例缩小。有许多项目必须重新开发，如光刻工艺，图案化，较小单元的工艺漂移，核心电路的布局变化（感知放大器 / 页缓冲区，字线驱动器等），单元可靠性调整等。完成每一代的开发都需要花费长时间和巨大的努力。然而，在 3D 单元中，由于存储单元的设计规则不会发生太大变化，因此从一代到下一代的开发项目将大大减少。许多与 2D 存储单元缩放相关的开发项目可能无法在 3D 闪存研发中开发。然后，在 3D 闪存研发中，应该将重点放在与增加堆叠单元层数的工艺技术相关的少数项目上，例如栓孔刻蚀，栅极刻蚀等。因此，3D NAND 闪存的逐代发展速度将会加快，如图 8.53 所示。

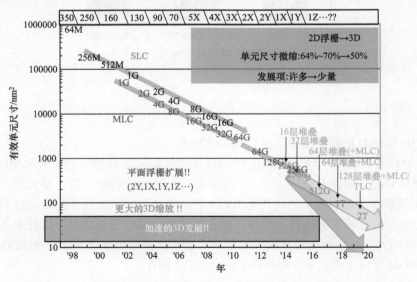

图 8.53　3D NAND 闪存单元加速发展的情况

无论是否加速发展，3D NAND 闪存都可以通过增加堆叠单元的数量来继续实现更低的位成本。于是，HDD 等磁性存储器将进一步被 NAND 闪存相关产品所取代，包括用于消费者和企业服务器的 SSD（固态硬盘），如图 8.54 所示。在不久的将来，SSD 的市场规模将会大幅扩大。

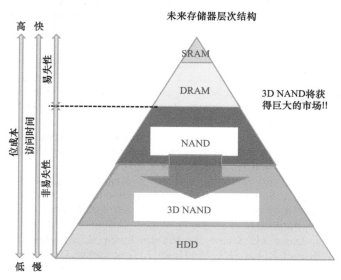

图 8.54　具有 3D NAND 闪存单元的未来存储器层次结构

参 考 文 献

[1] Aritome, S. 3D Flash Memories, International Memory Workshop 2011 (IMW 2011), short course.

[2] Choi, E.-S.; Park, S.-K. Device considerations for high density and highly reliable 3D NAND flash cell in near future, *Electron Devices Meeting (IEDM), 2012 IEEE International*, pp. 9.4.1–9.4.4, 10–13 Dec. 2012.

[3] Chen, C.-P.; Lue, H.-T.; Hsieh, C.-C.; Chang, K.-P.; Hsieh, C.-C.; Lu, C.-Y. Study of fast initial charge loss and it's impact on the programmed states V_t distribution of charge-trapping NAND Flash, *Electron Devices Meeting (IEDM), 2010 IEEE International*, pp. 5.6.1, 5.6.4, 6–8 Dec. 2010.

[4] Park, K.-T.; Nam, S.; Kim, D.; Kwak, P.; LEE, D.; Choi, Y.-H.; Choi, M.-H.; Kwak, D.-H.; Kim, D.-H.; Kim, M.-S.; Park, H.-W.; Shim, S.-W.; Kang, K.-M.; Park, S.-W.; Lee, K.; Yoon, H.-J.; Ko, K.; Shim, D.-K.; Ahn, Y.-L.; Ryu, J.; Kim, D.; Yun, K.; Kwon, J.; Shin, S.; Byeon, D.-S.; Choi, K.; Han, J.-M.; Kyung, K.-H.; Choi, J.-H.; Kim, K. Three-dimensional 128 Gb MLC vertical nand flash memory with 24-WL stacked layers and 50 MB/s high-speed programming, *Solid-State Circuits, IEEE Journal of*, vol. PP, no. 99, pp. 1, 10, 2014.

[5] Park, K.-T.; Han, J.-m.; Kim, D.; Nam, S.; Choi, K.; Kim, M.-S.; Kwak, P.; Lee, D.; Choi, Y.-H.; Kang, K.-M.; Choi, M.-H.; Kwak, D.-H.; Park, H.-w.; Shim, S.-w.; Yoon, H.-J.; Kim, D.; Park, S.-w.; Lee, K.; Ko, K.; Shim, D.-K.; Ahn, Y.-L.; Park, J.; Ryu, J.; Kim, D.; Yun, K.; Kwon, J.; Shin, S.; Youn, D.; Kim, W.-T.; Kim, T.; Kim, S.-J.; Seo, S.; Kim, H.-G.; Byeon, D.-S.; Yang, H.-J.; Kim, M.; Kim, M.-S.; Yeon, J.; Jang, J.; Kim, H.-S.; Lee, W.; Song, D.; Lee, S.; Kyung, K.-H.; Choi, J.-H. 19.5 Three-dimensional 128 Gb

MLC vertical NAND Flash-memory with 24-WL stacked layers and 50MB/s high-speed programming, *Solid-State Circuits Conference Digest of Technical Papers (ISSCC), 2014 IEEE International*, pp. 334, 335, 9–13 Feb. 2014.

[6] Shim, K.-S.; Choi, E.-S.; Jung, S.-W.; Kim, S.-H.; Yoo, H.-S.; Jeon, K.-S.; Joo, H.-S.; Oh, J.-S.; Jang, Y.-S.; Park, K.-J.; Choi, S.-M.; Lee, S.-B.; Koh, J.-D.; Lee, K.-H.; Lee, J.-Y.; Oh, S.-H.; Pyi, S.-H.; Cho, G.-S.; Park, S.-K.; Kim, J.-W.; Lee, S.-K.; Hong, S.-J. Inherent Issues and Challenges of Program Disturbance of 3D NAND Flash cell, *Memory Workshop (IMW), 2012 4th IEEE International*, pp. 1, 4, 20–23 May 2012.

[7] Yoo, H. S.; Choi, E.; Oh, J. S. ; Park, K. J.; Jung, S. W.; Kim, S.; Shim, K. S.; Joo, H. S.; Jung, S. W.; Jeon, K. S.; Seo, M. S.; Jang, Y. S. ; Lee, S. B.; Lee, J. Y.; Oh, S. H.; Cho, G. S.; Park, S.; Lee, S.; Hong, S. Modeling and optimization of the chip level program disturbance of 3D NAND flash memory, *Memory Workshop (IMW), 2013 5th IEEE International*, pp. 147, 150, 26–29 May 2013.

[8] Wong, M.; Chow, T.; Wong, C. C.; Zhang, D. A quasi two-dimensional conduction model for polycrystalline silicon thin-film transistor based on discrete grains, *Electron Devices, IEEE Transactions on*, vol. 55, no. 8, pp. 2148, 2156, Aug. 2008.

[9] Kim, B.; Lim, S.-H.; Kim, D. W.; Nakanishi, T.; Yang, S.; Ahn, J.-Y.; Choi, H. M.; Hwang, K.; Ko, Y.; Kang, C.-J. Investigation of ultra thin polycrystalline silicon channel for vertical NAND flash, *Reliability Physics Symposium (IRPS), 2011 IEEE International*, pp. 2E.4.1, 2E.4.4, 10–14 April 2011.

[10] Degraeve, R.; Toledano-Luque, M.; Suhane, A.; Van den Bosch, G.; Arreghini, A.; Tang, B.; Kaczer, B.; Roussel, P.; Kar, G.S.; Van Houdt, J.; Groeseneken, G. Statistical characterization of current paths in narrow poly-Si channels, *Electron Devices Meeting (IEDM), 2011 IEEE International*, pp. 12.4.1, 12.4.4, 5–7 Dec. 2011.

[11] Toledano-Luque, M.; Degraeve, R.; Kaczer, B.; Tang, B.; Roussel, P. J.; Weckx, P.; Franco, J.; Arreghini, A.; Suhane, A.; Kar, G.S.; Van den Bosch, G.; Groeseneken, G.; Van Houdt, J. Quantitative and predictive model of reading current variability in deeply scaled vertical poly-Si channel for 3D memories, *Electron Devices Meeting (IEDM), 2012 IEEE International*, pp. 9.2.1, 9.2.4, 10–13 Dec. 2012.

[12] Toledano-Luque, M.; Degraeve, R.; Roussel, P. J.; Luong, V.; Tang, B.; Lisoni, J. G.; Tan, C.-L.; Arreghini, A.; Van den Bosch, G.; Groeseneken, G.; Van Houdt, J. Statistical spectroscopy of switching traps in deeply scaled vertical poly-Si channel for 3D memories, *Electron Devices Meeting (IEDM), 2013 IEEE International*, pp. 21.3.1, 21.3.4, 9–11 Dec. 2013.

[13] Degraeve, R.; Toledano-Luque, M.; Arreghini, A.; Tang, B.; Capogreco, E.; Lisoni, J.; Roussel, P.; Kaczer, B.; Van den Bosch, G.; Groeseneken, G.; Van Houdt, J. Characterizing grain size and defect energy distribution in vertical SONOS poly-Si channels by means of a resistive network model, *Electron Devices Meeting (IEDM), 2013 IEEE International*, pp. 21.2.1, 21.2.4, 9–11 Dec. 2013.

[14] Nowak, E.; Kim, J.-H.; Kwon, H. Y.; Kim, Y.-G.; Sim, J. S. ; Lim, S.-H.; Kim, D. S.; Lee, K.-H.; Park, Y.-K.; Choi, J.-H.; Chung, C. Intrinsic fluctuations in Vertical NAND flash memories, *VLSI Technology (VLSIT), 2012 Symposium on*, pp. 21, 22, 12–14 June 2012.

[15] Jeong, M.-K.; Joe, S.-M.; Jo, B.-S.; Kang, H.-J.; Bae, J.-H.; Han, K.-R.; Choi, E.; Cho, G.; Park, S.-K.; Park, B.-G.; Lee, J.-H. Characterization of traps in 3-D stacked NAND flash memory devices with tube-type poly-Si channel structure, *Electron Devices Meeting (IEDM), 2012 IEEE International*, pp. 9.3.1, 9.3.4, 10–13 Dec. 2012.

[16] Jeong, M.-K.; Joe, S.-M.; Seo, C.-S.; Han, K.-R.; Choi, E.; Park, S.-K.; Lee, J.-H. Analysis of Random Telegraph Noise and low frequency noise properties in 3-D stacked NAND flash memory with tube-type poly-Si channel structure, *VLSI Technology (VLSIT), 2012*

Symposium on, pp. 55, 56, 12–14 June 2012.

[17] Park, J. K.; Moon, D.-I.; Choi, Y.-K.; Lee, S.-H.; Lee, K.-H.; Pyi, S. H.; Cho, B. J. Origin of transient V_{th} shift after erase and its impact on 2D/3D structure charge trap flash memory cell operations, *Electron Devices Meeting (IEDM), 2012 IEEE International*, pp. 2.4.1, 2.4.4, 10–13 Dec. 2012.

[18] Jeong, M.-K.; Joe, S.-M.; Kang, H.-J.; Han, K.-R.; Cho, G.; Park, S.-K.; Park, B.-G.; Lee, J.-H. A new read method suppressing effect of random telegraph noise in NAND flash memory by using hysteretic characteristic, *VLSI Technology (VLSIT), 2013 Symposium on*, pp. T154, T155, 11–13 June 2013.

[19] Ghetti, A.; Compagnoni, C.M.; Spinelli, A.S.; Visconti, A. Comprehensive analysis of random telegraph noise instability and its scaling in deca–nanometer Flash memories, *IEEE Transactions on Electron Devices*, vol. 56, pp. 1746–1752, 2009.

[20] Franco, J.; Kaczer, B.; Toledano-Luque, M.; Roussel, P. J.; Mitard, J.; Ragnarsson, L.-A.; Witters, L.; Chiarella, T.; Togo, M.; Horiguchi, N.; Groeseneken, G.; Bukhori, M. F.; Grasser, T.; Asenov, A. Impact of single charged gate oxide defects on the performance and scaling of nanoscaled FETs, *Reliability Physics Symposium (IRPS), 2012 IEEE International*, pp. 5A.4.1, 5A.4.6, 15–19 April 2012.

[21] Kimura, M.; Inoue, S.; Shimoda, T.; Eguchi, T. Dependence of polycrystalline silicon thin-film transistor characteristics on the grain-boundary location, *Journal of Applied Physics*, vol. 89, no. 1, pp. 596, 600, Jan 2001.

[22] Kang, D.; Lee, S.; Park, H.-M.; Lee, D.-J.; Kim, J.; Seo, J.; Lee, C.; Song, C.; Lee, C.-S.; Shin, H.; Song, J.; Lee, H.; Choi, J.-H.; Jun, Y.-H. A new approach of NAND flash cell trap analysis using RTN characteristics, *VLSI Technology (VLSIT), 2011 Symposium on*, pp. 206, 207, 14–16 June 2011.

[23] Compagnoni, M. C.; Gusmeroli, R.; Spinelli, A. S.; Lacaita, A. L.; Bonanomi, M.; Visconti, A. Statistical model for random telegraph noise in flash memories, *Electron Devices, IEEE Transactions on*, vol. 55, no. 1, pp. 388, 395, Jan. 2008.

[24] Takeuchi, K.; Nagumo, T.; Yokogawa, S.; Imai, K.; Hayashi, Y. Single-charge-based modeling of transistor characteristics fluctuations based on statistical measurement of RTN amplitude, *VLSI Technology, 2009 Symposium on*, pp. 54, 55, 16–18 June 2009.

[25] Nagumo, T.; Takeuchi, K.; Hase, T.; Hayashi, Y. Statistical characterization of trap position, energy, amplitude and time constants by RTN measurement of multiple individual traps, *Electron Devices Meeting (IEDM), 2010 IEEE International*, pp. 28.3.1, 28.3.4, 6–8 Dec. 2010.

[26] Kang, H.-J.; Jeong, M.-K.; Joe, S.-M.; Seo, J.-H.; Park, S.-K.; Jin, S. H.; Park, B.-G.; Lee, J.-H. Effect of traps on transient bit-line current behavior in word-line stacked nand flash memory with poly-Si body, *VLSI Technology (VLSI-Technology): Digest of Technical Papers, 2014 Symposium on*, pp. 1, 2, 9–12 June 2014.

[27] Kang, D., Lee, C., Hur, S., Song, D., and Choi, J.-H. A new approach for trap analysis of vertical NAND flash cell using RTN characteristics., *Electron Devices Meeting (IEDM), 2014 IEEE International*, pp. 367–370, Dec. 2014.

[28] Kimura, M.; Yoshino, T.; Harada, K. Complete extraction of trap densities in poly-Si thin-film transistors, *Electron Devices, IEEE Transactions on*, vol. 57, no. 12, pp. 3426, 3433, Dec. 2010.

[29] Congedo, G.; Arreghini, A.; Liu, L.; Capogreco, E.; Lisoni, J. G.; Huet, K.; Toque-Tresonne, I.; Van Aerde, S.; Toledano-Luque, M.; Tan, C.-L.; Van den Bosch, G.; Van Houdt, J. Analysis of performance/variability trade-off in Macaroni-type 3-D NAND memory, *Memory Workshop (IMW), 2014 IEEE 6th International*, pp. 1, 4, 18–21 May 2014.

[30] Lisoni, J. G.; Arreghini, A.; Congedo, G.; Toledano-Luque, M.; Toque-Tresonne, I.; Huet, K.; Capogreco, E.; Liu, L.; Tan, C.-L.; Degraeve, R.; Van den Bosch, G.; Van Houdt, J. Laser thermal anneal of polysilicon channel to boost 3D memory performance, *VLSI Technology (VLSI-Technology): Digest of Technical Papers, 2014 Symposium on*, pp. 1, 2, 9–12 June 2014.

[31] Aritome, S. US Patent 8,891,306.

[32] Im, J.-w.; Jeong, W.-P., Kim, D.-H., Nam, S.-W., Shim, D.-K., Choi, M.-H., Yoon, H.-J., Kim, D.-H., Kim, Y.-S., Park, H.-W., Kwak, D.-H., Park, S.-W., Yoon, S.-M., Hahn, W.-G., Ryu, J.-H., Shim, S.-W., Kang, K.-T., Choi, S.-H., Ihm, J.-D., Min, Y.-S., Kim, I.-M., Lee, D.-S., Cho, J.-H., Kwon, O.-S., Lee, J.-S., Kim, M.-S., Joo, S.-H., Jang, J.-H., Hwang, S.-W., Byeon, D.-S., Yang, H.-J., Park, K.-T., Kyung, K.-H., Choi, J.-H. A 128 Gb 3b/cell V-NAND Flash Memory with 1Gb/s I/O rate, *Solid-State Circuits Conference Digest of Technical Papers (ISSCC), 2015 IEEE International*, pp. 23–25 Feb. 2015.

[33] Aritome, S. Scaling challenges beyond 1X-nm DRAM and NAND flash, Joint Rump session in VLSI Symposium 2012.

第 9 章

总　结

9.1　讨论与结论

　　NAND 闪存的开发始于 1987 年东芝公司的研发中心 [1]。其目标市场是替代磁性存储器，如硬盘等 [2]。为了实现这一目标，最重要的要求是"低位成本（low bit cost）"。存储单元的尺寸必须尽可能小，以达到低的位成本。一般来说，理想的"物理"2D 存储单元尺寸是 $4F^2$，是由 x 和 y 方向的 $2F$ 间距定义的（F 为特征尺寸）。第一个 1μm 设计规则下的 NAND 闪存单元的单元尺寸为 $8F^{2[3,4]}$，x 方向采用了 4μm（$4F$）宽的间距。由于受高压操作的限制，LOCOS 隔离宽度为 3μm。因为在编程过程中对结和控制栅施加了 22V 的高压，LOCOS 隔离宽度受到位线结穿孔和寄生场效应 LOCOS 晶体管阈值电压的限制。为了减小 LOCOS 隔离宽度，开发了一种新的 FTI（场穿透注入）工艺 [5]（见 3.2 节）。可实现非常窄的 LOCOS 隔离宽度，为 0.8μm（即 0.4μm 特征尺寸中的 $2F$）。在 0.4μm 设计规则中使用 $3F$ 位线间距，可以将存储单元大小缩小到 $6F^2$。

　　为了进一步缩小存储单元尺寸，已经开发了自对准浅沟槽隔离单元（SA-STI 单元）[6]（见 3.3 节和 3.4 节）。利用 STI 可以将隔离宽度缩小到 F，然后，与位线间距为 $3F$ 的 LOCOS 单元相比，可以将位线间距减小到理想的 $2F$。因此，NAND 闪存的单元尺寸可以大幅缩小到 66%（从 $6F^2$ 到理想的 $4F^2$）。SA-STI 单元工艺被应用于具有带浮栅翼的 SA-STI 结构的 NAND 闪存产品 [7, 8]（见 3.3 节），因为浮栅翼结构可以降低叠栅的长宽比。带有浮栅翼的 SA-STI 单元从 0.25μm 技术代一直使用到 0.12μm 技术代。之后，从 90nm 技术代开始使用无浮栅翼的 SA-STI 单元 [6]（见 3.4 节）。SA-STI 单元具有良好的可微缩性。当特征尺寸从 0.25μm 技术代 [6] 减小到 1X-nm 技术代 [9] 时，单元尺寸可以直接减小（见图 3.1 和图 3.2）。因此，由于工艺和结构简单，SA-STI 单元结构和工艺已经使用超过 10 年和 10 个技术代以上。此外，SA-STI 单元还有另一个优点，即出色的可靠性。通过伴随 STI 曝光工艺来制备的浮栅，由于没有尖锐的 STI 角，隧穿氧化层在 STI 角处没有退化。

　　采用 SA-STI 单元，NAND 闪存的单元尺寸达到理想的 $4F^2$。特征尺寸通常由光刻机的能力决定。目前，最先进的光刻机是 ArF 浸没式（ArFi）步进式光刻机。最小特征尺寸为 38 ~ 40nm。于是特征尺寸的微缩限制在 38 ~ 40nm 之间。为了进一步加速缩小 NAND 闪存单元尺寸，从 3X-nm 技术代开始使用双重曝光工艺。在常规的双重曝光工艺中，侧壁衬垫被用作曝光掩模。由于双重曝光，特征尺寸可以从 38 ~ 40nm 缩小到 19 ~ 20nm。此外，在 20nm 以下技术代使用了四重曝光工艺 [9]。使用 ArFi 光刻机可以将特征尺寸缩小到 10nm。

正如 ITRS 路线图所示，从 2005 年左右开始，NAND 闪存成为所谓的"工艺驱动"设备，取代 DRAM 促使了最小器件尺寸（线 / 空间间距）的光刻工艺的微缩和发展。这是因为 NAND 闪存单元可以很容易地缩小到最小的器件尺寸，没有任何电气、操作和可靠性的限制。而这主要归因于 SA-STI 单元和均一编程 / 擦除方案等关键技术的贡献。因此，NAND 闪存的发展对 ArF 浸没式光刻、双重曝光工艺、四重曝光工艺等领先的精细间距曝光技术产生了巨大的影响。

多电平存储单元是另一种重要的技术，可以在没有 F 缩放的情况下减小"有效"存储单元尺寸。在多电平单元中，阈值电压 V_{th} 的分布宽度必须严格控制，以保证有足够的 RWM（读窗口裕度）来防止读失败 [10]。第 4 章提出了几种先进的多电平单元操作方法，以获得紧密的 V_{th} 分布及高可靠性和高性能。MLC（2 比特位 / 单元）、TLC（3 比特位 / 单元）和 QLC（4 比特位 / 单元）这些多电平单元 NAND 闪存产品都采用了这些先进操作和架构，如 ISPP 编程、逐位验证、两步验证方案、页编程中的伪通过方案（见 4.2 节）、高级页编程序列、ABL 架构（见 4.3 节）、移动读算法（见 4.7 节）等。

SA-STI 存储单元的尺寸可以通过使用双重和四重曝光来大幅缩小。然而，SA-STI 单元一直面临着严重的物理限制，如浮栅电容耦合干扰、电子注入展宽、RTN、高场限制、模式限制等。第 5 章讨论了微缩的挑战和限制。定量分析了读窗口裕度，阐明了克服微缩限制的解决方案 [10]（见 5.2 节）。结果表明，采用 60% 空气隙工艺可以实现 1Y-nm 至 1Z-nm 技术代（13 ~ 10nm）的 SA-STI 单元。

NAND 闪存的另一个重要要求是高可靠性。在 NAND 闪存开发的早期，为了选择合适的方案，相关开发团队对编程 / 擦除方案进行了深入讨论。目前还不清楚编程 / 擦除方案对可靠性的影响。于是，分析了沟道热电子（CHE）编程方案 [1]、非均一编程 / 擦除方案 [11, 12] 和均一编程 / 擦除方案 [13-15] 等几种编程 / 擦除方案下 NAND 闪存单元的可靠性，来确定合适的编程 / 擦除方案。

评估和分析了两种编程 / 擦除方案的编程 / 擦除循环耐久和数据保持特性 [13, 16]（见 6.2 节和 6.3 节）。已经明确的是，与其他方案相比，NAND 闪存中使用的均一编程 / 擦除方案具有适当的可靠性 [13, 16, 17]。此外，还分析了在编程 / 擦除循环耐久应力下单元的读干扰特性 [15, 17]（见 6.4 节）。结果表明，由于双极性 FN（Fowler-Nodheim）隧穿方案可以抑制应力泄漏电流（SILC），因此均一编程 / 擦除方案具有更好的读干扰特性。因此，确定了 NAND 闪存操作为均一编程 / 擦除方案。

均一编程 / 擦除方案还有另一个重要的优势。同时对大量存储单元编程时（页编程），均一编程 / 擦除方案可以实现非常低的功耗。因此，每个字节的编程速度可以相当快（约 100MB/s）。由于高可靠性和快速编程，均一编程 / 擦除方案成为事实上的标准技术。所有的 NAND 供应商（东芝 / 闪迪、三星、美光 / 英特尔、SK 海力士）20 多年来都对所有 NAND 闪存产品使用了均一编程 / 擦除方案。

2007 年，为了进一步缩小 NAND 闪存的存储单元尺寸，提出了新的 3D NAND 闪存单元

BiCS（位成本可扩展技术）[18]。采用叠栅层的新概念，使 3D 单元具有垂直堆叠的结构。这样就可以在不缩放特征尺寸 F 的情况下减小有效单元尺寸。BiCS 提出后，多种类型的 3D 单元也被提出。在第 7 章中，对主要的 3D 单元进行了回顾和比较。其中许多 3D 架构，包括 BiCS、TCAT（V-NAND）、SMArT 和 VG-NAND 在内的许多架构都使用了带有氮化硅电荷陷阱层的 SONOS 电荷陷阱（CT）单元。然而，SONOS 单元有两个严重的问题，即擦除速度慢（擦除态 V_{th} 饱和）和数据保持能力差。为了克服 SONOS 单元的这些问题，提出了 DC-SF 单元（双控制栅 - 环绕浮栅单元）的浮栅 3D NAND[19, 20]（见 7.6 节和 7.7 节）。由于将电荷陷阱单元替换为浮栅单元，可以很好地解决与 3D SONOS 相关的问题。

3D NAND 单元产品于 2013 年开始生产。24 层堆叠单元的 MLC（2 比特位 / 单元）V-NAND 是第一代 3D NAND[21]。采用了垂直沟道电荷陷阱单元，因为其制备工艺简单。第二代的 32 层堆叠单元 TLC（3 比特位 / 单元）V-NAND 于 2014 年发布[22]。在未来几年的下个产品代中，堆叠单元数量将大大增加，以减少有效存储单元尺寸和降低位成本。微缩趋势显示，到 2018 年，使用 64 层以上堆叠单元将实现 1Tbit 容量的 NAND 闪存。

然而，为了进一步发展更高密度的 3D NAND 闪存，仍有几个问题需要解决。在第 8 章中讨论了 3D NAND 闪存所面临的挑战。对于 3D NAND 单元的缩放，在不增加工艺成本的情况下增加堆叠单元层数是非常重要的。单元电流过小问题和高深宽比 RIE 刻蚀工艺将变得至关重要。堆叠 NAND 串方案[23]或分开堆叠工艺过程将是未来 3D NAND 闪存的解决方案之一。

9.2 展望

自 1992 年 NAND 闪存开始生产以来，随着数码相机、USB 驱动器、MP3 播放器、智能手机、平板电脑、固态硬盘（SSD）的蓬勃发展，全球 NAND 市场得到了极大的扩张。整个 NAND 闪存市场预计将在 2015 年达到 350 亿美元。NAND 闪存已经创造了新的大容量市场和消费电子、计算机、大容量存储和企业服务器等行业。这一趋势在世界上仍在迅速增长。

低位成本、高可靠性、高性能（快速编程）和低功耗是 NAND 闪存被新兴应用所接受的原因。为了实现这些要求，在过去的 25 年里，许多不可或缺的技术已经被开发出来，并作为事实上的标准实施到 NAND 闪存产品中[24]，如本书中所述。为了延续这一趋势，NAND 闪存必须不断满足市场需求。最重要的要求就是低位成本。NAND 闪存的位成本必须进一步降低。因此，有效内存单元大小的缩放是必不可少的。

2015 年，采用 15nm 工艺节点技术的 2D NAND 闪存继续量产（见图 8.52）。采用下一代的 12 ~ 14nm 工艺节点技术的产品将于 2016 年投产。而接下来的一代，可能是接近 10nm 节点的工艺技术，将有可能实现，如第 5 章中所描述。然而，由于严重的微缩限制，即使在 12 ~ 14nm 纳米的技术节点中也很难实现产品量产。操作或系统解决方案将是管理微缩限制的关键技术。而且最小特征尺寸不会超过 9.5 ~ 10nm，因为这是 ArFi 光刻机四重曝光的限制。如果 F 超过 9.5 ~ 10nm，工艺成本将大大增加。

3D NAND 的量产已经开始；然而，2D NAND 闪存不会很快在市场上消失，因为 2D NAND 闪存在市场上已被广泛接受，并且也有很大的量产基础设施。于是 2D NAND 闪存将继续与 3D NAND 闪存并行生产 5 年以上。

对于 3D NAND 闪存来说，增加堆叠单元层数对于实现更小的有效单元尺寸是非常重要的。如果堆叠单元的数量增加到 128 层，预计会推出 2Tbit 的 NAND 闪存产品。增加堆叠单元层数的一个关键挑战是极高深宽比的工艺。采用分开堆叠工艺（见图 8.44）可以解决这一问题。如果实现多次堆叠工艺，有效单元尺寸的微缩速度将大大加快，因为每一代有效单元尺寸缩小 50%，而在 2D 平面浮栅单元中有效单元尺寸则缩小 64% ～ 70%，如 8.10 节所述（见图 8.53）。

另一方面，在增加堆叠单元层数时，单元电流小也是一个严重的问题。作为解决方案之一，堆叠 NAND 串方案可以解决这一问题，如图 8.46 所示，同时也可以解决高深宽比工艺的问题。如果成功地开发出堆叠 NAND 串方案，就可以实现低位成本和高性能的 3D NAND 闪存。

低功耗是 NAND 闪存的另一个重要要求。与 HDD 的磁性存储器相比，使用 NAND 闪存大大降低了存储器的功耗。在数据中心，基于 NAND 闪存的 SSD 可以降低企业服务器的功耗，取代 HDD，因为 NAND 闪存的运行功耗低，而且冷却功耗也低。NAND 闪存成功地为现在和未来的地球生态环境做出了贡献。

参 考 文 献

[1] Masuoka, F. Momodomi, M.; Iwata, Y.; Shirota, R. New ultra high density EPROM and flash EEPROM with NAND structure cell, *Electron Devices Meeting, 1987 International,* vol. 33, pp. 552– 555, 1987

[2] Masuoka, F. Flash memory makes a big leap, *Kogyo Chosakai,* vol. 1, pp. 1–172, 1992 (in Japanese).

[3] Itoh, Y.; Momodomi, M.; Shirota, R.; Iwata, Y.; Nakayama, R.; Kirisawa, R.; Tanaka, T.; Toita, K.; Inoue, S.; Masuoka, F. An experimental 4 Mb CMOS EEPROM with a NAND structured cell, *Solid-State Circuits Conference, 1989. Digest of Technical Papers. 36th ISSCC, 1989 IEEE International,* pp. 134–135, 15–17 Feb. 1989.

[4] Momodomi, M.; Iwata, Y.; Tanaka, T.; Itoh, Y.; Shirota, R.; Masuoka, F. A high density NAND EEPROM with block-page programming for microcomputer applications, *Custom Integrated Circuits Conference, 1989, Proceedings of the IEEE 1989,* pp. 10.1/1– 10.1/4, 15–18 May 1989.

[5] Aritome, S.; Hatakeyama, I.; Endoh, T.; Yamaguchi, T.; Shuto, S.; Iizuka, H.; Maruyama, T.; Watanabe, H.; Hemink, G.; Sakui, K.; Tanaka, T.; Momodomi, M., Shirota, R. An advanced NAND-structure cell technology for reliable 3.3V 64 Mb electrically erasable and programmable read only memories (EEPROMs), *Japanese Journal of Applied Physics,* vol. 33, (1994) pp. 524–528, part 1, no. 1B, Jan. 1994.

[6] Aritome, S.; Satoh, S.; Maruyama, T.; Watanabe, H.; Shuto, S.; Hemink, G. J.; Shirota, R.; Watanabe, S.; Masuoka, F. A 0.67 μm^2 self-aligned shallow trench isolation cell

(SA-STI cell) for 3 V-only 256 Mbit NAND EEPROMs, *Electron Devices Meeting, 1994. IEDM '94. Technical Digest, International*, pp. 61–64, 11–14 Dec. 1994.

[7] Shimizu, K.; Narita, K.; Watanabe, H.; Kamiya, E.; Takeuchi, Y.; Yaegashi, T.; Aritome, S.; Watanabe, T. A novel high-density $5F^2$ NAND STI cell technology suitable for 256 Mbit and 1 Gbit flash memories, *Electron Devices Meeting, 1997. IEDM '97. Technical Digest, International*, pp. 271–274, 7–10 Dec. 1997.

[8] Takeuchi, Y.; Shimizu, K.; Narita, K.; Kamiya, E.; Yaegashi, T.; Amemiya, K.; Aritome, S. A self-aligned STI process integration for low cost and highly reliable 1 Gbit flash memories, *VLSI Technology, 1998. Digest of Technical Papers. 1998 Symposium on*, pp. 102–103, 9–11 June 1998.

[9] Hwang, J.; Seo, J.; Lee, Y.; Park, S.; Leem, J.; Kim, J.; Hong, T.; Jeong, S.; Lee, K.; Heo, H.; Lee, H.; Jang, P.; Park, K.; Lee, M.; Baik, S.; Kim, J.; Kkang, H.; Jang, M.; Lee, J.; Cho, G.; Lee, J.; Lee, B.; Jang, H.; Park, S.; Kim, J.; Lee, S., Aritome, S.; Hong, S.; Park, S. A middle-1X nm NAND flash memory cell (M1X-NAND) with highly manufacturable integration Technologies, *Electron Devices Meeting (IEDM), 2011 IEEE International*, pp. 199–202, Dec. 2011.

[10] Aritome, S.; Kikkawa, T. Scaling Challenge of Self-Aligned STI cell (SA-STI cell) for NAND Flash Memories, *Solid-State Electronics*, 82, 54–62, 2013.

[11] Shirota, R., Itoh, Y., Nakayama, R., Momodomi, M., Inoue, S., Kirisawa, R., Iwata, Y., Chiba, M., Masuoka, F. New NAND cell for ultra high density 5V-only EEPROMs, *Digest of Technical Papers—Symposium on VLSI Technology*, 1988, pp. 33–34.

[12] Momodomi, M.; Kirisawa, R.; Nakayama, R.; Aritome, S.; Endoh, T.; Itoh, Y.; Iwata, Y.; Oodaira, H.; Tanaka, T.; Chiba, M.; Shirota, R.; Masuoka, F. New device technologies for 5 V-only 4 Mb EEPROM with NAND structure cell, *Electron Devices Meeting, 1988. IEDM '88. Technical Digest, International*, pp. 412–415, 1988.

[13] Aritome, S.; Kirisawa, R.; Endoh, T.; Nakayama, R.; Shirota, R.; Sakui, K.; Ohuchi, K.; Masuoka, F. Extended data retention characteristics after more than 10^4 write and erase cycles in EEPROMs, *International Reliability Physics Symposium, 1990. 28th Annual Proceedings*, pp. 259–264, 1990.

[14] Kirisawa, R.; Aritome, S.; Nakayama, R.; Endoh, T.; Shirota, R.; Masuoka, F. A NAND structured cell with a new programming technology for highly reliable 5 V-only flash EEPROM, *1990 Symposium on VLSI Technology, 1990. Digest of Technical Papers*. pp. 129–130, 1990.

[15] Aritome, S.; Shirota, R.; Kirisawa, R.; Endoh, T.; Nakayama, R.; Sakui, K.; Masuoka, F. A reliable bi-polarity write/erase technology in flash EEPROMs, *International Electron Devices Meeting, 1990. IEDM '90. Technical Digest, 1990*, pp. 111–114, 1990.

[16] Aritome, S.; Shirota, R.; Sakui, K.; Masuoka, F. Data retention characteristics of flash memory cells after write and erase cycling, *IEICE Transaction Electronics*, vol. E77-C, no. 8, pp. 1287–1295, Aug. 1994.

[17] Aritome, S.; Shirota, R.; Hemink, G.; Endoh, T.; Masuoka, F. Reliability issues of flash memory cells, *Proceedings of the IEEE*, vol. 81, no. 5, pp. 776–788, May 1993.

[18] Tanaka, H.; Kido, M.; Yahashi, K.; Oomura, M.; Katsumata, R.; Kito, M.; Fukuzumi, Y.; Sato, M.; Nagata, Y.; Matsuoka, Y.; Iwata, Y.; Aochi, H.; Nitayama, A. Bit cost scalable technology with punch and plug process for ultra high density flash memory, *VLSI Symposium Technical Digest, 2007*, pp. 14–15.

[19] Aritome, S.; Whang, S.J.; Lee, K.H.; Shin, D.G. Kim, B.Y.; Kim, M. S.; Bin, J.H.; Han, J.H.; Kim, S.J.; Lee, B.M.; Jung, Y.K.; Cho, S.Y.; Shin, C.H.; Yoo, H.S.; Choi,

S.M.; Hong, K.; Park, S.K.; Hong, S.J. A novel three-dimensional dual control-gate with surrounding floating-gate (DC-SF) NAND flash cell, *Solid-State Electronics*, vol. 79, pp. 166–171, (2013).

[20] Aritome, S.; Noh, Y.; Yoo, H.; Choi, E.S.; Joo, H.S.; Ahn, Y.; Han, B.; Chung, S.; Shim, K.; Lee, K.; Kwak, S.; Shin, S.; Choi, I.; Nam, S.; Cho, G.; Sheen, D.; Pyi, S.; Choi, J.; Park, S.; Kim, J.; Lee, S.; Hong, S.; Park, S.; Kikkawa, T. Advanced DC-SF Cell Technology for 3-D NAND Flash, *Electron Devices, IEEE Transactions on*, vol. 60, no. 4, pp. 1327–1333, April 2013.

[21] Park, K.-T.; Nam, S.; Kim, D.; Kwak, P.; LEE, D.; Choi, Y.-H.; Choi, M.-H.; Kwak, D.-H.; Kim, D.-H.; Kim, M.-S.; Park, H.-W.; Shim, S.-W.; Kang, K.-M.; Park, S.-W.; Lee, K.; Yoon, H.-J.; Ko, K.; Shim, D.-K.; Ahn, Y.-L.; Ryu, J.; Kim, D.; Yun, K.; Kwon, J.; Shin, S.; Byeon, D.-S.; Choi, K.; Han, J.-M.; Kyung, K.-H.; Choi, J.-H.; Kim, K. Three-dimensional 128 Gb MLC vertical nand flash memory with 24-WL stacked layers and 50 MB/s high-speed programming, *Solid-State Circuits, IEEE Journal of*, vol. 50, no. 1, pp. 204, 213, Jan. 2015.

[22] Im, J.-w.; Jeong, W.-P.; Kim, D.-H.; Nam, S.-W.; Shim, D.-K.; Choi, M.-H.; Yoon, H.-J.; Kim, D.-H.; Kim, Y.-S.; Park, H.-W.; Kwak, D.-H.; Park, S.-W.; Yoon, S.-M.; Hahn, W.-G.; Ryu, J.-H.; Shim, S.-W. Kang, K.-T.; Choi, S.-H.; Ihm, J.-D.; Min, Y.-S.; Kim, I.-M.; Lee, D.-S.; Cho, J.-H.; Kwon, O.-S.; Lee, J.-S.; Kim, M.-S.; Joo, S.-H.; Jang, J.-H.; Hwang, S.-W.; Byeon, D.-S.; Yang, H.-J.; Park, K.-T.; Kyung, K.-H.; Choi, J.-H. A 128 Gb 3b/cell V-NAND flash memory with 1Gb/s I/O rate, *Solid-State Circuits Conference Digest of Technical Papers (ISSCC), 2015 IEEE International*, pp. 23–25 Feb. 2015.

[23] S. Aritome, US Patent 8,891,306.

[24] Aritome, S. NAND Flash Innovations, *Solid-State Circuits Magazine, IEEE*, vol. 5, no. 4, pp. 21, 29, fall 2013.

附录

术语中英文对照表

A

ABL，all-bit line，全字线

B

BL，bit line，字线

BPD，background pattern dependency/back pattern dependence，背景模式依赖

BiCS，bit cost scalable technology，位成本可微缩技术

C

CG，control gate，控制栅

CHE，channel hot electron，沟道热电子

CSL，common source line，公共源线

D

DC-SF，dual control gate-surrounding floating gate，双控制栅 - 环绕浮栅

E

ECC，error correction code，纠错码

EIS，electron injection spread，电子注入展宽

F

F，feature size，特征尺寸

FG，floating gate，浮栅

FN，Fowler-Nordheim（人名）

FTI，Field through implantation，场穿透注入

G

GIDL，gate-induced drain leakage，栅极诱导漏极泄漏

I

IPD，inter-poly dielectric，多晶硅层间介质

ISPP，incremental step pulse programming，增量步进脉冲编程

L

LOCOS，Local Oxidation of Silicon，局部硅氧化

LSE，long shallow trench isolation（STI）edge structure，长浅沟槽隔离边缘结构

M

MCGL，metal control gate last，金属控制栅后置

P

P/E，program/erase，编程 / 擦除

PPS，pseudo-pass scheme，伪通过方案

R

RWM，read window margin，读窗口裕度

RTN，random telegraph noise，随机电报信号噪声

RBER，raw bit error rate，原始误码率

S

SGS，select gate of source，源极侧选择管 / 选择栅

SGD，select gate of drain，漏极侧选择管 / 选择栅

SL，source line，源线

SA，self-aligned，自对准

STI，shallow trench isolation，浅沟槽隔离

SWATT，sidewall transfer-transistor，侧壁传输晶体管

SILC，stress induced leakage current，应力诱导漏电流

SMArT，stacked memory array transistor，堆叠存储阵列晶体管

SSE，short shallow trench isolation（STI）edge structure，短浅沟槽隔离边缘结构

T

TCAT，terabit cell array transistor，Tbit 单元阵列晶体管

V

VG，vertical gate，垂直栅

W

WL，word line，字线